全国电力行业“十四五”规划教材

电气工程学科研究生系列

U0161625

Advanced Power System Analysis

高等电力系统分析

主编 卢锦玲

编写 郑焕坤 郝育黔 盛四清

主审 张伯明

中国电力出版社

CHINA ELECTRIC POWER PRESS

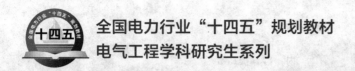

内 容 提 要

本书为全国电力行业“十四五”规划教材。

本书共分8章，主要内容包括电力系统潮流计算、电力系统状态估计、电力系统静态安全分析、电力系统复杂故障分析、电力系统主要元件数学模型、电力系统静态稳定分析基本概念及方法、电力系统暂态稳定分析的直接法和时域法、电力系统低频振荡及次同步谐振等。除了保持传统电力系统分析的特点，本书根据电网的变化增加了新的内容，提供一定的算例，增加学生对所学知识的理解，在内容上更加精炼和实用，算例更加丰富，便于学生加深对所学内容的理解。

本书可作为普通高等院校电气工程专业的本科、研究生教材，还可作为相关工程技术人员的参考书。

图书在版编目（CIP）数据

高等电力系统分析/卢锦玲主编．—北京：中国电力出版社，2023.5（2023.11重印）
ISBN 978－7－5198－6871－0

Ⅰ.①高…　Ⅱ.①卢…　Ⅲ.①电力系统－系统分析　Ⅳ.①TM711

中国国家版本馆CIP数据核字（2023）第034614号

出版发行：中国电力出版社
地　　址：北京市东城区北京站西街19号（邮政编码100005）
网　　址：http://www.cepp.sgcc.com.cn
责任编辑：冯宁宁（010－63412537）
责任校对：黄　蓓　王小鹏
装帧设计：郝晓燕
责任印制：吴　迪

印　　刷：三河市航远印刷有限公司
版　　次：2023年5月第一版
印　　次：2023年11月北京第二次印刷
开　　本：787毫米×1092毫米　16开本
印　　张：16.75
字　　数：364千字
定　　价：55.00元

前言

“高等电力系统分析”既是电气工程类专业的一门重要的专业课程，也是后续专业课程的基础，理论性和工程性强。本书除了保持传统电力系统分析的特点，根据电网的变化增加新的内容，提供一定的算例，增加学生对所学知识的理解，在内容上更加精炼和实用，算例更加丰富，便于学生加深对所学内容的理解。

全书共分 8 章，第 1 章介绍电力系统潮流计算。潮流计算是电力系统稳态分析的基本内容，本章除了介绍电力系统常规潮流的计算方法之外，还较详细地介绍了为了改进潮流计算的收敛性和计算速度的保留非线性潮流算法、最小化潮流算法，以及交直流输电系统的潮流计算、最优潮流等。

第 2 章和第 3 章涉及电力系统安全监控方面的内容。能量管理系统 EMS 是电力系统调度运行的大脑，其功能的实现离不开各种高级分析软件，而这些软件的运行都是建立在可靠而准确的实时数据库基础上。第 2 章介绍电力系统状态估计，内容包括各种估计算法、不良数据的检测与辨识，以及电力系统网络拓扑分析和网络结构辨识。第 3 章介绍电力系统安全分析，主要介绍了电力系统静态等值、预想事故评定及预想事故自动选择。

第 4 章主要介绍使用对称分量法计算电力系统复杂故障的方法和用于故障分析的两端口网络方程。

第 5～8 章主要介绍电力系统稳定分析。第 5 章介绍了用于电力系统稳定分析的主要元件数学模型，第 6 章介绍了电力系统静态稳定分析基本概念及方法，第 7 章介绍了电力系统暂态稳定分析的直接法和时域法，第 8 章介绍了电力系统低频振荡及次同步谐振。

本书由华北电力大学卢锦玲主编，郑焕坤、郝育黔、盛四清编写。其中第 1 章由郝育黔编写，第 2 章和第 3 章由卢锦玲编写，第 4 章由盛四清编写，第 5～8 章由郑焕坤编写。

本书由清华大学张伯明教授担任主审并详细审阅，提出许多有建设性的宝贵意见。在本书的编写过程中，参考、引用了国内外很多专家的著作和文章。在此编者一并致谢！

由于编者水平有限，书中不妥之处在所难免，恳请读者批评指正。

编者

2023 年 1 月

目录

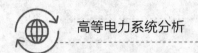

第1章　电力系统潮流计算

1.1　概　　述

电力系统潮流计算是研究电力系统稳态运行情况的基本电气计算，其任务是根据给定的网络结构及运行条件，求出电网的运行状态，其中包括各母线的电压、各支路的功率分布及功率损耗等。

潮流计算的结果，无论是对现有系统运行方式的分析研究，还是对规划中供电方案的分析比较，都是必不可少的。它为判别这些运行方式及规划设计方案的合理性、安全可靠性及经济性提供了定量分析的依据。

另外，在进行电力系统稳定计算时，也要利用潮流计算的结果作为计算的基础；一些故障分析以及优化计算也需要有相应的潮流计算做配合；潮流计算往往成为上述计算程序的一个组成部分。

潮流计算在系统规划设计及运行方式安排中的应用，属于离线计算的范畴。

随着现代化调度控制中心的建立，为了对电力系统进行实时安全监控，需要根据检测的信息，判断系统当前的运行状态并针对预想事故进行安全分析。若想实现这些功能，需要进行广泛的潮流计算，并且对潮流计算的计算速度等性能提出更高的要求，从而产生了在线潮流计算。

由上可见，潮流计算是电力系统中应用最为广泛、最基本和最重要的一种电气计算。常用的潮流计算方法归纳到数学上属于多元非线性代数方程组的求解问题，一般需采用迭代计算方法进行求解计算。

自数字式电子计算机问世以来，20世纪50年代中期便开始了利用电子计算机进行电力系统潮流计算的研究工作。从此，电力系统潮流计算的研究就是如何使用电子计算机计算电力系统潮流问题。潮流计算研究是电力系统投入研究力量最多的领域之一，取得了大量的研究成果。这些成果除了开拓一些特殊性质的潮流计算问题之外，更主要的是为了提高计算性能而陆续提出各种具体算法。

对于潮流算法，其基本要求可归纳成以下四个方面：

（1）计算速度。

（2）计算机内存占用量。

（3）算法的收敛可靠性。

（4）程序设计的方便性以及算法扩充移植等的灵活通用性。

此外，程序使用的方便性及良好的人机界面也越来越受到人们的关注。

本章在对潮流计算问题的数学模型进行简单回顾以后，首先对本科阶段“电力系统分析”课程中已介绍过的三种最基本的潮流算法（高斯—赛德尔法、牛顿—拉夫逊法和P-Q分解法）做进一步的讨论。

牛顿法的特点是将非线性方程线性化，20世纪70年代后期，有人提出采用更精确的模型，即将泰勒级数的高级项也包括进来，希望以此提高算法的性能，这便产生了保留非线性的潮流算法。另外，为了解决病态潮流问题，出现了将潮流计算表示为一个无约束非线性规划问题的模型，并称其为最小化潮流计算。本章第1.4、1.5节将分别介绍这两种算法。

一些用于实际生产的潮流计算程序，往往在上述基本潮流计算的基础上，再加入模拟实际系统运行控制特点的自动调整计算功能，这部分内容将在本章第1.6节中予以介绍。

20世纪60年代中期，随着电力系统经济调度工作的开展，针对经典的经济调度方法的不足，开辟了一个新的研究领域，称为最优潮流问题。这种以非线性规划作为计算模型的潮流问题能够统筹兼顾电力系统的经济性、安全性和电能质量，因而受到很大的重视，发展很快，其应用领域正在不断扩大。本章第1.7节将讨论这种最优潮流问题。

和交流输电相比，高压直流输电具有不少特点。20世纪70年代以后，晶闸管（可控硅）换流器的问世，促进了直流输电的迅速发展，目前我国已成功建成和投运了多个±500、±660、±800、±1100kV高压直流输电系统，因此交直流系统的潮流计算就显得十分必要。这方面的内容将在本章第1.8节中予以介绍。

最后，本章第1.9节将简单介绍几种特殊用途的潮流计算问题。

1.2 潮流计算问题的数学模型

电力系统由发电机、变压器、输配电线路及负荷等组成。在进行潮流计算时，发电机和负荷一般可用接在相应节点上的一个电流注入量表示。电力网络中的变压器、线路、电容器、电抗器等元件可用集中参数表示的由线性电阻、电抗构成的等值电路模拟。根据电力系统的特点，一般采用节点电压法对这样的线性网络进行分析。节点电压与节点注入电流之间的关系为

$$\boldsymbol{Y}\dot{\boldsymbol{U}} = \dot{\boldsymbol{I}} \tag{1-1}$$

或

$$\dot{\boldsymbol{U}} = \boldsymbol{Z}\dot{\boldsymbol{I}} \tag{1-2}$$

其展开式分别为

$$\sum_{j=1}^{n} Y_{ij}\dot{U}_j = \dot{I}_i \quad (i = 1,2,\cdots,n) \tag{1-3}$$

$$\dot{U}_i = \sum_{j=1}^{n} Z_{ij}\,\dot{I}_j \quad (i = 1,2,\cdots,n) \tag{1-4}$$

式中：Y 、Z、Y_{ij} 、Z_{ij} 分别为节点导纳矩阵、节点阻抗矩阵及其相应的元素；n 为电力系统的节点数。

在工程实际中，已知的节点注入量往往不是节点电流而是节点功率，为此应用联系节点电流和节点功率的关系式

$$\dot{I}_i = \frac{P_i - \mathrm{j}Q_i}{\overset{*}{\dot{U}}_i} \quad (i = 1,2,\cdots,n) \tag{1-5}$$

将式（1-5）代入式（1-3）、式（1-4），得到

$$\sum_{j=1}^{n} Y_{ij}\dot{U}_j = \frac{P_i - \mathrm{j}Q_i}{\overset{*}{\dot{U}}_i} \quad (i = 1,2,\cdots,n) \tag{1-6}$$

或

$$\dot{U}_i = \sum_{j=1}^{n} Z_{ij}\,\frac{P_i - \mathrm{j}Q_i}{\overset{*}{\dot{U}}_i} \quad (i = 1,2,\cdots,n) \tag{1-7}$$

式（1-6）或式（1-7）是潮流计算问题的基本方程式，是一个以节点电压 $\dot{U}$ 为变量的非线性代数方程组。由此可见，采用节点功率作为节点注入量是造成方程组呈非线性的根本原因。由于方程组为非线性，因此必须采用数值计算的迭代方法来求解。根据对这个方程组的不同处理方式，形成不同的潮流算法。

对于电力系统中的每个节点，要确定其运行状态，需要有四个变量，分别为注入有功功率 P、注入无功功率 Q、节点电压模值 U 及其相角 θ。n 个节点总共有 $4n$ 个运行变量。再观察式（1-6）或式（1-7），共有 n 个复数方程式。如果将实部与虚部分开，则形成 $2n$ 个实数方程式，由此仅可以解得 $2n$ 个未知运行变量。为此在计算潮流以前，必须将另外 $2n$ 个变量作为已知量而预先给定。也即对每个节点，要给定其两个变量的值作为已知条件，而另两个变量作为待求量。

根据电力系统的实际运行条件，按照预先给定的变量的不同，电力系统的节点可分成 PQ 节点、PV 节点及平衡节点（Vθ 节点）三种类型，并分别对其注入的有功、无功功率及电压模值和相角给予指定。对平衡节点来说，其电压相角一般作为系统电压相角的基准（即 $\theta=0°$）。

交流电力系统中的复数电压变量可以用两种坐标形式来表示

$$\dot{U}_i = U_i e^{\mathrm{j}\theta} \tag{1-8}$$

或

$$\dot{U}_i = e_i + \mathrm{j}f_i \tag{1-9}$$

而复数导纳为

$$Y_{ij} = G_{ij} + \mathrm{j}B_{ij} \tag{1-10}$$

将式（1-8）～式（1-10）代入以导纳矩阵为基础的式（1-6），并将实部与虚部分开，可得到以下两种形式的潮流方程。

潮流方程的直角坐标形式为

$$P_i = e_i \sum_{j\in i}(G_{ij}e_j - B_{ij}f_j) + f_i \sum_{j\in i}(G_{ij}f_j + B_{ij}e_j) \quad (i=1,2,\cdots,n) \tag{1-11}$$

$$Q_i = f_i \sum_{j\in i}(G_{ij}e_j - B_{ij}f_j) - e_i \sum_{j\in i}(G_{ij}f_j + B_{ij}e_j) \quad (i=1,2,\cdots,n) \tag{1-12}$$

潮流方程的极坐标形式为

$$P_i = U_i \sum_{j\in i} U_j (G_{ij}\cos\theta_{ij} + B_{ij}\sin\theta_{ij}) \quad (i=1,2,\cdots,n) \tag{1-13}$$

$$Q_i = U_i \sum_{j\in i} U_j (G_{ij}\sin\theta_{ij} - B_{ij}\cos\theta_{ij}) \quad (i=1,2,\cdots,n) \tag{1-14}$$

以上各式中，$j\in i$ 表示 Σ 号后的标号为 j 的节点必须直接和节点 i 相连，并包括 $j=i$ 的情况。这两种形式的潮流方程都称为节点功率方程，是牛顿—拉夫逊法等潮流算法所采用的主要数学模型。

每个节点的注入功率是该节点的电源输入功率 P_{Gi}、Q_{Gi} 和负荷需求功率 P_{Li}、Q_{Li} 的代数和。负荷需求的功率取决于用户，是无法控制的，所以称为不可控变量或扰动变量。而某个电源所发的有功、无功功率则是可以由运行人员控制或改变的变量，是自变量或称为控制变量。至于各个节点的电压模值或相角，则属于随着控制变量的改变而变化的因变量或状态变量；当系统中各个节点的电压模值及相角都知道后，则整个系统的运行状态也就完全确定了。若以 $\boldsymbol{p}$、$\boldsymbol{u}$、$\boldsymbol{x}$ 分别表示扰动变量、控制变量、状态变量，则潮流方程可以用更简洁的方式表示为

$$\boldsymbol{f}(\boldsymbol{x},\boldsymbol{u},\boldsymbol{p}) = 0 \tag{1-15}$$

根据式（1-15），潮流计算的含义就是针对某个扰动变量 $\boldsymbol{p}$，根据给定的控制变量 $\boldsymbol{u}$，求出相应的状态变量 $\boldsymbol{x}$。

1.3 潮流计算的几种基本方法

1.3.1 高斯—塞德尔法

以导纳矩阵为基础，并应用高斯—塞德尔迭代的算法是电力系统应用最早的潮流计算方法。

1. 高斯—塞德尔法的基本构成

下面研究高斯—塞德尔法的基本构成，并讨论最简单的情况，即电力系统中除平衡节点外，其余都属于 PQ 节点。

由式（1-6）可得到

$$\dot{U}_i = \frac{1}{Y_{ii}}\left[\frac{P_i - \mathrm{j}Q_i}{\overset{*}{U}_i} - \sum_{\substack{j=1\\ j\neq i}}^{n} Y_{ij}\dot{U}_j\right] \quad (i=1,2,\cdots,n) \tag{1-16}$$

式中：P_i、Q_i 分别为已知的节点注入有功、无功功率。

假定节点 1 为平衡节点，其给定电压为 $\dot{U}_1^s$，平衡节点不参加迭代。故对应于这种情

况的高斯—塞德尔法迭代格式为

$$\dot{U}_i^{(k+1)}=\frac{1}{Y_{ii}}\left[\frac{P_i-\mathrm{j}Q_i}{\overset{*}{U}_i^{(k)}}-Y_{i1}\dot{U}_1^s-\left(\sum_{j=2}^{i-1}Y_{ij}\dot{U}_j^{(k+1)}+\sum_{j=i+1}^{n}Y_{ij}\dot{U}_j^{(k)}\right)\right](i=2,3,\cdots,n) \tag{1-17}$$

式（1-17）是该算法最基本的迭代计算公式。从一组假定的 $\dot{U}_i$ 初值出发，依次进行迭代计算，迭代收敛的判据是

$$\max_i|\dot{U}_i^{(k+1)}-\dot{U}_i^{(k)}|<\varepsilon \tag{1-18}$$

式中：k 为迭代次数，当系统存在 PV 节点时，对应于这类节点的迭代计算过程稍有不同，详细内容介绍可参阅文献［2］。

2. 高斯—塞德尔法的计算性能和特点

本算法的突出优点是原理简单，程序设计容易。导纳矩阵是一个对称且高度稀疏的矩阵，因此占用内存非常节省。

根据式（1-17），可对该算法每次迭代的计算量加以估计。由于一般电力网络每个节点平均只和 2～4 个相邻节点相连，相应的节点导纳矩阵每行的非零非对角元个数也是如此，于是式（1-17）中小括号内所包括的累加项数目也只有 2～4 项，因而计算量很小。就每次迭代所需计算量而言，其是各种潮流算法中最小的，并且和网络所包含的节点数成正比关系。

该算法的主要缺点是收敛速度慢，根据上述迭代公式，各节点电压在数学上是松散耦合的，也即经过一次迭代，每个节点电压值的改进只能影响到和这个节点直接相连的少数几个节点电压的修正，所以节点电压向精确值的接近非常缓慢。另外，算法的迭代次数与所计算网络的节点数目有密切的关系，迭代次数随着所计算网络节点数的增加而上升，从而导致计算量急剧增加。因此在用于较大规模电力系统的潮流计算时，速度显得非常缓慢。

为提高算法收敛速度，常用的方法是在迭代过程中加入加速因子 α，即取

$$\dot{U}_i^{(k+1)}=\dot{U}_i^{(k)}+\alpha(\dot{U}_i'^{(k+1)}-\dot{U}_i^{(k)}) \tag{1-19}$$

式中：$\dot{U}_i'^{(k+1)}$ 为通过式（1-17）求得的节点 i 电压的第 $k+1$ 次迭代值；$\dot{U}_i^{(k+1)}$ 则是实际采用的节点 i 电压的第 $k+1$ 次迭代值；α 为加速因子，一般取 $1<\alpha<2$。

采用高斯—塞德尔法的另一个重要限制是对于具有下述所谓病态条件的系统，计算往往会发生收敛困难：

（1）节点间相位角差很大的重负荷系统。

（2）包含有负电抗支路（如某些三绕组变压器或线路串联电容等）的系统。

（3）具有较长的辐射形线路的系统。

（4）长线路与短线路接在同一节点上，而且长短线路的长度比值又很大的系统。

此外，选择不同的节点为平衡节点，也会影响到收敛性能。

目前基于节点导纳矩阵的高斯—塞德尔法在一定的场合下仍在使用，例如所计算的

网络规模很小而可用的计算机内存又非常少的情况；另外，有一些算法如牛顿法等对于待求量的迭代初值要求比较高，在本算法不发散的情况下可以作为提供较好初值的一个手段，一般只需迭代 1～2 次就可以满足要求。

1.3.2 牛顿—拉夫逊法

1. 牛顿—拉夫逊法的一般概念

牛顿—拉夫逊法（简称牛顿法）在数学上是求解非线性代数方程式的有效方法，其要点是把非线性方程式的求解过程变成反复地对相应的线性方程式进行求解的过程，即通常所称的逐次线性化过程。

对于非线性代数方程组

$$f(x)=0 \tag{1-20}$$

即

$$f_i(x_1,x_2,\cdots,x_n)=0 \quad (i=1,2,\cdots,n) \tag{1-21}$$

在待求量 x 的某一个初始估计值 $x^{(0)}$ 附近，将式（1-21）展开成泰勒级数并略去二阶及以上的高阶项，得到如下的线性化方程组

$$\boldsymbol{f}(\boldsymbol{x}^{(0)})+\boldsymbol{f}'(\boldsymbol{x}^{(0)})\Delta\boldsymbol{x}^{(0)}=0 \tag{1-22}$$

式（1-22）称为牛顿法的修正方程式。由此可以求得第一次迭代的修正量

$$\Delta\boldsymbol{x}^{(0)}=-[\boldsymbol{f}'(\boldsymbol{x}^{(0)})]^{-1}\boldsymbol{f}(\boldsymbol{x}^{(0)}) \tag{1-23}$$

将 $\Delta x^{(0)}$ 和 $x^{(0)}$ 相加，得到变量的第一次改进值 $x^{(1)}$，接着从 $x^{(1)}$ 出发，重复上述计算过程。

因此从初值 $x^{(0)}$ 出发，应用牛顿法求解的迭代格式为

$$\boldsymbol{f}'(\boldsymbol{x}^{(k)})\Delta\boldsymbol{x}^{(k)}=-\boldsymbol{f}(\boldsymbol{x}^{(k)}) \tag{1-24}$$

$$\boldsymbol{x}^{(k+1)}=\boldsymbol{x}^{(k)}+\Delta\boldsymbol{x}^{(k)} \tag{1-25}$$

式（1-24）、式（1-25）中，$\boldsymbol{f}'(\boldsymbol{x})$ 为函数 $\boldsymbol{f}(\boldsymbol{x})$ 对于 $\boldsymbol{x}$ 的一阶偏导数矩阵，即雅可比矩阵 $\boldsymbol{J}$，k 为迭代次数。

由式（1-24）和式（1-25）可见，牛顿法的核心便是反复形成并求解修正方程式。牛顿法当初值 $\boldsymbol{x}^{(0)}$ 和方程的精确解足够接近时，收敛速度非常快，具有平方收敛特性。

2. 牛顿—拉夫逊法的修正方程式

将牛顿法用于求解电力系统潮流计算问题时，由于所采用的数学表达式以及复电压变量采用的坐标形式的不同，可以形成牛顿潮流算法的不同形式。

以下讨论用得最广泛的 $\boldsymbol{f}(\boldsymbol{x})$ 采用功率方程式模型，而电压变量分别采用极坐标和直角坐标的两种形式。

（1）极坐标形式。

令 $\dot{U}_i=U_i\angle\theta_i$，对每个 PQ 节点及 PV 节点，根据式（1-13），有

$$P_i-U_i\sum_{j\in i}U_j(G_{ij}\cos\theta_{ij}+B_{ij}\sin\theta_{ij})=\Delta P_i=0 \tag{1-26}$$

对每个 PQ 节点，根据式（1-14），有

$$Q_i - U_i \sum_{j\in i} U_j (G_{ij}\sin\theta_{ij} - B_{ij}\cos\theta_{ij}) = \Delta Q_i = 0 \tag{1-27}$$

将上述方程式在某个近似解附近用泰勒级数展开，并略去二阶及以上的高阶项后，得到以矩阵形式表示的修正方程式为

$$\begin{matrix} n-1 \\ n-m-1 \end{matrix} \begin{bmatrix} \Delta \boldsymbol{P} \\ \Delta \boldsymbol{Q} \end{bmatrix} = -\begin{bmatrix} \boldsymbol{H} & \boldsymbol{N} \\ \boldsymbol{M} & \boldsymbol{L} \end{bmatrix} \begin{bmatrix} \Delta \boldsymbol{\theta} \\ \Delta \boldsymbol{U}/\boldsymbol{U} \end{bmatrix} \begin{matrix} n-1 \\ n-m-1 \end{matrix} \tag{1-28}$$

式中：n 为节点个数；m 为 PV 节点数。

雅可比矩阵是 $2n-m-2$ 阶非奇异方阵。雅可比矩阵各元素的表示式为

$$H_{ij} = \frac{\partial \Delta P_i}{\partial \theta_j} = \begin{cases} -U_i U_j \ (G_{ij}\sin\theta_{ij} - B_{ij}\cos\theta_{ji}) & (j \neq i) \quad (1-29) \\ U_i^2 B_{ii} + Q_i & (j = i) \quad (1-30) \end{cases}$$

$$N_{ij} = \frac{\partial \Delta P_i}{\partial U_j} U_j = \begin{cases} -U_i U_j \ (G_{ij}\cos\theta_{ij} + B_{ij}\sin\theta_{ij}) & (j \neq i) \quad (1-31) \\ -U_i^2 G_{ii} - P_i & (j = i) \quad (1-32) \end{cases}$$

$$M_{ij} = \frac{\partial \Delta Q_i}{\partial \theta_j} = \begin{cases} U_i U_j \ (G_{ij}\cos\theta_{ij} + B_{ij}\sin\theta_{ij}) & (j \neq i) \quad (1-33) \\ U_i^2 G_{ii} - P_i & (j = i) \quad (1-34) \end{cases}$$

$$L_{ij} = \frac{\partial \Delta Q_i}{\partial U_j} U_j = \begin{cases} -U_i U_j \ (G_{ij}\sin\theta_{ij} - B_{ij}\cos\theta_{ij}) & (j \neq i) \quad (1-35) \\ U_i^2 B_{ii} - Q_i & (j = i) \quad (1-36) \end{cases}$$

（2）直角坐标形式。令 $\dot{U}_i = e_i + \mathrm{j} f_i$，此时潮流方程的组成与上面不同，对每个节点，都有两个方程式。因此在不计入平衡节点方程式的情况下，总共有 $2(n-1)$ 个方程式。

对每个 PQ 节点，根据式（1-11）和式（1-12）有

$$P_i - \sum_{j\in i} [e_i (G_{ij} e_j - B_{ij} f_j) + f_i (G_{ij} f_j + B_{ij} e_j)] = \Delta P_i = 0 \tag{1-37}$$

$$Q_i - \sum_{j\in i} [f_i (G_{ij} e_j - B_{ij} f_j) - e_i (G_{ij} f_j + B_{ij} e_i)] = \Delta Q_i = 0 \tag{1-38}$$

对每个 PV 节点，除了有与式（1-37）相同的有功功率方程式之外，还有

$$U_i^2 - (e_i^2 + f_i^2) = \Delta U_i^2 = 0 \tag{1-39}$$

采用直角坐标形式的修正方程式为

$$\begin{matrix} n-1 \\ n-m-1 \\ m \end{matrix} \begin{bmatrix} \Delta \boldsymbol{P} \\ \Delta \boldsymbol{Q} \\ \Delta \boldsymbol{U}^2 \end{bmatrix} = -\begin{bmatrix} \boldsymbol{H} & \boldsymbol{N} \\ \boldsymbol{M} & \boldsymbol{L} \\ \boldsymbol{R} & \boldsymbol{S} \end{bmatrix} \begin{bmatrix} \Delta \boldsymbol{e} \\ \Delta \boldsymbol{f} \end{bmatrix} \begin{matrix} n-1 \\ n-1 \end{matrix} \tag{1-40}$$

雅克比矩阵各元素的表示式如下

$$H_{ij} = \frac{\partial \Delta P_i}{\partial e_j} = \begin{cases} -\ (G_{ij} e_i + B_{ij} f_i) & (j \neq i) \quad (1-41) \\ -\sum_{j\in i} (G_{ij} e_j - B_{ij} f_j) - G_{ii} e_i - B_{ii} f_i & (j = i) \quad (1-42) \end{cases}$$

$$N_{ij} = \frac{\partial \Delta P_i}{\partial f_j} = \begin{cases} B_{ij} e_i - G_{ij} f_i & (j \neq i) \quad (1-43) \\ -\sum_{j\in i} (G_{ij} f_j + B_{ij} e_j) + B_{ii} e_i - G_{ii} f_i & (j = i) \quad (1-44) \end{cases}$$

$$M_{ij}=\frac{\partial \Delta Q_i}{\partial e_j}=\begin{cases}B_{ij}e_i-G_{ij}f_i & (j\neq i) \quad (1-45)\\ \sum\limits_{j\in i}(G_{ij}f_j+B_{ij}e_j)+B_{ii}e_i-G_{ii}f_i & (j=i) \quad (1-46)\end{cases}$$

$$L_{ij}=\frac{\partial \Delta Q_i}{\partial f_j}=\begin{cases}G_{ij}e_i+B_{ij}f_i & (j\neq i) \quad (1-47)\\ -\sum\limits_{j\in i}(G_{ij}e_j-B_{ij}f_j)+G_{ii}e_i+B_{ii}f_i & (j=i) \quad (1-48)\end{cases}$$

$$R_{ij}=\frac{\partial \Delta U_i^2}{\partial e_j}=\begin{cases}0 & (j\neq i) \quad (1-49)\\ -2e_i & (j=i) \quad (1-50)\end{cases}$$

$$S_{ij}=\frac{\partial \Delta U_i^2}{\partial f_j}=\begin{cases}0 & (j\neq i) \quad (1-51)\\ -2f_i & (j=i) \quad (1-52)\end{cases}$$

分析以上两种类型的修正方程式，可以看出两者具有以下的共同特点：

(1) 修正方程式的数目分别为 $2(n-1)-m$ 及 $2(n-1)$ 个，在 PV 节点所占比例不大时，两者的方程式数目基本接近 $2(n-1)$ 个。

(2) 雅可比矩阵的元素都是节点电压的函数，每次迭代，雅可比矩阵都需要重新形成。

(3) 从雅可比矩阵的非对角元素的表示式可见，某个非对角元素是否为零决定于相应的节点导纳矩阵元素 Y_{ij} 是否为零。因此如将修正方程式按节点号的次序排列，并将雅可比矩阵分块，把每个 2×2 阶子阵如 $\left(\begin{bmatrix}\boldsymbol{H}_{ij} & \boldsymbol{N}_{ij}\\ \boldsymbol{M}_{ij} & \boldsymbol{L}_{ij}\end{bmatrix}\begin{bmatrix}\boldsymbol{H}_{ij} & \boldsymbol{N}_{ij}\\ \boldsymbol{R}_{ij} & \boldsymbol{S}_{ij}\end{bmatrix}\right)$ 等作为分块矩阵的元素，则按节点号顺序而构成的分块雅可比矩阵将和节点导纳矩阵具有同样的稀疏结构，是一个高度稀疏的矩阵。

(4) 和节点导纳矩阵具有相同稀疏结构的分块雅可比矩阵在位置上对称，但由于 $\boldsymbol{H}_{ij}\neq\boldsymbol{H}_{ji},\boldsymbol{N}_{ij}\neq\boldsymbol{N}_{ji},\boldsymbol{M}_{ij}\neq\boldsymbol{M}_{ji},\boldsymbol{L}_{ij}\neq\boldsymbol{L}_{ji}$ 等，所以雅可比矩阵不是对称阵。

复习并分析这些特点非常重要，因为正是修正方程式的这些特点决定了牛顿法潮流程序的主要轮廓及程序特点。

3. 修正方程式的处理和求解

前文提到，牛顿算法的核心就是反复形成并求解修正方程式。因此如何有效地处理修正方程式就成为提高牛顿法潮流程序计算速度并降低内存需求量的关键。

从算法的发展过程来看，早在 20 世纪 50 年代末就提出了牛顿法潮流的雏形。当时是用迭代法求解修正方程式，但遇到了迭代法本身不收敛的问题，以后改用高斯消去法等直接法求解。但如前所分析，修正方程式的数目为 $2(n-1)$ 左右，如果不利用雅可比矩阵的稀疏性，当网络节点数增加为 N 倍时，存储雅可比矩阵的内存量将正比于 N^2 倍，利用直接法求解修正方程的计算量将正比于 N^3 倍。这就限制了牛顿法潮流程序的解题规模，从而使得这种方法的推广应用一度止步不前。其后人们注意到了雅可比矩阵高度稀疏的特点，求解修正方程式时采用了稀疏程序设计技巧，并且发展了一套在消元过程中旨在尽量保持其稀疏性、以减少内存需求量并提高计算速度的有效方法（即著名的最优顺序消去法)，才使牛顿法得到了突破，在 20 世纪 60 年代中期以后被普遍采用。

结合修正方程式的求解，目前实用的牛顿法潮流程序的特点主要有以下 3 方面，这些程序特点对牛顿法潮流程序性能的提高起到了决定性的作用。

(1) 对于稀疏矩阵，在计算机中以“压缩”方式只储存其非零元素，且只有非零元素才参加运算。

(2) 修正方程式的求解过程，采用对包括修正方程常数项的增广矩阵以按行消去而不是传统的按列消去的方式进行消元运算。由于消元运算按行进行，因此可以不需先形成整个增广矩阵，然后进行消元运算，而是采取边形成、边消元、边存储的方式，即每形成增广矩阵的一行，便马上进行消元，并且消元结束后便随即将结果送内存存储。图 1 - 1 所示为增广矩阵按行消元的示意图，图中表示了五阶增广矩阵，其中 1～3 行已完成了消元运算且已经存放在内存中，接着要进行的是第 4 行的消元运算，即消去对角元以左的 3 个元素。在具体的程序中，待消行是放在一个专用的工作数组中进行消元运算的。这种按行消元的好处是对于消元过程中新注入的非零元素，当采用“压缩”存储方式时，可以方便地按序送入内存，不需要预留它们的存放位置。这里值得注意的是由于不必一次形成整个雅可比矩阵，且常数项的消元运算已和矩阵的消元过程同时进行，因此这种牛顿潮流算法求解修正方程式时，所需的矩阵存储量只是消元运算结束时所得到的用以进行回代的上三角矩阵而已。

$$\left[\begin{array}{ccccc:c} 1 & \times & \times & \times & \times & \times \\ & 1 & \times & \times & \times & \times \\ & & 1 & \times & \times & \times \\ \times & \times & \times & \times & \times & \times \\ \times & \times & \times & \times & \times & \times \end{array}\right]$$

图 1 - 1　增广矩阵按行消元示意图

(3) 消元的最优顺序或节点编号优化。经过消元运算得到的上三角矩阵一般仍为稀疏矩阵，但由于消元过程中有新的非零元素注入，使得它的稀疏度比原雅可比矩阵有所降低。但分析表明，新增非零元素的多少与消元的顺序或节点编号有关。节点编号优化的作用即在于找到一种网络节点的重新编号方案，使得按此构成的节点导纳矩阵以及和它相应的雅可比矩阵在高斯消元或三角分解过程中新增的非零元素数目能尽量减少。节点编号优化通常有三种方法：

1）静态法。按各节点静态连接支路数的多少顺序编号。

2）半动态法。按各节点动态连接支路数的多少顺序编号。

3）动态法。按各节点动态增加支路数的多少顺序编号。

三种节点编号优化方法中动态法效果最好，但优化本身所需计算量也最多，而静态法则反之。对于牛顿法潮流计算来说，一般认为，采用半动态法似乎是较好的选择。

图 1 - 2 所示为牛顿法潮流程序原理框图，和前面所讲稍有不同的是在求解修正方程时每次形成并进行消元运算的是和每个节点对应的增广矩阵的两行元素。这两行元素按行消去后，随即送入内存，然后在工作数组中再形成并进行和下一个节点对应的两行元素的消元运算。

根据求解修正方程式的过程不同，还可以提出和这个框图不同的计算流程方案。例如不是每次只形成增广阵的一行（或两行）元素，而是将整个雅可比矩阵及常数项向量先全部计算形成，然后进行三角分解。稍加分析，不难看到这种方案所需的内存量将较上法为多，但由于在三角分解前就能够作出潮流是否收敛的判别，可以节省一次迭代。

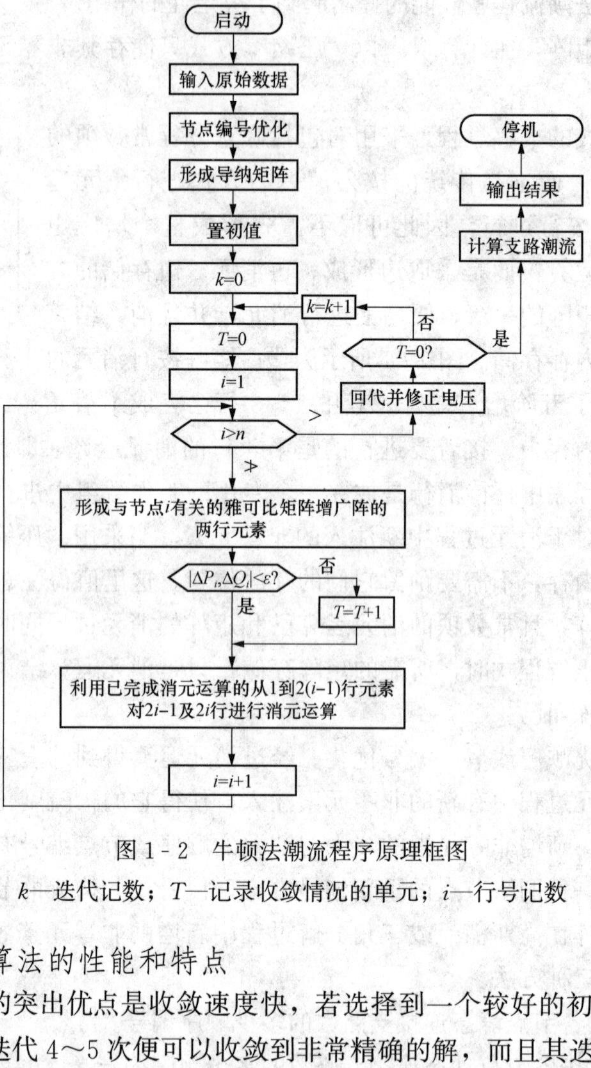

图 1-2　牛顿法潮流程序原理框图

k—迭代记数；T—记录收敛情况的单元；i—行号记数

4. 牛顿潮流算法的性能和特点

牛顿潮流算法的突出优点是收敛速度快，若选择到一个较好的初值，算法将具有平方收敛特性，一般迭代 4～5 次便可以收敛到非常精确的解，而且其迭代次数与所计算网络的规模基本无关。牛顿法也具有良好的收敛可靠性，对于前面提到的对以节点导纳矩阵为基础的高斯—塞德尔法呈病态的系统，牛顿法均能可靠收敛。牛顿法所需内存量及每次迭代所需时间均较高斯—塞德尔法多，并与程序设计技巧有密切关系。

牛顿法的可靠收敛取决于有一个良好的初值。如果初值选择不当，算法有可能根本不收敛或收敛到其他解上。对于正常运行的系统，各节点电压一般均在额定值附近。偏移不会太大，并且各点间的相位角差也不大，所以对各节点可以采用统一的电压初值（也称为“平均电压”），如假定

$$U_i^{(0)} = 1, \quad \theta_i^{(0)} = 0^\circ$$

或

$$e_i^{(0)} = 1, \quad f_i^{(0)} = 0 \qquad (i = 1,2,\cdots,n; i \neq s)$$

一般能得到满意的结果。但若系统因无功紧张或其他原因导致电压质量很差或有重载线路而节点间角差很大时，用上述初始电压就有可能出现问题。解决这个问题的办法是可以先用本章第1、2节的高斯—塞德尔法迭代1～2次，以此迭代结果作为牛顿法的初值。也可以先用直流法潮流求解一次以求得一个较好的角度初值，然后转入牛顿法迭代。

1.3.3　P-Q分解法

随着电力系统规模的日益扩大以及在线计算的要求，为了改进牛顿法在内存占用量及计算速度方面的不足，人们开始注意到电力系统有功及无功潮流间仅存在较弱联系的这一特性，于是产生了一类具有有功、无功解耦迭代计算特点的算法，而其中于1974年由参考文献［5］的作者Stott提出的快速分解法（fast decoupled load flow，FDLF）是在广泛的数值试验基础上挑选出来的最为成功的一个算法，它无论在内存占用量还是计算速度方面，都比牛顿法有较大的改进，是当前国内外最优先使用的算法。快速分解法亦称为P-Q分解法。

1. P-Q分解法基本原理

参考文献［5］提出的P-Q分解法是从极坐标形式的牛顿潮流算法演化得到的。下面对演化过程作以简短的复习。

由于交流高压电网中输电线路等元件的 $x \gg r$，因此电力系统呈现了这样的物理特性，即有功功率的变化主要决定于电压相位角的变化，而无功功率的变化则主要决定于电压模值的变化。这个特性反映在牛顿法修正方程式即式（1-28）雅可比矩阵的元素上，是 $\boldsymbol{N}$ 及 $\boldsymbol{M}$ 两个子块元素的数值相对于 $\boldsymbol{H}$、$\boldsymbol{L}$ 两个子块的元素要小得多。作为简化的第一步，可以将它们略去不计，于是得到如下两个已经解耦的方程组。

$$\Delta\boldsymbol{P} = -\boldsymbol{H}\Delta\boldsymbol{\theta} \tag{1-53}$$

$$\Delta\boldsymbol{Q} = -\boldsymbol{L}(\Delta\boldsymbol{U}/\boldsymbol{U}) \tag{1-54}$$

这一简化将原来 $2(n-1)-m$ 阶的方程组分解为两个分别为 $n-1$ 阶和 $n-m-1$ 阶的较小的方程组，显著地节省了内存需求量和解题时间。但 $\boldsymbol{H}$、$\boldsymbol{L}$ 的元素仍然是节点电压的函数且不对称。

算法的进一步并且是很关键的简化是基于在实际的高压电力系统中，下列的假设一般都能成立。线路两端的相角差不大（小于10°～20°），而且 $|G_{ij}| \ll |B_{ij}|$，于是可以认为

$$\cos\theta_{ij} \approx 1 \quad G_{ij}\sin\theta_{ij} \ll B_{ij} \tag{1-55}$$

与节点无功功率相对应的导纳 Q_i/U_i^2 通常远小于节点的自导纳 B_{ii}，也即

$$Q_i \ll U_i^2 B_{ii} \tag{1-56}$$

计及式（1-55）及式（1-56）后，用式（1-29）及式（1-35）表示的 $\boldsymbol{H}$ 及 $\boldsymbol{L}$ 各元素表示式可以简化为

$$H_{ij}=U_iU_jB_{ij} \tag{1-57}$$

$$L_{ij}=U_iU_jB_{ij} \tag{1-58}$$

于是 $\boldsymbol{H}$ 和 $\boldsymbol{L}$ 可表示为

$$\boldsymbol{H}=\boldsymbol{UB'U} \tag{1-59}$$

$$\boldsymbol{L}=\boldsymbol{UB''U} \tag{1-60}$$

式中：U 为由各节点电压模值组成的对角阵。

由于 PV 节点的存在，$\boldsymbol{B}'$与$\boldsymbol{B}''$的阶数将不同，分别为 $n-1$ 阶和 $n-m-1$ 阶。

将式（1-59）和式（1-60）代入式（1-53）和式（1-54）并加以整理，可得

$$\Delta\boldsymbol{P}/\boldsymbol{U}=-\boldsymbol{B}'(\boldsymbol{U}\Delta\boldsymbol{\theta}) \tag{1-61}$$

$$\Delta\boldsymbol{Q}/\boldsymbol{U}=-\boldsymbol{B}''\Delta\boldsymbol{U} \tag{1-62}$$

可见，这两式中的系数矩阵 $\boldsymbol{B}'$与$\boldsymbol{B}''$系由节点导纳矩阵的虚部所组成，从而是一个常数且对称的矩阵。

为了加速收敛，目前通用的 P-Q 分解法又对 $\boldsymbol{B}'$及$\boldsymbol{B}''$的构成作了进一步修改。

（1）在形成 $\boldsymbol{B}'$时略去那些主要影响无功功率和电压模值，而对有功功率及电压角度影响很小的因素。这些因素包括输电线路的充电电容以及变压器非标准变比。

（2）为减少在迭代过程中无功功率及节点电压模值对有功迭代的影响，将式（1-51）右端 U 的各元素均置为标幺值 1.0，即令 $\boldsymbol{U}$ 为单位阵。

（3）在计算 $\boldsymbol{B}'$时，略去串联元件的电阻。

于是，目前常规的 P-Q 分解法的修正方程式可写成

$$\begin{aligned}\Delta\boldsymbol{P}/\boldsymbol{U}&=\boldsymbol{B}'\Delta\boldsymbol{\theta}\\ \Delta\boldsymbol{Q}/\boldsymbol{U}&=\boldsymbol{B}''\Delta\boldsymbol{U}\end{aligned} \tag{1-63}$$

这里的 $\boldsymbol{B}'$与$\boldsymbol{B}''$不仅阶数不同，而且其相应元素的构成也不相同，具体计算公式为

$$\left.\begin{aligned}\boldsymbol{B}'_{ij}&=-\frac{1}{x_{ij}}, &\boldsymbol{B}'_{ii}&=-\sum_{\substack{j\in i\\ j\neq i}}B'_{ij}=\sum_{\substack{j\in i\\ j\neq i}}\frac{1}{x_{ij}}\\ \boldsymbol{B}''_{ij}&=-\frac{x_{ij}}{r_{ij}^2+x_{ij}^2}=-B_{ij}, &\boldsymbol{B}''_{ii}&=-b_{i0}+\sum_{\substack{j\in i\\ j\neq i}}\frac{x_{ij}}{r_{ij}^2+x_{ij}^2}=-B_{ii}\end{aligned}\right\} \tag{1-64}$$

式中：$\boldsymbol{B}'$及$\boldsymbol{B}''$分别为节点导纳矩阵相应元素；r_{ij}，x_{ij} 分别为相应网络元件阻抗；b_{i0} 为节点 i 的接地支路的电纳。

按式（1—54）形成 $\boldsymbol{B}'$及$\boldsymbol{B}''$的 P-Q 分解法通常称为 XB 法。如果在形成 $\boldsymbol{B}'$的元素时采用精确的导纳矩阵虚部（B），但忽略接地支路，而在形成 $\boldsymbol{B}''$时略去元件电阻，采用元件的电抗值（X），称为 BX 法，具体计算公式为式（1-65）。这两种方法的修正方程式虽然不同，但都具有良好的收敛性。大量计算表明 XB 法和 BX 法在收敛性方面没有显著差别。文献［6］对快速分解法简化的实质做了解释，并从理论方面分析了该方法的收敛机理。

$$\left.\begin{aligned}&\boldsymbol{B}'_{ij}=-\frac{x_{ij}}{\boldsymbol{r}_{ij}^2+\boldsymbol{x}_{ij}^2};\qquad \boldsymbol{B}'_{ii}=\sum_{\substack{j\in i\\ j\neq i}}\frac{\boldsymbol{x}_{ij}}{r_{ij}^2+\boldsymbol{x}_{ij}^2}\\&\boldsymbol{B}''_{ij}=-\frac{1}{\boldsymbol{x}_{ij}};\qquad \boldsymbol{B}''_{ii}=-b_{io}-\sum_{\substack{j\in i\\ j\neq i}}B'_{ij}=-b_{io}+\sum_{\substack{j\in i\\ j\neq i}}\frac{1}{x_{ij}}\end{aligned}\right\}\tag{1-65}$$

式中：$\boldsymbol{B}'$、$\boldsymbol{B}''$分别为节点导纳矩阵相应元素；r_{ij}，x_{ij}分别为相应网络元件阻抗。

2. P-Q 分解法的特点和性能

P-Q 分解法和牛顿法的不同，主要体现在修正方程式上。比较两种算法的修正方程式，可见 P-Q 分解法具有以下特点：

（1）用解两个阶数几乎减半的方程组（$n-1$ 阶和 $n-m-1$ 阶）。代替牛顿法的解一个 2（$n-1$）$-m$ 阶方程组，显著地减少了内存需求量及计算量。

（2）牛顿法每次迭代都要重新形成雅可比矩阵并进行三角分解，而 P-Q 分解法的系数矩阵 $\boldsymbol{B}'$ 和 $\boldsymbol{B}''$是常数阵，因此只需形成一次并进行三角分解组成因子表，在迭代过程可以反复应用，显著缩短了每次迭代所需的时间。

（3）雅可比矩阵 $\boldsymbol{J}$ 不对称，而 $\boldsymbol{B}'$ 和 $\boldsymbol{B}''$都是对称阵，为此只要形成并存储因子表的上三角或下三角部分，减少了三角分解的计算量并节约了内存。

由于上述原因，P-Q 分解法所需的内存量约为牛顿法的 60%，而每次迭代所需时间约为牛顿法的 1/5。

就收敛特性而言，由于 B' 和 B'' 在迭代过程中保持不变，在数学上属于“等斜率”法，所以本方法将从牛顿法的平方收敛特性退化为线性收敛特性。因此，P-Q 分解法达到收敛所需的迭代次数比牛顿法多，但由于每次迭代所需的时间远比牛顿法少，所以总的计算速度仍有大幅度的提高。图1-3 为牛顿法和 P-Q 分解法的典型收敛特性。

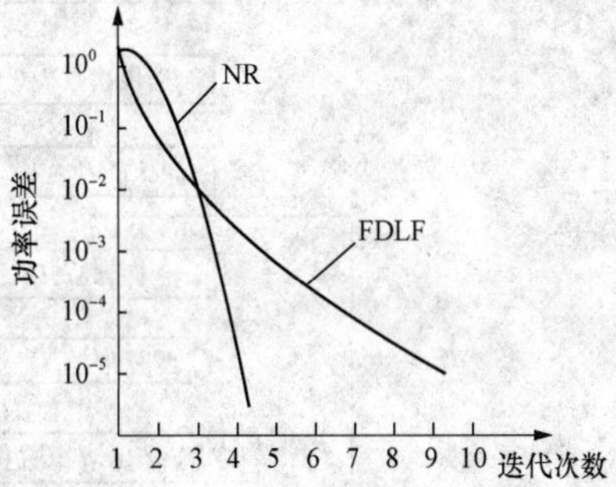

图 1-3　牛顿法和 P-Q 分解法的典型收敛特性

NR—牛顿法；FDLF—P-Q 分解法

P-Q 分解法也具有良好的收敛可靠性。除了当网络中出现元件 R/X 比值过大的病态条件以及因线路特别重载以致两个节点间相角差特别大的情况之外，一般均能可靠地收敛。有些用牛顿法计算出现收敛困难的算例，采用本算法反而能够成功。如图 1-4 所示，当求解的函数 f（x）不是单调变化而具有“驼峰”，而初始值或迭代点正好落在这一范围内时，牛顿法的切线方程式将使修正量 $\Delta X^{(k)}$ 出现异常数值，其后果是减慢收敛速度甚至导致发散，也有可能错误地收敛到一个不能运行

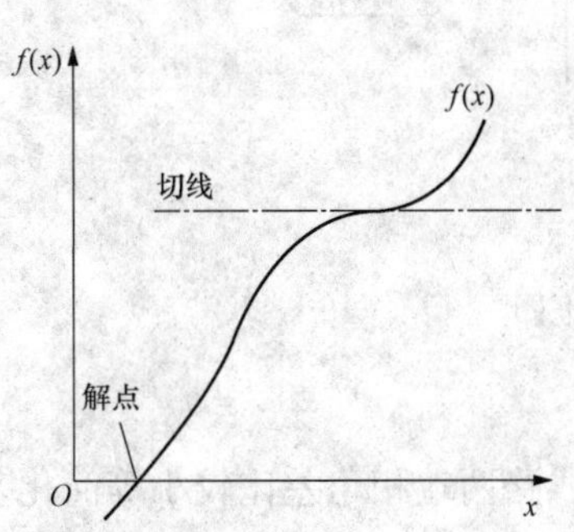

图 1-4　“驼峰”对迭代过程的影响

的解点上去。而P-Q分解法的“等斜率”求解过程却往往不会受到影响。

P-Q分解法的程序设计较牛顿法简单。因此，简单、快速、内存节省以及较好的收敛可靠性形成了P-Q分解法的突出优点，成为当前使用最为普遍的一个算法。它不仅大量地用在规划设计等离线计算的场合，而且由于其计算速度快，也已经在安全分析等在线计算中得到广泛应用。

图1-5所示为P-Q分解法的程序原理框图。其中KP和KQ分别是表征有功及无功迭代收敛情况的记录单元，只有当KP和KQ都等于0时整个潮流计算才算收敛。

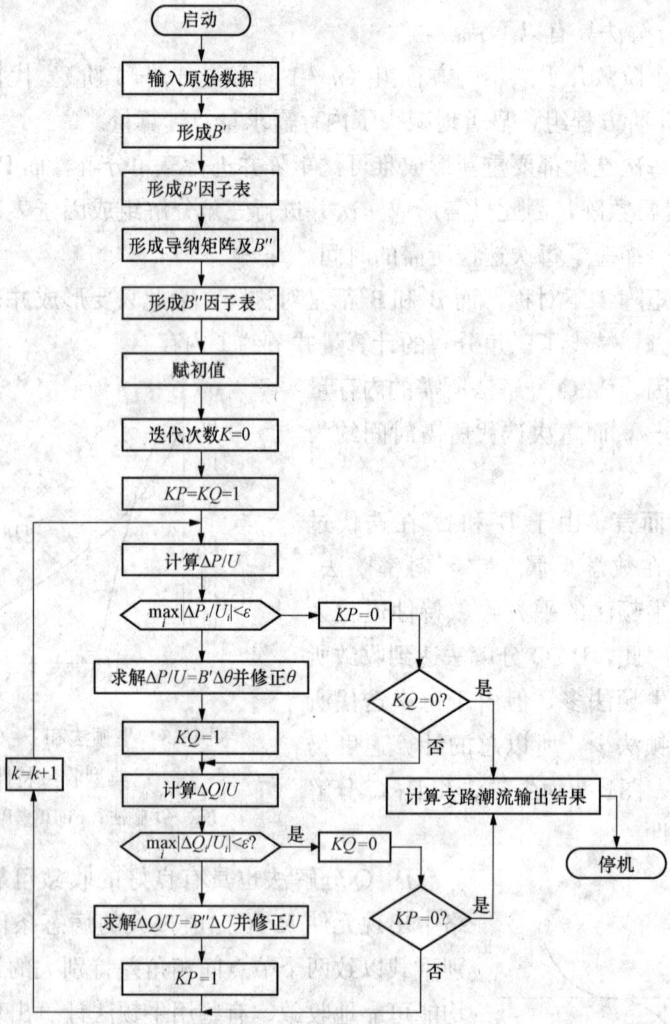

图1-5　P-Q分解法的程序原理框图

3. 元件大R/X比值病态问题

从牛顿法到P-Q分解法的演化是在元件$R \ll X$以及线路两端相角差比较小等简化基础上进行的，因此当系统存在不符合这些假设的因素时，就会出现迭代次数增加甚至不收敛的情况。而其中又以出现元件大 R/X 比值的情景最多，如低电压网络、某些电缆线路、三绕组变压器的等值电路以及通过某些等值方法所得到的等值网络等，均会出现大部分或个别支路 R/X 比值偏高的问题。大 R/X 比值病态问题已成为 P-Q 分解法应用中的一个最大障碍。

对大 R/X 比值支路的参数加以补偿，可以分为串联补偿法及并联补偿法两种。

(1) 串联补偿法。这种方法的原理如图 1-6 所示，其中 m 为增加的虚构节点，$-\mathrm{j}X_c$ 为新增的补偿电容。X_c 数值的选择应满足 $i-m$ 支路 $(X+X_c)\gg R$ 的条件。这种方法的缺点是如果原来支路的 R/X 比值非常大，从而使 X_c 的值选得过大时，新增节点 m 的电压值有可能偏离节点 i 及 j 的电压很多，从而这种不正常的电压本身将导致潮流计算收敛缓慢，甚至不收敛。

(2) 并联补偿法。如图 1-7 所示，经过补偿的支路 $i-j$ 的等值导纳为

$$Y_{ij}=G+\mathrm{j}(B+B_f)+\frac{1}{\dfrac{1}{-2\mathrm{j}B_f}+\dfrac{1}{-2\mathrm{j}B_f}}=G+\mathrm{j}B$$

即仍等于原来支路 $i-j$ 的导纳值。

并联补偿新增节点 m 的电压 $\dot{U}_m$ 不论 B_f 的取值大小都始终介于支路 $i-j$ 两端点的电压之间，不会产生病态的电压现象，从而克服了串联补偿法的缺点。

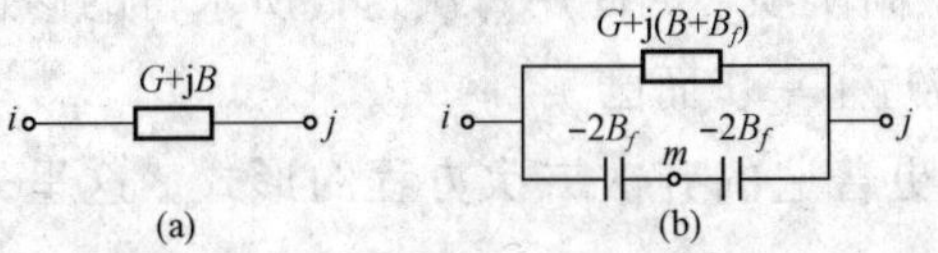

图 1-6　对大 R/X 比值支路的并联补偿
(a) 原支路；(b) 补偿后支路

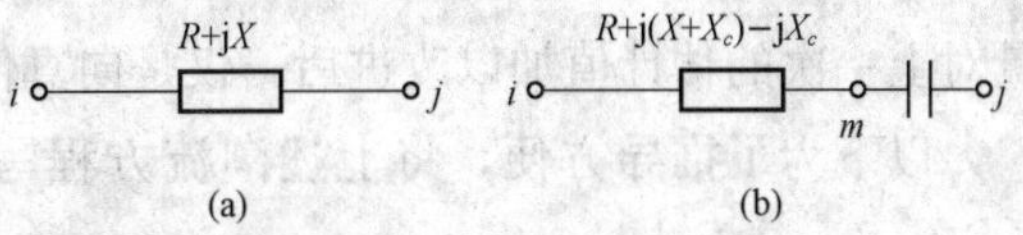

图 1-7　对大 R/X 比值支路的串联补偿
(a) 原支路；(b) 补偿后的支路

1.4　保留非线性潮流算法

牛顿法求解潮流方程时采用了逐次线性化的方法。20 世纪 70 年代后期，人们开始考虑如果采用更加精确的数学模型，将泰勒级数的高阶项考虑进来，也许能进一步提高算法的收敛性及计算速度，于是便产生了一类被称为保留非线性的潮流算法。又因为其中大部分算法主要包括了泰勒级数的前三项即取到泰勒级数的二阶项，所以也称为二阶潮流算法。实现这种想法的第一个尝试是在极坐标形式的牛顿法修正方程式中增加了泰勒级数的二阶项，所得到的算法对收敛性能略有改善，但计算速度无显著提高。后来，参考文献［14］根据直角坐标形式的潮流方程是一个二次代数方程组的这一特点，提出了采用直角坐标的保留非线性快速潮流算法，在速度上比牛顿法有较大提高，引起了广泛重视。此后，又出现了一些计入非线性的其他潮流算法。这些算法除了作为常规的潮流计算工具之外，也已经在状态估计、最优潮流等其他计算中得到应用。

以下介绍参考文献［14］提出的保留非线性的快速潮流算法。

1.4.1　保留非线性快速潮流算法

该方法是岩本伸一及田村康男（Iwamoto 及 Tamura）在参考文献［14］中提出的。

1. 数学模型

根据式（1-37）～式（1-39），采用直角坐标形式的潮流方程为

$$\left.\begin{aligned} P_i &= \sum_{j\in i}(G_{ij}e_ie_j - B_{ij}e_if_j + G_{ij}f_if_j + B_{ij}f_ie_j) \\ Q_i &= \sum_{j\in i}(G_{ij}f_ie_j - B_{ij}f_if_j - G_{ij}e_if_j - B_{ij}e_ie_j) \\ U_i^2 &= e_i^2 + f_i^2 \end{aligned}\right\} \tag{1-66}$$

可见，采用直角坐标形式时，潮流问题实际上是求解一个不含一次项的二次代数方程组。

这样的方程组用泰勒级数展开，则二阶项系数已是常数，没有二阶以上的高阶项。所以泰勒级数只要取三项就能够得到一个没有截断误差的精确展开式。因此从理论上说，若能从这个展开式设法求得变量的修正量，并用它对初值加以修正，则只要一步就可求得方程组的解。而牛顿法由于线性近似，略去了高阶项，因此用每次迭代所求得的修正量对上一次的估计值加以改进后，仅是向真值接近了一步而已。

以下为了推导方便，将上述潮流方程写成更普遍的齐次二次方程的形式。这里先定义：

n 维未知变量向量　　　　$\boldsymbol{x}=[x_1,\ x_2,\ \cdots,\ x_n]^{\mathrm{T}}$

n 维函数向量　　　　　　$\boldsymbol{y}(\boldsymbol{x})=[y_1(\boldsymbol{x}),\ y_2(\boldsymbol{x}),\ \cdots,\ y_n(\boldsymbol{x})]^{\mathrm{T}}$

n 维函数给定值向量　　　$\boldsymbol{y}^s=[y_1^s,\ y_2^s,\ \cdots,\ y_n^s]^{\mathrm{T}}$

一个具有 n 个变量的齐次二次代数方程式的普遍形式为

$$\begin{aligned} y_i(\boldsymbol{x}) = & [(a_{11})_ix_1x_1 + (a_{12})_ix_1x_2 + \cdots + (a_{1n})_ix_1x_n] \\ & + [(a_{21})_ix_2x_1 + (a_{22})_ix_2x_2 + \cdots + (a_{2n})_ix_2x_n] \\ & + \cdots + [(a_{n1})_ix_nx_1 + (a_{n2})_ix_nx_2 + \cdots + (a_{nn})_ix_nx_n] \end{aligned} \tag{1-67}$$

于是潮流方程组可以写成如下的矩阵形式

$$\boldsymbol{y}^s = \boldsymbol{y}(\boldsymbol{x}) = A\begin{bmatrix} x_1x \\ x_2x \\ \vdots \\ x_nx \end{bmatrix} \tag{1-68}$$

或

$$\boldsymbol{f}(\boldsymbol{x}) = \boldsymbol{y}(\boldsymbol{x}) - \boldsymbol{y}^s = 0 \tag{1-69}$$

式（1-68）中，系数矩阵为

$$\boldsymbol{A}=\left[\begin{array}{cccc:cccc:c:cccc}(a_{11})_1 & (a_{12})_1 & \cdots & (a_{1n})_1 & (a_{21})_1 & (a_{22})_1 & \cdots & (a_{2n})_1 & \cdots & (a_{n1})_1 & (a_{n2})_1 & \cdots & (a_{nn})_1 \\ (a_{11})_2 & (a_{12})_2 & \cdots & (a_{1n})_2 & (a_{21})_2 & (a_{22})_2 & \cdots & (a_{2n})_2 & \cdots & (a_{n1})_2 & (a_{n2})_2 & \cdots & (a_{nn})_2 \\ \vdots & \vdots & & \vdots & \vdots & \vdots & & \vdots & & \vdots & \vdots & & \vdots \\ (a_{11})_n & (a_{12})_n & \cdots & (a_{1n})_n & (a_{21})_n & (a_{22})_n & \cdots & (a_{2n})_n & \cdots & (a_{n1})_n & (a_{n2})_n & \cdots & (a_{nn})_n\end{array}\right] \tag{1-70}$$

$$\boldsymbol{A}\in\boldsymbol{R}^{n\times n^2}$$

2. 泰勒级数展开式

对式（1-67）在初值 $x^{(0)}$ 附近展开，可得到没有截断误差的精确展开式

$$\boldsymbol{y}^s=\boldsymbol{y}(\boldsymbol{x}^{(0)})+\sum_{j=1}^{n}\left.\frac{\partial y_i}{\partial x_j}\right|_{x=x^{(0)}}\Delta x_j+\frac{1}{2!}\sum_{j=1}^{n}\sum_{k=1}^{n}\left.\frac{\partial^2 y_i}{\partial x_j\,\partial x_k}\right|_{x=x^{(0)}}\Delta x_j\Delta x_k \tag{1-71}$$

于是与式（1-68）对应的精确的泰勒展开式为

$$\boldsymbol{y}^s=\boldsymbol{y}(\boldsymbol{x}^{(0)})+\boldsymbol{J}\Delta\boldsymbol{x}+\frac{1}{2}H\begin{bmatrix}\Delta x_1 & \Delta\boldsymbol{x}\\ \Delta x_2 & \Delta\boldsymbol{x}\\ \vdots & \vdots\\ \Delta x_n & \Delta\boldsymbol{x}\end{bmatrix} \tag{1-72}$$

式中，$\Delta\boldsymbol{x}=[\boldsymbol{x}-\boldsymbol{x}^{(0)}]=[\Delta x_1,\Delta x_2,\cdots,\Delta x_n]^{\mathrm{T}}$ 为修正量向量。

$$\boldsymbol{J}=\left.\begin{bmatrix}\frac{\partial y_1}{\partial x_1} & \frac{\partial y_1}{\partial x_2} & \cdots & \frac{\partial y_1}{\partial x_n}\\ \frac{\partial y_2}{\partial x_1} & \frac{\partial y_2}{\partial x_2} & \cdots & \frac{\partial y_2}{\partial x_n}\\ \vdots & \vdots & & \vdots\\ \frac{\partial y_n}{\partial x_1} & \frac{\partial y_n}{\partial x_2} & \cdots & \frac{\partial y_n}{\partial x_n}\end{bmatrix}\right|_{x=x^{(0)}}\qquad \boldsymbol{J}\in\boldsymbol{R}^{n\times n} \tag{1-73}$$

即雅可比矩阵

$$\boldsymbol{H}=\left[\begin{array}{cccc:cccc:c:cccc}\frac{\partial^2 y_1}{\partial x_1\partial x_1} & \frac{\partial^2 y_1}{\partial x_1\partial x_2} & \cdots & \frac{\partial^2 y_1}{\partial x_1\partial x_n} & \frac{\partial^2 y_1}{\partial x_2\partial x_1} & \frac{\partial^2 y_1}{\partial x_2\partial x_2} & \cdots & \frac{\partial^2 y_1}{\partial x_2\partial x_n} & \cdots & \frac{\partial^2 y_1}{\partial x_n\partial x_1} & \frac{\partial^2 y_1}{\partial x_n\partial x_2} & \cdots & \frac{\partial^2 y_1}{\partial x_n\partial x_n}\\ \frac{\partial^2 y_2}{\partial x_1\partial x_1} & \frac{\partial^2 y_2}{\partial x_1\partial x_2} & \cdots & \frac{\partial^2 y_2}{\partial x_1\partial x_2} & \frac{\partial^2 y_2}{\partial x_2\partial x_1} & \frac{\partial^2 y_2}{\partial x_2\partial x_2} & \cdots & \frac{\partial^2 y_2}{\partial x_2\partial x_n} & \cdots & \frac{\partial^2 y_2}{\partial x_n\partial x_1} & \frac{\partial^2 y_2}{\partial x_n\partial x_2} & \cdots & \frac{\partial^2 y_2}{\partial x_n\partial x_n}\\ \vdots & \vdots & & \vdots & \vdots & \vdots & & \vdots & & \vdots & \vdots & & \vdots\\ \frac{\partial^2 y_n}{\partial x_1\partial x_1} & \frac{\partial^2 y_n}{\partial x_1\partial x_2} & \cdots & \frac{\partial^2 y_n}{\partial x_1\partial x_n} & \frac{\partial^2 y_n}{\partial x_2\partial x_1} & \frac{\partial^2 y_n}{\partial x_2\partial x_2} & \cdots & \frac{\partial^2 y_n}{\partial x_2\partial x_n} & \cdots & \frac{\partial^2 y_n}{\partial x_n\partial x_1} & \frac{\partial^2 y_n}{\partial x_n\partial x_2} & \cdots & \frac{\partial^2 y_n}{\partial x_n\partial x_n}\end{array}\right]$$

$$\boldsymbol{H}\in\boldsymbol{R}^{n\times n^2} \tag{1-74}$$

H 是一个常数矩阵，其阶数很高，但高度稀疏。注意若式（1-72）中略去第三项，就成为通常的牛顿法的展开式。

式（1-72）的第三项相当复杂，研究表明可以进一步将式（1-72）改写成

$$\boldsymbol{y}^s=\boldsymbol{y}(\boldsymbol{x}^{(0)})+\boldsymbol{J}\Delta\boldsymbol{x}+\boldsymbol{y}(\Delta\boldsymbol{x}) \tag{1-75}$$

现证明如下：

将 x_i 写成 $x_i=x_i^{(0)}+\Delta x_i$，于是

$$\begin{aligned} x_i x_j &= (x_i^{(0)}+\Delta x_i)(x_j^{(0)}+\Delta x_j) \\ &= x_i^{(0)}x_j^{(0)}+x_i^{(0)}\Delta x_j+x_j^{(0)}\Delta x_i+\Delta x_i\Delta x_j \end{aligned} \tag{1-76}$$

将式（1-76）代入式（1-68），则在 $x^{(0)}$ 附近，式（1-68）除了可用泰勒展开式表示外，还可写成下面的形式

$$\boldsymbol{y}^{s}=\boldsymbol{A}\begin{bmatrix} x_1^{(0)}x_1^{(0)} \\ x_1^{(0)}x_2^{(0)} \\ \vdots \\ x_i^{(0)}x_j^{(0)} \\ \vdots \\ x_n^{(0)}x_n^{(0)} \end{bmatrix}+\boldsymbol{A}\begin{bmatrix} x_1^{(0)}\Delta x_1 \\ x_1^{(0)}\Delta x_2 \\ \vdots \\ x_i^{(0)}\Delta x_j \\ \vdots \\ x_n^{(0)}\Delta x_n \end{bmatrix}+\boldsymbol{A}\begin{bmatrix} \Delta x_1 x_1^{(0)} \\ \Delta x_1 x_2^{(0)} \\ \vdots \\ \Delta x_i x_j^{(0)} \\ \vdots \\ \Delta x_n x_n^{(0)} \end{bmatrix}+\boldsymbol{A}\begin{bmatrix} \Delta x_1\Delta x_1 \\ \Delta x_1\Delta x_2 \\ \vdots \\ \Delta x_i\Delta x_j \\ \vdots \\ \Delta x_n\Delta x_n \end{bmatrix} \tag{1-77}$$

式（1-77）和式（1-72）应该是完全等价的。

首先，分析式（1-77）中的第一项，根据式（1-68）可见，它就是 $y(x^{(0)})$，和式（1-72）的第一项相同。

其次，由以下的分析可见，式（1-77）的第二项、第三项之和同式（1-72）的第二项是相同的。因为从式（1-78）可见，式（1-72）的第二项展开后是向量函数 $\boldsymbol{y}(\boldsymbol{x})$ 在 $\boldsymbol{x}=\boldsymbol{x}^{(0)}$ 处的全微分。

$$\boldsymbol{J}\Delta\boldsymbol{x}=\begin{bmatrix} \frac{\partial y_1}{\partial x_1}\Delta x_1 & + & \frac{\partial y_1}{\partial x_2}\Delta x_2 & + & \cdots & + & \frac{\partial y_1}{\partial x_n}\Delta x_n \\ \frac{\partial y_2}{\partial x_1}\Delta x_1 & + & \frac{\partial y_2}{\partial x_2}\Delta x_2 & + & \cdots & + & \frac{\partial y_2}{\partial x_n}\Delta x_n \\ \vdots & & \vdots & & & & \vdots \\ \frac{\partial y_n}{\partial x_1}\Delta x_1 & + & \frac{\partial y_n}{\partial x_2}\Delta x_2 & + & \cdots & + & \frac{\partial y_n}{\partial x_n}\Delta x_n \end{bmatrix}_{x=x^{(0)}} \tag{1-78}$$

再研究式（1-68）右端变量列向量中任一元素的全微分

$$\mathrm{d}(x_i x_j)=\frac{\partial(x_i x_j)}{\partial x_i}\Delta x_i+\frac{\partial(x_i x_j)}{\partial x_j}\Delta x_j=x_j\Delta x_i+x_i\Delta x_j$$

于是，根据式（1-68），$\boldsymbol{y}(\boldsymbol{x})$ 在 $\boldsymbol{x}=\boldsymbol{x}^{(0)}$ 处的全微分也可以表示为

$$A\begin{bmatrix} x_1^{(0)}\Delta x_1+\Delta x_1 x_1^{(0)} \\ x_1^{(0)}\Delta x_2+\Delta x_1 x_2^{(0)} \\ \vdots \\ x_i^{(0)}\Delta x_j+\Delta x_i x_j^{(0)} \\ \vdots \\ x_n^{(0)}\Delta x_n+\Delta x_n x_n^{(0)} \end{bmatrix} \tag{1-79}$$

由式（1-79）可以看出，式（1-77）的第二项加上第三项就和式（1-72）的第二项

相等。

最后剩下式（1-77）的第四项，根据式（1-68），它可以写成 $\boldsymbol{y}(\Delta\boldsymbol{x})$ 的形式，就必然和式（1-72）的第三项相等。因此泰勒级数展开式的第三项可以写成和第一项相同的函数表示式，仅变量不同，以 $\Delta\boldsymbol{x}$ 取代 $\boldsymbol{x}^{(0)}$ 而已。至此证明了式（1-75）的成立。

式（1-75）的推出促成了本算法的突破，因为可以非常方便地计算二阶项。值得指出的是该式是一个很重要的关系式，今后在研究其他算法时将多次引用。

3. 数值计算迭代公式

式（1-75）是一个以 $\Delta\boldsymbol{x}$ 作为变量的二次代数方程组，从一定的初值 $\boldsymbol{x}^{(0)}$ 出发，求解满足该式的 $\Delta\boldsymbol{x}$ 仍然要采用迭代的方法。式（1-75）可改写成

$$\Delta\boldsymbol{x} = -\boldsymbol{J}^{-1}[\boldsymbol{y}(\boldsymbol{x}^{(0)}) - \boldsymbol{y}^{s} + \boldsymbol{y}(\Delta\boldsymbol{x})] \tag{1-80}$$

于是算法的具体迭代公式为

$$\Delta\boldsymbol{x}^{(k+1)} = -\boldsymbol{J}^{-1}[\boldsymbol{y}(\boldsymbol{x}^{(0)}) - \boldsymbol{y}^{s} + \boldsymbol{y}(\Delta\boldsymbol{x}^{(k)})] \tag{1-81}$$

式中：k 表示迭代次数；$\boldsymbol{J}$ 为按 $\boldsymbol{x}=\boldsymbol{x}^{(0)}$ 估计而得。

在进行第一次迭代时，$k=0$，令 $\boldsymbol{y}=(\Delta\boldsymbol{x}^{(0)})=0$，于是和牛顿法的第一次迭代计算完全相同。

算法的收敛判据为

$$\max_{i} |\Delta x_i^{(k+1)} - \Delta x_i^{(k)}| < \varepsilon \tag{1-82}$$

也可以采用相继二次迭代的二阶项之差，作为收敛判据，即

$$\max_{i} |y_i(\Delta x_i^{(k+1)}) - y_i(\Delta x_i^{(k)})| < \varepsilon \tag{1-83}$$

保留非线性快速潮流算法的原理框图如图 1-8 所示。

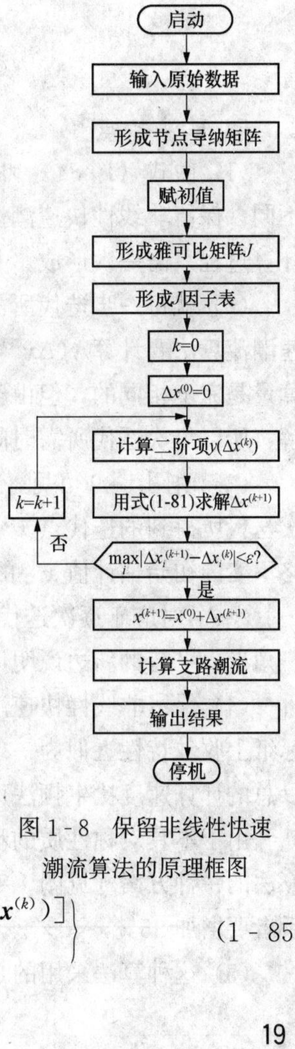

图 1-8 保留非线性快速潮流算法的原理框图

由下述讨论可知，相继二次迭代的二阶项之差等于最新迭代点处的函数偏差值，其具体的量有 ΔP_i、ΔQ_i、ΔU_i^2 等，因而式（1-83）是比式（1-82）更合理的收敛判据。

4. 算法特点及性能估计

下面同牛顿法进行比较而得到保留非线性快速潮流算法的特点。

设求解的方程为

$$\boldsymbol{f}(\boldsymbol{x}) = \boldsymbol{y}(\boldsymbol{x}) - \boldsymbol{y}^{s} = 0$$

牛顿法的迭代公式为

$$\left.\begin{aligned} \Delta\boldsymbol{x}^{(k)} &= -[\boldsymbol{J}(\boldsymbol{x}^{(k)})]^{-1}[\boldsymbol{y}(\boldsymbol{x}^{(k)}) - \boldsymbol{y}^{s}] \\ \boldsymbol{x}^{(k+1)} &= \boldsymbol{x}^{(k)} + \Delta\boldsymbol{x}^{(k)} \end{aligned}\right\} \tag{1-84}$$

保留非线性快速潮流算法的迭代公式为

$$\left.\begin{aligned} \Delta\boldsymbol{x}^{(k+1)} &= -[\boldsymbol{J}(\boldsymbol{x}^{(0)})]^{-1}[\boldsymbol{y}(\boldsymbol{x}^{(0)}) - \boldsymbol{y}^{s} + \boldsymbol{y}(\Delta\boldsymbol{x}^{(k)})] \\ \boldsymbol{x}^{(k+1)} &= \boldsymbol{x}^{(0)} + \Delta\boldsymbol{x}^{(k+1)} \end{aligned}\right\} \tag{1-85}$$

图 1-9 表示了两种算法的迭代过程。

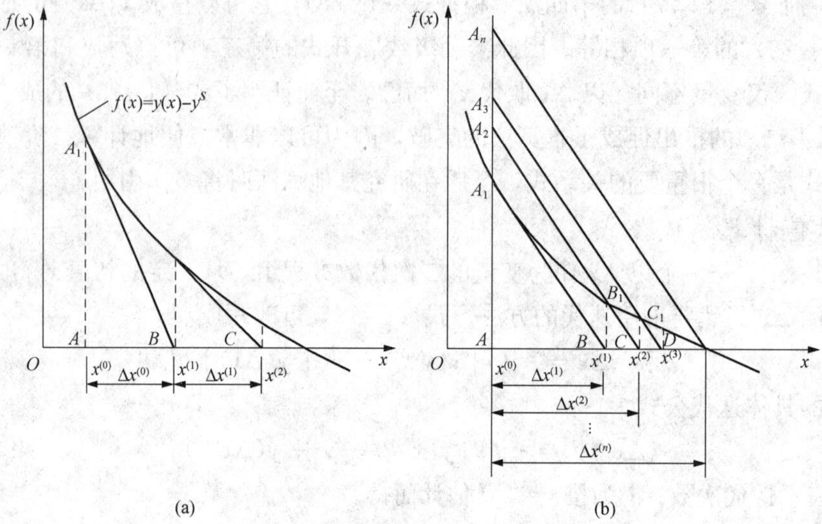

图 1-9　两种算法迭代过程的比较

(a) 牛顿法迭代过程；(b) 保留非线性法迭代过程

5. 算法特点

(1) 由式 (1-84) 和式 (1-85) 可见，与牛顿法的在迭代过程中变化的雅可比矩阵不同，保留非线性快速潮流算法采用的是用初值 $x^{(0)}$ 计算而得的恒定雅可比矩阵，整个计算过程只需一次形成，并用三角分解构成因子表。

(2) 就每一步迭代所需的计算量而言，牛顿法要重新计算 $\boldsymbol{y}(\boldsymbol{x}^{(k)})$，而保留非线性快速潮流算法要计算 $\boldsymbol{y}(\Delta\boldsymbol{x}^{(k)})$，由于计算函数式完全相同，仅变量不同，所以这部分的计算量是完全相同的，但由于保留非线性快速潮流算法不需重新形成雅可比矩阵并三角分解，所以每次迭代所需时间可以节省很多。

(3) 由图 1-9 可见，两种算法的 $\Delta\boldsymbol{x}$ 的含义是不同的。牛顿法的 $\Delta\boldsymbol{x}^{(k)}$ 是相对于上一次迭代所得到的迭代点 $\boldsymbol{x}^{(k)}$ 的修正量；而保留非线性快速潮流算法的 $\Delta\boldsymbol{x}^{(k)}$ 则是相对于始终不变的初始估计值 $\boldsymbol{x}^{(0)}$ 的修正量。图 1-9 中 AA_1 对应于 $y(\boldsymbol{x}^{(0)})-\boldsymbol{y}^s$，$A_1A_2$、$A_1A_3$、…、$A_1A_n$ 对应于逐次迭代中变化着的二阶项 $y(\Delta\boldsymbol{x})$；逐次迭代就对应于求解一系列相似三角形，平行的斜边说明用的是和第一次迭代同样的恒定不变的雅可比矩阵。

(4) 保留非线性快速潮流算法达到收敛所需的迭代次数比牛顿法要多，在半对数坐标纸上收敛特性近似为一条直线。但由于每次迭代所需的计算量比牛顿法节省很多，所以总的计算速度比牛顿法可提高很多，接近 P-Q 分解法。

由于不具对称性质的雅可比矩阵经三角分解后，其上下三角元素都需要保存，和牛顿法的一种方案（见图 1-1）仅需保存上三角元素相比，此算法所需的矩阵存储量将较后者要增加 35%～40%。

(5) 这种算法采用的是精确的数学模型，算法推导过程中没有做任何近似，因此计算实践表明对于具有大比值元件的系统以及具有串联电容支路的系统，这种算法较之P-Q分解法具有更好的收敛可靠性。

另外，由于利用以初始值计算得到的恒定雅可比矩阵进行迭代，初始值的选择对保留非线性快速潮流算法的收敛特性有很大影响。

1.5 最小化潮流算法

在上述讨论中，潮流计算问题归结为求解一个非线性代数方程组，通过与电力系统物理特性相结合，提出了多种求解该方程组的有效算法。但在实际计算中，对于一些病态系统（如重负荷系统、具有梳子状放射结构网络的系统以及具有邻近多根运行条件的系统等），往往会出现计算过程振荡甚至不收敛的现象。在这种情况下，人们往往很难判定出现这些现象究竟是由于潮流算法本身不够完善而导致计算失败，还是从一定的初值出发，在给定的运行条件下，从数学上来讲，非线性的潮流方程组本来就是无解的（或者无实数解）。

20世纪60年代末，参考文献［11、12］提出了潮流计算问题在数学上可以表示为求某一个由潮流方程构成的函数（称为目标函数）的最小值问题，并以此来代替代数方程组的直接求解。这就形成了一种采用数学规划或最小化技术的、和前面介绍的各种算法在原理上完全不同的方法，称之为非线性规划潮流计算法。用这种方法计算潮流的一个显著特点是从原理上保证了计算过程不会发散。在给定的条件下，只要潮流问题有解，则上述的目标函数最小值就迅速趋近于零；如果从某一个初值出发，潮流问题无解，则目标函数先是逐渐减小，但最后却停留在一个不为零的正值上。这便有效地解决了病态电力系统的潮流计算，并为给定条件下潮流问题的有解与无解提供了一个明确的判断途径。

早期的应用数学规划方法的非线性规划潮流算法在内存需求量和计算速度方面都无法和本章前面介绍过的各种潮流算法竞争，因而未得到实际推广应用。以后，参考文献［20］、［21］相继对非线性规划中的两个方面进行了改进，将数学规划原理和常规的牛顿潮流算法有机地结合起来，形成了一种新的潮流计算方法——带有最优乘子的牛顿算法，通常简称为最优乘子法。这种算法能有效地解决病态电力系统的潮流计算问题，并已得到广泛使用。

1.5.1 潮流计算和非线性规划

将潮流计算问题概括为求解如下的非线性代数方程组

$$f_i(x)=g_i(x)-b_i=0 \qquad (i=1,2,\cdots,n) \tag{1-86}$$

或

$$\boldsymbol{f}(\boldsymbol{x})=0 \tag{1-87}$$

式中：$\boldsymbol{x}$ 为待求变量组成的 n 维向量，$\boldsymbol{x}=[x_1,\ x_2,\ \cdots,\ x_n]^{\mathrm{T}}$；$b_i$ 为给定的常量。

构造标量函数为

$$\boldsymbol{F}(\boldsymbol{x})=\sum_{i=1}^{n}f_i\ (\boldsymbol{x})^2=\sum_{i=1}^{n}\ (g_i(\boldsymbol{x})-b_i)^2 \tag{1-88}$$

或
$$F(x)=[f(x)]^{T}f(x) \tag{1-89}$$

如以式（1-87）表示的非线性代数方程组的解存在，则以平方和形式出现的以式（1-88）表示的标量函数 $\boldsymbol{F}(\boldsymbol{x})$ 的最小值应该为零。若最小值不为零，则说明不存在满足原方程组式（1-87）的解。这样，就把原来的解代数方程组的问题转化为求 $\boldsymbol{x}^*=[\boldsymbol{x}_1^*, x_2^*, \cdots, x_n^*]$，使 $F(\boldsymbol{x}^*)=\min$ 的问题。这里记使 $F(\boldsymbol{x})=\min$ 的 $\boldsymbol{x}$ 为 $\boldsymbol{x}^*$。于是，最小化方法就可用于电力系统潮流问题的求解，从而将潮流计算问题归为如下的非线性规划问题

$$\min \boldsymbol{F}(\boldsymbol{x}) \tag{1-90}$$

和非线性规划的标准形式相比，这里没有附加的约束条件，因此在数学规划中属于无约束非线性规划的范畴。

按照数学规划的方法，通常由下述步骤求出目标函数 $\boldsymbol{F}(\boldsymbol{x})$ 的极小点（设 k 为迭代次数）：

（1）确定初始估计值 $\boldsymbol{x}^{(0)}$。

（2）置迭代次数 $k=0$。

（3）从 $\boldsymbol{x}^{(k)}$ 出发，按照能使目标函数下降的原则，确定一个搜索或寻优方向 $\Delta\boldsymbol{x}^{(k)}$。

（4）沿着 $\Delta\boldsymbol{x}^{(k)}$ 的方向确定能使目标函数下降最多的一个点，也就是决定移动的步长。由此得到一个新的迭代点

$$\boldsymbol{x}^{(k+1)}=\boldsymbol{x}^{(k)}+\mu^{(k)}\Delta\boldsymbol{x}^{(k)} \tag{1-91}$$

式中：μ 为步长因子，应选择 μ 的数值使目标函数下降最多，用算式表示，即为

$$\begin{aligned}F^{(k+1)}&=F(\boldsymbol{x}^{(k+1)})=F(\boldsymbol{x}^{(k)}+\mu^{*(k)}\Delta\boldsymbol{x}^{(k)})\\&=\min_{\mu}F(\boldsymbol{x}^{(k)}+\mu^{(k)}\Delta\boldsymbol{x}^{(k)})\end{aligned} \tag{1-92}$$

式（1-92）的含义是当 $\Delta\boldsymbol{x}^{(k)}$ 确定后，$F^{(k+1)}$ 是步长因子 $\mu^{(k)}$ 的一元函数。$\mu^{*(k)}$ 称为最优步长因子，可通过求 $F^{(k+1)}$ 对 $\mu^{(k)}$ 的极值得到。

（5）校验 $F(x^{(k+1)})<\varepsilon$ 是否成立。如成立，则 $\boldsymbol{x}^{(k+1)}$ 就是所要求的解；否则，令 $k=k+1$，转向步骤（3），重复循环计算。

图 1-10 所示为应用上述步骤求目标函数最小值的过程，这里假设变量向量是二维的，其中标有 $F^{(k)}=$定值的曲线族为等高线族，要求的极小点就是 $F^{(k)}=0$ 的点。

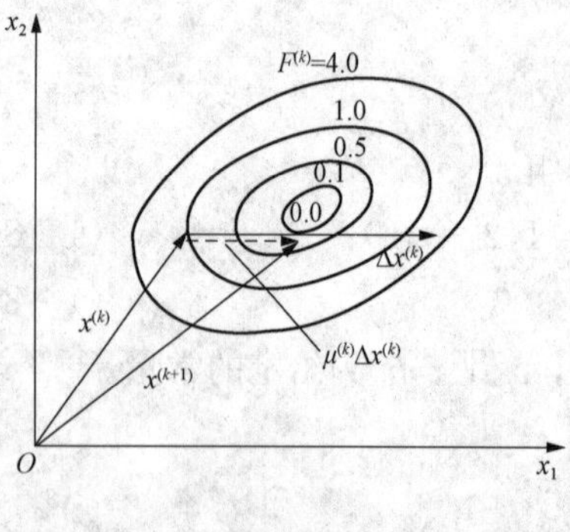

图 1-10　求目标函数最小点示意图

由上可见，为了求得问题的解，关键要解决以下两个问题：

（1）确定第 k 次迭代的搜索方向 $\Delta\boldsymbol{x}^{(k)}$。

（2）确定第 k 次迭代的最优步长因子 $\mu^{*(k)}$。

在早期的研究工作中，$\Delta\boldsymbol{x}^{(k)}$ 的确定曾经分别采用非线性规划无约束优化方法中的 Fletcher - Powell 法、海森矩阵法等；而最优步长因子的确定是一个

一维搜索过程，采用了三次插值等方法。但应用这些技术的非线性规划潮流算法由于所需的内存量和计算速度都不能和牛顿法等常规潮流计算方法相比，因此作为一种潮流算法并没有被普遍采用。但非线性规划的计算过程能对收敛过程加以控制，迭代过程总是使目标函数下降，永远不会发散，这些特点是牛顿法等常规潮流算法所没有的。

1.5.2　数学规划原理和牛顿潮流算法的结合——带最优乘子的牛顿潮流算法

为了改进非线性规划潮流算法，首先在决定搜索方向 $\Delta\boldsymbol{x}^{(k)}$ 的问题上，参考文献［20］提出了利用常规牛顿潮流算法每次迭代所求出的修正量向量

$$\Delta\boldsymbol{x}^{(k)} = -\boldsymbol{J}(\boldsymbol{x}^{(k)})^{-1}\boldsymbol{f}(\boldsymbol{x}^{(k)}) \tag{1-93}$$

作为搜索方向，并称之为目标函数在 $\boldsymbol{x}^{(k)}$ 处的牛顿方向。由于牛顿法的雅可比矩阵高度稀疏并且已有了一套行之有效的求解修正方程式的方法，因此在决定 $\Delta\boldsymbol{x}^{(k)}$ 时可以充分利用原来牛顿潮流算法在内存和计算速度方面的优势。

然后决定最优步长因子 $\mu^{*(k)}$。由式（1-92），对一定的 $\Delta x^{(k)}$，目标函数 $F^{(k+1)}$ 是 $\mu^{*(k)}$ 步长因子的一元函数

$$F^{(k+1)} = F(\boldsymbol{x}^{(k)} + \mu^{(k)}\Delta\boldsymbol{x}^{(k)}) = \Phi(\mu^{(k)}) \tag{1-94}$$

现在的问题是如何写出这个一元函数的解析表示式 $\Phi(\mu^{(k)})$。如果有了这样的式子，则 $\mu^{*(k)}$ 可以很容易地通过式（1-95）求得，即

$$\frac{\mathrm{d}F^{(k+1)}}{\mathrm{d}\mu^{(k)}} = \frac{\mathrm{d}\Phi(\mu^{(k)})}{\mathrm{d}\mu^{(k)}} = 0 \tag{1-95}$$

应用本章前面所提的式（1-75），提出了计算 $\mu^{*(k)}$ 的有效方法，说明如下。

由式（1-75），采用直角坐标的潮流方程的泰勒展开式可以精确地表示为

$$\boldsymbol{f}(\boldsymbol{x}) = \boldsymbol{y}^s - \boldsymbol{y}(\boldsymbol{x}) = \boldsymbol{y}^s - \boldsymbol{y}(\boldsymbol{x}^{(0)}) - \boldsymbol{J}(\boldsymbol{x}^{(0)})\Delta\boldsymbol{x} - \boldsymbol{y}(\Delta\boldsymbol{x}) = 0 \tag{1-96}$$

引入一个标量乘子 μ 以调节变量 x 的修正步长，于是式（1-96）可写为

$$\begin{aligned}\boldsymbol{f}(\boldsymbol{x}) &= \boldsymbol{y}^s - \boldsymbol{y}(\boldsymbol{x}^{(0)}) - \boldsymbol{J}(\boldsymbol{x}^{(0)})(\boldsymbol{\mu}\Delta\boldsymbol{x}) - \boldsymbol{y}(\boldsymbol{\mu}\Delta\boldsymbol{x}) \\ &= \boldsymbol{y}^s - \boldsymbol{y}(\boldsymbol{x}^{(0)}) - \boldsymbol{\mu}\boldsymbol{J}(\boldsymbol{x}^{(0)})\Delta\boldsymbol{x} - \boldsymbol{\mu}^2\boldsymbol{y}(\Delta\boldsymbol{x}) = 0\end{aligned} \tag{1-97}$$

式中　$f(x) = [f_1(x), f_2(x), \cdots, f_n(x)]^{\mathrm{T}}$

为使表达式简明起见，分别定义三个向量

$$\left.\begin{aligned}\boldsymbol{a} &= [a_1, a_2, \cdots, a_n]^{\mathrm{T}} = y^s - y(x^{(0)}) \\ \boldsymbol{b} &= [b_1, b_2, \cdots, b_n]^{\mathrm{T}} = -J(x^{(0)})\Delta x \\ \boldsymbol{c} &= [c_1, c_2, \cdots, c_n]^{\mathrm{T}} = -y(\Delta x)\end{aligned}\right\} \tag{1-98}$$

于是式（1-97）可简写为

$$\boldsymbol{f}(\boldsymbol{x}) = \boldsymbol{a} + \boldsymbol{\mu}\boldsymbol{b} + \boldsymbol{\mu}^2\boldsymbol{c} = 0 \tag{1-99}$$

将式（1-99）代入式（1-88），原来的目标函数可写为

$$\boldsymbol{F}(\boldsymbol{x}) = \sum_{i=1}^{n}\boldsymbol{f}_i(\boldsymbol{x})^2 = \sum_{i=1}^{n}(a_i + \mu b_i + \mu^2 c_i)^2 = \Phi(\mu) \tag{1-100}$$

将 $\boldsymbol{F}(\boldsymbol{x})$ 即 $\Phi(\mu)$ 对 μ 求导，并令其等于零，由此可以求得最优乘子 μ^*。

$$
\begin{aligned}
\frac{\mathrm{d}\Phi(\mu)}{\mathrm{d}\mu} &= \frac{\mathrm{d}}{\mathrm{d}\mu}\left[\sum_{i=1}^{n}(a_i+\mu b_i+\mu^2 c_i)^2\right] \\
&= 2\sum_{i=1}^{n}\left[(a_i+\mu b_i+\mu^2 c_i)(b_i+2\mu c_i)\right]=0
\end{aligned} \tag{1-101}
$$

将式（1-101）展开，可得

$$
g_0+g_1\mu+g_2\mu^2+g_3\mu^3=0 \tag{1-102}
$$

其中

$$
\left.\begin{aligned}
g_0 &= \sum_{i=1}^{n}(a_i b_i) \\
g_1 &= \sum_{i=1}^{n}(b_i^2+2a_i c_i) \\
g_2 &= 3\sum_{i=1}^{n}(b_i c_i) \\
g_3 &= 2\sum_{i=1}^{n}c_i^2
\end{aligned}\right\} \tag{1-103}
$$

式（1-102）是标量 μ 的三次代数方程式，可以用卡丹（Cardan）公式或牛顿法等求解，所解得的 μ 值就是待求的 $\mu^{*(k)}$。

以上介绍了从搜索方向 $\Delta \boldsymbol{x}$ 和最优步长因子 μ^* 两个方面对原有非线性规划潮流算法所做的改进。不难看到经过改进的算法实质上成为常规的牛顿潮流算法和计算最优乘子算法的结合。因此对于现有的采用直角坐标的牛顿法潮流程序，只需增加计算最优乘子的部分，就可以改造成为上述应用非线性规划原理的算法，使得潮流计算的收敛过程有效地得到控制。

具体来说，就是在现有的采用直角坐标的牛顿法潮流程序中间，插入图 1-11 中用虚线框起来的部分。图1-11 框 1 为原来牛顿法潮流程序中通过修正方程的求解而求得修正向量 $\Delta \boldsymbol{x}^{(k)}$，在这里将 $\Delta \boldsymbol{x}^{(k)}$ 用作本次迭代的搜索方向。然后通过框 2～4 求得最优乘子 $\mu^{*(k)}$，得到 $\mu^{*(k)}\Delta \boldsymbol{x}^{(k)}$ 后，在第 6 框中与 $\boldsymbol{x}^{(k)}$ 相加得到新的迭代点 $x^{(k+1)}$。

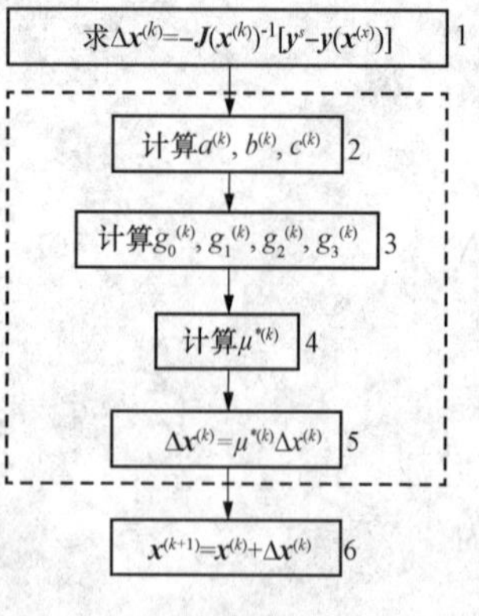

图 1-11　计算最优乘子的原理框图

另外，从下面的分析可见，为了计算最优乘子而增加的计算量是很少的。

按式（1-84），牛顿潮流算法第 k 次迭代修正量的计算公式可写为

$$
\boldsymbol{J}(\boldsymbol{x}^{(k)})\Delta \boldsymbol{x}^{(k)} = \boldsymbol{y}^s - \boldsymbol{y}(\boldsymbol{x}^{(k)}) \tag{1-104}
$$

对照式（1-98），式（1-104）等号左边为 $-b^{(k)}$，而等号右边等于 $a^{(k)}$；也就是说在求得第 k 次迭代的潮流方程偏差量 $\boldsymbol{y}^s-\boldsymbol{y}$（$\boldsymbol{x}^{(k)}$）后，$a^{(k)}$、$b^{(k)}$ 都已求得，为

了求μ^*只要再计算式（1-98）中的$\boldsymbol{c}^{(k)}=-\boldsymbol{y}(\Delta\boldsymbol{x}^{(k)})$，而它和$\boldsymbol{y}(\boldsymbol{x}^{(k)})$又具有相同的函数式，仅变量改成$\Delta\boldsymbol{x}^{(k)}$而已。

如做进一步的推导，还可看出第$k+1$次迭代的潮流方程偏差量（ΔP_i，ΔQ_i，ΔU_i^2等），可不必按$\boldsymbol{y}^s-\boldsymbol{y}(\boldsymbol{x}^{(k+1)})$的公式去直接计算，可以非常简便地由第$k$次迭代中已经求得的$a^{(k)}$、$b^{(k)}$、$c^{(k)}$及$\mu^{(k)}$计算而得

$$\begin{aligned}\boldsymbol{y}^s-\boldsymbol{y}(\boldsymbol{x}^{(k+1)}) &= \boldsymbol{y}^s-\boldsymbol{y}(\boldsymbol{x}^{(k)}+\mu^{(k)}\boldsymbol{x}^{(k)})\\ &= \boldsymbol{y}^s-[\boldsymbol{y}(\boldsymbol{x}^{(k)})+\mu^{(k)}\boldsymbol{J}(\boldsymbol{x}^{(k)})\Delta\boldsymbol{x}^{(k)}+(\mu^{(k)})^2\boldsymbol{y}(\Delta\boldsymbol{x}^{(k)})]\\ &= \boldsymbol{a}^{(k)}+\mu^{(k)}\boldsymbol{b}^{(k)}+(\mu^{(k)})2\boldsymbol{c}^{(k)}\end{aligned} \tag{1-105}$$

这样，如果在整个算法中纳入这个因素，则每一次迭代，从原来要先后计算较为繁复的$\boldsymbol{y}(\boldsymbol{x}^{(k+1)})$和$\boldsymbol{y}(\Delta\boldsymbol{x}^{(k)})$简化为仅需计算一次$\boldsymbol{y}(\Delta\boldsymbol{x}^{(k)})$，进一步减少了计算量。

最后，研究一下上述带有优乘子的牛顿潮流算法的具体应用问题，可分成三种不同的情况来讨论。

（1）从一定的初值出发，原来的潮流问题有解。当用带有最优乘子的牛顿潮流算法求解时，目标函数$F^{(x)}$将下降为零，$\mu^{(k)}$在经过几次迭代以后，稳定在1.0附近。

（2）从一定的初值出发，原来的潮流问题无解。这种情况下使用这种算法求解时，目标函数开始时也逐渐减小，但迭代到一定的次数后即停滞在某一个不为零的正值上，不能继续下降。$\mu^{(k)}$的值则逐渐减小，最后趋近于零。$\mu^{(k)}$趋近于零是所给的潮流问题无解的一个标志，因为这说明了$\Delta\boldsymbol{x}^{(k)}$有异常变化，只是由于存在着一个趋于零的$\mu^{(k)}$，才使得计算过程不致发散。

（3）有别于上面两种情况，当采用这个方法计算时，不论迭代多少次，$\mu^{(k)}$的值始终在1.0附近摆动，但目标函数却不能降为零或不断波动。$\mu^{(k)}$的值趋近于1.0说明了解的存在，而目标函数不能继续下降或产生波动可能是计算的精度不够所致，这时若改用双精度计算往往能解决问题。

由上可见，采用带有最优乘子的牛顿潮流算法以后，潮流计算不会发散，即从算法上保证了计算过程的收敛性，从而有效地解决了病态潮流的计算问题。而通过$\mu^{(k)}$的具体数值，提供了在给定的运算条件下，潮流问题是否存在解的一个判断标志。

1.6　潮流计算中的自动调整

前面介绍的各种潮流算法，构成了潮流程序的核心部分。除此之外，一些实用的潮流程序往往还附有模拟实际系统运行控制特点的自动调整计算功能。这些调整控制大都属于所谓的单一准则控制，即调整系统中单独的一个参数或变量使系统的某一个准则得到满足。这方面的具体例子如下：

（1）自动调整有载调压变压器的分抽头，以保持变压器某侧节点或某个远方节点的电压为规定的数值。

(2) 自动调整移相变压器的移相抽头，以保持通过该移相变压器的有功功率为规定值。

(3) 自动调整互联系统中某一个区域的一个（或数个）节点的有功出力，以保持本区域和其他区域间的净交换有功功率为规定的数值。

(4) PV 节点无功功率越界、PQ 节点电压越界的自动处理，负荷静态特性的考虑等也属于潮流计算中自动调整的范畴。

为了在潮流计算中引入自动调整，对于前述的单一准则控制问题，通常有以下两类方法：

第一类方法是按照所要保持的系统状态量 y^s 和当前的计算值 y 的差值大小，不断地在一次次迭代中改变某一个控制参数 x 的大小。x 大小的改变按照偏差反馈的原理进行，即

$$\Delta x = \alpha(y^s - y) \tag{1-106}$$

式中，常数 α 的选择对减少迭代次数、保证计算收敛有很大影响。这一类方法并不改变原来的潮流计算方程，算法的迭代矩阵以及变量的组成均无变化。但由于加入了调整，往往使达到收敛所需的迭代次数和无调整的潮流计算相比有较多增加，有时达到 2～3 倍。

第二类方法要改变原来潮流方程的构成，如增加或改写其中的一些方程式，为此待求变量的组成以及迭代矩阵（如雅可比矩阵等）的结构也有变化。属于这一类的一些比较成功的自动算法能使达到收敛所需的迭代次数非常接近无调整的算法。

各种潮流计算方法，往往要根据算法本身的特点，以不同的方式引入自动调整。本节着重介绍在牛顿法潮流算法中实现自动调整的有关方法。

1.6.1 PV 节点无功功率越界和 PQ 节点电压越界的处理

发电机节点及具有可调无功电源的节点，可被指定为 PV 节点。在潮流计算中，它们的无功出力 Q_i 可能会超出其出力限制值 Q_i^L（包括上界及下界）。为此，潮流程序必须对 PV 节点的无功出力加以监视并在出现越界时进行处理。

对于用牛顿算法的程序，当在迭代过程中发现无功功率越界时，即将这一节点转化为给定无功功率（$Q_i^s = Q_i^L$）的 PQ 节点。显然，这种节点类型的改换将导致修正方程结构的变化。对采用极坐标形式的修正方程将增加一个与 $\Delta Q_i = Q_i^L - Q_i$ 对应的方程式。而在采用直角坐标形式时，则用与 ΔQ_i 对应的方程式代替原来与 ΔU_i^2 对应的方程式。由于牛顿法每次迭代都要重新形成雅可比矩阵，因此就每一次迭代来说，采用这种节点形式转换的处理方法并不增加多少计算量。在随后的迭代过程中，若该节点的电压又高于（对应于原来 Q 越上界）或低于（对应于原来 Q 越下界）PV 节点的规定电压值 U_i^s 时，则该节点在下一次迭代中应重新转换成 PV 节点。

和 PV 节点无功功率越界相对应的是 PQ 节点的电压越界（包括越上界及下界）。PQ 节点的电压越界可以通过将该节点转换成 PV 节点的办法来处理，即将该节点的电压固

定在电压的上界或下界上。但这种处理方式的前提是该节点必须具有足够的无功调节能力（即有可调的无功电源，包括无功补偿设备），因而不是所有的 PQ 节点都可以这样处理。不难看到，这种节点形式的转换对修正方程带来的影响正好和前面一种形式的转换相反。在迭代过程中这种节点由 PV 节点再复原为 PQ 节点的判据是节点的实际无功功率计算值 Q 和原来给定的无功功率 Q_i^L 的差出现正值或负值（分别对应于原来节点电压越上界和越下界）。

无论是哪一种越界处理，都要待迭代收敛过程趋于平稳时才能进行。对牛顿法来说，一般在第二次迭代结束以后再进行。

1.6.2　带负荷调压变压器抽头的调整

带负荷调压变压器抽头的调整可以将变压器某一侧节点或某个远方节点的电压保持为指定的数值。因此在潮流计算中，这种变压器的变比 K 是依据上述要求而决定的可调节变量。按本节开始时的讨论，可以用两类不同的方法进行这种调整的潮流计算。

1. 第一种方法

在计算开始前对这类变压器预先选择一个适当的变比 K，用通常的牛顿法先迭代 2～3 次，目的是使迭代过程趋于平稳后再引入调整，避免计算过程的振荡。然后在后续的每两次迭代中间，插入变压器变比选择计算。具体做法是根据所要保持的节点 i 的电压 U_i^s，以及该次迭代（设为第 k 次）已求得的电压 $U_i^{(k)}$，通过式（1 - 107）计算变压器变比在（$k+1$）次迭代时所取的新值。

$$K^{(k+1)} = K^{(k)} + c(U_i^s - U_i^{(k)}) \tag{1-107}$$

式中：c 为常数，通常可取为 1.0。

重复计算直到前后两次迭代求得的 K 值的变化小于给定的很小的数并且潮流收敛为止。

K 的选择，应满足下列条件

$$K_{\min} \leqslant K \leqslant K_{\max} \tag{1-108}$$

式中：$K_{\max}$、$K_{\min}$ 分别为变压器变比的上、下限值。

这种方法仅仅在不含调整算法的两次迭代中间，插入以式（1 - 107）表示的变压器变比 K 的调整计算，方法比较简单，但引入调整以后，达到收敛所需的迭代次数往往比无调整的计算量要增加一倍以上。

2. 第二种方法

以下介绍一种能自动调整带负荷调节变压器变比的潮流算法，其属于前面讨论的第二类即自动调整算法，能使有调整潮流解所需的迭代次数和无调整的情况基本相同。下面结合一个简单系统来进行讨论。

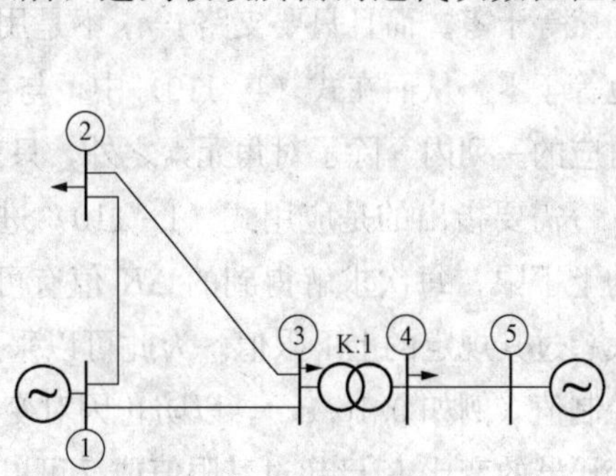

图 1 - 12　简单系统示例

图 1 - 12 中，节点 1 为 PV 节点，节点 2～4 为 PQ 节点，节点 5 为平衡节点。潮流计算中带

负荷调压变压器的变比应自动选择调整，使节点 3 的电压维持为给定值 U_3^s。

对于该系统，用常规牛顿法求解的修正方程式为

$$\begin{bmatrix} \Delta P_1 \\ \hdashline \Delta P_2 \\ \Delta Q_2 \\ \hdashline \Delta P_3 \\ \Delta Q_3 \\ \hdashline \Delta P_4 \\ \Delta Q_4 \end{bmatrix} = -\begin{bmatrix} H_{11} & H_{12} & N_{12} & H_{13} & N_{13} & & \\ H_{21} & H_{22} & N_{22} & H_{23} & N_{23} & & \\ M_{21} & M_{22} & L_{22} & M_{23} & L_{23} & & \\ H_{31} & H_{32} & N_{32} & H_{33} & N_{33} & H_{34} & N_{34} \\ M_{31} & M_{32} & L_{32} & M_{33} & L_{33} & M_{34} & L_{34} \\ & & & H_{43} & N_{43} & H_{44} & N_{44} \\ & & & M_{43} & L_{43} & M_{44} & L_{44} \end{bmatrix} \begin{bmatrix} \Delta\theta_1 \\ \hdashline \Delta\theta_2 \\ \Delta U_2/U_2 \\ \hdashline \Delta\theta_3 \\ \Delta U_3/U_3 \\ \hdashline \Delta\theta_4 \\ \Delta U_4/U_4 \end{bmatrix} \tag{1-109}$$

式中：H、N、M 和 L 的含义见式（1-29）～式（1-36）。

为了维持 $U_3=U_3^s$，在计算中将原变量 U_3 看成是等于 U_3^s 的一个常量，而以变压器变比 K 取代 U_3 成为变量，于是式（1-109）变为

$$\begin{bmatrix} \Delta P_1 \\ \hdashline \Delta P_2 \\ \Delta Q_2 \\ \hdashline \Delta P_3 \\ \Delta Q_3 \\ \hdashline \Delta P_4 \\ \Delta Q_4 \end{bmatrix} = -\begin{bmatrix} H_{11} & H_{12} & N_{12} & H_{13} & & & \\ H_{21} & H_{22} & N_{22} & H_{23} & & & \\ M_{21} & M_{22} & L_{22} & M_{23} & & & \\ H_{31} & H_{32} & N_{32} & H_{33} & C_{33} & H_{34} & N_{34} \\ M_{31} & M_{32} & L_{32} & M_{33} & D_{33} & M_{34} & L_{34} \\ & & & H_{43} & C_{43} & H_{44} & N_{44} \\ & & & M_{43} & D_{43} & M_{44} & L_{44} \end{bmatrix} \begin{bmatrix} \Delta\theta_1 \\ \hdashline \Delta\theta_2 \\ \Delta U_2/U_2 \\ \hdashline \Delta\theta_3 \\ \Delta K/K \\ \hdashline \Delta\theta_4 \\ \Delta U_4/U_4 \end{bmatrix} \tag{1-110}$$

其中

$$C_{ij} = K(\partial \Delta P_i / \partial K), D_{ij} = K(\partial \Delta Q_i / \partial K) \tag{1-111}$$

新变量 K 和原变量 U_3 不同，它不是一个节点量。变比 K 成为变量以后，根据非标准变比变压器的等值电路，与变压器支路端点 k、j 对应的节点自导纳 Y_{kk} 或 Y_{jj} 以及互导纳 Y_{kj} 将是变量 K 的函数，从而节点功率方程组中变压器端点 k 及 j 的节点功率表示式也包含变量 K。因此新的雅可比矩阵的结构具有以下特点，即当网络中不存在支路 $i-j$ 时，C_{ij} 及 D_{ij} 固然等于零。而且只要支路 $i-j$ 不是用来调整节点 j 电压的变压器支路时，那么 C_{ij} 及 D_{ij} 也等于零。从而在式（1-110）中，与被调整节点 j 的电压变量（现在是变压器变比 K）所对应的一列内，除了对角元素之外，只有一组非零非对角元素（C_{kj}、D_{kj}）。

需要指出的是应用式（1 110）进行牛顿迭代的过程中，并没有计及变压器变比 K 的上下限，每次求解得到的 ΔK 值有可能很大，以致经修正后得到的变比 K 的新值会大大超过其规定的上下限值。为此可以采用这样的方法，即限制每次的 ΔK 值不得超过一个控制值（例如 0.1p.u.），以防止因对变比过量的校正而引起发散或振荡。在迭代过程中当变压器的变比 K 已超过其限值或又可以退回其限值范围以内时，则应仿照上一小节中 PV、PQ 节点类型相互转换的办法，及时作式（1-109）及式（1-110）的相互转换，然后继续

求解。式（1-109）即对应于变比 K 固定在其上限或下限值上，而 U_3 则为变量。

1.6.3　互联系统区域间交换功率控制

互联系统区域间交换功率控制，也称联络线控制。在对由几个区域组成的互联系统进行研究时，往往要求其潮流解必须满足各区域间交换的净有功功率等于预先规定值这一约束条件。

进行计及区域间交换功率约束的潮流计算，和前面带负荷调压变压器变比的调整一样，也可以采用两种不同类型的方法。

1. 第一种方法

在互联系统的每个区域内（含有整个互联系统平衡节点的那个区域除外），都指定一台发电机作为调节发电机，通过这些发电机有功出力的调节以保证本区域的净交换有功功率为规定值。这些发电机在潮流计算中作 PV 节点处理，并分别给定一个有功出力作为其计算初值。下面介绍具体的计算步骤。

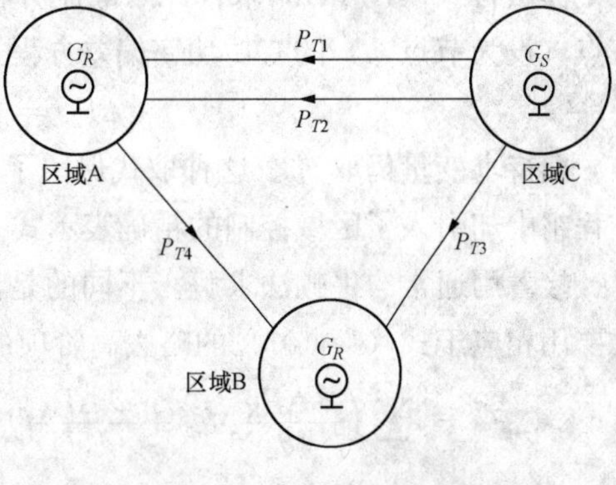

图 1-13　互联系统示意图

G_R—区域调节发电机；G_S—整个互联系统的平衡机

（1）进行常规潮流计算。由解得的节点电压可计算各联络线上的潮流，并由此求得各个区域的交换净有功功率值。以图 1-13 所示的互联系统为例，区域 A 和其他区域交换的第 k 次净有功功率 $P_A^{(k)}$ 可由式（1-112）求得

$$P_A^{(k)} = P_{T1}^{(k)} + P_{T2}^{(k)} - P_{T4}^{(k)} \quad (1-112)$$

式中：k 为迭代序数。

（2）求出每个区域的实际交换功率和该区域规定的交换功率之差（含有整个系统平衡节点的那个区域除外）。如对区域 A，有

$$\Delta P_A^{(k)} = P_A^s - P_A^{(k)} \quad (1-113)$$

式中：s 为规定值。

（3）确定在下一次迭代中各区域调节发电机有功功率的新估计值。如对区域 A 的调节发电机，其有功功率为

$$P_{A(GR)}^{(k+1)} = P_{A(GR)}^{(k)} + \alpha \Delta P_A^{(k)} \quad (1-114)$$

式中，对收敛较快的牛顿法，α 可取为 1。

（4）回到步骤（1），重复上述过程，直到各区域间的有功交换功率偏差 $\Delta P^{(k)}$ 小于或等于事先规定的误差允许值为止。

这种方法仅在原有潮流算法的两次迭代之间插入式（1-112）～式（1-114）所表示的区域调节发电机有功出力的调整计算，简单而容易实现。但比起无调整解来，达到收敛所需的迭代次数可能多达 3 倍甚至有时不收敛。

2. 第二种方法

在计算过程中自动控制区域间有功交换的算法。

以极坐标形式表示的支路潮流方程为

$$P_{ij}=U_iU_j(G_{ij}\cos\theta_{ij}+B_{ij}\sin\theta_{ij})-U_i^2G_{ij} \tag{1-115}$$

互联系统中某区域 K 经过若干联络线和其他区域交换的净有功功率为

$$P_K=\sum_{p=1}^{l}\{U_{ip}U_{jp}[G_{ip-jp}\cos(\theta_{ip}-\theta_{jp})+B_{ip-jp}\sin(\theta_{ip}-\theta_{jp})]-U_{ip}^2G_{ip-jp}\} \tag{1-116}$$

式中：ip 为联络线 p 在区域 K 内的端节点号；jp 为联络线 p 在其他区域内的端节点号；l 为区域 K 通往其他区域的联络线总数。

潮流解应该满足 P_K 等于预先规定的区域 K 的净有功功率交换值 P_K^s 这一条件，即

$$\begin{aligned}\Delta P_K&=P_K-P_K^s\\&=\sum_{p=1}^{l}\{U_{ip}U_{jp}[G_{ip-jp}\cos(\theta_{ip}-\theta_{jp})+B_{ip-jp}\sin(\theta_{ip}-\theta_{jp})]-U_{ip}^2G_{ip-jp}\}-P_K^s=0\end{aligned} \tag{1-117}$$

这个算法将式（1-117）取代原来潮流方程组中已作 PU 节点处理的区域 K 调节发电机节点（设为节点 m）的有功功率偏差方程式

$$\Delta P_m=P_m-P_m^s=0 \tag{1-118}$$

而待求变量仍取 θ_m。这种取代保留了原来的变量，方程式的数目也相同，但在潮流方程组中却引入了区域控制的精确表示式。

接着用通常的牛顿法求解。不同的是，修正方程组中原来对应于调节发电机的方程式要用相应于式（1-107）的略去高阶项的泰勒展开式来代替，即

$$\Delta P_K=\sum_{p=1}^{l}\left(\frac{\partial\Delta P_K}{\partial\theta_{ip}}\Delta\theta_{ip}+\frac{\partial\Delta P_K}{\partial U_{ip}}U_{ip}\frac{\Delta U_{ip}}{U_{ip}}+\frac{\partial\Delta P_K}{\partial U_{jp}}\Delta\theta_{jp}+\frac{\partial\Delta P_K}{\partial U_{jp}}U_{jp}\frac{\Delta U_{jp}}{U_{jp}}\right) \tag{1-119}$$

与第一种方法比较，这个算法可使计及区域间交换功率控制的潮流计算所需的迭代次数大大减少。

应该注意的是，当用式（1-117）替代原来的式（1-118）后，如果被指定作为区域调节发电机的节点 m 并非本区域和其他区域的联络线的端节点时，由于要保持恒定的区域间交换净有功功率 P_K 的表示式（1-116）中仅包含各联络线端节点的电压相角变量而没有 θ_m，因此在雅可比矩阵的这一行上将出现对角元 $\partial\Delta P_K/\partial\theta_m=0$ 的情况，这将使求解修正方程的高斯消元过程发生困难。解决这个问题的一种办法是通过消元顺序的重新安排，使得在具体轮到该行进行消元时，在原来是零元素的位置上，保证已注入了一个非零元素。

1.6.4 负荷静态特性的考虑

电力系统的负荷从系统吸取的有功及无功功率一般要随着其端电压的变化而有所改变。因此在进行潮流计算时，各节点所给定的负荷功率值严格地讲只有在预定的电压下才有意义。为了使潮流计算的结果能正确反映系统的实际情况，除了对那些具有调压设

备而能保持其端电压不变的节点可以认为其功率是恒定的之外，一般应计及节点负荷的电压静态特性，即

$$\left.\begin{aligned}P_L &= f_1(U_L)\\ Q_L &= f_2(U_L)\end{aligned}\right\} \tag{1-120}$$

由于各节点负荷的组成及特性千变万化，要精确地写出各节点负荷的负荷—电压特性表示式是困难的。因此，在潮流计算中，可采用下述近似模型。

(1) 用指数函数表示

$$\left.\begin{aligned}P_i^s &= P_{i0}^s\,(U_i/U_{i0})^p\\ Q_i^s &= Q_{i0}^s\,(U_i/U_{i0})^q\end{aligned}\right\} \tag{1-121}$$

(2) 用多项式表示

$$\left.\begin{aligned}P_i^s &= [a_1 + b_1(U_i/U_{i0}) + c_1\,(U_i/U_{i0})^2]P_{i0}^s\\ Q_i^s &= [a_2 + b_2(U_i/U_{i0}) + c_2\,(U_i/U_{i0})^2]Q_{i0}^s\end{aligned}\right\} \tag{1-122}$$

式（1-121）、式（1-122）中，下标0表示正常值；P_{i0}^s、Q_{i0}^s分别表示节点电压为U_{i0}时的节点有功、无功功率给定值。该两式中的常数 p、q、a_1、b_1、c_1及a_2、b_2、c_2应由现场试验测定。在缺乏具体数据的情况下，可近似地取经验数据，如取 $p=1$ 和 $q=2$ 等。

无论采用何种负荷静态特性模型，在进行潮流计算时，原来潮流方程式（1-26）和式（1-27）中（以采用极坐标的为例）具有定值的P_i^s、Q_i^s 必须用式（1-121）和式（1-122）中有关表示式取代。以采用多项式的模型为例，潮流方程式（1-26）和式（1-27）将改写成如下形式

$$\left.\begin{aligned}&[a_1 + b_1(U_i/U_{i0}) + c_1\,(U_i/U_{i0})^2]P_{i0}^s - U_i\sum_{j\in i}U_j(G_{ij}\cos\theta_{ij} + B_{ij}\sin\theta_{ij}) = \Delta P_i = 0\\ &[a_2 + b_2(U_i/U_{i0}) + c_2\,(U_i/U_{i0})^2]Q_{i0}^s - U_i\sum_{j\in i}U_j(G_{ij}\sin\theta_{ij} - B_{ij}\cos\theta_{ij}) = \Delta Q_i = 0\end{aligned}\right\} \tag{1-123}$$

这样，在用牛顿法求解时，雅可比矩阵元素 N_{ii}、L_{ii} 的表示式将不同于式（1-32）及式（1-36），但其他元素的表示式和计算步骤与不计负荷特性时无大差别，所以计及负荷静态特性并不会给潮流计算带来特殊的困难。一般说来，潮流计算中计及负荷静态特性对计算的收敛性是有利的。

1.7 最优潮流问题

前面介绍的潮流计算，可以归结为针对一定的扰动变量 $\boldsymbol{p}$（负荷情况），根据给定的控制变量 $\boldsymbol{u}$（如发电机的有功出力、无功出力或节点电压模值等），求出相应的状态变量 $\boldsymbol{x}$（如节点电压模值及角度），这样通过一次潮流计算得到的潮流解决定了电力系统的一个运行状态，这种潮流计算称为基本潮流（或常规潮流）计算。一次基本潮流计算的结

果主要满足了潮流方程式或者变量间等式约束条件

$$\boldsymbol{f}(\boldsymbol{x},\boldsymbol{u},\boldsymbol{p})=0 \tag{1-124}$$

但由此所决定的运行状态可能由于某些状态或者作为 $\boldsymbol{u}$、$\boldsymbol{x}$ 函数的其他变量在数值上超出了它们所容许的运行限值（即不满足不等式约束条件），因而在技术上是不可行的。对此工程实际上常用的方法是调整某些控制变量的给定值，重新进行基本潮流计算，这样反复进行，直到所有的约束条件都满足为止。这样便得到了一个技术上可行的潮流解。由于系统的状态变量及有关函数变量的上下限值间有一定的间距，控制变量也可以在一定的容许范围内调节，因而对某一种负荷情况，理论上可以同时存在众多技术上都能满足要求的可行潮流解，每一个潮流解对应于系统的一个特定运行方式，具有相应总体的经济上或技术上的性能指标（如系统总的燃料消耗量、系统总的网损等）。为了优化系统的运行，需要从所有可行潮流解中挑出上述性能指标最佳的一个方案，这就是本节要讨论的最优潮流问题。所谓最优潮流，就是当系统的结构参数及负荷情况给定时，通过控制变量的优选，找到的能满足所有指定约束条件，并使系统性能指标或目标函数达到最优的潮流分布。

最优潮流和基本潮流相比具有以下不同点。

（1）基本潮流计算时控制变量 $\boldsymbol{u}$ 是事先给定的；而最优潮流中的 $\boldsymbol{u}$ 则是待优选的变量，因此在最优潮流模型中必然有一个作为 $\boldsymbol{u}$ 优选准则的目标函数。

（2）最优潮流计算除了满足潮流方程这一等式约束条件之外，还必须满足与运行限制有关的大量不等式约束条件。

（3）基本潮流计算是求解非线性代数方程组；而最优潮流计算的模型从数学上讲是一个非线性规划问题，因此需要采用最优化方法来求解。

（4）基本潮流计算完成的仅仅是一种计算功能，即从给定的 $\boldsymbol{u}$ 求出相应的 $\boldsymbol{x}$；而最优潮流计算则能够根据特定目标函数并在满足相应约束条件的情况下，自动优选控制变量，这便具有指导系统进行优化调整的决策功能。

电力系统最优潮流的历史发展过程可以回溯到 20 世纪 60 年代初期，由于基于协调方程式的经典经济调度方法虽然具有方法简单、计算速度快、适于实时应用等优点，但协调方程式在处理节点电压越界及线路过负荷等安全约束的问题上却显得无能为力。随着电力系统规模的日益扩大以及一些特大事故的发生，电力系统运行安全性问题被提到一个新的高度上来加以重视。因此，人们越来越迫切地要求将经济和安全问题统一起来考虑。而以数学规划问题作为基本模式的最优潮流在约束条件的处理上具有很强的能力。最优潮流能够在模型中引入能表示成状态变量和控制变量函数的各种不等式约束，将电力系统对于经济性、安全性以及电能质量三方面的要求，完美地统一起来，所以从它诞生之日起，便受到了广泛的重视。

建立在严格数学基础上的最优潮流模型首先是由法国人 Carpentier 于 20 世纪 60 年代提出的。多年来，广大学者对最优潮流问题进行了大量研究，这方面的文献十分浩瀚。这些研究工作，除了提出采用不同的目标函数和约束条件，构成不同应用范围的最优潮流模型之外，更大量的是从改善收敛性能、提高计算速度等目的出发而提出的最优潮流计算的各种模型和求解算法。

本节在对最优潮流的数学模型进行讨论以后，将主要介绍采用非线性规划方法的两种最重要的最优潮流算法，然后介绍解耦原理在最优潮流计算中的应用。

1.7.1 最优潮流的数学模型

这里先讨论最优潮流问题的一般数学模型。

1. 最优潮流的变量

在一些最优潮流的算法中，常将所涉及的变量分成状态变量（$\boldsymbol{x}$）及控制变量（$\boldsymbol{u}$）两类。

控制变量通常由调度人员可以调整、控制的变量组成。控制变量确定以后，状态变量就可以通过潮流计算确定下来。

常用的控制变量如下：

(1) 除平衡节点外，其他发电机的有功出力。

(2) 所有发电机节点（包括平衡节点）及具有可调无功补偿设备节点的电压模值。

(3) 带负荷调压变压器的变比。

状态变量由经潮流计算才能求得的变量组成，常见的如下：

(1) 除平衡节点外，其他所有节点的电压相角。

(2) 除发电机节点以及具有可调无功补偿设备节点之外，其他所有节点的电压模值。

有的也采用发电机节点及具有可调无功补偿设备节点的无功出力作为控制变量，则它们相应的节点电压模值就要改作为状态变量。值得指出的是在某些最优潮流的文献中，往往将可以通过潮流计算而求得的作为状态变量 $\boldsymbol{x}$ 及控制变量 $\boldsymbol{u}$ 函数的其他变量，也统称为状态变量。

2. 最优潮流的目标函数

最优潮流的目标函数可以是任何一种按特定的应用目的而定义的标量函数，常用的目标函数包括以下两种。

(1) 全系统发电燃料总耗量（或总费用）

$$f = \sum_{i \in NG} K_i(P_{Gi}) \tag{1-125}$$

式中：NG 为全系统发电机的集合，其中包括平衡节点 s 的发电机组；K_i（P_{Gi}）为发电机组 G_i 的耗量特性，可以采用线性、二次或更高次的函数关系式。

由于平衡节点 s 的电源有功出力不是控制变量，其节点注入功率必须通过潮流计算才能决定，是节点电压模值 U 及相角 θ 的函数，于是有

$$P_{Gs} = P_s(\boldsymbol{U}, \boldsymbol{\theta}) + P_{Ls} \tag{1-126}$$

式中：P_s（$\boldsymbol{U}$，$\boldsymbol{\theta}$）为注入节点 s 而通过与节点 s 相关的线路输出的有功功率；P_{Ls} 为节点 s 的负荷功率。

所以式（1-125）可写为

$$f = \sum_{\substack{i \in NG \\ i \neq s}} K_i(P_{Gi}) + K_s(P_{Gs}) \tag{1-127}$$

(2) 有功网损

$$f = \sum_{(i,j) \in NL} (P_{ij} + P_{ji}) \tag{1-128}$$

式中：NL 为所有支路的集合。

在采用有功网损作为目标函数的最优潮流问题（如无功最优潮流）中，除平衡节点以外，其他发电机的有功出力都认为是给定不变的。因而对于一定的负荷，平衡节点的注入功率将随着网损的变化而改变，于是平衡节点有功注入功率的最小化就等效于系统总的网损的最小化。为此可以直接采用平衡节点的有功注入作为有功网损最小化问题的目标函数，即

$$\min f = \min P_s(\boldsymbol{U}, \boldsymbol{\theta}) \tag{1-129}$$

除此之外，最优潮流问题根据应用场合不同，还可采用其他类型的目标函数，如偏移量最小、控制设备调节量最小、投资及年运行费用之和最小等。

由上可见，最优潮流的目标函数不仅与控制变量有关，同时也与状态变量有关，因此可用简洁的形式表示为

$$f = f(\boldsymbol{u}, \boldsymbol{x}) \tag{1-130}$$

3. 等式约束条件

最优潮流是经过优化的潮流分布，为此必须满足基本潮流方程。这就是最优潮流问题的等式约束条件。用式（1-124）表示的基本潮流方程式由于扰动变量 p 即负荷一般都是给定的，所以该式可进一步简化表示为

$$\boldsymbol{g}(\boldsymbol{u}, \boldsymbol{x}) = 0 \tag{1-131}$$

4. 不等式约束条件

最优潮流的内涵包括了系统运行的安全性及电能质量，另外可调控制变量本身也有一定的容许调节范围，为此在计算中要对控制变量以及通过潮流计算才能得到的其他量（状态变量及函数变量）的取值加以限制。这就产生了大量的不等式约束条件，例如：

(1) 有功电源出力上下限约束。

(2) 可调无功电源出力上下限约束。

(3) 带负荷调压变压器变比 K 调整范围约束。

(4) 节点电压模值上下限约束。

(5) 输电线路或变压器等元件中通过的最大电流或视在功率约束。

(6) 线路通过的最大有功潮流或无功潮流约束。

(7) 线路两端节点电压相角差约束等。

不等式约束条件可以统一表示为

$$\boldsymbol{h}(\boldsymbol{u}, \boldsymbol{x}) \leqslant 0 \tag{1-132}$$

5. 最优潮流的数学模型

综上所述，电力系统最优潮流的数学模型可以表示为

$$\left.\begin{aligned} &\min_{u} f(\boldsymbol{u},\boldsymbol{x}) \\ &\text{s. t. } \boldsymbol{g}(\boldsymbol{u},\boldsymbol{x})=0 \\ &\boldsymbol{h}(\boldsymbol{u},\boldsymbol{x})\leqslant 0 \end{aligned}\right\} \tag{1-133}$$

通过以上讨论可以看到，目标函数 f 及等式、不等式约束 g 及 h 中的大部分约束都是变量的非线性函数，因此电力系统的最优潮流计算是一个典型的有约束非线性规划问题。采用不同的目标函数并选择不同的控制变量，再和相应的约束条件相结合，就可以构成不同应用目的的最优潮流问题。

(1) 目标函数采用发电燃料耗量（或费用）最小，以除去平衡节点以外的所有有功电源出力及所有可调无功电源出力（或用相应的节点电压），还有带负荷调压变压器的变比作控制变量，就是对有功及无功进行综合优化的通常泛称的最优潮流问题。

(2) 若目标函数同 (1)，仅以有功电源出力作为控制变量而将无功电源出力（或相应节点电压模值）固定，则称为有功最优潮流。

(3) 若目标函数采用系统的有功网损最小，将各有功电源出力固定而以可调无功电源出力（或相应节点电压模值）及调压变压器变比作为控制变量，则称为无功优化潮流。

以上三种是目前用得最多的最优潮流问题。

1.7.2　最优潮流计算的简化梯度算法

由于电力系统的规模日益扩大，其节点数成百上千，最优潮流计算模型中包含的变量数及等式约束方程数极为巨大，至于不等式约束的数目则更多，而且变量之间又存在着复杂的函数关系，这些因素都导致最优潮流计算跻身于极其困难的大规模非线性规划的行列。因此虽经将近几十年的努力，但继续寻找能够快速、有效地求解各种类型的大规模最优潮流计算问题，特别是能够满足实时应用的方法，对广大研究者来说，仍然是一个巨大的挑战。

下面介绍 1968 年由 Dommel 和 Tinney 提出的最优潮流计算的简化梯度法。这个算法在最优潮流领域内具有重要的地位，是最优潮流问题提出后，能够成功地求解较大规模的最优潮流问题并被广泛采用的第一个算法，直到现在，其仍然被看成是一种成功的算法而加以引用。

最优潮流计算的简化梯度算法以极坐标形式的牛顿潮流算法为基础。其目标函数、等式及不等式约束条件均如前所述。下面先讨论仅计及等式约束条件时算法的构成，然后讨论计及不等式约束条件时的处理方法。

1. 仅有等式约束条件时的算法

对于仅有等式约束的最优潮流计算，根据式 (1-133)，问题可以表示为

$$\left.\begin{aligned} &\min_{u} f(\boldsymbol{u},\boldsymbol{x}) \\ &\text{s. t. } \boldsymbol{g}(\boldsymbol{u},\boldsymbol{x})=0 \end{aligned}\right\} \tag{1-134}$$

应用经典的拉格朗日乘子法，引入和等式约束 $\boldsymbol{g}(\boldsymbol{u},\ \boldsymbol{x})=0$ 中方程数同样多的拉格朗日

乘子 $\boldsymbol{\lambda}$，则构成拉格朗日函数为

$$L(\boldsymbol{u},\boldsymbol{x}) = f(\boldsymbol{u},\boldsymbol{x}) + \boldsymbol{\lambda}^{\mathrm{T}}\boldsymbol{g}(\boldsymbol{u},\boldsymbol{x}) \tag{1-135}$$

式中：$\boldsymbol{\lambda}$ 为由拉格朗日乘子所构成的向量。

这样便把有约束最优化问题变成了一个无约束最优化问题。

采用经典的函数求极值的方法，将 L 分别对变量 $\boldsymbol{x}$、$\boldsymbol{u}$ 及 $\boldsymbol{\lambda}$ 求导并令其等于零，即得到极值所满足的必要条件为

$$\frac{\partial \boldsymbol{L}}{\partial \boldsymbol{x}} = \frac{\partial f}{\partial \boldsymbol{x}} + \left(\frac{\partial \boldsymbol{g}}{\partial \boldsymbol{x}}\right)^{\mathrm{T}} \boldsymbol{\lambda} = 0 \tag{1-136}$$

$$\frac{\partial \boldsymbol{L}}{\partial \boldsymbol{u}} = \frac{\partial f}{\partial u} + \left(\frac{\partial \boldsymbol{g}}{\partial \boldsymbol{u}}\right)^{\mathrm{T}} \boldsymbol{\lambda} = 0 \tag{1-137}$$

$$\frac{\partial \boldsymbol{L}}{\partial \boldsymbol{\lambda}} = \boldsymbol{g}(\boldsymbol{u},\boldsymbol{x}) = 0 \tag{1-138}$$

这是三个非线性代数方程组，每组的方程式个数分别等于向量 $\boldsymbol{x}$、$\boldsymbol{u}$、$\boldsymbol{\lambda}$ 的维数。最优潮流的解必须同时满足这三组方程。

联立求解这三个极值条件方程组，可以求得此非线性规划问题的最优解。但通常由于方程式数目众多及其非线性性质，联立求解的计算量非常巨大，有时还相当困难。这里采用的是一种迭代下降算法，其基本思想是从一个初始点开始，确定一个搜索方向，沿着这个方向移动一步，使目标函数有所下降，然后由新的点开始，再重复进行上述步骤，直到满足一定的收敛判据为止。结合具体模型，这个迭代求解算法的基本要点如下。

(1) 令迭代计数 $k=0$。

(2) 假定一组控制变量 $\boldsymbol{u}^{(0)}$。

(3) 由于式 (1-128) 是潮流方程，所以通过潮流计算就可由已知的 $\boldsymbol{u}$ 求得相应的 $\boldsymbol{x}^{(k)}$。

(4) 观察式 (1-126)，$\frac{\partial \boldsymbol{g}}{\partial \boldsymbol{x}}$ 是牛顿法潮流计算的雅可比矩阵 $\boldsymbol{J}$，利用求解潮流时已经求得的潮流解点的 $\boldsymbol{J}$ 及其 $\boldsymbol{LU}$ 三角因子矩阵，可以方便地求出

$$\boldsymbol{\lambda} = -\left[\left(\frac{\partial \boldsymbol{g}}{\partial \boldsymbol{x}}\right)^{\mathrm{T}}\right]^{-1} \frac{\partial f}{\partial \boldsymbol{x}} \tag{1-139}$$

(5) 将求得的 $\boldsymbol{x}$，$\boldsymbol{u}$ 及 λ 代入式 (1-137)，则有

$$\frac{\partial \boldsymbol{L}}{\partial \boldsymbol{u}} = \frac{\partial f}{\partial \boldsymbol{u}} - \left(\frac{\partial \boldsymbol{g}}{\partial \boldsymbol{u}}\right)^{\mathrm{T}} \left[\left(\frac{\partial \boldsymbol{g}}{\partial \boldsymbol{x}}\right)^{\mathrm{T}}\right]^{-1} \frac{\partial f}{\partial \boldsymbol{x}} \tag{1-140}$$

(6) 若 $\frac{\partial \boldsymbol{L}}{\partial \boldsymbol{u}}=0$，则说明这组解是待求的最优解，计算结束。否则，转入下一步。

(7) 这里 $\frac{\partial \boldsymbol{L}}{\partial \boldsymbol{u}}\neq 0$，为此必须按照能使目标函数下降的方向对 $\boldsymbol{u}$ 进行修正

$$\boldsymbol{u}^{(k+1)} = \boldsymbol{u}^{(k)} + \Delta \boldsymbol{u}^{(k)} \tag{1-141}$$

然后回到步骤（3）。这样重复上述过程，直到式（1-137）得到满足，即$\frac{\partial \boldsymbol{L}}{\partial \boldsymbol{u}}=0$为止，这样便求得了最优解。

这里对式（1-137）中的$\frac{\partial \boldsymbol{L}}{\partial \boldsymbol{u}}$稍加说明，由下面的证明可以看到它是在满足等式约束条件即式（1-138）的情况下目标函数对于控制变量u的梯度向量∇f。

由式（1-134），目标函数$f=f(\boldsymbol{u},\boldsymbol{x})$，则

$$\mathrm{d}f=\left(\frac{\partial f}{\partial \boldsymbol{u}}\right)^{\mathrm{T}}\mathrm{d}\boldsymbol{u}+\left(\frac{\partial f}{\partial \boldsymbol{x}}\right)^{\mathrm{T}}\mathrm{d}\boldsymbol{x} \tag{1-142}$$

为求出$\mathrm{d}\boldsymbol{x}$与$\mathrm{d}\boldsymbol{u}$的关系，将潮流方程$g(u,x)=0$在原始运行点附近展开成泰勒级数并略去其高阶项后可得

$$\left(\frac{\partial \boldsymbol{g}}{\partial \boldsymbol{x}}\right)\mathrm{d}\boldsymbol{x}+\left(\frac{\partial \boldsymbol{g}}{\partial \boldsymbol{u}}\right)\mathrm{d}\boldsymbol{u}=0 \tag{1-143}$$

$$\mathrm{d}\boldsymbol{x}=-\left(\frac{\partial \boldsymbol{g}}{\partial \boldsymbol{x}}\right)^{-1}\left(\frac{\partial \boldsymbol{g}}{\partial \boldsymbol{u}}\right)\mathrm{d}\boldsymbol{u}=\boldsymbol{s}\mathrm{d}\boldsymbol{u} \tag{1-144}$$

式中：s为灵敏度矩阵。

将式（1-144）代入式（1-142），得

$$\mathrm{d}f=\left(\frac{\partial f}{\partial \boldsymbol{u}}\right)^{\mathrm{T}}\mathrm{d}\boldsymbol{u}-\left(\frac{\partial f}{\partial \boldsymbol{x}}\right)^{\mathrm{T}}\left(\frac{\partial \boldsymbol{g}}{\partial x}\right)^{-1}\left(\frac{\partial g}{\partial \boldsymbol{u}}\right)\mathrm{d}\boldsymbol{u} \tag{1-145}$$

按多变量函数$f=f(u)$的全微分定义，有$\mathrm{d}f=\nabla f^{\mathrm{T}}\mathrm{d}u$，则由式（1-145），有梯度向量

$$\nabla f=\frac{\partial f}{\partial \boldsymbol{u}}-\left(\frac{\partial \boldsymbol{g}}{\partial \boldsymbol{u}}\right)^{\mathrm{T}}\left[\left(\frac{\partial \boldsymbol{g}}{\partial \boldsymbol{x}}\right)^{\mathrm{T}}\right]^{-1}\frac{\partial f}{\partial \boldsymbol{x}} \tag{1-146}$$

比较式（1-146）和式（1-140），可见二者完全相同，于是得到证明

$$\nabla f=\frac{\partial \boldsymbol{L}}{\partial \boldsymbol{u}} \tag{1-147}$$

通过潮流方程，变量x的变化可以用控制变量u的变化来表示，$\frac{\partial \boldsymbol{L}}{\partial \boldsymbol{u}}$是在满足等式约束条件下目标函数在维数较小的$u$空间上的梯度，所以也称为简化梯度（Reduced Gradient）。

回到前面迭代算法的讨论。

在前述的迭代算法中，必须仔细研究第（7）步中当$\frac{\partial \boldsymbol{L}}{\partial \boldsymbol{u}}\neq 0$时如何进一步对$u$进行修正，也就是如何决定式（1-141）的$\Delta \boldsymbol{u}^{(k)}$的问题，这是该算法极为关键的一步。

由于某一点的梯度方向是该点函数值变化率最大的方向，因此若沿着函数在该点的负梯度方向前进时，函数值下降最快，所以最简便的办法就是取负梯度作为每次迭代的搜索方向，即取

$$\Delta \boldsymbol{u}^{(k)}=-\boldsymbol{c}\,\nabla f \tag{1-148}$$

式中：∇f为简化梯度$\frac{\partial \boldsymbol{L}}{\partial \boldsymbol{u}}$；$\boldsymbol{c}$为步长因子。

在非线性规划中，这种以负梯度作为搜索方向的算法，也称梯度法或最速下降法，式（1-148）中步长因子的选择对算法的收敛有很大影响，选得太小将使迭代次数增加，选得太大则导致在最优点附近来回振荡。最优步长的选择正如在本章第1.5节中曾经讨论过的，是一个一维搜索问题，可以采用抛物线插值等方法。

2. 不等式约束条件的处理

最优潮流的不等式约束条件数目巨大，按其性质的不同可分成两大类：第一类是关于自变量或控制变量 $\boldsymbol{u}$ 的不等式约束，第二类是关于因变量即状态变量 $\boldsymbol{x}$ 以及可表示为 $\boldsymbol{u}$ 和 $\boldsymbol{x}$ 的函数的不等式约束条件，这一类约束通称为函数不等式约束。以下分别讨论这两类不等式约束在算法中的处理方法。

（1）控制变量不等式约束。控制变量的不等式约束比较容易处理。若按照式（1-141）$\boldsymbol{u}^{(k+1)}=\boldsymbol{u}^{(k)}+\Delta\boldsymbol{u}^{(k)}$ 对控制变量进行修正，如得到的 $\Delta\boldsymbol{u}^{(k)}$ 使得任一个 $\boldsymbol{u}_i^{k+1}$ 超过其限值 $\boldsymbol{u}_{i\max}$ 或 $\boldsymbol{u}_{i\min}$ 时，则该越界的控制变量就被强制在相应的界上，即

$$u_i^{(k+1)}=\begin{cases}u_{i\max}, 若\ u_i{}^{(k)}+\Delta u_i{}^{(k)}>u_{i\max}\\ u_{i\min}, 若\ u_i{}^{(k)}+\Delta u_i{}^{(k)}<u_{i\min}\\ u_i{}^{(k)}+\Delta u_i{}^{(k)}, 若不越界\end{cases} \tag{1-149}$$

控制变量按这种方法处理后，按照库恩—图克定理，在最优点梯度的第 i 个分量 $\dfrac{\partial f}{\partial u_i}$ 为

$$\left.\begin{aligned}&\frac{\delta f}{\delta u_i}=0, 若\ u_{i\min}<u_i<u_{i\max}\\ &\frac{\delta f}{\delta u_i}\leqslant 0, 若\ u_i=u_{i\max}\\ &\frac{\delta f}{\delta u_i}\geqslant 0, 若\ u_i=u_{i\min}\end{aligned}\right\} \tag{1-150}$$

式中，式（1-149）、式（1-150）可以这样理解，即对 u_i 没有上界或下界的限制而容许继续增大或减小时，目标函数能进一步减小。

（2）函数不等式约束。函数不等式约束 $\boldsymbol{h}(\boldsymbol{u},\boldsymbol{x})\leqslant 0$ 无法采用和控制变量不等式约束相同的办法来处理，因而处理起来比较困难。目前比较通行的方法是采用惩罚函数法来处理。

惩罚函数法的基本思路是将约束条件引入目标函数而形成一个新的函数，将有约束最优化问题的求解转化成一系列无约束最优化问题的求解。其具体做法如下。

1）将越界不等式约束以惩罚项的形式附加在原来的目标函数 $f(\boldsymbol{u},\boldsymbol{x})$ 上，从而构成一个新的目标函数（即惩罚函数）$F(\boldsymbol{u},\boldsymbol{x})$，如下

$$\begin{aligned}F(\boldsymbol{u},\boldsymbol{x})&=f(\boldsymbol{u},\boldsymbol{x})+\sum_{i=1}^{s}\gamma_i^{(k)}\{\max[0,h_i(\boldsymbol{u},\boldsymbol{x})]\}^2\\&=f(\boldsymbol{u},\boldsymbol{x})+\sum_{i=1}^{s}w_i=f(\boldsymbol{u},\boldsymbol{x})+W(\boldsymbol{u},\boldsymbol{x})\end{aligned} \tag{1-151}$$

式中：s 为函数不等式约束数；$\gamma_i^{(k)}$ 为指定的正数，称为惩罚因子，其数值可随着迭代而改变；max［0，h_i（$\boldsymbol{u}$，$\boldsymbol{x}$）］取值为

$$\max[0,h_i(\boldsymbol{u},\boldsymbol{x})]=\begin{cases}0, & h_i(\boldsymbol{u},\boldsymbol{x})\leqslant 0,\text{即不越界}\\ h_i(\boldsymbol{u},\boldsymbol{x}), & h_i(\boldsymbol{u},\boldsymbol{x})>0,\text{即越界}\end{cases}$$

其中，附加在原来目标函数上的第二项 w_i 或 W，称为惩罚项。例如对于状态变量为 x_j 的惩罚项为

$$w_j=\begin{cases}\gamma_j\ (x_j-x_{j\max})^2, & x_j>x_{j\max}\\ \gamma_j\ (x_j-x_{j\min})^2, & x_j<x_{j\min}\\ 0, & x_{j\min}<x_j<x_{j\max}\end{cases}\tag{1-152}$$

而对于要表示成变量函数式的不等式约束 h_i（u，x）的惩罚项为

$$w_i=\begin{cases}\gamma_i h_i(u,x)^2, & h_i(u,x)>0\\ 0, & h_i(u,x)\leqslant 0\end{cases}\tag{1-153}$$

2）对这个新的目标函数按无约束求极值的方法求解，使得最终求得的解点在满足上列约束条件的前提下能使原来的目标函数达到最小。

对惩罚函数法的简单解释就是当所有不等式约束都满足时，惩罚项 W 等于零。只要有某个不等式约束不满足，就将产生相应的惩罚项 w，而且越界程度越大，惩罚项的数值也越大，从而使目标函数（现在是惩罚函数 F）额外增大，这就相当于对约束条件未能满足的一种惩罚。当惩罚因子 γ 足够大时，惩罚项在惩罚函数中所占比重也大，优化过程只有使惩罚项逐步趋于零时，才能使惩罚函数达到最小值，这就迫使原来越界的变量或函数向其约束限值靠近或回到限值之内。

惩罚项的数值和惩罚因子 γ_i 的大小有关，如图1-14所示，对于一定的越界量，γ_i 值越大，w_i 的值也越大，从而使相应的越界约束条件重新得到满足的趋势也越强。但 γ_i 并不在一开始便取很大的数值，以免造成计算收敛性变差，而是随着迭代的进行，按照该不等式约束被违犯的次数，逐步按照一定的倍数增加，是一个递增且趋于正无穷大的数列。

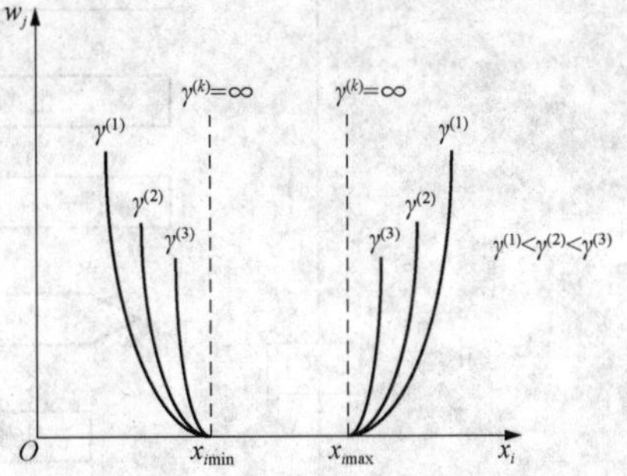

图1-14 惩罚项的意义

3. 简化梯度最优潮流算法及原理框图

综合以上讨论，现在可以研究同时计及等式及不等式约束条件的最优潮流算法。

在采用罚函数法处理函数不等式约束以后，原来以式（1-135）表示的仅计及等式约束的拉格朗日函数中的 f（$\boldsymbol{u}$，$\boldsymbol{x}$）将用惩罚函数来代替，于是有

$$L(\boldsymbol{u},\boldsymbol{x})=f(\boldsymbol{u},\boldsymbol{x})+\boldsymbol{\lambda}^{\mathrm{T}}\boldsymbol{g}(\boldsymbol{u},\boldsymbol{x})+W(\boldsymbol{u},\boldsymbol{x})\tag{1-154}$$

相应的极值条件式（1-136）～式（1-138）变为

$$\frac{\partial \boldsymbol{L}}{\partial \boldsymbol{x}}=\frac{\partial f}{\partial \boldsymbol{x}}+\left(\frac{\partial \boldsymbol{g}}{\partial x}\right)^{\mathrm{T}}\lambda+\frac{\partial \boldsymbol{W}}{\partial \boldsymbol{x}}=0\tag{1-155}$$

$$\frac{\partial \boldsymbol{L}}{\partial \boldsymbol{u}}=\frac{\partial f}{\partial \boldsymbol{u}}+\left(\frac{\partial \boldsymbol{g}}{\partial \boldsymbol{u}}\right)^{\mathrm{T}}\boldsymbol{\lambda}+\frac{\partial \boldsymbol{W}}{\partial \boldsymbol{u}}=0 \tag{1-156}$$

$$\frac{\partial \boldsymbol{L}}{\partial \boldsymbol{\lambda}}=\boldsymbol{g}(\boldsymbol{u},\boldsymbol{x})=0 \tag{1-157}$$

以式（1-129）表示的λ变成

$$\boldsymbol{\lambda}=-\left[\left(\frac{\partial \boldsymbol{g}}{\partial \boldsymbol{x}}\right)^{\mathrm{T}}\right]^{-1}\left(\frac{\partial f}{\partial \boldsymbol{x}}+\frac{\partial \boldsymbol{W}}{\partial \boldsymbol{x}}\right) \tag{1-158}$$

而简化梯度∇f表示为

$$\nabla f=\frac{\partial \boldsymbol{L}}{\partial \boldsymbol{u}}=\frac{\partial f}{\partial \boldsymbol{u}}+\left(\frac{\partial \boldsymbol{g}}{\partial u}\right)^{\mathrm{T}}\boldsymbol{\lambda}+\frac{\partial \boldsymbol{W}}{\partial \boldsymbol{u}} \tag{1-159}$$

图1-15所示为简化梯度法最优潮流算法的原理框图。

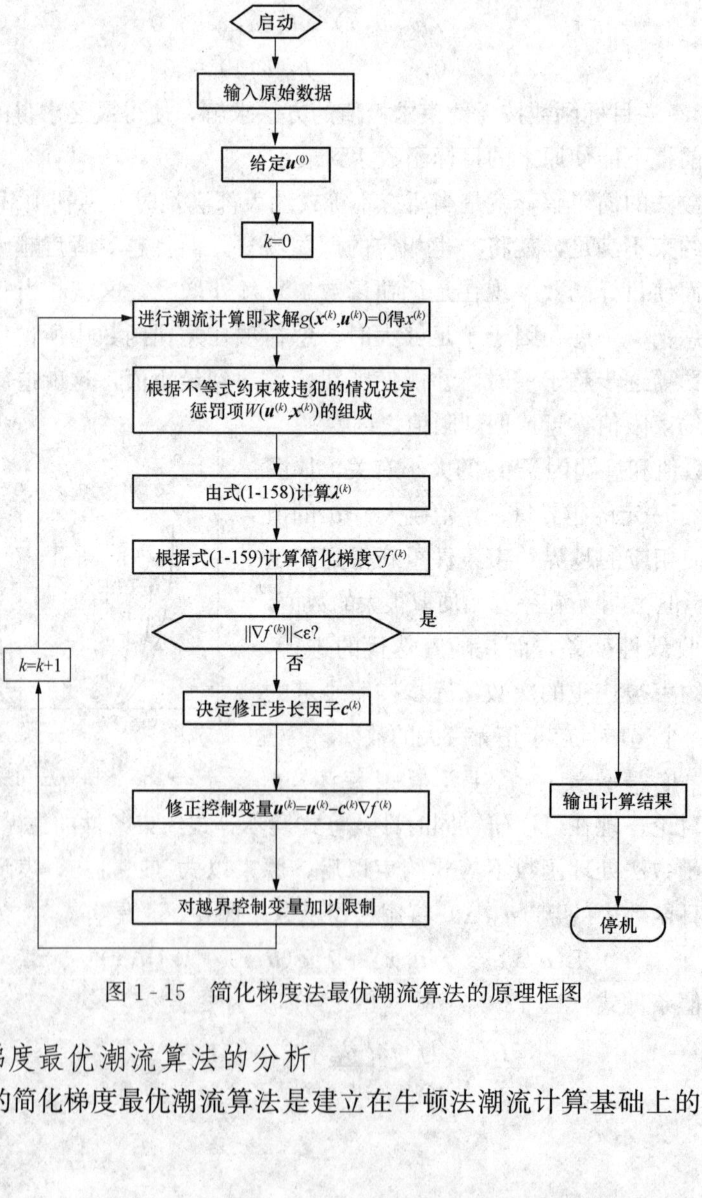

图1-15　简化梯度法最优潮流算法的原理框图

4. 简化梯度最优潮流算法的分析

以上介绍的简化梯度最优潮流算法是建立在牛顿法潮流计算基础上的。利用已有的采用极坐标形式的牛顿法潮流计算程序加以一定的扩充，便可得到这种最优潮流计算程序。该种算法原理比较简单，程序设计也比较简便。

简化梯度最优潮流算法也有一些缺点。

(1) 因为采用梯度法或最速下降法作为求最优点的搜索方向，最速下降法前后两次迭代的搜索方向总是互相垂直的，因此迭代点在向最优点接近的过程中，走的是曲折的路，通称锯齿现象。而且越接近最优点，锯齿越小，因此收敛速度很慢。

(2) 采用惩罚函数法处理不等式约束带来的缺点。惩罚因子数值的选择是否适当，对算法的收敛速度影响很大。过大的惩罚因子会使计算过程收敛性变坏。为此许多文献提出了对这个算法的改进，如在求无约束极小点的搜索方向上，提出了采用共轭梯度及拟牛顿方向。

(3) 每次迭代用牛顿法计算潮流，耗时很多，为此提出可用快速解耦法进行计算，不过为了求得拉格朗日乘子向量 $\boldsymbol{\lambda}$，又必须进行迭代等。

1.7.3 最优潮流计算的牛顿算法

最优潮流作为一个非线性规划问题，可以利用非线性规划的各种方法来求解，由于结合了电力系统的固有物理特性，在变量的划分、等式及不等式约束条件的处理，有功与无功的分解，变量修正方向的决定，甚至基本潮流计算方法的选择等方面，都可以有各种不同的方案。为此即使是采用非线性规划方法，也曾出现过数目甚多的最优潮流算法。其中，在1984年由参考文献［19］提出的最优潮流牛顿算法，得到了国内外学者的高度评价，已成为发展新一代最优潮流程序时优先选用的算法。

1. 牛顿法的基本原理

同上面提到的梯度法或最速下降法，牛顿法是另一种求无约束极值的方法。

设无约束最优化问题

$$\min f(\boldsymbol{x}) \qquad \boldsymbol{x} \in R^n$$

其极值存在的必要条件 $\nabla f(\boldsymbol{x})=0$，在一般情况下为一个非线性代数方程组。现在用牛顿法对其求解，得到的优化迭代格式为

$$\nabla^2 f(\boldsymbol{x}^{(k)})\Delta\boldsymbol{x}^{(k)} = -\nabla f(\boldsymbol{x}^{(k)}) \tag{1-160}$$

$$\Delta\boldsymbol{x}^{(k)} = -[\nabla^2 f(\boldsymbol{x}^{(k)})]^{-1}\nabla f(\boldsymbol{x}^{(k)}) = -[\boldsymbol{H}(\boldsymbol{x}^{(k)})]^{-1}\nabla f(\boldsymbol{x}^{(k)}) \tag{1-161}$$

$$\boldsymbol{x}^{(k+1)} = \boldsymbol{x}^{(k)} + \Delta\boldsymbol{x}^{(k)} \tag{1-162}$$

式中：$\nabla f(\boldsymbol{x})$ 为目标函数 $f(\boldsymbol{x})$ 的梯度向量；k 为迭代次数；$\boldsymbol{H}(\boldsymbol{x})=\nabla^2 f(\boldsymbol{x})$ 为目标函数 $f(\boldsymbol{x})$ 的海森矩阵，是目标函数对于 $\boldsymbol{x}$ 的二阶导数，故牛顿法又称为海森矩阵法，其收敛判据是 $\|\nabla f(\boldsymbol{x}^{(k)})\| < \varepsilon$。

牛顿法按上述的基本格式进行迭代时，其搜索方向为

$$\boldsymbol{s}^{(k)} = -[\boldsymbol{H}(\boldsymbol{x}^{(k)})]^{-1}\nabla f(\boldsymbol{x}^{(k)})$$

可见这种方法与最速下降法比较，除了利用了目标函数的一阶导数之外，还利用了目标函数的二阶导数，考虑到梯度变化的趋势，因此得到的搜索方向比最速下降法好，能较快找到最优点。

牛顿法在有一个较好的初值，并且 $\boldsymbol{H}$（$\boldsymbol{x}^{(k)}$）为正定的情况下，收敛速度极快，具有二阶收敛速度，这是该法的突出优点。但是牛顿法的使用也受到一些限制：

(1) 要求 f（$\boldsymbol{x}$）二阶连续可微。

(2) 每步都要计算海森矩阵及其逆阵，内存量和计算量都很大。为此对于变量维数很高的优化计算，实用上往往被迫转为采用不必直接求 $\boldsymbol{H}$ 及其逆阵的拟牛顿法（变尺度法）。

但在有些情况下海森矩阵是一个稀疏阵，可以采用结合稀疏矩阵技术的高斯消去法等一整套极其有效的方法，直接求解式（1-161）以求得 $\Delta\boldsymbol{x}^{(k)}$，其计算效率极高。在电力系统最优潮流计算问题中，通过模型的适当建立，相应的海森矩阵可以是一个高度稀疏的矩阵，从而使海森矩阵法这种收敛速度极快的方法在最优潮流计算这样的大规模非线性规划问题中得到应用。这正是牛顿最优潮流算法的最基本特色。

2. 最优潮流牛顿算法

在最优潮流牛顿算法中，对变量不再区分为控制变量及状态变量，而统一写为 $\boldsymbol{x}$，这样便于构造稀疏的海森矩阵，优化是在全空间进行的。

最优潮流计算归结为如下非线性规划问题

$$\left.\begin{aligned} &\min f(\boldsymbol{x}) \\ &\text{s. t. } \boldsymbol{g}(\boldsymbol{x}) = 0 \\ &\boldsymbol{h}(\boldsymbol{x}) \leqslant 0 \end{aligned}\right\} \tag{1-163}$$

先不考虑不等式约束 h（x），可构造拉格朗日函数

$$L(\boldsymbol{x},\boldsymbol{\lambda}) = f(\boldsymbol{x}) + \boldsymbol{\lambda}^{\mathrm{T}}\boldsymbol{g}(\boldsymbol{x}) \tag{1-164}$$

定义向量 $\boldsymbol{z}=[\boldsymbol{x},\ \boldsymbol{\lambda}]^{\mathrm{T}}$，应用式（1-160），得到应用海森矩阵法求最优解点 $\boldsymbol{z}^*$ 的迭代方程式

$$\frac{\partial^2 \boldsymbol{L}(\boldsymbol{z}^{(k)})}{\partial \boldsymbol{z}^2}\Delta\boldsymbol{z}^{(k)} = -\frac{\partial \boldsymbol{L}(\boldsymbol{z}^{(k)})}{\partial \boldsymbol{z}} \tag{1-165}$$

或用更简洁的方式表示为

$$W\Delta\boldsymbol{z} = -\boldsymbol{d} \tag{1-166}$$

式中：W 及 d 分别为 L 对于 z 的海森矩阵及梯度向量。由于在迭代过程中要反复求解式（1-165）或式（1-166），因此计算中所需的内存量以及计算量主要决定于修正矩阵 W 的结构，为此必须对 W 的构造作仔细研究。

由于 $\boldsymbol{z}=[\boldsymbol{x},\ \boldsymbol{\lambda}]^{\mathrm{T}}$，所以式（1-166）可改写成

$$\begin{bmatrix} \dfrac{\partial^2 \boldsymbol{L}}{\partial \boldsymbol{x}^2} & \dfrac{\partial^2 \boldsymbol{L}}{\partial \boldsymbol{x}\,\partial \boldsymbol{\lambda}} \\ \dfrac{\partial^2 \boldsymbol{L}}{\partial \boldsymbol{\lambda}\,\partial \boldsymbol{x}} & \dfrac{\partial^2 \boldsymbol{L}}{\partial \boldsymbol{\lambda}^2} \end{bmatrix} \begin{bmatrix} \Delta\boldsymbol{x} \\ \Delta\boldsymbol{\lambda} \end{bmatrix} = -\begin{bmatrix} \dfrac{\partial \boldsymbol{L}}{\partial \boldsymbol{x}} \\ \dfrac{\partial \boldsymbol{L}}{\partial \boldsymbol{\lambda}} \end{bmatrix} \tag{1-167}$$

其中

$$\left.\begin{aligned}
\frac{\partial L}{\partial \boldsymbol{x}} &= \frac{\partial f}{\partial \boldsymbol{x}}+\left(\frac{\partial \boldsymbol{g}}{\partial \boldsymbol{x}}\right)^{\mathrm{T}}\boldsymbol{\lambda}\\
\frac{\partial L}{\partial \boldsymbol{\lambda}} &= \boldsymbol{g}(\boldsymbol{x})\\
\frac{\partial^2 L}{\partial \boldsymbol{x}^2} &= \frac{\partial^2 f}{\partial \boldsymbol{x}^2}+\frac{\partial}{\partial \boldsymbol{x}}\left[\left(\frac{\partial \boldsymbol{g}}{\partial \boldsymbol{x}}\right)^{\mathrm{T}}\boldsymbol{\lambda}\right]\\
\frac{\partial^2 L}{\partial \boldsymbol{x}\partial \boldsymbol{\lambda}} &= \left(\frac{\partial \boldsymbol{g}}{\partial \boldsymbol{x}}\right)^{\mathrm{T}}\\
\frac{\partial^2 L}{\partial \lambda\partial \boldsymbol{x}} &= \frac{\partial \boldsymbol{g}}{\partial \boldsymbol{x}}\\
\frac{\partial^2 L}{\partial \boldsymbol{\lambda}^2} &= 0
\end{aligned}\right\} \tag{1-168}$$

令 $\boldsymbol{H}=\frac{\partial^2 L}{\partial \boldsymbol{x}^2}$ 即拉格朗日函数关于变量 $\boldsymbol{x}$ 的海森矩阵；$\boldsymbol{J}=\frac{\partial \boldsymbol{g}}{\partial \boldsymbol{x}}$，即等约束条件方程关于 $\boldsymbol{x}$ 的雅可比矩阵。这样可将式（1-167）写成

$$\begin{bmatrix}\boldsymbol{H} & \boldsymbol{J}\\ \boldsymbol{J} & 0\end{bmatrix}\begin{bmatrix}\Delta\boldsymbol{x}\\ \Delta\boldsymbol{\lambda}\end{bmatrix}=-\begin{bmatrix}\partial L/\partial \boldsymbol{x}\\ \partial L/\partial \boldsymbol{\lambda}\end{bmatrix} \tag{1-169}$$

结合具体的最优潮流计算模型，若变量 $\boldsymbol{x}$ 在这里仅由节点电压角度及模值向量 $\boldsymbol{\theta}$ 及 $\boldsymbol{U}$ 组成，等约束条件方程为潮流方程，则 $\boldsymbol{\lambda}$ 将由有功及无功潮流方程的拉格朗日乘子 $\boldsymbol{\lambda}_P$ 及 $\boldsymbol{\lambda}_Q$ 组成，于是式（1-169）可进一步具体化为

$$\begin{array}{c} \\ N\\ N\\ N\\ N\end{array}\begin{array}{c}\begin{array}{cccc}N & N & N & N\end{array}\\ \left[\begin{array}{c:c:c:c} H_{\theta\theta} & H_{\theta\mathrm{u}} & J_{p\theta}^T & J_{Q\theta}^T\\ \hdashline H_{u\theta} & H_{uu} & J_{pu}^T & J_{Qu}^T\\ \hdashline J_{p\theta} & J_{pu} & & \\ \hdashline J_{Q\theta} & J_{Qu} & & \end{array}\right]\end{array}\begin{bmatrix}\Delta\boldsymbol{\theta}\\ \Delta\boldsymbol{U}\\ \Delta\boldsymbol{\lambda}_{\mathrm{P}}\\ \Delta\boldsymbol{\lambda}_{\mathrm{Q}}\end{bmatrix}=-\left[\begin{array}{c}\partial \boldsymbol{L}/\partial \boldsymbol{\theta}\\ \hdashline \partial \boldsymbol{L}/\partial \boldsymbol{U}\\ \hdashline \partial \boldsymbol{L}/\partial \boldsymbol{\lambda}_{\mathrm{P}}\\ \hdashline \partial \boldsymbol{L}/\partial \boldsymbol{\lambda}_{\mathrm{Q}}\end{array}\right] \tag{1-170}$$

式中：子矩阵含义为 $\boldsymbol{H}_{u\theta}=\left[\frac{\partial^2 L}{\partial U_i\,\partial\theta_j}\right]$，$J_{P\theta}=\left[\frac{\partial \boldsymbol{P}_i\ (\boldsymbol{U},\ \boldsymbol{\theta})}{\partial\theta_j}\right]$，其他类推；$N$ 为网络节点数。

式（1-169）中的 $\boldsymbol{H}$ 是一个对称矩阵，并且式（1-170）中的 $\boldsymbol{H}$ 及 $\boldsymbol{J}$ 的四个子阵均具有和节点导纳矩阵相同的稀疏结构，如果将式（1-170）中未知量向量的元素重新排列，即将同每一个节点相对应的 $\Delta\theta_i$、ΔU_i、$\Delta\lambda_{Pi}$、$\Delta\lambda_{Qi}$ 排列在一起，然后按节点号的顺序排列，这样 W 就变成以 4×4 阶子矩阵

$$\begin{bmatrix} h & h & j & j\\ h & h & j & j\\ j & j & & \\ j & j & & \end{bmatrix}$$

为子块的分块矩阵结构。如以每个子块作为矩阵 $\boldsymbol{W}$ 的一个元素，则 $\boldsymbol{W}$ 矩阵将和节点导纳矩阵具有相同的稀疏结构，是一个高度稀疏的矩阵。

仅考虑等式约束的最优潮流牛顿算法的主要步骤如下：

（1）对变量 $\boldsymbol{z}=(\boldsymbol{x},\boldsymbol{\lambda})$ 赋初值，迭代计数 $k=0$。

（2）计算式（1-156）的右端项 $\nabla L(\boldsymbol{z}^{(k)})$，即向量 $\boldsymbol{d}$。

（3）判断收敛判据是否满足；若满足，则 $\boldsymbol{z}^{(k)}$ 就是最优解；否则转向第（4）步。

（4）用 $\boldsymbol{z}^{(k)}$ 形成迭代矩阵 W。

（5）对 W 三角分解，求解式（1-156），得到 $\Delta\boldsymbol{z}^{(k)}$。

（6）$\boldsymbol{z}^{(k+1)}=\boldsymbol{z}^{(k)}+\Delta\boldsymbol{z}^{(k)}$。

（7）$k=k+1$，转向第（2）步。

以上第（3）步的收敛判据即库恩—图克条件，这里由于仅考虑等式约束条件，因此所有潮流计算方程应该已得到满足，另外除非有舍入误差，否则 $\|\nabla L(\boldsymbol{z}^*)\|=0$。

分析以上步骤不难看到，其核心部分和牛顿法常规潮流的计算步骤十分相似，每次迭代的主要计算都集中在形成并求解以线性代数方程组形式出现的迭代方程式（1-156）或式（1-157），并且其系数矩阵 W 或 J 都是具有和导纳矩阵相似的高度稀疏的矩阵，因此牛顿法常规潮流计算修正方程式求解时所采用的各种技巧完全可以应用。

由于采用了牛顿法作为优化方法，使得最优潮流牛顿算法具有二次收敛速度，能经过少数几次迭代便收敛到最优点。但 W 矩阵的阶数达到 $4N\times4N$ 以上，为减少内存及每次迭代的计算量，关键是要充分开发并在迭代过程中保持 W 矩阵的高度稀疏性。另外在求解时采用特殊的稀疏技巧，只有这几者结合，才能开发出高性能的实用牛顿法最优潮流计算程序。

为进一步减少计算量及内存需量，也可以利用电力系统有功及无功间的弱相关性质，将 P-Q 解耦技术应用于式（1-170），从而形成解耦型最优潮流牛顿算法。

以下讨论最优潮流牛顿算法对不等式约束的处理方法。

同其他非线性规划算法一样，不等式约束的处理对于最优潮流牛顿算法来说，也是一个需要进一步研究解决的问题。对于越界的不等式约束，也可以采用罚函数的处理方法，于是原来的拉格期日函数式（1-170）增广为

$$L=f(\boldsymbol{x})+\boldsymbol{\lambda}^{\mathrm{T}}\boldsymbol{g}(x)+\boldsymbol{p}(\boldsymbol{x}) \tag{1-171}$$

式中：$\boldsymbol{p}(\boldsymbol{x})$ 代表由被强制或制约的越界不等式约束构成的总惩罚项。另一种方法则可以根据越界不等式约束的物理特性及其函数表示形式，将其中的一部分仿照等式约束的处理方法，使越界的不等式约束 $h_i(\boldsymbol{x})>0$，转化为等式方程 $h_i(\boldsymbol{x})=0$，然后通过拉格朗日乘子 μ_i 引入原来的拉格朗日函数，于是有

$$L=f(\boldsymbol{x})+\boldsymbol{\lambda}^{\mathrm{T}}\boldsymbol{g}(\boldsymbol{x})+\boldsymbol{\mu}^{\mathrm{T}}\boldsymbol{h}'(\boldsymbol{x}) \tag{1-172}$$

式中：$\boldsymbol{h}'(\boldsymbol{x})$ 为由越界不等式约束组成的向量，$\boldsymbol{\mu}$ 为相应的乘子向量。注意到将 $\boldsymbol{h}_i(\boldsymbol{x})$ 转化为等式方程，实际上意味着将它们强制在界上，这是一种硬性限制，而惩罚函数法则是软性限制。

在计入不等式约束以后，前面提到的仅考虑等式约束条件的计算步骤要做一些改变。

随着迭代点的依次转移，越界的不等式约束会不断增减改变，为了对它们进行强制或释放，就必须不断改变式（1-171）或式（1-172）中的 $\boldsymbol{p}$（$\boldsymbol{x}$）项或 $\boldsymbol{h}'$（$\boldsymbol{x}$）的内容，并在此基础上构成新的迭代方程而求出新的迭代点。在具体实现时可以有不同的方案。

第一种方案是每求得一个新的迭代点 $\boldsymbol{x}^{(k)}$ 后，通过不等式约束是否满足的检验，找出在该迭代点处越界不等式约束的变动情况，然后据此修改增广拉格朗日函数中的 $\boldsymbol{p}$（$\boldsymbol{x}$）项或 $\boldsymbol{h}'$（$\boldsymbol{x}$），接着进行下一轮迭代。由于在一次次迭代中间越界不等式约束变动频繁，致使达到收敛所需的迭代次数较之仅考虑等式约束的情况要增加很多，这也是采用非线性规划算法遇到的共同难点。

另一种更为完善的方案要利用“起作用的不等式约束集”（hinding inequlityset）的概念。所谓起作用的不等式约束集，是指在最优解点 $\boldsymbol{x}^*$ 处，属于该约束集的所有不等式约束都成了等式约束，即 h_i（$\boldsymbol{x}^*$）$=0$。或者说若最优解点 $\boldsymbol{x}^*$ 正好处在由某个约束所定义的可行域的边界上时，这个约束就称为起作用的不等式约束。如能预先知道最优解点处全部起作用的不等式约束，并将这些约束作为式（1-172）中的 $h'(\boldsymbol{x})$，则优化问题就变为只包含等式约束的优化问题，算法的收敛将非常平稳快速，并具有牛顿法的二阶收敛速度。但决定起作用的不等式约束集是一个复杂而困难的问题，必须采用逐步试探接近的途径。在这方面已经提出了不同的方法。一种是采用试验迭代的方法，即在由式（1-166）表示的计算量很大的二次牛顿主迭代之间进行一些计算量较小的试验性迭代，以确定当前起作用的不等式约束集；另一种则采用了特殊的线性规划技术。后者能使最优潮流牛顿算法如同常规牛顿潮流计算一样，经过 3～5 次主迭代便得到收敛。

1.7.4 解耦最优潮流计算

常规潮流计算中 P-Q 分解算法的成功促使人们联想到在最优潮流计算问题中也引入有功、无功解耦技术，从而产生另一类最优潮流计算模型，称为解耦最优潮流（Decoupled OPF）。值得注意的是和 FDLF 算法不同，那里涉及的是在具体求解算法上的解耦简化处理，而这里讨论的解耦最优潮流则是从问题的本身或问题的模型上把最优潮流这个整体的最优化问题分解成为有功优化和无功优化两个子优化问题。这两个子优化问题可以独立地构成并求解，实现单独的有功或无功优化；也可以组合起来交替地迭代求解，以实现有功、无功的综合优化。以下讨论子优化问题模型的建立。

按照与有功及无功问题的关联，首先将控制变量 $\boldsymbol{u}$ 分成 $\boldsymbol{u}_p$ 及 $\boldsymbol{u}_q$ 两组，状态变量也分成 $\boldsymbol{x}_p$ 及 $\boldsymbol{x}_q$ 两组。其中，$\boldsymbol{u}_p$ 为除平衡节点外，其他发电机的有功出力。$\boldsymbol{x}_p$ 为除平衡节点外，其他所有节点的电压相角，$\boldsymbol{u}_q$ 为所有发电机（包括平衡节点）及具有无功补偿设备节点的电压模值，另外还有调压变压器变化；$\boldsymbol{x}_q$ 为除上述 $\boldsymbol{u}_q$ 所列节点以外的其余节点的电压模值。

在某些算法中，也有把通过 $\boldsymbol{u}$、$\boldsymbol{x}$ 可以进一步计算求得的平衡节点注入有功、无功，$\boldsymbol{u}_q$ 中所列节点的注入无功以及线路的有功、无功潮流等也按其性质称为相应的有功、无功子问题的状态变量。

此外，等式及不等式约束也可以分成 $\boldsymbol{g}_p$、$\boldsymbol{g}_q$ 及 $\boldsymbol{h}_p$、$\boldsymbol{h}_q$ 两组。于是，两个子优化问题的数学模型分别如下。

1. 有功子优化问题

通常用全系统的发电燃料总耗量或总费用即以式（1-125）作为目标函数。与无功有关的控制变量 $\boldsymbol{u}_q$ 及状态变量 $\boldsymbol{x}_q$ 均作为不变的常数处理，设用 $\boldsymbol{u}_q^0$ 及 $\boldsymbol{x}_q^0$ 表示，于是有功子优化问题的数学模型可写成如下的普通形式

$$\left.\begin{aligned}&\min_{u_p} f_p=\min_{u_p} f_p(\boldsymbol{u}_p,\boldsymbol{x}_p,\boldsymbol{u}_q^0,\boldsymbol{x}_q^0)\\&\text{s.t.}\ \ \boldsymbol{g}_p(\boldsymbol{u}_p,\boldsymbol{x}_p,\boldsymbol{u}_q^0,\boldsymbol{x}_q^0)=0\\&\boldsymbol{h}_p(\boldsymbol{u}_p,\boldsymbol{x}_p,\boldsymbol{u}_q^0,\boldsymbol{x}_q^0)\leqslant 0\end{aligned}\right\}\tag{1-173}$$

式中：等式约束 $\boldsymbol{g}_p=0$ 表示节点有功功率方程组；不等式约束 $\boldsymbol{h}_p$ 可包括以上提到的有关控制变量 $\boldsymbol{u}_p$ 及状态变量 $\boldsymbol{x}_p$ 的不等式约束，另外还可以包括能表示成 $\boldsymbol{x}_p$ 函数（如平衡节点的有功功率以及线路有功潮流等）的不等式约束条件。

2. 无功子优化问题

在无功子优化问题中，采用什么目标函数曾经有过不同的意见。有的从系统的安全性考虑，如以节点电压偏离其规定值为最小，或者以无功备用在系统中的均匀分布以能够较好地应付可能受到的扰动为目标；有的则侧重于经济性的考虑。目前用得比较多的还是后者，以系统的有功损耗即以式（1-119）作为目标函数。和有功优化类似，无功子优化问题中，把控制变量 $\boldsymbol{u}_p$ 及状态变量 $\boldsymbol{x}_p$ 也作为不变的常量处理，以 $\boldsymbol{u}_p^0$ 及 $\boldsymbol{x}_p^0$ 表示，于是无功子优化问题的模型可写成以下的普遍形式

$$\left.\begin{aligned}&\min_{u_q} f_q=\min_{uq} f_q(\boldsymbol{u}_q,\boldsymbol{x}_q,\boldsymbol{u}_p^0,\boldsymbol{x}_p^0)\\&\text{s.t.}\ \ \boldsymbol{g}_q(\boldsymbol{u}_q,\boldsymbol{x}_q,\boldsymbol{u}_p^0,\boldsymbol{x}_p^0)=0\\&\boldsymbol{h}_q(\boldsymbol{u}_q,\boldsymbol{x}_q,\boldsymbol{u}_p^0,\boldsymbol{x}_p^0)\leqslant 0\end{aligned}\right\}\tag{1-174}$$

式中：等式约束 $\boldsymbol{g}_q=0$，表示节点的无功功率方程组；不等式约束 $\boldsymbol{h}_q$ 中除了包括对以上提到的有关 $\boldsymbol{u}_q$ 及 $\boldsymbol{x}_q$ 的限制以外，还可以包括表示成 $\boldsymbol{u}_q$ 及 $\boldsymbol{x}_q$ 函数的平衡节点的无功功率以及线路无功潮流等不等式约束条件。

以上建立的有功和无功两个子优化问题可以独立地求解，以实现单独的有功、无功优化，而能达到有功、无功综合优化的解耦最优潮流计算则要交替地迭代求解这两个子问题，其步骤如下。

（1）通过初始潮流计算，设定 $\boldsymbol{u}_p^{(0)}$，$\boldsymbol{u}_q^{(0)}$，$\boldsymbol{x}_p^{(0)}$，$\boldsymbol{x}_q^{(0)}$；

（2）令 $\boldsymbol{u}_q^0=\boldsymbol{u}_q^{(0)}$，$\boldsymbol{x}_q^0=\boldsymbol{x}_q^{(0)}$，迭代计数 $k=1$；

（3）保持 $\boldsymbol{u}_q^0$ 及 $\boldsymbol{x}_q^0$ 不变，解有功子优化问题，得到 $\boldsymbol{u}_p$ 的最优值 $\boldsymbol{u}_p^{*(k)}$ 及相应的 $\boldsymbol{x}_p^{*(k)}$；

（4）令$\boldsymbol{u}_p^0=\boldsymbol{u}_p^{*(k)}$，$\boldsymbol{x}_p^0=\boldsymbol{x}_p^{*(k)}$；

（5）保持$\boldsymbol{u}_p^0$及$\boldsymbol{x}_p^0$数值不变，解无功子优化问题，得$\boldsymbol{u}_q$的最优值$\boldsymbol{u}_q^{*(k)}$及相应的$\boldsymbol{x}_q^{*(k)}$；

（6）检验$\| \boldsymbol{u}_q^{*(k)}-\boldsymbol{u}_q^{*(k-1)} \|<\varepsilon$，$\| \boldsymbol{u}_p^{*(k)}-\boldsymbol{u}_p^{*(k-1)} \|<\varepsilon$是否满足；

（7）若满足上列收敛条件，计算结束；否则令$\boldsymbol{u}_q^0=\boldsymbol{u}_q^{*(k)}$，$\boldsymbol{x}_q^0=\boldsymbol{x}_q^{*(k)}$；

（8）$k=k+1$，转向步骤（3）。

可见，通过解耦或分解，优化过程变为两个规模近似减半的子问题串行迭代求解，这样的算法能在内存节约以及减少计算时间方面取得相当的效果。因此，在考虑具有实时运行要求的，特别是大规模电力系统的最优潮流算法时，采用这种解耦的最优潮流计算模型是一种很好的选择。

以下研究解耦最优潮流计算的求解方法问题。从前面列出的子优化问题的数学模型可见，它和本节一开始所讨论的最优潮流的一般模型是完全相似的，因此求解最优潮流的各种方法都能在这里得到应用。从已经提出的一些较典型的算法来看，有采用非线性规划、二次规划以及线性规划的各种算法模型。除此之外，还应该特别强调的是解耦最优潮流的另一个优点在于容许根据两个子优化问题各自的特性而采用不同的求解算法，这样能进一步提高算法的性能。这也是采用解耦最优潮流的一个重要理由。如在数学规划领域内，线性规划较非线性规划更为成熟，表现在求解过程十分稳定可靠，计算速度快，容易处理各种约束条件等。而电力系统的有功分量和有功潮流方程有着良好的线性关系，线性化的准确度一般较高，为此实用的有功优化潮流往往采用线性规划方法来求解。根据这种考虑，解耦最优潮流的算法可以按照有功子优化问题采用线性规划方法，而无功子优化问题采用非线性规划方法的方式来组成。这两个子优化问题再交替迭代，就能进一步提高效率。

以上主要介绍了解耦优化潮流的基本概念。至于在有关文献中提出的各种算法，它们在子优化问题中变量的划分、等式不等式约束条件的组成与处理方法以及具体采用的求解的最优化方法等，都有一些不同，这里不再对这些算法做进一步介绍，读者可自行参阅有关文献。

1.8 交直流电力系统的潮流计算

1.8.1 高压直流输电与柔性输电

如何将大量的电能从发电厂输送到负荷中心一直是电力工程的重要研究课题。多年来，在努力提高传统电力系统输送能力的同时，电力工作者不断探索各种新型的输电方式。多相输电的概念在1972年由美国学者提出。在输电过程中采用三相输电的整倍数相，如6、9、12相输电以大幅度地提高输送功率极限。多相输电的主要优点是相间电压较三相输电降低，从而可以缩短线间距离，节省输电线路的占地。紧凑型输电的概念在20世纪80年代由苏联学者提出。它从优化输电线和杆塔结构着手，通过增加分裂导线的根数，优化导线排列，尽量使输电线附近的电场均匀，从而缩短线间距离，提高线路的自然功率。分频输电的概念在1995年由中国学者提出，目前仍在理论研究和模拟实验阶段。其基本思想是在电能的输送过程中降低频率以缩短输送的电气距离，例如采用三分之一倍工频。超导现象在1911年由荷兰科学家发现。超导输电是超导技术在电力工业中的应用，目前在国际上已能制造小容量的超导发电机、超导变压器和超导电缆，但是距离工业应用还有一段距离。无线输电是不用传输导线的输电方式，其概念提出的历史可以追溯到1899年特斯拉的实验。现代主要研究和有希望在未来实现工业化应用的无线输电方式包括微波输电、激光输电和真空管道输电。无线输电技术的研究已进行了30多年，但仍有大量技术问题需要解决，离工业应用的距离尚很遥远。

高压直流输电（high voltage direct current，HVDC）与柔性输电（flexible AC transmission system，FACTS）都是电力电子技术介入电能输送的技术。

在电力工业的萌芽阶段，以爱迪生（Thomas Alva Edison，1847—1931年）为代表的直流派力主整个电力系统从发电到输电都采用直流。以西屋（George Westinghouse，1846～1914年）为代表的交流派则主张发电和输电都采用交流。由于多台交流发电机同步运行问题的解决以及变压器、三相感应电动机的发明和完善，交流系统在经济技术上的优越性日益凸显，最终取得了主导地位。在发电和变压问题上，交流有明显的优越性。但是在输电问题上，直流有交流所没有的优点。和交流输电相比，直流输电有三个主要优点：①大容量长距离输送电能将使建设输电线路的投资大大增加。当输电距离足够长时，直流输电的经济性将优于交流输电。直流输电的经济性主要取决于换流站的造价。随着电力电子技术的进步，直流输电技术的关键元件换流阀的耐压值和通流量大大提高，造价大幅降低。②由于现代控制技术的发展，直流输电通过对换流器的控制可以快速地（时间为毫秒级）调整直流线路上的功率，从而提高交流系统的稳定性。③由于交流系统的同步稳定性问题，大规模区域电力系统的交流联网具有一定困难，而直流输电线路可以联接两个不同步或频率不同的交流系统。因而当数个大规模区域电力系统既要实现联网又要保持各自的相对独立时，采用直流线路或所谓背靠背直流系统进行联接是目前控制技术条件下最方便的方法。由于这三个主要优点，直流输电的竞争力日益提升。到今天，高压直流输电已愈来愈多地应用在世界各大电力系统中，使现代电力系统成为在交流系统中包含有直流输电系统的交直流混联系统。1990年投入运行的葛洲坝—上海±500kV、1080km高压直流输电线路是中国第一条大型直流输电线路工程。

对于新建设的输电线路，采用高压直流输电技术是解决长距离大容量输送电能的一个途径。但是对于已建成的交流输电线路，尽可能地提高其输送能力也是一个重要途径。由于已建成的电力网络中，交流输电线路条数远多于直流输电线路条数，因而对这些线路进行适当的技术改造，从而大幅度地提高它们的效力可能比建设新的输电线路在经济上更为可行。

柔性交流输电系统（亦称柔性输电技术或灵活输电技术，英文缩写为 FACTS）的概念最初由美国学者亨高罗尼（N. G. Higorani）提出，形成于 20 世纪 80 年代末。柔性输电技术利用大功率电力电子元器件构成的装置控制或调节交流电力系统的运行参数和/或网络参数从而优化电力系统的运行状态，提高电力系统的输电能力。显然，直流输电技术也满足以上定义。但是，由于直流输电技术先已独立发展成一项专门的输电技术，故现今所谓的柔性输电技术不包括直流输电技术。

产生和应用柔性输电技术的背景主要有以下几点：电力负荷的不断增长使现有的输电系统在现有的运行控制技术下已不能满足长距离大容量输送电能的需要。由于环境保护的需要，架设新的输电线路受到线路走廊短缺的制约，因此，挖掘已有输电网络的潜力，提高其输送能力成为解决输电问题的重要途径。大功率电力电子元器件的制造技术日益发展，价格日趋低廉，使得用柔性输电技术改造已有电力系统在经济上成为可能。计算技术和控制技术方面的快速发展和计算机的广泛应用，为柔性输电技术发挥其对电力系统快速、灵活的调整、控制作用提供了有力支持。另外，电力系统运营机制的市场化使得电力系统的运行方式更加复杂多变，为尽可能地满足市场参与者各方面的技术经济要求，电力系统必须具有更强的自身调控能力。

对一个已建成的不包含柔性输电设备的传统电力系统而言，其输电线路的参数是固定的。系统在运行时调整、控制的主要是发电机的有功功率和无功功率。尽管传统电力系统中可以通过调整有载调压变压器的分接头、串联补偿的电容值和并联补偿的电容（或电抗）值来改变系统的网络参数及开断或投入某条输电线路来改变网络的拓扑结构，但是由于相应的控制操作都通过机械装置完成，因而调整速度不能满足系统在暂态过程中的要求。相对于系统对发电机的各种快速调压、调速控制，系统对于输电网络基本上没有调整手段。由于传统电力系统不能灵活地调整输电网络的参数，系统中所有负荷及发电机出力确定以后，潮流分布全由基尔霍夫电流、电压定理和欧姆定律所确定。这种潮流称为自由潮流。电力系统中的电源点及电力网络的建设过程是一个逐步发展的历史过程，因此，很难通过建设规划使系统对千变万化的运行方式都是合理的。事实上，对于已经存在的传统电力系统，自由潮流往往并不是技术经济指标最好的潮流分布。例如，当系统中存在电磁环网时，循环功率的存在使系统的网损增大。在并行潮流中，由于电流是按阻抗成反比分流，阻抗小的输电回路电流大。因此，经常发生一条线路已达到其热稳极限，而另一条线路尚未充分利用的情况。用调整系统中的发电机出力来优化系统的运行状态有时十分不便，甚至难以满足运行要求。输电线输送电能的热稳极限主要由导线截面决定。在传统电力系统中，通常只有较短的线路才能达到热稳极限。输电线输送电能的另一个极限是交流系统同步运行的稳定极限。确定同步稳定极限的因素要比确定热稳极限的因素复杂得多，它与全系统的网络结构、运行方式、控制手段、线路在系统中的具体位置及事故地点和类型等有关。传统电力系统由于缺乏对输电网络的快速、灵活的控制手段，故线路的同步稳定极限通常小于、有时甚至远小于热稳极限。这就意味着，传统电力系统输送电能的能力并没有充分得到利用。柔性输电技术正是基于这一事实，在输电网络中引入由电力电子元器件构成的装置，以实现对输电网的快速、灵活控制，从而与对发电机的各种快速控制相匹配以提高已有输电网的输电能力。

传统电力系统也试图对输电网络提供调整控制手段。如在系统中合适的位置采用串联电容补偿以减小线路电抗，安装并联电容器和/或电抗器、静止无功补偿器和有载调压变压器以控制节点电压，利用移相器以改变线路两端的电压相位差。但是由于这些设备不能快速、连续地调整自身的参数，因而由其提高系统的稳定极限从而增加的输送能力有限。

由于柔性输电技术的装置采用了电力电子元器件，因此可以在系统的暂态过程中按照预先设计好的控制策略通过快速、连续地调整自身的参数来控制系统的动态行为，从而达到提高系统稳定极限、增大系统输送能力的效果。近 20 年来，柔性输电技术不断发展，在实际电力系统中得到了越来越多的应用。

高压直流输电和柔性输电的基本特点是控制十分迅速，因而当系统中含有 HVDC 线路和/或 FACTS 装置时，电力系统的稳态和动态调控手段都大大加强。显然，合适的控制策略对改善电力系统的动态特性极为重要。因此研究 HVDC 和 FACTS 在各种运行工况下的分析方法、控制技术及含有 HVDC 和 FACTS 的电力系统的潮流计算方法及控制策略已成为电力科学研究的一个重要领域。

本章仅讨论直流输电系统的基本原理和数学模型，并介绍交直流混联电力系统的潮流计算方法。

1.8.2 直流输电的基本原理与数学模型

这里将通过分析换流器的正常运行工况来介绍直流输电的基本原理和建立其数学模型。对换流器的不正常状态、换流器的保护、谐波问题及控制技术不做讨论。

1. 直流输电的基本概念

直流输电的基本原理接线图如图 1-16 所示。这是一个简单的直流输电系统，包括两个换流站 C1、C2 和直流线路。根据直流导线的正负极性，直流输电系统分为单极系统、双极系统和同极系统。图 1-16 所示的直流系统只有一根直流导线，通常为负极，另一根用大地替代，因此是单极系统。为了节省线路建设的投资，直流输电系统有时用单极接线方式。但是单极系统中的地电流受地质的影响，可能对其附近的地下设施产生不良影响，如加速地下各种金属管道的腐蚀。为避免这种情况，可采用两根直流导线，一根为正极，另一根为负极，这就是双极接线。图 1-16 中的换流站由一个换流桥组成，为了提高直流线路的电压和减小换流器产生的谐波，常将多个换流桥串联而成为多桥换流器。多桥换流器的接线方式有双极和同极。图 1-17（a）、（b）分别给出了双极和同极接线方式。同极接线方式中所有导线有相同的极性。单极接线方式常常作为双极和同极接线方式的第一期工程。一个换流站通常称为直流输电系统的一端。所以图 1-16 和图 1-17（a）、（b）所示的直流输电系统分别为单极两端系统、双极两端系统和同极两端系统。实际的直流输电系统可以是多端系统；多端直流系统用以连接三个及三个以上交流系统。图1-17（c）为一个单极三端直流系统的接线。

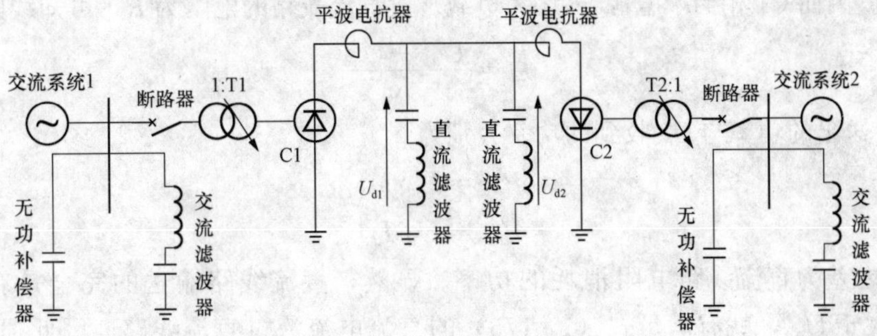

图1-16　直流输电的基本原理接线图

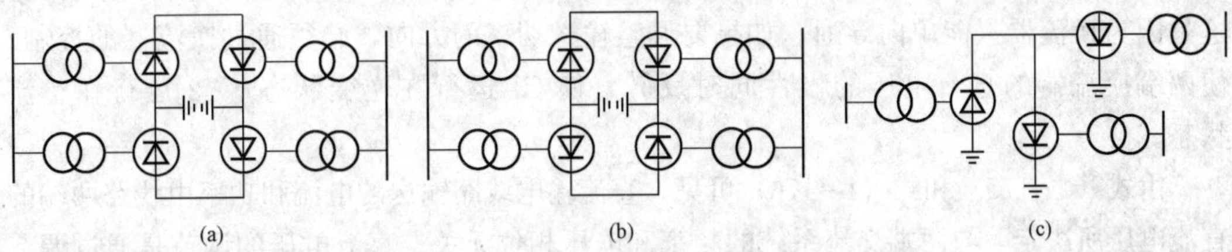

图1-17　直流输电的接线方式

（a）双极接线方式；（b）同极接线方式；（c）单极三端接线方式

换流站中的主要设备包括换流器、换流变压器、平波电抗器、交流滤波器、直流滤波器、无功补偿设备和断路器。换流器的功能是实现交流电与直流电之间的变换。把交流变为直流称为整流器，反之称为逆变器。组成换流器的基本元件是阀元件。现代高压直流输电系统所用的阀元件为普通晶闸管（Thyristor），由于阀元件的耐压值和通流量有限，换流器可由一个或多个换流桥串并联组成。用于直流输电的换流桥为三相桥式换流电路，如图1-18所示。一个换流桥有6个桥臂，桥臂由阀元件组成。换流桥的直流端与直流线路相连，交流端与换流变压器二次绕组相连。换流变压器一次绕组与交流电力系统相连。换流变压器与普通电力变压器相同，但通常须带有有载调压分接头，从而可以通过调节换流变压器的变比方便地控制系统的运行状态。换流变压器的直流侧通常为三角形或星形中性点不接地接线，这样直流线路可以有独立于交流系统的电压参考点。换流器运行时，在其交流侧和直流侧都产生谐波电压和谐波电流。这些谐波分量影响电能质量，干扰无线通信，因而必须安装参数合适的滤波器抑制这些谐波。平波电抗的电感值很大，有时可达1H。其主要作用是减小直流线路中的谐波电压和谐波电流，避免逆变器的换相失败，保证直流电流在轻负荷时的连续，当直流线路发生短路时限制整流器中的短路电流峰值。另外，换流器在运行时需从交流系统吸收大量无功功率。稳态时吸收的无功功率约为直流线路输送的有功功率的50%，暂态过程中更多。因此，在换流站附近应有无功补偿装置为换流器提供无功电源。

直流输电是将电能由交流整流成直流输送，然后再逆变成交流接入交流系统。当交流系统 1 通过直流输电线路向交流系统 2 输送电能时，C1 为整流运行状态，C2 为逆变运行状态。因而 C1 相当于电源，C2 为负载。设直流线路的电阻为 R，可知线路电流

$$I_d = \frac{U_{d1} - U_{d2}}{R} \tag{1 - 175}$$

因此，C1 送出的功率与 C2 收到的功率分别为

$$\left.\begin{aligned} P_{d1} &= U_{d1} I_d \\ P_{d2} &= U_{d2} I_d \end{aligned}\right\} \tag{1 - 176}$$

二者之差为直流线路电阻消耗的功率。显然，直流线路输送的完全是有功功率。只要 U_{d1} 大于 U_{d2}，就有满足式（1 - 175）的直流电流流过直流线路。因此通过调整直流电压的大小就可以调整输送功率的大小。必须指出，如果 C2 的运行状态不变，即使 U_{d1} 大于 U_{d2}，C2 也不能向 C1 输送功率。换句话说，式（1 - 175）中的电流不能为负，这是因为换流器只能单向导通。如果要调整输送功率的方向，必须通过换流器的控制，使两端换流器的直流电压的极性同时反转，使 C1 运行在逆变状态，C2 运行在整流状态。

由式（1 - 175）和式（1 - 176）可见，直流输电线路输送的电流和功率由线路两端的直流电压所决定，与两端交流系统的频率和电压相位无关。直流电压的调节是通过调节换流桥的触发角来实现的，因而不直接受交流系统电压幅值的影响。直流电压在运行过程中允许的调节范围相对于交流电压的调节范围要大得多，由于没有稳定问题的约束，直流输电方式可以长距离地输送大容量的电能；而交流输电方式在这种情况下则困难得多。在调节速度上，由于直流输电的控制过程全部是由电子设备完成的，因而十分迅速。在电力系统暂态过程中，当快速大幅度地调节输送功率时，交流系统中的原动机并不立即承担全部的功率增量，只是系统的频率发生相应的变化。例如，增加输送功率，则交流系统 1 的频率将下降，交流系统 2 的频率将升高。这相当于把交流系统 1 中旋转元件的转动动能的一部分转化为电能输送给交流系统 2。最终由于交流系统 1 中的频率调节装置的动作，交流系统中的原动机出力增加，使频率恢复。在交流系统 2 需要紧急功率支援时，直流输电的这种快速调节特性是至关重要的。

以下介绍换流器的工作原理并推导一般换流器的基本方程。在推导中采用以下基本假定：

（1）不考虑谐波及中性点偏移的影响，即认为交流系统是三相对称、频率单一的正弦系统。

（2）不考虑直流电流的纹波，即认为直流电流是恒流。

（3）不计换流变压器的励磁阻抗和铜耗，且不考虑换流变压器的饱和效应，即认为变压器是理想变压器。

（4）不考虑直流线路的分布参数特性。

如果读者只对交直流混联系统的潮流计算方法感兴趣而不关心换流器的工作原理和其基本方程的导出过程，则可以直接阅读图 1 - 29 和换流器基本方程式（1 - 281）、式（1 -283）。

2. 不计 L_C 时换流器的基本方程

图 1-18 所示为三相全波桥式换流器的等效电路及阀元件的符号。阀正常工作时只有导通和关断两种状态。阀从关断到导通必须同时具备两个条件：一是阳极电压高于阴极电压，或者说阀电压是正向的。二是在控制极上有触发所需的脉冲。当阀电压为正，但控制极未加触发脉冲时，阀仍然是关断状态。阀经触发导通后，即便触发脉冲消失，阀仍保持导通状态。须当阀电流减小到零，且阀电压保持一段时间（毫秒级即可）非正，阀才从导通转入关断状态。阀在导通状态下，阳极与阴极之间只有很小的正向压降，因此，近似认为阀在通态下的等效电阻为零。阀在关断状态下，阳极与阴极之间可以承受很高的正向或反向电压而不导通（仅仅有很小的泄漏电流），因此，近似认为阀在断态下的等效电阻为无穷大。忽略阀的通态正向压降和断态泄漏电流，即阀为理想阀。

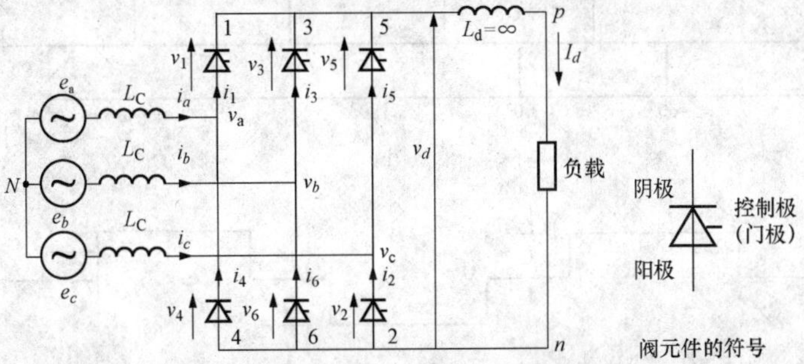

图 1-18　三相全波桥式换流器的等值电路及阀元件的符号

根据基本假定，交流系统（包括换流变压器）可用频率和电压恒定的理想电压源与电感 L_C 串联来等值。理想电压源的瞬时电压为

$$\left.\begin{aligned} e_a &= E_m\cos\left(\omega t+\frac{\pi}{3}\right) \\ e_b &= E_m\cos\left(\omega t-\frac{\pi}{3}\right) \\ e_c &= E_m\cos(\omega t-\pi) \end{aligned}\right\} \tag{1-177}$$

则线间电压为

$$\left.\begin{aligned} e_{ac} &= e_a-e_c=\sqrt{3}E_m\cos\left(\omega t+\frac{\pi}{6}\right) \\ e_{ba} &= e_b-e_a=\sqrt{3}E_m\cos\left(\omega t-\frac{\pi}{2}\right) \\ e_{cb} &= e_c-e_b=\sqrt{3}E_m\cos\left(\omega t+\frac{5\pi}{6}\right) \end{aligned}\right\} \tag{1-178}$$

图 1-19（a）给出了式（1-177）和式（1-178）的波形图。

首先分析触发延迟角 α 为零的情况。α 为零意味着一旦阀的阳极电压高于阀的阴极电压便立即在阀的控制极上加触发脉冲，由于不计 L_c，阀便即刻导通。图 1-18 中，上半桥的阀编号为 1、3、5，下半桥为 4、6、2。由下面的分析可以看出，这实际上是阀依次

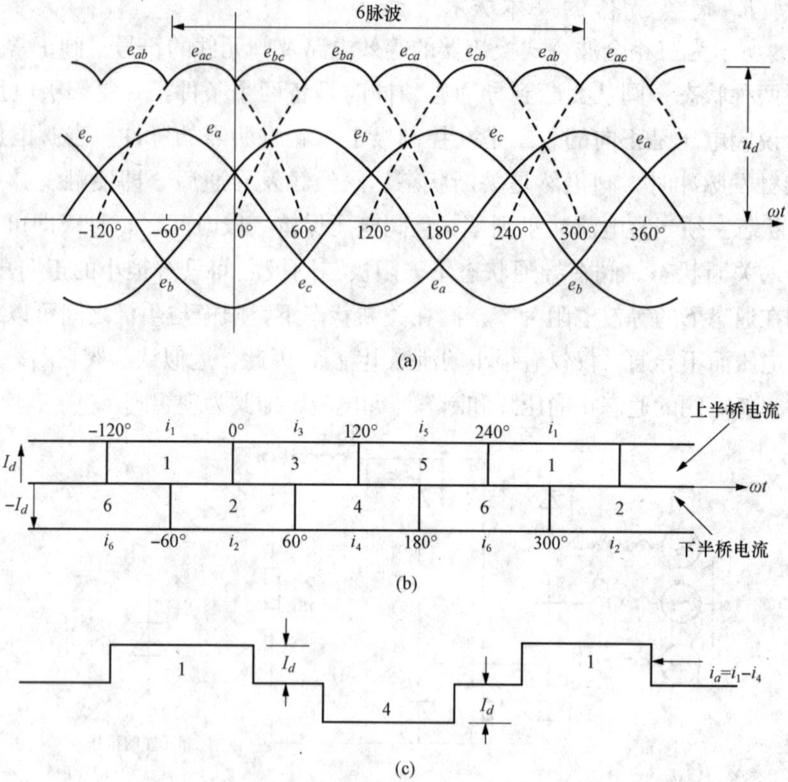

图 1-19　换流器的电压、电流波形

(a) 交流相电压、线电压及直流电压瞬时值的波形图；(b) 各时段处于导通状态的阀；(c) a 相电流的波形图

导通的顺序。由于阀 1、3、5 的阴极是连接在一起的，当 a 相对地电压比 b、c 两相对地电压高时，阀 1 首先导通。阀 1 一旦导通，由于不计阀的正向压降，则阀 3、5 的阴极电位等于相电压 e_a，分别高于阳极电压 e_b、e_c，故阀 3、5 为关断状态。同样，在下半桥阀 2、4 和 6 的阳极连接在一起，因此，当 c 相对地电压比 a、b 两相低时，阀 2 导通而阀 4、6 为关断状态。

从图 1-19（a）的波形图可以看出，当 $\omega t \in [-120°, 0°]$ 时，e_a 既大于 e_b 也大于 e_c，在此期间，上半桥中阀 1 导通。当 $\omega t \in [-60°, 60°]$ 时，e_c 既小 e_a 也小于 e_b，在此期间，下半桥中阀 2 导通。当认为 L_c 为零时，换流器在正常工况下，上半桥和下半桥各仅有一个阀导通。因此，在 $\omega t \in [-60°, 0°]$ 期间，上半桥中的阀 1 和下半桥的阀 2 处于导通状态，而其他的阀都是关断状态。在此期间，上半桥的阴极电压为 e_a，而下半桥的阳极电压为 e_c。显然，直流回路的电源电压为 $e_{ac} = e_a - e_c$；交流电流 $i_a = -i_c = I_d$；$i_b = 0$。以下用同样的方法分析其他时段。

在 $\omega t = 0°$之前，阀 1 是导通状态。在 $\omega t = 0°$之后，e_b 一旦大于 e_a，阀 3 即被触发而导通。阀 3 导通后，阀 1 的阴极电压成为 e_b，因为 e_b 已大于 e_a，故阀 1 为反向阀电压，所以阀 1 被关断。由于认为 L_c 为零，阀 3 的导通和阀 1 的关断是在 $\omega t = 0°$时瞬间完成的，由图 1 - 19 的波形图可以看出，在 $\omega t \in$ [0°，120°] 期间，e_b 一直大于 e_a，故阀 3 一直为导通状态。在 $\omega t \in$ [0°，60°] 期间，换流器的上半桥阀 3 导通，下半桥阀 2 导通。直流回路电源电压为 $e_{bc}=e_b-e_c$，交流电流 $i_b=-i_c=I_d$；$i_a=0$。阀 1 从导通到关断和阀 3 从关断到导通称为换相，直流回路的电源电压从 e_{ac} 换成了 e_{bc}。

在 $\omega t=60°$之前，阀 2 是导通状态。在 $\omega t=60°$之后，e_a 一旦小于 e_c，阀 4 即被触发而导通。阀 4 导通后，阀 2 的阳极电压成为 e_a。因为 e_a 已小于 e_c，故阀 2 为反向阀电压，所以阀 2 被关断。由于认为 L_c 为零，阀 4 的导通和阀 2 的关断是在 $\omega t=60°$时瞬间完成的。由图 1 - 19（a）的波形图可以看出，在 $\omega t \in$ [60°，180°] 期间，e_a 一直小于 e_c，故阀 4 一直为导通状态。在 $\omega t \in$ [60°，120°] 期间，换流器的上半桥阀 3 导通，下半桥阀 4 导通。直流回路电源电压为 $e_{ba}=e_b-e_a$；交流电流 $i_b=-i_a=I_d$；$i_c=0$。

在 $\omega t=120°$之前，阀 3 是导通状态。在 $\omega t=120°$之后，一旦 e_c 大于 e_b，阀 5 被触发而导通，阀 3 即被关断。在 $\omega t \in$ [120°，240°] 期间，阀 5 一直为导通状态。那么，在 $\omega t \in$ [120°，180°] 期间，换流器的上半桥阀 5 导通，下半桥阀 4 导通。直流回路电源电压为 $e_{ca}=e_c-e_a$；交流电流 $i_c=-i_a=I_d$；$i_b=0$。

在 $\omega t=180°$之前，阀 4 是导通状态。在 $\omega t=180°$之后，一旦 e_b 小于 e_a，阀 6 便被触发而导通，阀 4 即被关断。在 $\omega t \in$ [180°，300°] 期间，阀 6 一直为导通状态。在 $\omega t \in$ [180°，240°] 期间，换流器的上半桥阀 5 导通，下半桥阀 6 导通。直流回路电源电压为 $e_{cb}=e_c-e_b$；交流电流 $i_c=-i_b=I_d$；$i_a=0$。

在 $\omega t=240°$之前，阀 5 是导通状态，在 $\omega t=240°$之后，一旦 e_a 大于 e_c，阀 1 即被触发而导通，阀 5 即被关断。在 $\omega t \in$ [240°，360°] 期间，阀 1 一直为导通态，在 $\omega t \in$ [240°，300°] 期间，换流器的上半桥阀 1 导通，下半桥阀 6 导通。直流回路电源电压为 $e_{ab}=e_a-e_b$；交流电流 $i_a=-i_b=I_d$；$i_c=0$。

如此循环往复。图 1 - 19（b）的上下两行分别对应于上下半桥中的阀。当一个阀从导通转为关断而另一个阀从关断转为导通的瞬间，直流回路电源即发生换相。如 $\omega t=0°$时，阀 1 关断、阀 3 开通，直流回路电源电压从 $e_{ac}=e_a-e_c$ 换为 $e_{bc}=e_b-e_c$。由于 L_c 为零，换相是瞬时完成的，因而在任意时刻换流桥中只有两个编号相邻的阀处在导通状态，即上半桥一个，下半桥一个。当 L_c 不为零时，由于电感的存在，电流不能突变，因而换相不能瞬时完成。换相所需时间对应的电角度称为换相角 γ。换相角不为零的情况我们将在后面讨论。

由以上分析可以得到交流侧三相电流波形图。图 1 - 19（c）给出了 a 相电流的波形图。由于平波电抗器与滤波器的作用且不计 L_c，故电流波形为矩形波。事实上 I_d 为直流电流的平均值，其大小将在后面分析。图 1 - 19（b）给出了各阀处于导通状态的时段。图 1 - 19（a）给出了直流电压瞬时值 u_d 的波形。u_d 为换流桥上半桥阴极和下半桥阳极之间的电压差。由上述分析可见，在交流系统的一个周期 $\omega t \in$ [0°，360°] 上，换流桥发生过 6 次换相，直流电压瞬时值的波形有 6 次等间隔脉动。因此，三相全波换流器也称为 6 脉冲换流器。脉动的直流电压 u_d 经傅里叶分解得到的直流分量即是直流电压 U_d。

由傅里叶分解知，直流电压 U_d 是 u_d 的平均值。

由图 1-19（a）所示的直流电压瞬时值 u_d 的波形图，可以得到触发延迟角 α 为零且换相角 γ 也为零时直流电压的平均值，记为 U_{d0}。

$$U_{d0}=\frac{1}{2\pi}\int_{0^\circ}^{360^\circ}u_d\,\mathrm{d}\theta=\frac{3\sqrt{6}}{\pi}E \tag{1-179}$$

式中：E 为交流电源的相电压有效值。

以上分析了触发延迟角 α 为零时的直流电压与直流电流。如果在阀电压为正后，并不立即加门极触发电压，而是有个时间延迟 τ_a，则称这段时间对应的电角度 $\omega\tau_a=\alpha$ 为触发延迟角。由图 1-19 所示的 $\alpha=0°$时的各阀触发时刻，可知当 $\alpha\neq0°$时阀 3、4、5、6、2 和阀 1 导通的时刻所对应的电角度分别为 $0°+\alpha$、$60°+\alpha$、$120°+\alpha$、$180°+\alpha$、$240°+\alpha$ 和$300°+\alpha$。当 $\alpha\neq0°$且不计 L_c 时，直流电压瞬时值 u_d 的波形如图 1-20（a）所示，各阀处于导通状态的时段标示在图 1-20（b）中。由阀导通的两个必要条件可知，欲使阀从关断状态开通，触发延迟角 α 的范围须在［0°，180°］内。当触发延迟角 α 超出以上范围时，由交流电源的波形图可见，阀电压为负，因而阀不能被触发而开通。以阀 3 为例，注意阀 3 在开通之前阀 1 是导通状态，因而阀 3 的阴极电压为 e_a，阳极电压为 e_b。由图1-19 中 e_a、e_b 的波形图可见，在 $\omega t\in$［0°，180°］上，e_b 大于 e_a，即阀 3 具有正向阀电压 e_{ba}。因此，只要 α 小于 180°，阀 3 即可被触发而导通。当 α 大于 180°时，由于 e_b 已小于 e_a，故阀 3 已不具备正向阀电压的条件，因而阀 3 不能被触发而导通。对于其他各阀有相同的分析。

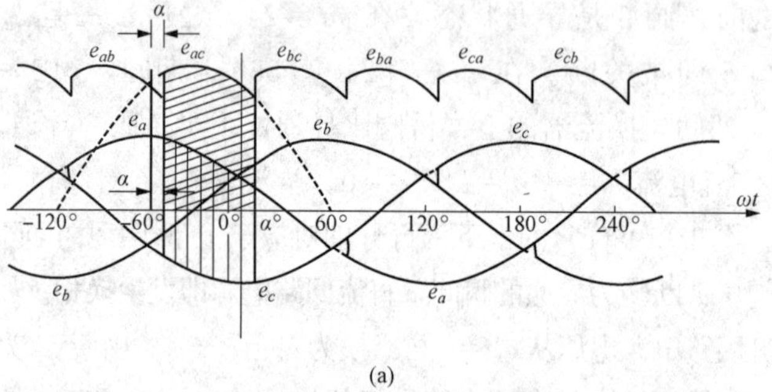

(a)

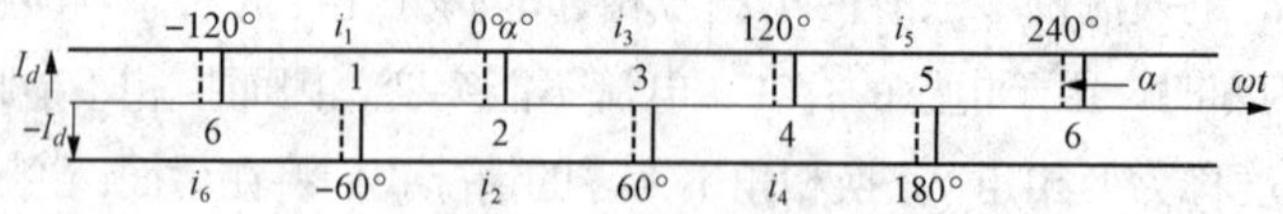

(b)

图 1-20　$\alpha\neq0°$、$\gamma=0$ 时直流电压的波形与各阀处于导通状态的时段

（a）直流电压瞬时值 2 的波形；（b）各阀处于导通状态的时段

根据图 1-20（a），当触发延迟角 $\alpha\in$［0°，180°］时，直流电压的平均值为

$$U_d=\frac{1}{2\pi}\int_{-60°}^{360°}u_d\,\mathrm{d}\theta=\frac{6}{2\pi}\int_{-60°+\alpha}^{0°+\alpha}e_{ac}\,\mathrm{d}\theta=U_{d0}\cos\alpha \tag{1-180}$$

由式（1-180）可见，当触发延迟角 α 非零时，直流电压的平均值 U_d 小于 U_{d0}。当 α 从

零增加到 90°时，U_d 的值从 U_{d0} 减小到 0；当 α 进一步从 90°增加到 180°时，U_d 的值从 0 减小到 $-U_{d0}$。直流电压为负值时，即 $\alpha\in$［90°，180°］时，由于阀的单向导通性，直流电流 I_d 的方向并没有改变。在这种情况下，直流电压与直流电流的乘积为负值，也就是说，换流器从交流系统吸收的功率为负值。在这种运行状态下，有功功率的实际流向是从直流系统到交流系统。当换流器向交流系统提供有功功率时，换流器把直流电能转换为交流电能送进交流系统。换流器的这种运行状态被称为逆变。

以下通过分析交流电流 i_a 的基波分量与交流电源电压 e_a 的相位关系可以更清楚地看到换流器如何随触发延迟角 α 的增大而从整流状态进入逆变状态。

在目前的分析中，由于不计 L_c，故换相是瞬时完成的。比较图 1 - 19（b）和图 1 - 20（b）可看出，无论触发延迟角 α 是否为零，每一个阀处于导通状态的时间所对应的电角度宽度均为 120°，即阀电流是宽度为 120°、幅值为 I_d 的矩形波。图 1 - 19（c）表示 α 为零时 a 相交流电流 i_a 的波形。注意 i_a 与交流电源 e_a 的相位关系。当 α 从零增大时，i_a 的波形不变，只是向右平移 α。按傅里叶级数分解，不难理解从矩形波 i_a 中分解出的基波分量 i_{a1} 的相位相对于交流电源 e_a 的相位滞后角度即为触发延迟角 α，而交流基波分量的有效值为

$$I=\frac{2}{\sqrt{2}\pi}\int_{-30^\circ}^{30^\circ} I_d \cos x \mathrm{d}x=\frac{\sqrt{6}}{\pi}I_d \tag{1 - 181}$$

由于已假定交直流两侧都有理想的滤波器，因此谐波功率为零。故不计换流器的功率损耗时，交流基波的有功功率与直流功率相等，从而有

$$3EI\cos\varphi=U_d I_d \tag{1 - 182}$$

式中：φ 为交流电压超前基波电流的相差，称为换流器的功率因数角。把式（1 - 180）和式（1 - 181）分别代入式（1 - 182）左右两端，有

$$3E\frac{\sqrt{6}}{\pi}I_d\cos\varphi=I_d\frac{3\sqrt{6}}{\pi}E\cos\alpha \tag{1 - 183}$$

即

$$\cos\varphi=\cos\alpha \tag{1 - 184}$$

式（1 - 184）进一步表明交流电流的基波分量与交流电压的相位差正是触发延迟角 α。据以上分析，交流系统的基波复功率为

$$P+\mathrm{j}Q=\frac{3\sqrt{6}}{\pi}EI_d(\cos\alpha+\mathrm{j}\sin\alpha) \tag{1 - 185}$$

由式（1 - 180）和式（1 - 181）可见，换流器把交流转换成直流或把直流转换成交流时，交流基波电流的有效值与直流电流的比值是固定的，而交直流的电压比值与换流器的触发延迟角有关。式（1 - 185）为交流系统经换流器送进直流系统的复功率，即直流系统从交流系统吸收的复功率。显见，这个功率受触发延迟角控制。当 $\alpha\in$［0°，90°］时，有功功率为正，这时换流器从交流系统吸收有功功率，即把交流电能转换为直流电能；而当 $\alpha\in$［90°，180°］时，有功功率为负，这时换流器向交流系统提供有功功率，即把直流电能转换为交流电能。另外，从式（1 - 185）还可见，尽管直流系统只输送有功功率，但在输送有功功率的同时，整流器（其 $\alpha\in$［0°，90°］）和逆变器（其 $\alpha\in$［90°，180°］）都从交流系统吸收无功功率。

3. 计及 L_c 时换流器的基本方程

图 1-18 的电感 L_c 是换流变压器的等值电感，实际系统中不为零。由于 L_c 的存在，相电流不能瞬时突变，因而换流器的供电电源从一相换到另一相时不能瞬时完成，而需要一段时间 τ_γ，通常称 τ_γ 为换相期，换相期所对应的电角度 $\gamma=\omega\tau_\gamma$ 称为换相角。在换相期内，即将开通的阀的电流从零逐渐增大至 I_d，而即将关断的阀的电流从 I_d 逐渐减小到零。正常运行下，换相角小于 60°；满载情况下换相角的典型值为 10°～25°。对 $\gamma\in[0°, 60°]$ 的情况，换相期间换流器中有 3 个阀同时导通。其中，一个为非换相期导通状态，其阀电流为 I_d；一个为换相期即将导通状态，其阀电流从零向 I_d 过渡，一个为换相期即将关断状态，其阀电流从 I_d 向零过渡。在两个换相期之间换流器仍然是上半桥和下半桥各有一个阀处在导通状态。图 1-21（a）、（b）分别给出了触发延迟角 α 为零时，换相角 γ 为零和不为零两种情况下，换流器中阀的导通情况。图 1-21（b）中的斜线在 θ（$=\omega t$）轴上的投影即是换相期所对应的换相角。

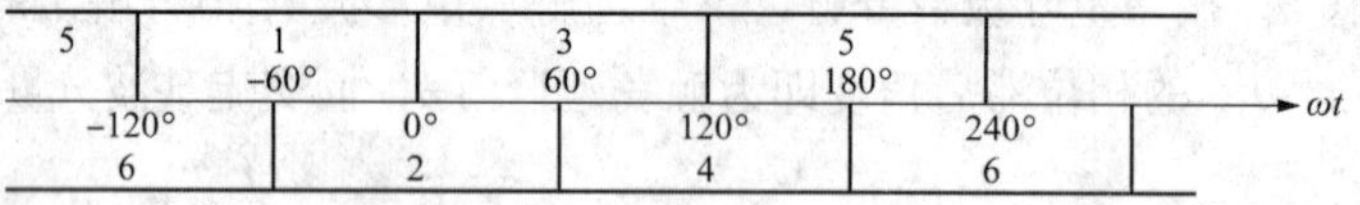

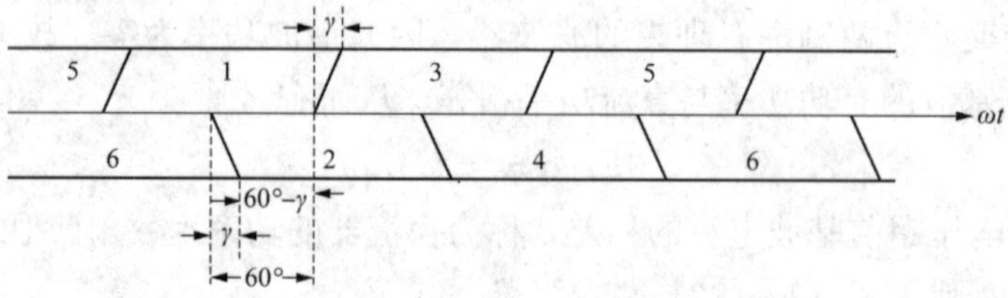

图 1-21 换流器中的导通情况

（a）$\alpha=0$，$\gamma=0$；（b）$\alpha=0$，$\gamma=20°$

由图 1-21 可见，两次换相期开始的电角度之差为 60°；非换相期为 $60°-\gamma$。因此，若换相角 γ 大于 60°，非换相期将小于零。换句话说，一个换相期尚未结束，下一个换相期又开始。这时换流器中将有 3 个以上的阀同时导通。这是不正常的运行工况。由于换相角的存在，直流电压的平均值将随直流电流的增大而有所减小。

以下分析影响换相角大小的因素及换相角对直流电压的影响。

计及换相角后，换流器正常工作的触发滞后角的变化范围有所减小。按交流电源波形分析，触发滞后角的变化范围为 $[0°, 180°-\gamma]$。后面将进一步解释其原因。

图 1-22 给出了触发滞后角为 $\alpha\in[0°, 180°-\gamma]$、换相角为 $\gamma\in[0°, 60°]$ 时阀的导通情况。以阀 1 导通换相到阀 3 导通为例，当 $\omega t=0°+\alpha$ 时，阀 1 开始向阀 3 换相；当 $\omega t=0°+\alpha+\gamma=0°+\delta$ 时换相结束。这里 δ 为触发延迟角与换相角之和，称为熄弧角。注意到在换相开始时刻（即 $\omega t=\alpha$），阀 1 的阀电流 i_1 为 I_d。阀 3 的阀电流 i_3 为零；在换相结束时刻（即 $\omega t=\alpha+\gamma=\delta$）时 i_1 为零，而 i_3 为 I_d。在换相期间，即 $\omega t\in[\alpha, \delta]$，由图

1-22可见，阀1、2和图3同时导通，换流桥的等效电路如图1-23所示。

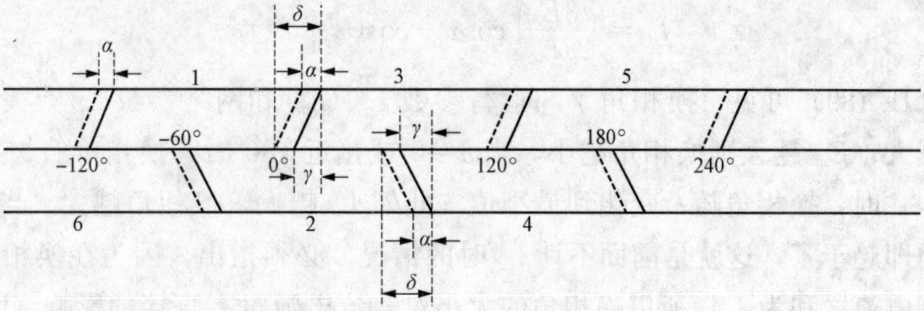

图1-22　触发滞后角$\alpha\in[0°, 180°-\gamma]$、换相角为$\gamma\in[0°, 60°]$时阀的导通情况

对阀1和阀3构成的回路，有回路电压方程

$$e_b - e_a = L_c \mathrm{d}i_3/\mathrm{d}t - L_c \mathrm{d}i_1/\mathrm{d}t$$

电压e_b-e_a为换相电压；电流i_3为换相电流。因为$I_d=i_1+i_3$与并结合式（1-169），式（1-185）可改写为

$$\sqrt{3}E_m \sin\omega t = 2L_c(\mathrm{d}i_3/\mathrm{d}t) \tag{1-186}$$

按照边界条件，可解出电流i_3，即

$$\int_0^{i_3} \mathrm{d}i_3 = \int_{\frac{\alpha}{\omega}}^{t} \frac{\sqrt{3}E_m}{2L_c}\sin\omega t\,\mathrm{d}t$$

$$i_3 = \frac{\sqrt{3}E_m}{2\omega L_c}\cos\omega t\ \Big|_t^{\alpha/\omega} = I_{s2}(\cos\alpha - \cos\omega t) \tag{1-187}$$

其中

$$I_{s2} = \sqrt{3}E_m/(2\omega L_c) \tag{1-188}$$

由式（1-187）可见，换相电流中包含两个分量。其中第一项为常数分量，第二项为正弦分量。常数分量的大小与触发滞后角α有关，正弦分量的相位滞后于换相电压e_{ba}的角度为90°。理解这一现象并不困难。由图1-23可见，在换相期，阀1与阀3同时导通，对交流系统而言相当于a、b两相经二倍的L_c短路，而换相电流i_3正是交流电源e_b的短路电流。常数分量是短路电流中的自由分量，其产生的机理是电感回路中的电流不能发生突变。正弦分量是短路电流中的强迫分量，由于短路回路是纯电感回路，所以正弦分量的相位滞后电源电压为90°。I_{s2}为短路电流强迫分量的峰值。因此，换流器的稳态工况就是：在换相期使交流系统两相短路；在非换相期使交流系统单相断线。

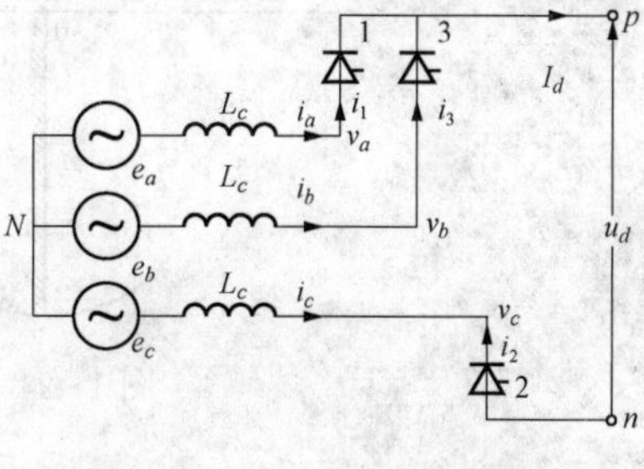

图1-23　阀1向阀3换相时换流桥的等效电路图

当$\omega t=\alpha+\gamma=\delta$时，$i_3=I_d$，此时换相结束。因而换相角的大小反映了换相电流从零

增加到 I_d 所需的时间。因此，由式（1-187）可知

$$I_d = \frac{\sqrt{3}E_m}{2\omega L_c}[\cos\alpha - \cos(\alpha+\gamma)] \tag{1-189}$$

由式（1-189）可见，换相角 γ 与运行参数 I_d、E_m 和网络参数 L_c 有关；I_d 越大，则换相角越大；E_m 越大则换相角越小，当 $\alpha=0°$或接近 180°时，换相角随 α 变化到最大值；当 $\alpha=90°$时，换相角随 α 变化到最小值。此外 L_c 越大，换相角越大。当 L_c 趋于零时，换相角即趋于零，这就是前面不计 L_c 时的情况。必须指出，因为在换相期间，阀 1 与阀 3 的阀电流之和为 I_d，所以换相角的大小对直流电流没有直接的影响，因而交流电流基波分量与直流电流的关系式（1-181）在计及换相角后依然成立。

下面分析换相角对直流电压的影响。

由图 1-23 可见，在换相期间

$$u_p = u_a = u_b = e_b - L_c\frac{\mathrm{d}i_3}{\mathrm{d}t}。$$

由式（1-186）可知

$$L_c\frac{\mathrm{d}i_3}{\mathrm{d}t} = \frac{\sqrt{3}E_m\sin\omega t}{2} = \frac{e_b - e_a}{2}$$

故有

$$u_p = u_a = u_b = e_b - (e_b - e_a)/2 = (e_b + e_a)/2$$

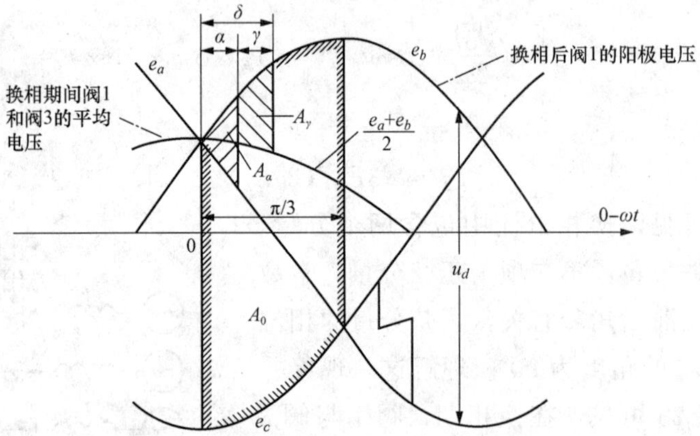

图 1-24　阀 1 向阀 3 换相时的电压波形

注意，在不计换相角的情况下，阀一经触发，换流桥的阴极电压 u_p 就等于 e_b。但计及换相角之后，在换相期间，u_p 等于（e_b+e_a）/2，直到换相结束后，u_p 等于 e_b。图 1-24 所示为阀 1 向阀 3 换相时的电压波形。此图中，$\omega t\in$［0°，60°］，注意以下三块面积

$$A_0 = \int_{0°}^{60°}(e_b - e_c)\mathrm{d}\omega t = \int_{0°}^{60°}\sqrt{3}E_m\cos(\omega t - 30°)\mathrm{d}\omega t = \sqrt{3}E_m \tag{1-190}$$

$$A_\alpha = \int_{0°}^{\alpha}(e_b - e_a)\mathrm{d}\omega t = \int_{0°}^{\alpha}\sqrt{3}E_m\cos(\omega t - 90°)\mathrm{d}\omega t = \sqrt{3}E_m(1-\cos\alpha) \tag{1-191}$$

$$A_{\gamma}=\int_{\alpha}^{\delta}\left(e_{b}-\frac{e_{a}+e_{b}}{2}\right)\mathrm{d}\omega t=\frac{1}{2}\int_{\alpha}^{\delta}(e_{b}-e_{a})\mathrm{d}\omega t=\frac{\sqrt{3}}{2}E_{m}(\cos\alpha-\cos\delta) \tag{1-192}$$

由式（1-190）可见，无触发延迟且无换相角时，直流电压平均值为

$$U_{d0}=\frac{A_{0}}{\pi/3}=\frac{3\sqrt{3}}{\pi}E_{m}$$

与式（1-179）一致。

由式（1-190）和式（1-191）可见，有触发延迟但无换相角时，直流电压平均值为

$$U_{d}=\frac{A_{0}-A_{\alpha}}{\pi/3}=\frac{\sqrt{3}E_{m}\cos\alpha}{\pi/3}=U_{d0}\cos\alpha$$

与式（1-180）一致。

由于换相角不为零，直流电压平均值将下降。在一个周期里，每隔60°有一次换相，因此，由式（1-192）知因换相角引起的直流电压下降量为

$$\Delta U_{d}=\frac{6A_{\gamma}}{2\pi}=\frac{U_{d0}}{2}(\cos\alpha-\cos\delta) \tag{1-193}$$

利用式（1-189）从式（1-193）中消去（$\cos\alpha-\cos\delta$）可得

$$\Delta U_{d}=\frac{3}{\pi}\omega L_{c}I_{d}=R_{\gamma}I_{d} \tag{1-194}$$

其中

$$R_{\gamma}=\frac{3}{\pi}\omega L_{c}=\frac{3}{\pi}X_{c} \tag{1-195}$$

R_{γ}为等值换相电阻。必须指出，R_{γ}并不具有真实电阻的全部意义，它不吸收有功功率，其大小体现了直流电压平均值随直流电流增大而减小的斜率。另外应注意，R_{γ}是一个网络参数，即它不随运行状态的改变而变化。

这样，考虑触发延迟角又考虑换相角时，直流电压平均值为

$$U_{d}=\frac{A_{0}-A_{\alpha}-A_{\gamma}}{\pi/3}=U_{d0}\cos\alpha-\Delta U_{d}=U_{d0}\cos\alpha-R_{\gamma}I_{d} \tag{1-196}$$

式（1-196）表明换流器的输出直流电压是触发延迟角α、直流电流I_{d}及交流电源电压E_{m}的函数，因此，在直流输电系统运行中可以通过调节触发延迟角和交流系统的电压来控制直流电压的大小。由式（1-175）可知，两端换流器输出直流电压的改变，将决定直流电流I_{d}的大小。此外，由于参数R_{γ}的引入，换相角γ不显含在式（1-196）中，换相效应完全由换相电阻与直流电流的乘积表征。但须注意，式（1-196）成立的前提条件是$\alpha\in[0°, 180°-\gamma]$和$\gamma\in[0°, 60°]$。因此，过大的直流电流可能使换相角超出60°的约束而使换流器进入不正常运行状态。

当不计换相角时，若$\alpha\in[0°, 90°]$，换流器为整流器；若$\alpha\in[90°, 180°]$，换流器为逆变器。当计及换相角后，把式（1-193）代入式（1-196）可得

$$U_{d}=U_{d0}\cos\alpha-\Delta U_{d}=\frac{U_{d0}}{2}(\cos\alpha+\cos\delta) \tag{1-197}$$

区分换流器为整流器还是逆变器的外特征为直流电压 U_d 的正负。即使 U_d 为零的触发延迟角为 α_t，则由式（1-197）有

$$U_d = \frac{U_{d0}}{2}[\cos\alpha_t + \cos(\alpha_t + \gamma)] = 0$$

解得

$$\alpha_t = \frac{\pi - \gamma}{2} \tag{1-198}$$

可见，计及换相角后，整流与逆变的分界触发延迟角从 90°提前了 γ/α。

前面提到，计及换相角后，使换流器正常工作的触发延迟角 α 的变化范围减小。这里仍以阀 1 向阀 3 换相时为例来分析其原因。注意在阀 3 被触发之前由于阀 1 是导通状态，所以阀 3 的阴极电压为 u_a。这样，阀 3 具备被触发而导通的条件为 u_b 大于 u_a。由图 1-24 可见，当 $\omega t \in$ [0°，180°] 时，有 $u_b > u_a$。由于换相角的存在，阀 3 被触发之后，阀 1 并不能立即关断，而是在 $\omega t = \delta = \alpha + \gamma$ 时才能关断。因此，为保证换相成功，即阀 1 可靠关断，熄弧角 δ 必须小于 180°。否则 u_b 将小于 u_a，而使阀 3 的阀电压再次为负，最终阀 3 又被关断而阀 1 继续开通。此即换相失败。因此有 $0° \leqslant \alpha \leqslant 180° - \gamma$。

4. 换流器的等值电路

以上对换流器的分析中，使用了触发延迟角 α、换相角 γ 和熄弧角 δ 等 3 个角度。工程分析时，为了更明确地区分换流器是整流器还是逆变器，用 α 和 δ 表示整流器，而用另外 2 个角度来表示逆变器，它们分别是触发超前角 β 和熄弧超前角 μ。换相角 γ 同时用于整流器与逆变器的分析。它们之间有以下关系

$$\left.\begin{aligned} \beta &= \pi - \alpha \\ \mu &= \pi - \delta \\ \gamma &= \delta - \alpha = \beta - \mu \end{aligned}\right\} \tag{1-199}$$

当换流器为逆变器时，其为 90°～180°，则 β 与 μ 为 0°～90°，这样，逆变器的触发超前角和熄弧超前角与整流器的触发延迟角具有接近的数值。对于整流器，前面分析得到的各式可以直接应用；对于逆变器，把变换（1-199）代入式（1-196），则有

$$U_d = U_{d0}\cos(\pi - \beta) - R_\gamma I_d = -(U_{d0}\cos\beta + R_\gamma I_d) \tag{1-200}$$

根据图 1-16，当换流器为整流器或逆变器时分别将其电压记为 U_{d1} 与 U_{d2}，并注意逆变器的电压参考方向与整流器的电压参考方向相反，因此

$$U_{d1} = U_{d0}\cos\alpha - R_\gamma I_d \tag{1-201}$$

$$U_{d2} = U_{d0}\cos\beta + R_\gamma I_d \tag{1-202}$$

由式（1-202）可得换流器运行在整流状态和逆变状态时的等值电路，如图 1-25（a）、（b）所示。其中直流电压与直流电流都是平均值。注意无论换流器是整流状态还是逆变状态，其直流电流的参考方向总是从阀的阳极流向阴极。因而图 1-25（b）中的换相电阻 R_γ 带有负号。由式（1-179）可知 U_{d0} 与交流系统电压有关；由式（1-175）确定直流电流。因此，直流系统的控制变量为交流系统电压与换流器触发角。式（1-202）中逆变器的

控制变量用了触发超前角，整流器与逆变器的电压表达式不同。当逆变器用熄弧超前角表示时，二者的电压表达式具有相同的形式。为此，将式（1-199）代入式（1-197），用熄弧超前角 μ 消去熄弧角 δ，得

$$U_d = \frac{U_{d0}}{2}(\cos\alpha - \cos\mu)$$

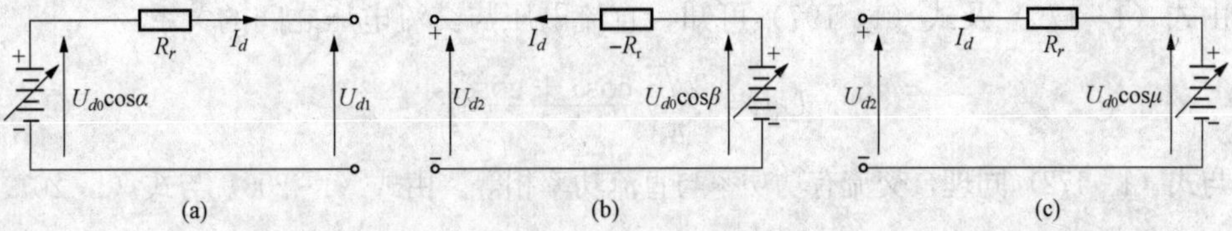

图 1-25　换流器的等值电路

（a）整流状态；（b）逆变状态，触发超前角 β 表示；（c）逆变状态，用熄弧超前角 μ 表示

将上式代入式（1-196）消去变量 α 得到

$$-U_d = U_{d0}\cos\mu - R_\gamma I_d$$

由于逆变器的电压参考方向与整流器相反，即有

$$U_{d2} = U_{d0}\cos\mu - R_\gamma I_d \tag{1-203}$$

对应于式（1-203）的换流器等值电路为图 1-25（c）。

下面推导计及换相角后，直流量与交流量的关系。

计及换相角后，交流电流的波形不再是矩形波。图 1-26 给出了 b 相交流电流的波形，其他两相电流的波形可以类推。其正值上升沿电流表达式为式（1-187）；其正值下降沿电流表达式为阀 3 与阀 5 换相时阀 3 的电流。由式（1-187）可以推得

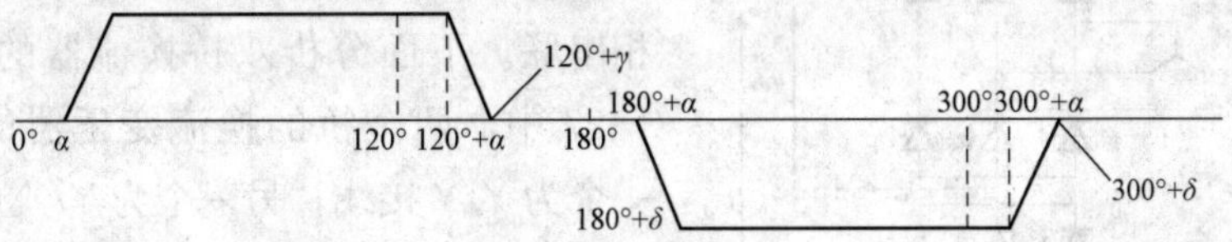

图 1-26　计及换相角后，b 相交流电流的波形

$$i_5 = I_{s2}[\cos\alpha - \cos(\omega t - 120^\circ)],\quad \omega t \in [120^\circ + \alpha, 120^\circ + \delta]$$

$$i_3 = I_d - i_5 = I_d - I_{s2}[\cos\alpha - \cos(\omega t - 120^\circ)]$$

由傅里叶分解，可以求出计及换相角后交流电流的基波分量

$$I = k(\alpha,\gamma)\frac{\sqrt{6}}{\pi}I_d \tag{1-204}$$

$$k(\alpha,\gamma) = \frac{1}{2}\times[\cos\alpha + \cos(\alpha+\gamma)]\times\sqrt{1+[\gamma\csc\gamma\csc(2\alpha+\gamma) - \cot(2\alpha+\gamma)]^2} \tag{1-205}$$

正常运行方式下，α 和 γ 的取值使得 k（α，γ）的值接近于 1。因此，为简化分析，近似取 k（α，γ）为常数 $k_\gamma=0.995$。这样，计及换相效应后，交流基波电流与直流电流的关系为

$$I=k_\gamma\frac{\sqrt{6}}{\pi}I_d \tag{1-206}$$

由式（1-179）及式（1-197）可知，直流电压与交流电压之间的关系为

$$U_d=\frac{3\sqrt{6}}{\pi}\frac{\cos\alpha+\cos\delta}{2}E \tag{1-207}$$

与式（1-172）同理，交流有功功率与直流功率相等，由式（1-206）与式（1-207），得

$$3\left(k_\gamma\frac{\sqrt{6}}{\pi}I_d\right)E\cos\varphi=\left(\frac{3\sqrt{6}}{\pi}\frac{\cos\alpha+\cos\delta}{2}E\right)I_d$$

因此

$$k_\gamma\cos\varphi=\frac{\cos\alpha+\cos\delta}{2} \tag{1-208}$$

将式（1-208）代回式（1-207），得到计及换相角时直流电压与交流电压的关系

$$U_d=k_\gamma\frac{3\sqrt{6}}{\pi}E\cos\varphi \tag{1-209}$$

5. 多桥换流器的情况

实际的高压直流输电系统中，为了得到更高的直流电压往往采用多桥换流器。多桥换流器通常用偶数个桥在直流侧相串而在交流侧相并的接线。图 1-27 给出了双桥换流器的接线，图中的虚线是为方便理解而画的。由于两根虚线的电流大小相等、方向相反，故在实际系统中并不存在这两根虚线。这样，可以把双桥换流器看成两个独立的单桥换流器相串联。下面分析双桥换流器的特点。在图 1-27 中，两个桥的换流变压器的接线不同，一个为 Y/Y 接线，另一个为 Y/△接线。显见，这种接线方式使两桥的交流侧电压相位相差 30°，分别记上、下两个换流桥的直流脉动电压为 u_{du} 和 u_{dl}，则双桥换流器的直流脉动电压 u_d，即为 u_{du} 与 u_{dl} 之和。据前分析已知 u_{du} 的波形如图 1-22（a）所示，注意到下桥与上桥的交流电压相位相差 30°，因而 u_{dl} 的波形就是 u_{du} 的波形向右平移 30°。这样，u_d 的波形即为 u_{dl} 与 u_{du} 两个波形相加。显见，两个相位相差 30°的 6 脉动波形相加成为一个 12 脉动的波形且脉动幅值减小。不难理解，双桥换流器输出直流电压为两个单桥换流器的输出直流电压之和，因而双桥换流器与单桥换流器相比，其直流纹波电压得到改善。双桥换流器也称为 12 脉冲换流器。

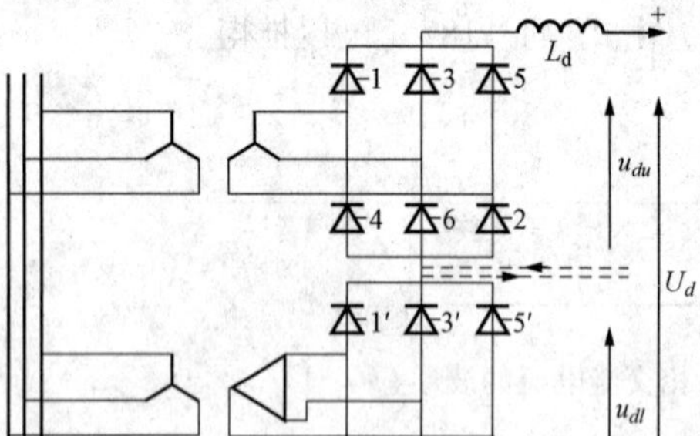

图 1-27　双桥换流器的接线示意图

现在分析交流侧电流，显然上桥的电流波形就是图1-19（c）；而下桥的换流变压器的二次侧线电流的波形就是上桥的电流波形向右平移30°。由于变压器的接线为Y/△，△接线的绕组的相电流是线电流的组合，即有

$$\left.\begin{aligned} i_{ap} &= (2i_{bl} + i_{cl})/3 \\ i_{bp} &= (2i_{cl} + i_{al})/3 \\ i_{cp} &= (2i_{al} + i_{bl})/3 \end{aligned}\right\} \tag{1-210}$$

式中：下标 p 与 l 分别表示相与线。

换流变压器一次侧的电流波形与二次侧相电流具有相同的形状但相位间左平移30°。仍以a相为例，图1-28给出了多桥换流器的交流电流波形。由图1-28（c）可见，两桥的交流侧电流合成之后比单桥更接近于正弦波形。这将大大减小交流侧的谐波电流，从而节省交流侧滤波器的投资。类似上面对双桥换流器的分析，三桥、四桥换流器（也称18、24脉冲换流器），其直流电压脉动次数分别为18、24。构成换流器的桥数越多，交流系统的谐波分量越少且谐波幅值越低，直流纹波电压也越小。但是，多于两桥换流器的变压器接线方式和直流系统的运行控制十分复杂，因而较常用的还是12脉冲换流器。

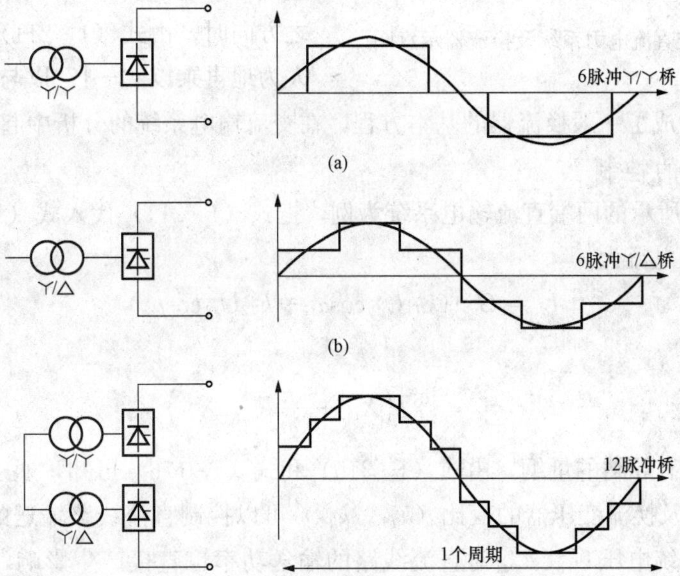

图1-28　多桥换流的交流电流波形

以下将从多桥换流器得到的结论等值成单桥换流器，如图1-29所示。图中：换流变压器用理想变压器等值，k_T 为换流变压器的变比，换流变压器的等值电抗 X_c 直接反映在换流器基本方程中。U_t 和 I_t 分别为交流系统换流变压器一次侧线电压和线电流的基波分量；$P_{tdc}+jQ_{tdc}$ 为直流系统从交流系统吸收的功率；$P_{ts}+jQ_{ts}$ 为交流母线注入功率。设换流器由 n_t 个桥构成，由上面对双桥换流器的分析，多桥换流器在直流侧输出的直流电压是各个单桥直流电压之和，在交流侧输入的交流电流基波分量为各个单桥的交流基波

分量之和。另外必须指出，此前涉及的交流物理量都是换流变压器二次侧的物理量。注意到式（1-179）中的 E 为换流变压器二次的相电压，因而有 $E=k_T U_t/\sqrt{3}$。这样，对应于单桥换流器的式（1-201）、式（1-203）、式（1-206）和式（1-209），多桥换流器有

$$U_d = n_t(U_{d0}\cos\theta_d - R_\gamma I_d) = \frac{3\sqrt{2}}{\pi} n_t k_T U_t \cos\theta_d - \frac{3}{\pi} n_t X_c I_d \tag{1-211}$$

$$U_d = n_t\left(k_\gamma \frac{3\sqrt{6}}{\pi} E\cos\varphi\right) = \frac{3\sqrt{2}}{\pi} k_\gamma n_t k_T U_t \cos\varphi \tag{1-212}$$

$$I_t = k_\gamma n_t k_T \frac{\sqrt{6}}{\pi} I_d \tag{1-213}$$

注意：式（1-211）已将整流器与逆变器的电压方程统一为一个表达式，泛称 θ_d 为换流器的控制角。具体地，对于整流器是触发延迟角 α；对于逆变器则是熄弧超前角 μ。另外必须注意，对于逆变器，式（1-211）对应的直流电压参考方向与整流器相反，当不区分逆变器与整流器而统一按整流器的电压参考方向，即图 1-29 所示之方向时，由式（1-211）求出的数值应人为地再乘以“－1”以与图 1-29 一致。

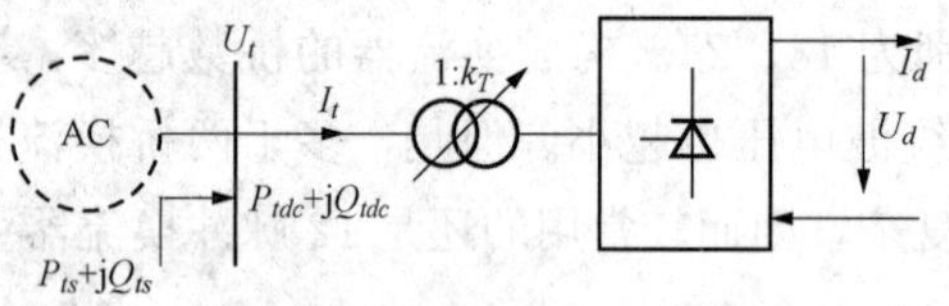

图 1-29　交直流电力系统及换流器示意图

以上三式构成了一般换流器的基本方程，在交流输电系统的分析中起重要作用。

6. 换流器的控制

以图 1-16 所示的两端直流输电系统为例，把式（1-211）代入式（1-175）可得直流线路上的直流电流为

$$I_d = G_\Sigma (k_{T1} U_{t1} \cos\alpha_1 - k_{T2} U_{t2} \cos\mu_2) \tag{1-214}$$

其中

$$G_\Sigma = \sqrt{2}\Big/\left(X_{c1} + \frac{\pi}{3n_t} R + X_{c2}\right) \tag{1-215}$$

G_Σ 为常数，其有导纳的量纲。由式（1-215）和式（1-176）可知，通过调整换流器控制角（α_1，μ_2）及换流变压器的变比（k_{T1}，k_{T2}）可以控制直流线路输送的功率。直流线路两端的交流系统电压 U_{t1}、U_{t2} 对直流线路的输送功率也直接产生影响，但是由交流系统采取调控措施来调整 U_{t1}、U_{t2} 远没有调整直流系统中换流器的触发角和换流变压器变比方便，因此，在电力系统需要快速调整直流输送功率时并不采用调整 U_{t1}、U_{t2} 的方法。调整换流变压器的变比是通过调整变压器分接头实现的。值得指出的是，由于变压器制造工艺的要求，分接头是按级调整的，因而变比是离散变量。此外，分接头的调整需借助于机械装置实现，一般调整一级需时 5～6s。换流器触发角的调整由调整触发电路的电气参数实现，而触发电路的电气参数可以人工整定，也可以按照一定的控制策略由控制器来调整。因此，触发角的调整速度非常快，为 1～10ms 的数量级。由于触发角的这种可快速调整的特性，使得直流输电可以快速地调整输送功率，在交流系统需要紧急功率

支援时发挥重要作用。在电力系统运行中，一般的控制过程是，首先由自动控制系统调整触发角（α_1、μ_2）而使整个电力系统快速地达到合适的运行状态；然后通过调整换流变压器的变比（k_{T1}、k_{T2}）使换流器的触发角运行在合适的值域；最后通过交流系统的优化调整（显然将涉及 U_{t1}、U_{t2}）使全系统运行在理想状态。

直流系统的稳态运行控制还应注意以下几个问题。

（1）由于式（1-205）中 $G_{\sum}$ 值很大，因此，系统运行时，交流系统电压 U_{t1}、U_{t2} 的微小变化可以引起直流电流的巨大变化。为防止直流电流大幅度地波动，快速调整换流器的触发角以跟踪交流电压的变化是直流系统正常运行的必要条件。

（2）换流器的稳态运行调整应尽可能使其直流电压在额定电压附近。尽管换流桥有较高的耐过电压能力，但是为确保整个直流系统的设备安全性，直流电压的运行值不宜长期高于额定值。另外，直流电压也不应过多地低于额定值，因为对给定的直流输送功率，过低的直流电压将伴随较大的直流电流。由式（1-203）可见，交流系统的基波电流与直流电流成正比，因此，较大的直流电流直接增大直流线路上的功率损耗，同时还增大交流系统的功率损耗。此外，由式（1-189）可见，直流电流越大，换相角越大。由式（1-198）可见，大的换相角使触发角的变化范围减小。

（3）换流器的稳态运行调整应使功率因数尽可能高。高功率因数对系统的经济性是显见的。首先可以减小交流系统的无功补偿容量；其次可以充分利用换流器和换流变压器的容量传输较大的有功功率；再者可以降低系统的功率损耗。由式（1-208）可见，欲使功率因数高，对整流器应使触发延迟角小，对逆变器应使熄弧超前角小。这与尽量使换流器的直流电压运行在额定值时近的要求相一致。但是，实际运行时，对整流器，为确保阀在触发前其有足够的正向阀电压及为触发脉冲回路提供能量，对触发延迟角 α 有一个最小值约束，即 $\alpha > \alpha_{\min}$。通常对 50Hz 的系统以 $\alpha_{\min}$ 约为 5°。因此，正常运行时，一般取 α 为 15°～20°。同理，对逆变器必须确保阀被触发后有充足的时间使阀在正向阀电压下完成换相。由图 1-26 可以看出，熄弧超前角 μ 为零是理论上的临界值。事实上，由于换相角 γ 的大小随交流系统电压及直流电流变化，因此，必须在熄弧超前角中留有一定裕度。这样，对熄弧超前角 μ 也有最小值约束，即 $\mu > \mu_{\min}$。通常对 50Hz 的系统取 $\mu_{\min}$ 为15°。

（4）交直流电力系统的运行必须根据系统的运行要求对直流系统中各个换流器的控制方式加以指定。最常用的正常运行控制方式为：调整整流器的触发角使其直流电流为定值，即定电流控制方式；调整逆变器的触发角，使其熄弧超前角为常数，即定熄弧角控制方式。在潮流计算中一般考虑以下几种控制方式：

1）定电流控制

$$I_d - I_{ds} = 0 \tag{1-216}$$

2）定电压控制

$$U_d - U_{ds} = 0 \tag{1-217}$$

3）定功率控制

$$U_d I_d - P_{ds} = 0 \tag{1-218}$$

4）定控制角控制

$$\cos\theta_d - \cos\theta_{ds} = 0 \tag{1-219}$$

5）定变比控制

$$k_T - k_{Ts} = 0 \tag{1-220}$$

式中有下标 s 的量为指定常数。

以上通过推导换流器的基本方程式（1-211）～式（1-213）介绍了直流输电的基本概念。

1.8.3 交直流混联系统的潮流计算方法

当系统中含有直流输电系统时，在描述全系统的非线性代数方程中含有与直流系统相关的变量，因而也相应地增加了描述直流系统的方程式。这样，潮流计算不能直接采用常规潮流计算方法。但是，由于常规潮流计算方法已十分成熟且应用广泛，目前采用的交直流混联系统潮流计算方法多数是在这些方法的基础上形成，主要分为统一迭代法和交替迭代法。

统一迭代法以极坐标形式下的牛顿法为基础，将交流节点电压的幅值和相角与直流系统中的直流电压、直流电流、换流变压器变比、换流器的功率因数及换流器控制角统一进行迭代求解。这种方法具有良好的收敛特性，对于不同结构、参数的网络以及直流系统的各种控制方式的算例，都能可靠地求得收敛解。这种方法也称为联合求解法。

交替迭代法是统一迭代法的简化。交替迭代法在计算过程中，将交流系统方程和直流系统方程分别求解。在求解交流系统方程时，将直流系统用接在相应节点上的已知其有功和无功功率的负荷来等值。而在求解直流系统方程组时，将交流系统模拟成加在换流器交流母线上的一个恒定电压。

在建立交直流电力系统潮流计算的数学模型时，通常以换流站换流变压器初级绕组所连接的交流系统母线为分界，将整个系统划分为交流系统和直流系统两大部分。其中，交流系统部分的潮流计算模型和纯交流系统的模型类似，仍用节点功率方程。对于交流系统中并不直接和换流站连接的所谓交流系统一般节点（用下标 a），其节点功率方程的形式和纯交流系统的完全相同，即

$$\Delta \boldsymbol{P}_a = \boldsymbol{P}_a^s - \boldsymbol{P}_a(\boldsymbol{U},\boldsymbol{\theta}) = 0 \tag{1-221}$$

$$\Delta \boldsymbol{Q}_a = \boldsymbol{Q}_a^s - \boldsymbol{Q}_a(\boldsymbol{U},\boldsymbol{\theta}) = 0 \tag{1-222}$$

而对于直接和换流站连接的所谓交流系统特殊节点（用下标 t），其节点功率方程为

$$\Delta \boldsymbol{P}_t = \boldsymbol{P}_t^s - \boldsymbol{P}_{t(dc)}(\boldsymbol{U}_t,\boldsymbol{x}) - \boldsymbol{P}_t(\boldsymbol{U},\boldsymbol{\theta}) = 0 \tag{1-223}$$

$$\Delta \boldsymbol{Q}_t = \boldsymbol{Q}_t^s - \boldsymbol{Q}_{t(dc)}(\boldsymbol{U}_t,\boldsymbol{x}) - \boldsymbol{Q}_t(\boldsymbol{U},\boldsymbol{\theta}) = 0 \tag{1-224}$$

式中：$\boldsymbol{P}_{t(dc)}$、$\boldsymbol{Q}_{t(dc)}$ 是由交流母线流入换流器的有功、无功功率，它们是该交流母线电压 $\boldsymbol{U}_t$ 及直流系统变量 $\boldsymbol{x}$ 的函数。

关于直流系统的潮流计算模型，可概括地用下式表示

$$\boldsymbol{d}(\boldsymbol{U}_t, \boldsymbol{x}) = 0 \tag{1-225}$$

组成式（1-225）的方程组将在下面仔细讨论。

整个交直流电力系统的状态变量向量为$(\boldsymbol{U}, \boldsymbol{\theta}, \boldsymbol{x})^{\mathrm{T}}$，交直流系统潮流计算就是，求解其有关节点的节点功率方程为式（1-221）～式（1-224）的交流系统方程组和以式（1-225）表示的直流系统方程组，最后求出能同时满足这两个方程组的上述状态变量向量。

以下先确定换流器的基准值体系，然后建立交直流混联系统潮流计算的数学模型，再分别介绍统一迭代法与交替迭代法的具体计算流程。

1. 标幺制下的换流器基本方程

在潮流计算中，由于交流系统采用了标幺制，所以直流系统也应与此相适应。为此，我们需将换流器的基本方程式（1-211）～式（1-213）化为标幺制以与交流系统相衔接。选择直流系统各物理量的基准值有不同的方法，因而导致标幺制下的方程在形式上稍有差异。在直流系统中，直流量的基准值用下标 dB 表示。由于不同物理量的基准值之间必须满足有名制下原有的关系，因而各物理量的基准值之间应满足基本关系

$$\left.\begin{aligned} U_{dB} &= R_{dB} I_{dB} \\ P_{dB} &= U_{dB} I_{dB} \end{aligned}\right\} \tag{1-226}$$

在式（1-226）涉及的4个基准值中可以人为选定两个。另外两个由式（1-226）导出；换流变压器一次侧的交流量基准值用下标 B 表示，考虑到与交流系统的衔接，取

$$P_{dB} = S_B = \sqrt{3} U_B I_B \tag{1-227}$$

为使标幺制下换流器的基本方程具有简洁的形式，取

$$U_{dB} = \frac{3\sqrt{2}}{\pi} n_t k_{TB} U_B \tag{1-228}$$

式中：k_{TB} 为换流变压器的基准变比即额定变比。

由式（1-226）导出直流电流与直流电阻的基准值

$$I_{dB} = \frac{P_{dB}}{U_{dB}} = \frac{\pi}{\sqrt{6} n_t k_{TB}} I_B \tag{1-229}$$

$$\left.\begin{aligned} R_{dB} &= \frac{U_{dB}}{I_{dB}} = \frac{3}{\pi} n_t X_{cB} \\ X_{cB} &= \frac{6}{\pi} n_t k_{TB}^2 Z_B \end{aligned}\right\} \tag{1-230}$$

式（1-227）～式（1-230）为本书采用的换流器的基准值体系。对式（1-211）～式（1-213）两边同除相应的基准值，并用下标“*”来表示相应物理量的标幺值，则有

$$U_{d*} = k_{T*} U_{t*} \cos\theta_d - X_{c*} I_{d*} \tag{1-231}$$

$$U_{d*} = k_\gamma k_{T*} U_{t*} \cos\varphi \tag{1-232}$$

$$I_{t*} = k_\gamma k_{T*} I_{d*} \tag{1-233}$$

为使方程形式简洁，式（1-231）中引入了记号 X_{c*}（$X_{c*}=X_c/X_{cB}$）。由于变量 θ_d 与 φ 本身无量纲，故无基准值和标幺值。以上三式组成了标幺制下的换流器基本方程。以下都是在标幺制下讨论，为行文方便省去标幺值下标“$*$”。

2. 潮流计算方程式

根据交流系统的节点上是否接有换流变压器，把节点分为直流节点和纯交流节点。换流变压器的一次侧所连接的节点称为直流节点。如图 1-29 中电压为 U_t 的节点即为直流节点。显然，纯交流节点是指没有换流变压器与其相连的节点。设交流系统的节点总数为 n，系统中的换流器个数为 n_c，则因直流节点数与换流器个数相等，纯交流节点个数为 $n_a=n-n_c$。为叙述方便，系统节点编号的顺序为前 n_a 个编号为纯交流节点；后 n_c 个编号为直流节点。

建立交直流混联系统潮流计算数学模型的基本思路：首先将所有换流变压器及其后的直流系统用换流变压器从其所连接的直流节点抽出或注入的功率 $P_{tdc}+jQ_{tdc}$ 等值（如图 1-29 所示），这样，在网络拓扑上，由于所有换流变压器及其后的直流系统已从系统中拆去，从而使混联系统成为一个纯交流网络。然后形成这个纯交流网络的节点导纳矩阵，再形成节点功率方程式。拆去直流系统后，网络在拓扑结构上可能分成几个独立的系统。如图 1-16 所示，假定交流系统 1 与交流系统 2 除以直流系统相连外再无其他连接，则拆去直流系统后，网络在拓扑结构上就分成两个独立的系统。必须注意，这并不意味着这两个系统已经失去耦合而成为互相独立的两个系统，它们之间的耦合关系由各自的直流节点上的直流功率体现。因此，在生成节点导纳矩阵时，仍将它们统一作为一个系统。上述的处理方法同样适用于交流系统 1 与交流系统 2 为两个不同频率的系统的情况。因为对于潮流求解问题而言，频率只影响网络参数而并不显含在节点功率方程式中。在以下各式中，整流器直流电压的参考方向为从阳极指向阴极。逆变器相反，直流电流的参考方向从阀的阳极流向阴极。

(1) 节点功率方程式。

对于纯交流节点，其功率方程式与式（1-26）、式（1-27）完全相同，即

$$\left.\begin{aligned}\Delta P_i &= P_{is}-U_i\sum_{j\in i}U_j(G_{ij}\cos\theta_{ij}+B_{ij}\sin\theta_{ij})=0\\ \Delta Q_i &= Q_{is}-U_i\sum_{j\in i}U_j(G_{ij}\sin\theta_{ij}-B_{ij}\cos\theta_{ij})=0\end{aligned}\right\}\quad i=1,2,\cdots,n_a \tag{1-234}$$

式中：j 可能是纯交流节点也可能是直流节点。

对于直流节点，设编号为 k 的换流变压器与节点 i 相连接，则其从该节点抽出的基波复功率为

$$P_{idc}+jQ_{idc}=U_iI_i(\cos\varphi_k+j\sin\varphi_k)$$

将式（1-233）代入上式得

$$P_{idc}+jQ_{idc}=k_\gamma k_{Tk}U_iI_{dk}(\cos\varphi_k+j\sin\varphi_k) \tag{1-235}$$

由于假定交直流两侧都有理想滤波器，因此谐波功率为零。故不计换流器的功率损

耗时，交流基波的有功功率与直流功率相等，从而可得上述抽出功率的另一种表达式

$$\left.\begin{aligned} P_{idc} &= U_{dk}I_{dk} \\ Q_{idc} &= U_{dk}I_{dk}\tan\varphi_k \end{aligned}\right\} \tag{1-236}$$

上述两种表达式是等价的。由于式（1-236）中不显含交流系统的节点电压，为了程序实现上的方便，以下将采用式（1-236）。

直流节点的功率方程式与式（1-234）的区别是多出一项直流功率，即

$$\left.\begin{aligned} \Delta P_i &= P_{is} - U_i\sum_{j\in i}U_j(G_{ij}\cos\theta_{ij} + B_{ij}\sin\theta_{ij}) \pm U_{dk}I_{dk} = 0 \\ \Delta Q_i &= Q_{is} - U_i\sum_{j\in i}U_j(G_{ij}\sin\theta_{ij} - B_{ij}\cos\theta_{ij}) \pm U_{dk}I_{dk}\tan\varphi_k = 0 \end{aligned}\right\} \begin{aligned} & i = n_a + k \\ & k = 1,2,\cdots,n_c \end{aligned} \tag{1-237}$$

式中正负号分别对应逆变器和整流器。式（1-234）与式（1-237）共同组成了全系统的节点功率方程式。与传统潮流方程式相比较，二者的区别只在于直流节点的功率方程式（1-236）中包含了新变量U_{dk}、I_{dk}和φ_{dk}，这样，未知数的个数多于方程式的个数。欲使潮流方程式可解，需补充新的方程如下。

（2）换流器基本方程。

根据式（1-231）和式（1-232），对换流器k有

$$\Delta d_{1k} = U_{dk} - k_{Tk}U_{n_a+k}\cos\theta_{dk} + X_{ck}I_{dk} = 0 \tag{1-238}$$

$$\Delta d_{2k} = U_{dk} - k_\gamma k_{Tk}U_{n_a+k}\cos\varphi_k = 0 \tag{1-239}$$

（3）直流网络方程。直流网络方程实际上是直流输电线路的数学模型，它描述直流电流与直流电压之间的关系。一般地，对于多端直流系统，注意直流电压和直流电流的参考方向，消去直流网络中的联络节点后，不难列出

$$\Delta d_{3k} = \pm I_{dk} - \sum_{j=1}^{n} g_{dkj}U_{dj} = 0 \quad k = 1,2,\cdots,n_c \tag{1-240}$$

式中：g_{dkj}是消去联络节点后的直流网络节点电导矩阵G_d的元素。由于直流网络的联络节点已被消去，因而式（1-240）中涉及的直流电压、直流电流都是换流器输出的直流电压、直流电流。其中正负号分别对应于整流器和逆变器。

对于简单的两端直流系统，如图1-16所示，根据式（1-175）并注意$I_{d1}=I_{d2}$，可得其直流网络方程为

$$\begin{bmatrix} I_{d1} \\ -I_{d2} \end{bmatrix} = \begin{bmatrix} 1/R & -1/R \\ -1/R & 1/R \end{bmatrix}\begin{bmatrix} U_{d1} \\ U_{d2} \end{bmatrix} \tag{1-241}$$

当两端直流系统的两个换流器的电气距离很近时（如背靠背直流系统），直流线路的电阻R接近于零。因而在忽略这个电阻时，式（1-242）即成为

$$\left.\begin{aligned} U_{d1} &= U_{d2} \\ I_{d1} &= I_{d2} \end{aligned}\right\}$$

为程序实现方便，对于背靠背直流系统，取R为足够小的值仍沿用式（1-241）作

为其直流网络方程。

（4）控制方程。式（1-238）～式（1-240）三个补充方程中又引出了两个新变量：换流变压器变比 k_{Tk} 和换流器控制角 θ_{dk}。因此，对每个换流器，可以由其指定的换流器控制方式，由式（1-216）～式（1-220）直接给定两个变量从而直接消去两个未知数，使方程个数与未知数个数相等。但是，为了使程序具有通用性，通常把所选取的两个控制方程也作为补充方程。必须注意，每个换流器指定的两个变量应是独立的。例如，对图 1-16 所示的两端直流系统，若整流器采用定电流与定电压控制后，由于式（1-231）的约束，逆变器的直流电流与直流电压就已确定，因此，对逆变器必须另外指定两个变量。通常，整流器按定电流控制方式和逆变器按定熄弧角控制方式是高压直流输电的较常用的正常运行控制方式。一般地，把两个控制方程记为

$$\Delta d_{4k} = d_{4k}(I_{dk}, U_{dk}, \cos\theta_{dk}, k_{Tk}) = 0 \quad k = 1,2,\cdots,n_c \tag{1-242}$$

$$\Delta d_{5k} = d_{5k}(I_{dk}, U_{dk}, \cos\theta_{dk}, k_{Tk}) = 0 \quad k = 1,2,\cdots,n_c \tag{1-243}$$

由式（1-216）～式（1-220）知，具体的控制方程中并不同时显含 I_{dk}、U_{dk}、θ_{dk} 和 k_{Tk} 这四个变量。另外，变量 θ_{dk} 在所涉及的方程中均以 $\cos\theta_{dk}$ 的形式出现，为降低方程式（1-242）和式（1-243）与式（1-238）的非线性度，并不直接以 θ_{dk} 为待求量，而以 $\cos\theta_{dk}$ 为待求量。

至此，节点功率方程式（1-234）、式（1-237）和补充方程式（1-238）～式（1-240）、式（1-242）和式（1-243）共同组成了交直流混联系统的潮流方程式。与传统潮流计算方程式相比较，交直流混联系统的潮流计算问题除了要计算所有 n 个节点的节点电压幅值与相角外，还要计算 n_c 个换流器的直流电压、直流电流、控制角、换流变压器的变比和换流器的功率因数角。因此，每增加一个换流器，将增加 5 个待求量，同时也增加 5 个方程。

以下介绍统一迭代法。

3. 潮流计算方程式的雅可比矩阵

从数学上讲，以上建立的潮流计算方程式与传统潮流计算方程式并无本质上的区别，都是一组多元非线性代数方程。因此，牛顿—拉夫逊法同样可用于求解混联系统的潮流计算方程。混联系统的潮流计算问题仅仅是传统潮流计算问题的扩展，其扩展方程为换流器方程、直流网络方程和控制方程。扩展变量为

$$\boldsymbol{X} = [\boldsymbol{U}_d^{\mathrm{T}} \quad \boldsymbol{I}_d^{\mathrm{T}} \quad \boldsymbol{K}_T^{\mathrm{T}} \quad \boldsymbol{W}^{\mathrm{T}} \quad \boldsymbol{\Phi}^{\mathrm{T}}]^{\mathrm{T}}$$

式中

$$\boldsymbol{U}_d = [U_{d1} \quad U_{d2} \quad \cdots \quad U_{dn_c}]^{\mathrm{T}}$$

$$\boldsymbol{I}_d = [I_{d1} \quad I_{d2} \quad \cdots \quad I_{dn_c}]^{\mathrm{T}}$$

$$\boldsymbol{K}_T = [k_{T1} \quad k_{T2} \quad \cdots \quad k_{Tn_c}]^{\mathrm{T}}$$

$$\boldsymbol{W} = [w_1 \quad w_2 \quad \cdots \quad w_{n_c}]^{\mathrm{T}} = [\cos\theta_{d1} \quad \cos\theta_{d2} \quad \cdots \quad \cos\theta_{dn_c}]^{\mathrm{T}}$$

$$\boldsymbol{\Phi} = [\varphi_1 \quad \varphi_2 \quad \cdots \quad \varphi_{n_c}]^{\mathrm{T}}$$

分别将纯交流节点和直流节点的功率偏差记为列向量 $\Delta \boldsymbol{P}_a$ 和 $\Delta \boldsymbol{P}_t$；对应地，节点电压与相角也用同样的下标。则混联系统的潮流计算修正方程式为

$$\begin{bmatrix} \Delta \boldsymbol{P}_a \\ \Delta \boldsymbol{P}_t \\ \Delta \boldsymbol{Q}_a \\ \Delta \boldsymbol{Q}_t \\ \hdashline \Delta \boldsymbol{d}_1 \\ \Delta \boldsymbol{d}_2 \\ \Delta \boldsymbol{d}_3 \\ \Delta \boldsymbol{d}_4 \\ \Delta \boldsymbol{d}_5 \end{bmatrix} = \begin{bmatrix} H_{aa} & H_{at} & N_{aa} & N_{at} & 0 & 0 & 0 & 0 & 0 \\ H_{ta} & H_{tt} & N_{ta} & N_{tt} & A_{21} & A_{22} & 0 & 0 & 0 \\ J_{aa} & J_{at} & L_{aa} & L_{at} & 0 & 0 & 0 & 0 & 0 \\ J_{ta} & J_{tt} & L_{ta} & L_{tt} & A_{41} & A_{42} & 0 & 0 & A_{45} \\ \hdashline 0 & 0 & 0 & C_{14} & F_{11} & F_{12} & F_{13} & F_{14} & 0 \\ 0 & 0 & 0 & C_{24} & F_{21} & 0 & F_{23} & 0 & F_{25} \\ 0 & 0 & 0 & 0 & F_{31} & F_{32} & 0 & 0 & 0 \\ 0 & 0 & 0 & 0 & F_{41} & F_{42} & F_{43} & F_{44} & F_{45} \\ 0 & 0 & 0 & 0 & F_{51} & F_{52} & F_{53} & F_{54} & F_{55} \end{bmatrix} \begin{bmatrix} \Delta \boldsymbol{\theta}_a \\ \Delta \boldsymbol{\theta}_t \\ \Delta \boldsymbol{U}_a/\boldsymbol{U}_a \\ \Delta \boldsymbol{U}_t/\boldsymbol{U}_t \\ \hdashline \Delta \boldsymbol{U}_d \\ \Delta \boldsymbol{I}_d \\ \Delta \boldsymbol{K}_t \\ \Delta \boldsymbol{W} \\ \Delta \boldsymbol{\Phi} \end{bmatrix} \tag{1-244}$$

式中

$$\Delta \boldsymbol{P}_a = [\,\Delta P_1 \quad \Delta P_2 \quad \cdots \quad \Delta P_{n_c}\,]^{\mathrm{T}}$$

$$\Delta \boldsymbol{P}_t = [\,\Delta P_{n_a+1} \quad \Delta P_{n_a+2} \quad \cdots \quad \Delta P_{n_a+n_c}\,]^{\mathrm{T}}$$

$$\Delta \boldsymbol{d}_m = [\,\Delta d_{m1} \quad \Delta d_{m2} \quad \cdots \quad \Delta d_{mn_c}\,]^{\mathrm{T}} \quad m = 1,2,\cdots,5$$

其余（$\Delta \boldsymbol{Q}_a$，$\Delta \boldsymbol{Q}_t$）、（$\Delta \boldsymbol{\theta}_a$，$\Delta \boldsymbol{\theta}_t$）和（$\Delta \boldsymbol{U}_a$，$\Delta \boldsymbol{U}_t$）与（$\Delta \boldsymbol{P}_a$，$\Delta \boldsymbol{P}_t$）有相同的表达结构。

不难看出以上各子矩阵的阶数，显见式（1-244）的系数矩阵（即混联系统潮流计算方程式的雅可比矩阵）的阶数比传统潮流计算时增广了 $5\times n_c$ 阶。这里系数矩阵的增广部分用子矩阵 $\boldsymbol{A}$、$\boldsymbol{C}$ 和 $\boldsymbol{F}$ 表示。以下讨论雅可比矩阵各元素的具体表达式。

由于在节点功率方程（1-237）中附加的直流功率采用了式（1-236）的表达式，其中不显含交流节点电压幅值与相角，因此，对应于传统潮流计算方程式的雅可比矩阵的部分没有因为直流输电系统的加入而发生变化。即式（1-244）的子矩阵 $\boldsymbol{H}$、$\boldsymbol{N}$、$\boldsymbol{J}$ 和 $\boldsymbol{L}$ 形成方法与纯交流系统完全一致。记 $\boldsymbol{E}$ 为 n_c 阶单位矩阵，由以上建立的混联系统潮流计算方程和雅可比矩阵的定义，不难导得

$$\boldsymbol{A}_{21} = \frac{\partial \Delta \boldsymbol{P}_t}{\partial \boldsymbol{U}_d} = \mathrm{diag}[\pm I_{dk}] \tag{1-245}$$

$$\boldsymbol{A}_{22} = \frac{\partial \Delta \boldsymbol{P}_t}{\partial \boldsymbol{I}_d} = \mathrm{diag}[\pm U_{dk}] \tag{1-246}$$

$$\boldsymbol{A}_{41} = \frac{\partial \Delta \boldsymbol{Q}_t}{\partial \boldsymbol{U}_d} = \mathrm{diag}[\pm I_{dk} \tan\varphi_k] \tag{1-247}$$

$$\boldsymbol{A}_{42} = \frac{\partial \Delta \boldsymbol{Q}_t}{\partial \boldsymbol{I}_d} = \mathrm{diag}[\pm U_{dk} \tan\varphi_k] \tag{1-248}$$

$$\boldsymbol{A}_{45} = \frac{\partial \Delta \boldsymbol{Q}_t}{\partial \boldsymbol{\Phi}} = -\mathrm{diag}[\pm U_{dk} I_{dk} \sec^2\varphi_k] \tag{1-249}$$

$$\boldsymbol{F}_{11} = \frac{\partial \Delta \boldsymbol{d}_1}{\partial \boldsymbol{U}_d} = E \tag{1-250}$$

$$\boldsymbol{F}_{21} = \frac{\partial \Delta \boldsymbol{d}_2}{\partial \boldsymbol{U}_d} = E \tag{1-251}$$

$$\boldsymbol{F}_{31} = \frac{\partial \Delta \boldsymbol{d}_3}{\partial \boldsymbol{U}_d} = -G_d \tag{1-252}$$

$$\boldsymbol{F}_{12} = \frac{\partial \Delta \boldsymbol{d}_1}{\partial \boldsymbol{I}_d} = \mathrm{diag}[X_{ck}] \tag{1-253}$$

$$\boldsymbol{F}_{32} = \frac{\partial \Delta \boldsymbol{d}_3}{\partial \boldsymbol{I}_d} = E \tag{1-254}$$

$$\boldsymbol{F}_{13} = \frac{\partial \Delta \boldsymbol{d}_1}{\partial \boldsymbol{K}_T} = -\mathrm{diag}[U_{n_a+k} w_k] \tag{1-255}$$

$$\boldsymbol{F}_{23} = \frac{\partial \Delta \boldsymbol{d}_2}{\partial \boldsymbol{K}_T} = -\mathrm{diag}[k_\gamma U_{n_a+k} \cos\varphi_k] \tag{1-256}$$

$$\boldsymbol{F}_{14} = \frac{\partial \Delta \boldsymbol{d}_1}{\partial \boldsymbol{W}} = -\mathrm{diag}[k_{Tk} U_{n_a+k}] \tag{1-257}$$

$$\boldsymbol{F}_{25} = \frac{\partial \Delta \boldsymbol{d}_2}{\partial \boldsymbol{\Phi}} = \mathrm{diag}[k_\gamma k_{Tk} U_{n_a+k} \sin\varphi_k] \tag{1-258}$$

$$\boldsymbol{C}_{14} = \frac{\partial \Delta \boldsymbol{d}_1}{\partial \boldsymbol{U}_t} U_t = -\mathrm{diag}[k_{Tk} U_{n_a+k} w_k] \tag{1-259}$$

$$\boldsymbol{C}_{24} = \frac{\partial \Delta \boldsymbol{d}_2}{\partial \boldsymbol{U}_t} U_t = -\mathrm{diag}[k_\gamma k_{Tk} U_{n_a+k} \cos\varphi_k] \tag{1-260}$$

当直流节点都是PQ节点时，以上各子矩阵均为 n_c 阶方阵，除 $\boldsymbol{F}_{31}$ 外都是对角矩阵。当某直流节点为PV节点时，由于这个节点的电压幅值为给定值，故 $\boldsymbol{C}_{14}$ 和 $\boldsymbol{C}_{24}$ 应划去相应的列；而在 $\boldsymbol{A}_{41}$ 和 $\boldsymbol{A}_{42}$ 划去相应的行。子矩阵 $\boldsymbol{F}_{41} \sim \boldsymbol{F}_{45}$ 和 $\boldsymbol{F}_{51} \sim \boldsymbol{F}_{55}$ 与各换流器具体指定的控制方式有关，由于控制方程式（1-216）～式（1-220）都具有十分简单的形式，因此这10个子矩阵是十分稀疏的。另外，由于逆变器直流电压与直流电流的参考方向为负载惯例，故在式（1-252）中，对应逆变器的行应另外乘以负号，如式（1-241）所示。

4. 交直流系统统一迭代求解

混联系统的潮流问题可以按照牛顿法求解传统潮流的计算流程求解。对于 n 个节点的电压幅值与相角可按平启动的原则给出其迭代初值。这里，问题的特殊性在于扩展变量的迭代初值与运行约束。

（1）扩展变量的迭代初值。扩展变量的初值采用估算值。对于每一个换流器可按预估或给定的直流功率由换流器基本方程估算扩展变量的初值。在估算时，对于由换流器指定控制方式给出定值的量，即直接取其定值而将此变量作为常数。节点电压 U_t 的初值取为1.0或当节点 i 为PU节点时取其电压定值；换流器的功率因数取为0.9。一般的估算过程为：由式（1-239），若 U_{dk} 和 k_{Tk} 都未知，则取 k_{Tk} 的初值为1.0而求出 U_{dk}；若二者已知一个，则求出另一个；若二者均已知，则求出 $\cos\varphi_k$ 作为功率因数初值而放弃用0.9作初值。在式（1-238）中，若 I_{dk} 未知，则先由预估的直流功率 P_{idc}，由式（1-236）求出 I_{dk} 的值。I_{dk} 已知后可由式（1-238）求出 $\cos\theta_{dk}$ 作为 w_k 的初值。如果

求出的 $\cos\theta_{dk}$ 的值大于 1.0，则取 w_k 的初值为 1.0。

（2）扩展变量的运行约束。与传统潮流计算中对越界变量的处理方法类似，若某扩展变量越界，则将此变量限定在所越的界值上。前已述及，控制角有最小值约束，对应于 $w_k=\cos\theta_k$ 的变换，w_k 对应小于 $\arccos\theta_{dk\min}$；直流电压、直流电流有最大值约束，变压器变化有上下限。另外必须指出，变压器变比本身是离散变量，但在以上计算中是按连续变量处理的。

以上介绍了用牛顿法计算混联系统潮流的基本原理。牛顿法具有良好的收敛特性，但是由于雅可比矩阵在迭代过程中需反复更新，因而计算速度较慢。传统潮流计算中的 P - Q 分解法实现了潮流计算的快速迭代，注意到混联系统潮流计算方程式的雅可比矩阵的特点，不难想到，在混联系统的潮流计算中也可采用类似的近似条件对混联系统的潮流计算进行简化以提高计算速度。以下的简化采用了传统潮流计算中 P - Q 分解法的近似条件。

采用 P - Q 分解法的近似条件后，可将式（1 - 244）简化为以下三个低阶方程：

$$\Delta\boldsymbol{P}/\boldsymbol{U}=\boldsymbol{B}'\boldsymbol{U}\Delta\boldsymbol{\theta}+\boldsymbol{A}_1\Delta\boldsymbol{X} \tag{1-261}$$

$$\Delta\boldsymbol{Q}/\boldsymbol{U}=\boldsymbol{B}''\Delta\boldsymbol{U}+\boldsymbol{A}_2\Delta\boldsymbol{X} \tag{1-262}$$

$$\Delta\boldsymbol{D}=\boldsymbol{C}'_2\Delta\boldsymbol{U}+\boldsymbol{F}\Delta\boldsymbol{X} \tag{1-263}$$

式中

$$\Delta\boldsymbol{X}=[\ \Delta\boldsymbol{U}_d^{\mathrm{T}}\quad \Delta\boldsymbol{I}_d^{\mathrm{T}}\quad \Delta\boldsymbol{K}_T^{\mathrm{T}}\quad \Delta\boldsymbol{W}^{\mathrm{T}}\quad \Delta\boldsymbol{\Phi}^{\mathrm{T}}\ ]^{\mathrm{T}}$$

$$\Delta\boldsymbol{D}=[\ \Delta\boldsymbol{d}_1^{\mathrm{T}}\quad \Delta\boldsymbol{d}_2^{\mathrm{T}}\quad \Delta\boldsymbol{d}_3^{\mathrm{T}}\quad \Delta\boldsymbol{d}_4^{\mathrm{T}}\quad \Delta\boldsymbol{d}_5^{\mathrm{T}}\ ]^{\mathrm{T}}$$

$$\boldsymbol{A}_1=\begin{bmatrix}0 & 0 & 0 & 0 & 0\\ \boldsymbol{A}_{21} & \boldsymbol{A}_{22} & 0 & 0 & 0\end{bmatrix} \tag{1-264}$$

$$\boldsymbol{A}_2=\begin{bmatrix}0 & 0 & 0 & 0 & 0\\ \boldsymbol{A}_{41} & \boldsymbol{A}_{42} & 0 & 0 & A_{45}\end{bmatrix} \tag{1-265}$$

$$\boldsymbol{C}'_2=\begin{bmatrix}0 & 0 & 0 & 0 & 0\\ \boldsymbol{C}'^{\mathrm{T}}_{14} & \boldsymbol{C}'^{\mathrm{T}}_{24} & 0 & 0 & 0\end{bmatrix}^{\mathrm{T}} \tag{1-266}$$

式（1 - 263）中，电压修正量 ΔU_i，不像式（1 - 244）中那样除以电压 U_i，因此，对应于式（1 - 259）和式（1 - 260）的偏导数中也不再乘 U_i。于是

$$\boldsymbol{C}'_{14}=\frac{\partial\,\Delta\boldsymbol{d}_1}{\partial\boldsymbol{U}_t}\boldsymbol{U}_t=-\operatorname{diag}[k_{Tk}w_k] \tag{1-267}$$

$$\boldsymbol{C}'_{24}=\frac{\partial\,\Delta\boldsymbol{d}_2}{\partial\boldsymbol{U}_t}=-\operatorname{diag}[k_\gamma k_{Tk}\cos\varphi_k] \tag{1-268}$$

由式（1 - 262）得

$$\Delta U=B''^{-1}[\Delta Q/U-A_2\Delta X] \tag{1-269}$$

代入式（1 - 263），有

$$\Delta\boldsymbol{D}-\boldsymbol{C}'_2\boldsymbol{B}''^{-1}\Delta\boldsymbol{Q}/\boldsymbol{U}=[\boldsymbol{F}-\boldsymbol{C}'_2\boldsymbol{B}''^{-1}\boldsymbol{A}_2]\Delta\boldsymbol{X} \tag{1-270}$$

由式（1 - 270）解出 $\Delta\boldsymbol{X}$ 的值，分别代入式（1 - 269）和（1 - 261），求得 $\Delta\boldsymbol{U}$ 和 $\boldsymbol{U}\Delta\boldsymbol{\theta}$

的值。令

$$\boldsymbol{B}''^{-1}\Delta\boldsymbol{Q}/\boldsymbol{U}=\boldsymbol{y}_q \tag{1-271}$$

$$\boldsymbol{B}''^{-1}\boldsymbol{A}_2=\boldsymbol{Y}_A \tag{1-272}$$

则式（1-261）~式（1-263）的求解过程为

$$\boldsymbol{B}''\boldsymbol{y}_q=\Delta\boldsymbol{Q}/\boldsymbol{U} \tag{1-273}$$

$$\boldsymbol{B}''\boldsymbol{Y}_A=\boldsymbol{A}_2 \tag{1-274}$$

$$\Delta\boldsymbol{D}-\boldsymbol{C}'_2\boldsymbol{y}_q=[\boldsymbol{F}-\boldsymbol{C}'_2\boldsymbol{Y}_A]\Delta\boldsymbol{X} \tag{1-275}$$

$$\Delta\boldsymbol{U}=\boldsymbol{y}_q-\boldsymbol{Y}_A\Delta\boldsymbol{X} \tag{1-276}$$

$$\boldsymbol{B}'\boldsymbol{U}\Delta\boldsymbol{\theta}=\Delta\boldsymbol{P}/\boldsymbol{U}-\boldsymbol{A}_1\Delta\boldsymbol{X} \tag{1-277}$$

5. 交直流系统交替迭代求解

交替迭代法是统一迭代法中P-Q分解法的进一步简化。由换流器基本方程式（1-231）、式（1-232）可见，交流系统对直流系统的作用仅仅通过换流变压器一次侧电压U_t产生。也就是说，如果多端直流系统中所有换流器所对应的交流电压U_t已知，则直流系统的方程式（1-238）~式（1-240）、式（1-242）和式（1-243）中共有$5n_c$个方程，包含$5n_c$个待求量。因而可以通过单独求解直流系统方程而获得这$5n_c$个直流变量。由直流节点功率方程（1-237）可见，直流系统对交流系统的作用通过换流变压器从交流系统抽出或注入的功率$P_{idc}+Q_{idc}$产生，因此，如果每个换流器从交流系统抽出或注入的功率已知，则交流系统的潮流计算便与直流系统无关。理想的过程是，人为给定n_c个换流变压器一次侧电压值，记为

$$\boldsymbol{U}_t^{(0)}=[\boldsymbol{U}_{n_a+1}^{(0)}\quad \boldsymbol{U}_{n_a+2}^{(0)}\quad\cdots\quad \boldsymbol{U}_{n_a+n_c}^{(0)}]$$

据此求解直流系统方程，解得直流变量$\boldsymbol{X}^{(0)}$。用$\boldsymbol{X}^{(0)}$代入式（1-236）可得所有换流器功率$\boldsymbol{P}_{dc}^{(0)}$、$\boldsymbol{Q}_{dc}^{(0)}$。将此换流器功率代入交流系统方程并进行传统潮流计算，得到收敛解$\boldsymbol{U}^{(1)}=[\boldsymbol{U}_a^{(1)}\quad \boldsymbol{U}_t^{(1)}]$。理想情况下，其中$\boldsymbol{U}_t^{(1)}$恰好与$\boldsymbol{U}_t^{(0)}$相等，则计算结束。显然，一般地，$\boldsymbol{U}_t^{(1)}$并不恰好与$\boldsymbol{U}_t^{(0)}$相等，因此，计算是一个迭代过程。

基于以上思路，交替迭代法在计算过程中，将交流系统方程和直流系统方程分别求解。在求解交流系统方程时，将直流系统用接在相应节点上的已知其有功和无功功率的负荷来等值。而在求解直流系统方程组时，将交流系统模拟成加在换流器交流母线上的一个恒定电压。每次迭代中，交流系统方程组的求解将为其后的直流系统方程组的求解提供换流器交流母线的电压值，而直流系统方程组的求解又为下一次迭代中交流系统方程组提供换流器的等值有功和无功负荷值。如此循环，直至收敛。必须指出，保证这种算法收敛的数学基础是高斯—赛德尔迭代法。如果对交流系统和直流系统的求解都采用高斯—赛德尔迭代，那么该算法就属于完全的高斯—赛德尔迭代法。事实上，交替迭代法相当于不完全高斯—赛德尔迭代法。交替迭代法在求解交流系统方程时，通常采用牛顿法或P-Q分解法；至于直流系统方程组，显然仍可以用牛顿法求解，仅仅在交流系统与直流系统之间的耦合用高斯—赛德尔迭代法。

在以上假定下，交流系统节点功率方程式（1-237）中的直流功率作为已知常数，在直流系统的方程式（1-238）～式（1-240）、式（1-242）和式（1-243）中的交流电压作为已知常数，那么，式（1-244）中的子矩阵 $\boldsymbol{A}$ 与 $\boldsymbol{C}$ 都成为零矩阵，从而实现了交直流系统的解耦。进一步，在交流系统中采用P-Q分解法，则混联系统的潮流求解就变成依次迭代求解下列三个方程组

$$\Delta \boldsymbol{D} = \boldsymbol{F}\Delta \boldsymbol{X} \tag{1-278}$$

$$\Delta \boldsymbol{P}/\boldsymbol{U} = \boldsymbol{B}'\boldsymbol{U}\Delta \boldsymbol{\theta} \tag{1-279}$$

$$\Delta \boldsymbol{Q}/\boldsymbol{U} = \boldsymbol{B}''\Delta \boldsymbol{U} \tag{1-280}$$

将式（1-278）～式（1-280）与式（1-261）～式（1-263）比较，可以看出，交替迭代法相当于在统一迭代法中忽略子矩阵 $\boldsymbol{A}$ 和 $\boldsymbol{C}'_2$。图1-30是交直流混联电力系统潮流交替迭代法的计算流程图。图中 ε 是收敛精度控制值。整个计算的收敛解是使节点有功功率方程、节点无功功率方程和直流系统方程同时收敛的解。在迭代过程中，由于直流变量 $\boldsymbol{X}$ 确定换流器的有功、无功功率，所以直流变量一旦经过修正，则无论此前有功与无功方程是否收敛，都应重新校验在新 $\boldsymbol{X}$ 值下其是否收敛；由于直流方程仅与交流系统的节点电压幅值有关而与相角无关，所以电压幅值一旦经过修正，则无论此前直流方程和有功方程是否收敛，都应重新校验在新值 $\boldsymbol{U}$ 下其是否收敛。同理，相角修正之后应校验无功是否收敛。

在计算过程中，某些直流变量可能超过其限值。因此，通常在程序中有处理越界的功能。越界处理可以采用各种不同的方法。例如若出现某一个换流变压器的变比 k_T 超过其上下调节范围，则由于多端直流系统在运行时，通常总有一端作为电压控制端。若 k_T 越上界，可以降低电压控制端的给定电压，否则反之。又若出现某一个换流器的控制角 α 或 μ 低于其 $\alpha_{\min}$ 或 $\mu_{\min}$ 限值，则可将该换流器的控制方式改成定控制角方式，也即强制运行在该限值或另一个数值上，同时将该端点原来在控制方程中赋给定值的变量予以释放。

对直流系统方程组（1-278）的求解，除采用上面的牛顿法外，还可采用其他方法。下面介绍其中一个简单而有效的方法。

多端直流系统一种实用的运行控制方案是：选择其中的一个端点作为电压控制端，即其控制方式为直流电压给定。不失一般性，设换流器 n_c 为电压控制端，其直流电压为 U_{ds}。其他端点则实行定电流或定功率控制。前已述及，为了减少换流器所吸取的无功功率，各换流器的控制角应尽量小。基于这个原因，在计算中直流系统的电压控制端假设运行于最小控制角，于是这种端点的控制方程式（1-242）、式（1-243）为

$$\left.\begin{aligned} U_d &= U_{ds} \\ \theta_d &= \theta_{d\min} \end{aligned}\right\} \tag{1-281}$$

对于非电压控制端，其控制方程为

$$I_{dk} = I_{dks} \quad 或 \quad U_{dk} I_{dk} = P_{dks} \quad (k = 1, 2, \cdots, n_c - 1) \tag{1-282}$$

除了定电流或定功率外，根据尽量使控制角运行在最小值附近的原则，补充下列方程：

$$\cos\theta_{dk} = k_\theta \cos\theta_{dk\min} \quad (k = 1, 2, \cdots, n_c - 1) \tag{1-283}$$

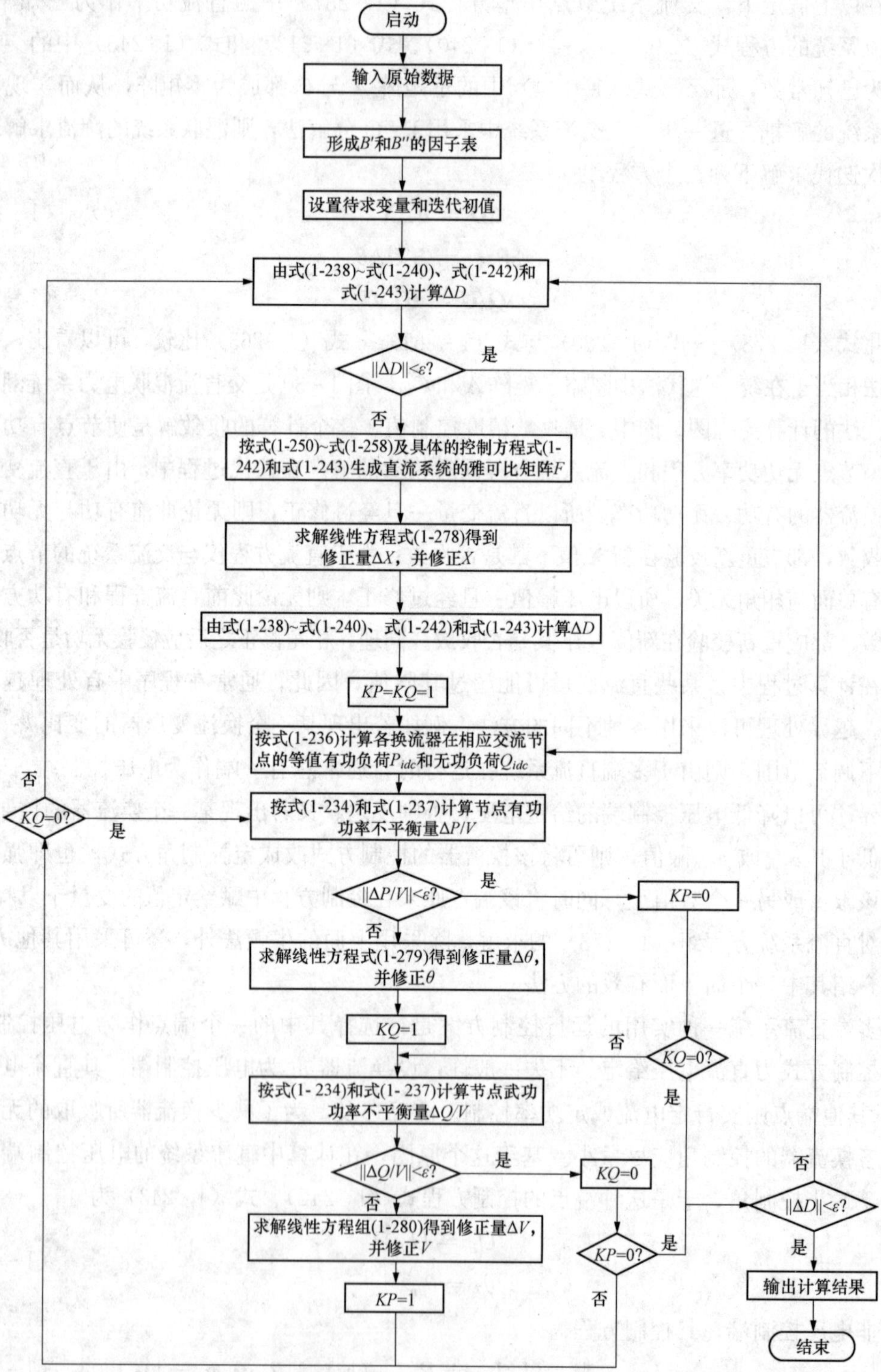

图 1 - 30　交直流混联电力系统潮流交替迭代法的计算流程图

系数 k_θ 是人为给定的，k_θ 已知则由上式可求得控制角 θ_d。因此，上式的本质是定控制角控制方式。通常取 k_θ 为 0.97。将式（1-283）代入式（1-238）得到非电压控制端的换流器方程

$$\Delta d_{1k} = U_{dk} - k_{\theta k} k_{Tk} U_{n_a+k} \cos\theta_{dk\min} + X_{ck} I_{dk} = 0 \quad (k = 1,2,\cdots,n_c - 1) \tag{1-284}$$

式（1-283）与式（1-284）共同组成了非电压控制端的换流器控制方程。

对于直流网络方程，由于一般 n_c 的值不大，因而可用高斯—赛德尔法进行迭代求解。为迭代方便，应生成直流网络的节点电阻矩阵，注意直流网络方程（1-240）中的直流电压是换流器两极之间的电压，故其中的电导矩阵 G_d 是不定电导矩阵。因此，电导矩阵 G_d 是奇异矩阵。在直流网络中，取节点 n_c 为直流电压参考节点，由 G_d 不难生成直流网络的节点电阻矩阵。则有

$$U_{dk} = U_{ds} + \sum_{j=1}^{n_c-1} r_{kj} I_{dj} \quad (k = 1,2,\cdots,n_c - 1) \tag{1-285}$$

式中：r_{kj} 为节点电阻矩阵的元素。将式（1-282）代入式（1-285），则其中只含有 n_c-1 个直流电压未知。

下边给出混联系统潮流计算的步骤：

（1）取所有直流电压的迭代初值为 U_{ds}，用高斯—赛德尔法迭代求解式（1-285），得到收敛解 U_d。

（2）因 U_d 已知，对定功率控制的换流器可求出其直流电流：$I_d=P_{ds}/U_d$。

（3）对每一个换流器，求其换流变压器二次侧的交流电压，即"k_TU_t"。具体求法为对电压控制端，注意到式（1-281）及步骤（2）的计算结果，其 U_d、I_d 和 θ_d 已知，由式（1-231）可得 k_TU_t；对非电压控制端，由式（1-284）可得 k_TU_t。

（4）由式（1-232）求所有换流器的功率因数 $\cos\varphi$。

（5）由式（1-236）求所有换流器的有功功率和无功功率。

（6）由步骤（5）得到的所有换流器功率进行交流系统潮流计算，得到收效解。

（7）由步骤（6）得到的所有换流变压器一次侧交流电压 U_t，及步骤（3）中得到的换流变压器二次侧的交流电压 k_TU_t，求每个换流变压器的变比 k_T。

（8）若求得的所有变比不超过其上下界，则计算结束。否则，转至（9）。

（9）调整电压控制端的直流电压控制值 U_{ds}。在所有越界的变比中挑出越界量最大的一个，记为 k_{Tworst}，设其变比上下界分别为 $k_{T\max}$ 和 $k_{T\min}$，若 $k_{Tworst}>k_{T\max}$，则取新直流电压控制值为 $U_{ds}\times k_{T\max}/k_{Tworst}$；否则取新直流电压控制值为 $U_{ds}k_{T\min}/k_{Tworst}$，返回步骤（1）。

以上为这种方法的主要步骤。该算法的基本特点是原理简单，程序设计容易。与采用牛顿法求解直流方程的方法相比，内存大大节省。当认为换流变压器变比是连续变量且不出现越界情况时，直流系统及交流系统潮流都只要算一次便可以得到最终结果。

上面分别介绍了交直流混联电力系统潮流的两大类算法。统一迭代法完整地考虑了交直流变量之间的耦合关系，对各种网络及运行条件的计算，均呈现良好的收敛特性。

但其雅可比矩阵的阶数比纯交流系统的要大，对程序编制的要求高，占用内存较多，同时计算时间长。交替迭代法由于交、直流系统的潮流方程分开求解，因此整个程序可以利用现有任何一种交流潮流程序再加上直流系统潮流程序模块即可构成。另外，交替迭代法也更容易在计算中考虑直流变量的约束条件和运行方式的合理调整。但是，交替迭代法的收敛性不及统一迭代法。计算实践表明，当交流系统较强时，其收敛特性是令人满意的。但是当交流系统较弱时，其收敛性会变差，可能出现迭代次数明显增加甚至不收敛的现象。这是交替迭代法的缺点。顺便指出，这里所谓交流系统的强弱是相对于换流器的额定容量而言的。以换流器直流额定功率 P_{dcN} 为基准，从换流器交流侧母线处观察到的交流系统等值电抗的标幺值的倒数，通常称为短路比（SCR）。短路比越大则系统越强。弱交流系统（其短路比可小于 3）具有很大的等值电抗，所以换流器交流母线电压，对注入无功功率的变化非常敏感。而交替迭代法由于交流和直流系统方程组分开求解，在求解过程中分别把交直流系统的分界线上的 U_t 及 Q_{tdc} 近似地看成是恒定的，忽略了彼此的耦合。因此，如果交流系统较弱，Q_{tdc} 的变化对 U_t 的影响较大，则在交替迭代过程中就容易导致 Q_{tdc} 和 U_t 之间的计算振荡，从而影响收敛。为了使交替迭代法也能适用于弱交流系统的计算，陆续对其提出了一些改进算法。限于篇幅，对这些改进算法不再展开讨论。

1.9 几种特殊性质的潮流计算问题简介

潮流计算问题的内容极为丰富，在前面几节中简要介绍了最常见的一些潮流计算模型及算法。作为前述内容的补充，以下再简单地列出几种比较重要的、但其应用目的和性质都与前不同的潮流问题。

1.9.1 直流潮流

以上提到的潮流计算，都属于精确的潮流计算。采用的都是精确的非线性交流潮流模型，得到的结果也是精确的，可是其计算量和耗用时间却因需要迭代计算而比较多。在有些场合如进行系统规划设计时，原始数据本身就不很精确而规划方案却十分众多；再如在实时安全分析中，要进行大量的预想事故筛选等。这些场合在计算精度和速度这一对矛盾中，后者占了主导地位，因此就产生了采用近似模型的直流法潮流。其计算速度是所有潮流算法中最快的。

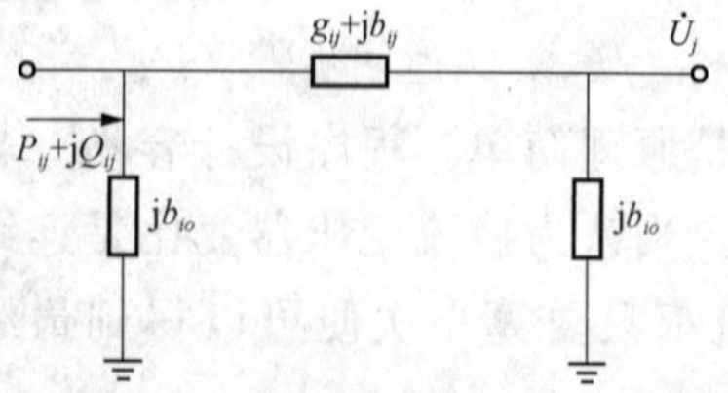

图 1-31　一条交流支路的等值电路图

交流网络中某条支路 $i-j$（如图 1-31 所示）中通过的功率表达式为

$$P_{ij}=U_i^2g_{ij}-U_iU_j(g_{ij}\cos\theta_{ij}+b_{ij}\sin\theta_{ij})\tag{1-286}$$

$$Q_{ij} = -U_i^{\,2}(b_{ij} + b_{io}) + U_iU_j(b_{ij}\cos\theta_{ij} - g_{ij}\sin\theta_{ij}) \tag{1-287}$$

利用类似于解耦潮流计算使用的假定，即 $|g_{ij}| \ll |b_{ij}|$，θ_{ij} 数值很小，$U_i \approx U_j$，其数值接近 1.0，并略去线路电阻及所有对地支路，以上两式可近似为

$$P_{ij} = -b_{ij}(\theta_i - \theta_j) = \frac{\theta_i - \theta_j}{x_{ij}} \tag{1-288}$$

$$Q_{ij} = 0 \tag{1-289}$$

这样，在不计支路无功潮流之后，由式（1-288），一条交流网络的支路就可看成是一条直流支路，如图 1-32 所示，其两端相应的直流电压值为 θ_i 及 θ_j，直流电阻等于支路电抗 x_{ij}，直流电流值为相应的有功功率 P_{ij}。

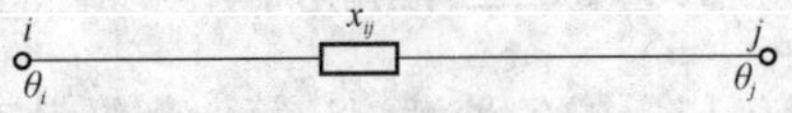

图 1-32　直流法支路等值图

利用节点功率等于与节点有关的支路功率之和，即 $P_i = \sum\limits_{j\in i} P_{ij}$ 的关系，并设平衡节点 s 的相角 $\theta_s = 0°$，可得

$$P_i = \sum_{j\in i} P_{ij} = \sum_{j\in i}[-b'_{ij}(\theta_i - \theta_j)] = B'_{ii}\theta_i + \sum_{\substack{j\in i\\ j\neq s}} B'_{ij}\theta_j \tag{1-290}$$

其中

$$B'_{ii} = \sum_{j\in i} -b'_{ij} = \sum_{j\in i}\frac{1}{x_{ij}} = -\sum_{j\in i} B'_{ij} \tag{1-291}$$

$$B'_{ij} = b'_{ij} = -1/x_{ij}$$

式中：b'_{ij} 和 B'_{ij} 分别是以 $1/x_{ij}$ 为支路导纳建立起来的节点导纳矩阵的自导纳及互导纳。

除了平衡节点 s 外，其余 $n-1$ 个节点都可列出如式（1-290）的方程式。写成矩阵形式，即得到 n 个节点电力系统的直流潮流数学模型

$$\boldsymbol{P} = \boldsymbol{B}'_0\boldsymbol{\theta} \tag{1-292}$$

式中：$\boldsymbol{P}$ 和 $\boldsymbol{\theta}$ 分别为 $n-1$ 阶节点有功注入和电压相角向量，其中不包括平衡节点的有关量。不难看到，$\boldsymbol{B}'_0$ 的构成和解耦法有功迭代方程式（1-63）的系数矩阵 $\boldsymbol{B}'$ 完全相同。

式（1-292）是线性方程组，可以一次直接求解得到结果，因而计算速度非常快。

1.9.2　随机潮流

上述各种潮流计算，都属于确定性潮流计算。因为所给的网络参数及节点数据都认为是确定的值，从而计算得到的节点电压以及支路潮流等也是确定的。但在实际上，节点注入功率的预测会有误差，运行中也会有随机波动。另外，网络元件也会发生偶然事故而退出运行，这些都造成了原始计算数据的随机性，使得计算结果也带有不确定性。为了估计这些不确定因素对系统的影响，若采用确定性的潮流计算方法，就需要根据各种可能的变动情况组成众多方案进行大量计算，耗时极多。而随机潮流则把潮流计算的已知量和待求量都作为随机变量来处理。根据 PQ 及 PV 节点的不同，随机潮流输入的原始数据是相应节点注入功率或节点电压的期望值、方差和概率密度函数等，而计算结果也是节点电压及支路潮流等的概率统计特性（如期望值、方差、概率分布函数等）。所以只要通过一次计算就能为电力系统运行和规划提供较全面的信息。例如通过概率分布曲

线，可以知道线路过负荷的概率有多大、线路经常出现的潮流值是多少。根据提供的信息，还可以更恰当地确定输电线及无功补偿设备的容量以及系统的备用容量等。所以随机潮流计算是很有实用价值的。随机潮流问题是1974年由参考文献［25］首次提出的，用的是直流模型。以后有的文献将其发展为线性化的交流模型，此外还有采用最小二乘法及保留非线性的交流模型等。目前，这个问题的研究方法及应用领域正在不断深入发展。

1.9.3　三相潮流

以上的各种潮流计算，都是针对三相对称系统而言的。系统各元件的参数以及各节点的注入功率都是三相对称的，因此可以用单线图来表示三相系统并在此基础上建立归结为单相的计算模型，因此也称为单相潮流计算。但在有些场合，例如系统中含有未经换位的超高压输电线路或有很大的单相负载时，就破坏了三相对称条件并产生了建立完整的三相模型和研究三相潮流计算方法的必要。从单相潮流到三相潮流，原来的一个节点将变成a、b、c三个节点，原来的一条支路也变成三条支路，所以无论是已知量或待求量均以三倍数增加。鉴于在系统中的超高压输电线（严格地讲还有某些变压器）各相间有不对称的耦合，用对称分量法进行分析已失去了各序网相互独立的特点，所以研究三相潮流，目前较多采用 *abc* 相坐标系统而不用120对称分量坐标系。

建立了三相潮流计算的数学模型以后，可以采用类似于单相潮流的方法来求解。如文献［26］用的是牛顿—拉夫逊法，而参考文献［27］则更发展为解耦的快速三相潮流算法，有兴趣的读者可参考上述文献。

除了以上三种性质不同的潮流计算问题之外，还有其他一些用途不同的特殊潮流问题如谐波潮流、动态潮流等，将不再在此一一列举。

潮流计算作为电力系统最基本的一种电气计算，随着电力工业的迅速发展，面对生产实际所提出的各种新要求，潮流计算问题无论从其深度和广度来看，都还在不断发展。

首先，对于应用最广泛的常规潮流计算，围绕着在本章第一节中所列举的四个要求，还不断有新的模型和算法出现。但到目前为止，牛顿—拉夫逊法仍然不失为最基本、最重要的一种算法。它是其他一些派生算法的基础，其快速的收敛特性和良好的收敛可靠性，使它在单纯的潮流计算以及在优化、稳定等程序的应用中，继续占有重要的地位。P-Q分解法在计算速度、内存占用量以及程序设计简单等方面的优异特性，已经使它成为当前使用最为普遍的一种算法。特别对在线计算，作为一种精确的算法，其计算速度更非其他算法所能比拟。随着对其收敛机理的进一步认识，以及对大 R/X 比值病态问题的处理得到逐步改进，可以预期其使用范围将更加扩大。保留非线性算法由于采用了更精确的模型，由此所得到的良好收敛可靠性、较快的计算速度，以及最小化潮流算法在处理病态潮流方面的能力都具有一定的应用场合。以上四类算法各有特点，互相补充。有的实用电力系统计算软件包同时包含了这几种算法，供用户根据需要选择使用。

为克服经典经济调度的不足而发展起来的最优潮流问题，经过近30年来广大学者的致力研究，已经有了千个节点的解题规模，并且速度也能够初步满足在线计算的成果。作为一个非线性规划问题，其可以采用不同的目标函数并加入新的约束条件，其内涵及应用范围正在不断扩大。一个例子是在静态安全分析中的应用，产生了所谓的安全约束最优潮流（security constrained OPF），这是在原来的最优潮流问题中，除了负荷约束（等式约束）、运行约束（不等式约束）之外，又加入了第三种即安全约束（预想事故约束）条件。另外，各种校正安全分析或校正对策分析也都属于一类最优潮流问题。由于最优潮流能够把系统的安全性和经济性融为一体，并且能够提供用于提高系统安全经济性能的决策依据，在现代化的以计算机为基础的能量管理系统（EMS）中，最优潮流将成为其核心应用软件之一。特别是在电力市场环境下，最优潮流将有更加广阔的发展空间。

潮流计算问题的内容极为丰富，除了应配合生产实际的发展，继续提出新的模型并开发出有效算法之外，对潮流计算本身，也还有不少课题值得深入探讨。例如潮流方程本身是个非线性代数方程组，因此理论上可以有多个根。研究多根的存在对电力系统运行的影响就是一个复杂但有意义的课题。其中，关于在重负荷情况下，邻近多根与电压不稳定问题的关联已经引起人们的注意。

第 2 章　电力系统状态估计

2.1　概　　述

2.1.1　状态估计的概念

考察任何目标的运动状态 x，如果已知其运动规律，则可以根据理想的运动方程从状态初值推算出其任一时刻的状态。这种方法是确定性的，不存在任何估计问题。如果考虑到一些不可预测的随机因素的存在，则这种运动方程是无法精确求解的。即使采取了各种近似处理，其计算结果也必然会出现某种程度的偏差而得不到实际状态（或称为状态真值）。一般把这种环境称为噪声环境，并把这些介入的和不可预测的随机因素或干扰称为动态噪声。干扰或噪声具有随机性。因此，状态计算值的偏差也具有随机特性。

在实际应用中常遇到的另一种情况是对运动目标参数进行观测（或测量）以确定其状态。假定测量系统是理想的，则所得到的测量向量 z 是理想的，亦即可以用来确定状态的真值。但是实际的测量系统是有随机误差的，测量向量 z 不能直接通过理想的测量方程，亦即状态量与测量量的关系方程直接求出状态真值 x。

通过以上分析可见，由于随机噪声及随机测量误差的介入，无论是理想的运动方程或测量方程均不能求出精确的状态向量 x。因此，只有通过统计学的方法加以处理以求出对状态向量的估计值 $\hat{x}$。这种方法，称为状态估计。

依观测数据与被估状态在时间上的相对关系，状态估计又可区分为平滑、滤波和预报 3 种情形。

（1）为了估计 t 时刻的状态 $x(t)$，如果可用的信息包括 t 以后的观测值，就是平滑问题。

（2）如果可用的信息是时刻 t 以前的观测值，估计可实时地进行，称为滤波问题。

（3）如果必须用时刻（$t-\Delta$）以前的观测来估计经历了 Δ 时间之后的状态 $x(t)$，则是预报问题。

状态估计可分为动态估计和静态估计两种。按运动方程以某一时刻的测量数据作为初值进行下一个时刻状态量的估计，称作动态估计；仅仅根据某时刻测量数据，确定该时刻的状态量的估计，称作静态估计。

电力系统的状态估计属于滤波问题，是对系统某一时间断面的遥测量和遥信信息进行数据处理，确定该时刻的状态量的估计值。是在静态的时间断面上进行的，故属于静态估计。

2.1.2 电力系统状态估计的必要性

现代化大型电力系统的调度控制中心（调度中心）都配有计算机系统，电力系统的信息通过远动装置传送到调度中心，并存入实时数据库。实时数据库中的数据用于一系列应用程序，包括保证系统的经济运行及对系统发生设备或线路故障时进行安全性评估分析，这一系列应用程序构成则称为能量管理系统（EMS）。

由于测量装置的误差及在传送过程中的误码，使得传送到调度中心的数据不精确。尽管实测通道的误码率很低，但由于数据量很大，使得传送到调度中心的数据出现不良数据的概率很高。若实测通道的误码率为 10^{-4}，每个数据为 10 位二进制数，对于一个 200 个测点、采样周期为 30s 的采样系统，每天就可能出现 576 个不良数据。电力系统状态估计（power system state estimation）的作用就是 EMS 中保证电力系统实时数据质量的重要一环，它为其他应用程序的实现奠定了基础。EMS 包含的应用功能软件如图 2-1 所示。

目前电力系统数据采集方面存在的问题主要有以下几个方面：

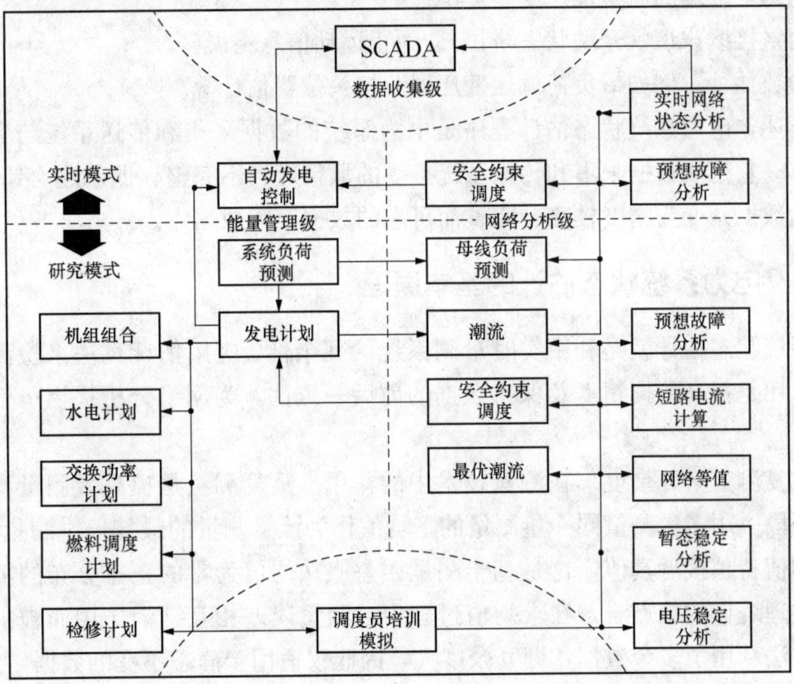

图 2-1 EMS 包含的主要应用软件

（1）采集的数据是有误差的，不可靠（错误数据）或者局部信息不完整。如：母线电压、线路功率、负载功率这些模拟量一般要经过互感器、功率变换器、A/D 转换器量化成数字量，并通过通信传送到控制中心。

（2）断路器、隔离开关等开关量可能由于通信状态定义不一致造成开关位置错误。

（3）测量装置不全或种类限制。

2.1.3 电力系统状态估计的功能

电力系统状态估计就是对给定的系统结构及量测配置，在量测量有误差的情况下，估计出系统的真实状态，即各母线上的电压相角与模值及各元件上的潮流。它的功能主要体现在以下几个方面：

（1）提高实时测量数据的精度。利用网络方程（基尔霍夫定律），按最佳估计准则对原始数据（通过远动装置传送到调度中心的数据）进行计算，得到最接近于系统真实状态的最佳估计值。

（2）检测和辨识不良数据。将因偶然原因而产生的错误数据检测和辨识出来，并改正为正确数据。

（3）推算出电力系统完整而准确的状态量和需要的各种电气量。由于测量装置及在传送过程中各个环节上的限制，往往不可能得到完整的、足够的电力系统计算分析所需要的数据。为解决这个问题，除了不断改善测量与传输系统外，还可以采用数学处理的方法来提高测量数据的完整性。

（4）网络接线辨识（开关状态辨识）。纠正远动信息错误。

（5）参数估计。例如带负荷调压变压器分接头位置估计等。

综上所述，电力系统状态估计程序是电力系统的数据采集和传送系统与数据库之间的重要环节。它把从数据采集和传输系统接受的低精度、不完整、偶尔还有错误的“生”数据（原始数据）变为精度较高、完整而可靠的数据存入数据库。

2.1.4 电力系统状态估计的基本原理

电力系统状态估计就是利用实时量测系统的冗余性，应用估计算法来检测与剔除坏数据。其作用是提高数据精度及保持数据的前后一致性，为网络分析提供可信的实时潮流数据。

（1）重复测量（冗余度）在测量技术中的作用。重复测量是提高量测量精度和可靠性的重要手段。用多次测量同一量测量的平均值作为该量测量的最佳值。测量次数越多，它们的平均值就越接近真值，这是基于测量误差服从均值为零的正态分布的随机变量的认识。从数理统计的观点看，在求均值过程中，测量误差相互抵消作用而被削弱，即被滤波。该方法利用了多余数据，即冗余度大，因此仅适用于静态不变的数据。

（2）电力系统的状态估计。

1）处理对象：某一时间断面上的高维空间问题。同一时刻、多变量重复测量是行不通的。实践上，采样周期足够短时就认为所有数据是同一时刻的。

2）设网络结构已知，因而通过确定的网络方程建立了系统状态变量与更多的变量（扰以动变量、控制变量）的约束关系。从而可以同时获得多于状态变量的更多测量，以实现一定的冗余度水平。

2.1.5　电力系统状态估计的步骤

(1) 假设数学模型。建立测量量与状态变量之间的关系式（网络方程），确定权矩阵。

(2) 估计。状态向量估计计算。

(3) 检测。检测是否有结构误差和不良数据。

(4) 识别。确定不良数据和结构误差的位置，修正或去除之。返回进行第二次状态估计，直至无不良数据或结构误差为止。

电力系统状态估计的流程图，如图 2-2 所示。

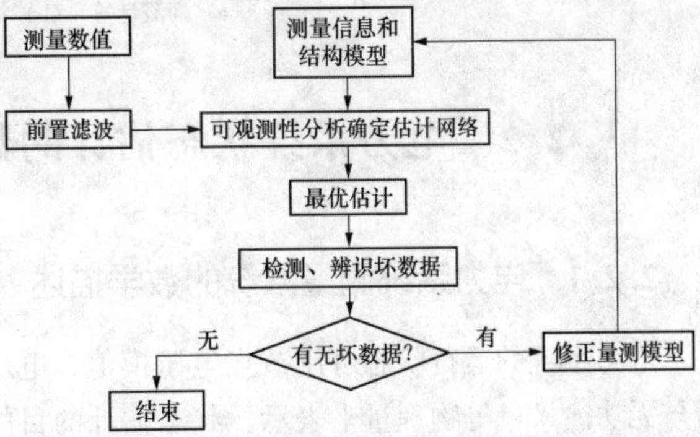

图 2-2　电力系统状态估计的流程图

综上所述，电力系统状态估计程序是电力系统的数据采集和传送系统与数据库之间的重要环节。

2.1.6　对电力系统状态估计程序的基本要求

(1) 内存占用量小、快速、可靠、收敛性好。

(2) 在给定的测量误差统计特性下，能满足计算结果的正确性和有效性。

(3) 能检测、辨识和校正结构误差和不良数据，并能方便地计及网络结构变化。

(4) 灵活性：增加或去掉某些测量量时不需改变程序。

2.1.7　状态估计与常规潮流计算的比较

潮流计算一般根据给定的 n 个节点的注入量或电压模值求解 n 个节点的复数电压。方程式的数目等于未知数的数目。而在状态估计中，测量向量的维数一般大于未知状态向量的维数，亦即方程式的个数多于未知数的个数。其中，测量向量可以是节点电压、节点注入功率、线路潮流等测量量的任意组合。此外，两者求解的数学方法也是不同的。潮流计算一般用牛顿－拉夫逊法求解 $2n$ 个非线性方程组。而状态估计则是根据一定的估计准则，按估计理论的处理方法来求解方程组。图 2-3 表示了状态估计与潮流计算两种方法的比较框图。

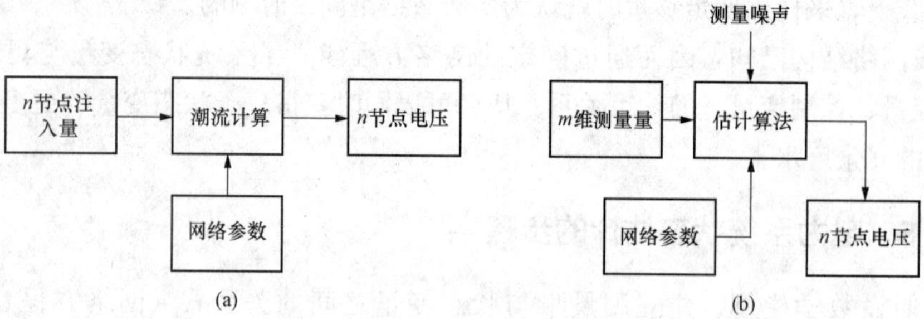

图 2-3 状态估计与潮流计算的比较框图

(a) 潮流计算；(b) 状态估计

2.2 电力系统状态估计的数学描述与可观察性

2.2.1 电力系统测量系统的数学描述

电力系统的运行状态可用节点电压模值、电压相角、线路有功与无功潮流、节点有功与无功注入量等物理量来表示。状态估计的目的就是应用经测量得到的上述物理量通过状态估计计算求出能表征系统运行状态的状态变量。

设电力系统的量测量

$$z^{\mathrm{T}} = [P_{ij},\ Q_{ij},\ P_i,\ Q_i,\ V_i]$$

式中：z 为量测向量，假设维数为 m；P_{ij} 为支路 ij 有功潮流量测量；Q_{ij} 为支路 ij 无功潮流量测量；P_i 为母线 i 有功注入功率量测量；Q_i 为母线 i 无功注入功率量测量；V_i 为母线 i 的电压幅值量测量。

待求状态变量为 $\boldsymbol{X}=\begin{bmatrix}\theta_i\\ V_i\end{bmatrix}$，式中，$x$ 为状态向量，θ_i 为母线 i 的电压相角；V_i 为母线 i 的电压幅值。

如果系统结构与参数都已知，根据状态变量就不难求出各支路的有功潮流、无功潮流及所有节点的注入功率。

测量量向量的表示。设系统的节点数为 N，支路数为 M，测量量个数为 m。

状态向量与测量量向量之间的函数关系可表示为

$$\boldsymbol{z} = \boldsymbol{h}(\boldsymbol{x}) + \boldsymbol{v} \tag{2-1}$$

式中：z 为 m 维的测量量向量；$\boldsymbol{h}$（$\boldsymbol{x}$）为测量函数向量

$$\boldsymbol{h}^{\mathrm{T}}(\boldsymbol{x}) = [h_1(x), h_2(x), \cdots, h_m(x)]$$

$\boldsymbol{h}(\boldsymbol{x})$ 的函数形式如式（2-2）所示。节点电压测量方程式是指状态变量与支路潮流的非线性函数表达式。注入功率测量方程式是指节点注入功率与支路潮流的非线性函数表达式

$$h(x)=\begin{bmatrix}P_{ij}(\theta_{ij},V_{ij})\\Q_{ij}(\theta_{ij},V_{ij})\\P_i(\theta_{ij},V_{ij})\\Q_i(\theta_{ij},V_{ij})\\V_i(V_i)\end{bmatrix} \tag{2-2}$$

$\boldsymbol{v}$ 为测量噪声向量，其表达式为

$$\boldsymbol{v}^{\mathrm{T}}=[\nu_1,\nu_2,\cdots,\nu_m] \tag{2-3}$$

表 2-1 列出五种基本测量方式。第一种测量方式其维数为 $2N-1$，显然没有冗余度，这在状态估计中是不实际的。第五种测量方式具有最高的维数和冗余度，但所需投资太高，也是不现实的。因此，实际测量方式是第一种到第四种的组合。

表 2-1　　五种基本测量方式

测量方式	z 的分量	方程式	z 的维数
(1)	平衡节点除平衡节点外所有节点的注入功率 P_i、Q_i	式 (2-4)、式 (2-5)、式 (2-9)	$2N-1$
(2)	(1) 加上所有节点的电压模值 V_i	式 (2-4)、式 (2-5)、式 (2-9)	$3N-1$
(3)	支路两侧的有功、无功潮流 P_{ik}、Q_{ik}、P_{ki}、Q_{ki}	式 (2-6)、式 (2-7)	$4M$
(4)	(3) 加上所有节点的电压模值	式 (2-6)、式 (2-7)、式 (2-9)	$4M+N$
(5)	完全的测量系统	式 (2-4) ～式 (2-7)、式 (2-9)	$4M+3N-2$

表 2-1 中的各种方程，是以一条线路的等效电路为例来说明测量函数的表达形式。线路的等效电路如图 2-4 所示，参量以直角坐标形式表示，节点 i 注入功率方程为

$$P_i=e_i\sum_{k=1}^{N}(e_kG_{ik}-f_kB_{ik})+f_i\sum_{k=1}^{N}(f_kG_{ik}+e_kB_{ik}) \tag{2-4}$$

$$Q_i=f_i\sum_{k=1}^{N}(e_kG_{ik}-f_kB_{ik})-e_i\sum_{k=1}^{N}(f_kG_{ik}+e_kB_{ik}) \tag{2-5}$$

$$P_{ik}=-[e_i(e_i-e_k)+f_i(f_i-f_k)]g_{ik}+[e_i(f_i-f_k)+f_i(e_i-e_k)]b_{ik} \tag{2-6}$$

$$Q_{ik}=[e_i(e_i-e_k)+f_i(f_i-f_k)]b_{ik}+[e_i(f_i-f_k)-f_i(e_i-e_k)]g_{ik}-(e_i^2+f_i^2)\frac{Y_{ik}}{2} \tag{2-7}$$

上四式中：e_i、f_i分别为节点i 电压的实部与虚部；g_{ik}、b_{ik} 为图 2-4 所示的 π 形线路元件模型中 r_{ik}、x_{ik} 的电导和电纳；Y_{ik} 为图 2-4 对地支路的导纳，而 G_{ik}、B_{ik} 为导纳矩阵元素。

u_i、e_i、f_i 和 θ_i 的关系为

$$\theta_i=\arctan(f_i/e_i) \tag{2-8}$$

$$u_i^2=e_i^2+f_i^2 \tag{2-9}$$

用测量量来估计系统的状态存在若干不准确的因素，概括起来有以下几点。

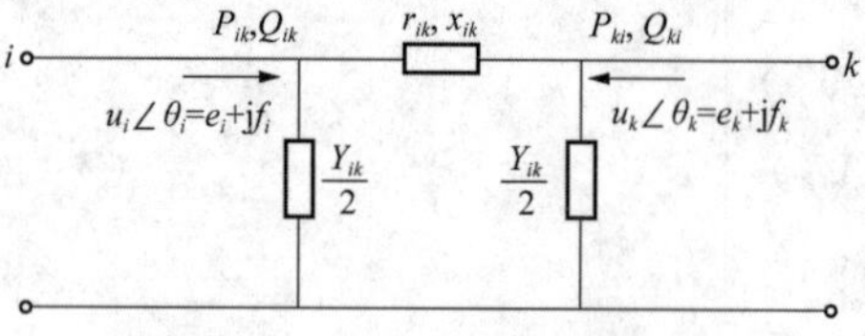

图 2-4　π 形线路元件模型

(1) 数学模型不完善。测量数学模型中通常有工程性的近似处理。此外，还存在模型采用参数不精确的问题。另外，网络结构变化时，结构模型不能及时更新。上述问题属于参数不精确的，通常用参数估计方法解决；属于网络结构错误的，则采用网络接线错误的检测与辨识来解决。

(2) 测量系统的系统误差。这是由于仪表不精确，通道不完善所引起的。它的特点是误差恒为正或负而没有随机性。一般这类数据属于不良数据。清除这类误差的方法，主要是依靠提高测量系统的精确性与可靠性，也可以用软件方法来检测与辨识出不良数据，并通过增加测量系统的冗余度来补救，但这仅是一种辅助手段。

(3) 随机误差。这是测量系统中不可避免会出现的。其特点是小误差比大误差出现的概率大，正负误差出现的概率相等，即概率密度曲线对称于零值或误差的数学期望为零。状态估计式（2-1）和式（2-3）中的误差向量 ν 就是这种误差。

测量的随机误差或噪声向量 ν 是均值为零的高斯白噪声，其概率密度为

$$p(\nu_i) = (e^{-\nu_i^2/2\sigma_i^2})/\sqrt{2\pi\sigma_i^2} \tag{2-10}$$

式中：σ_i 是误差 ν 的标准差；方差 σ_i^2 越大表示误差大的概率增大。

由于误差的概率密度或协方差很难由测量或计算确定，因此在实际应用中常用测量设备的误差来代替。测量误差的方差为

$$\frac{1}{\sigma_i^2} = \frac{1}{r_{ii}} = \frac{K}{\{c_1|z_i| + c_2(F)\}^2} \tag{2-11}$$

式中：c_1 为仪表测量误差，一般取 0.01～0.02；c_2 为远动和模数转换的误差，一般取 0.0025～0.005；F 为满刻度时的仪表误差；K 为规格化因子。

每个测量量的方差为 $R_i = r_{ii} = \sigma_i^2$。测量误差的方差阵，可以写成每个测量误差方差的对角阵

$$\boldsymbol{R} = \begin{bmatrix} \sigma_1^2 & & & \\ & \sigma_2^2 & & \\ & & \ddots & \\ & & & \sigma_m^2 \end{bmatrix} \tag{2-12}$$

2.2.2　电力系统的可观察性

电力系统状态能够被表征的必要条件是它的可观察性。如果对系统进行有限次独立的观察（测量），由这些观察向量所确定的状态是唯一的，就称该系统是可观察的。卡尔曼最初提出可观察的概念只是在线性系统范围内。在电力系统的问题中可以由式（2-1）的雅可比矩阵 $\boldsymbol{H}$ 来确定

$$\boldsymbol{H}(\boldsymbol{x}) = \left.\frac{\partial \boldsymbol{h}(x)}{\partial \boldsymbol{x}}\right|_{x=x_0} \tag{2-13}$$

只要 $m \times n$ 阶测量矩阵 $\boldsymbol{H}$ 的秩为 n，则系统是可观察的，这表示通过测量量可以唯一确定系统的状态量，或者说，测量点的数量及其分布可以保证系统是可观察的。在非线性系统中，可观察性的问题虽复杂得多，但可观察的一个必要但非充分条件仍是雅可比矩阵 $\boldsymbol{H}$ 的秩等于 n，每一时刻的测量量维数至少应与状态量的维数相等。

电力系统测量需要有较大的冗余度。有冗余度的目的是提高测量系统的可靠性和提高状态估计的精确度。保证可观察性是测量点布置的最低要求。

前面说过，电力系统出现异常大误差的数据，称为不良数据。查找出不良数据，并将其剔除是建立实时数据库的基本要求。测量具有冗余度则是实现这一工作的基本条件。

2.3 最小二乘估计

2.3.1 基本原理

静态估计是用一定的统计学准则通过测量向量 z 求出状态向量$\hat{x}$，并使之尽量接近其真值 x。$\hat{x}$ 是一个估计值，估计值与真值之间的误差称为估计误差

$$\widetilde{x} = x - \hat{x} \tag{2-14}$$

估计误差值 $\widetilde{x}$ 是 n 维向量。判断估计方法的优劣不是根据 $\widetilde{x}$ 中个别分量的估计误差值，而是根据 $\widetilde{x}$ 的整个统计特性来决定。如果估计量 $\hat{x}$ 的分量大部分密集在真值 x 的附近，则这种估计是比较理想的。因此，$\widetilde{x}$ 的二阶原点矩 $E\widetilde{x}\widetilde{x}^{\mathrm{T}}$ 可以作为衡量估计质量的标志，$E\widetilde{x}\widetilde{x}^{\mathrm{T}}$ 的均方误差阵是 $n \times n$ 阶的。如果所用的估计方法遵循最小方差准则，则称这种方法为最小方差估计。但最小方差估计作为一种统计学估计方法，要求事先掌握较多的随机变量的统计特性，这在电力系统状态估计实践中是难以做到的。

最小二乘估计是在电力系统状态估计中应用最为广泛的方法之一。它以测量值 z 和测量估计值 $\hat{z}$ 之差的平方和最小为目标准则，即

$$J(x) = \sum_{i=1}^{m} (z_i - \hat{z}_i)^2 = [\boldsymbol{z} - \hat{\boldsymbol{z}}]^{\mathrm{T}} [\boldsymbol{z} - \hat{\boldsymbol{z}}]$$

应用在电力系统，状态估计是按测量值 z_i 与系统数学模型确定的值 h_i（x）的误差平方和最小来确定的系统状态 x，即目标函数为

$$J(\boldsymbol{x}) = \sum_{i=1}^{m} [z_i - (h_1(\boldsymbol{x})]^2 = [\boldsymbol{z} - \boldsymbol{h}(\boldsymbol{x})]^{\mathrm{T}} [\boldsymbol{z} - \boldsymbol{h}(\boldsymbol{x})] \tag{2-15}$$

2.3.2 加权的意义

上述方法对于任一个测量分量的误差 $|z_i - h_i(x)|$ 都以相同的机会加进目标函数，即它们在目标函数中所占的份额一样。但由于各个测量量的量测精度不一致，因此它们以同样的权重组成目标函数是不合理的。为提高整个估计值的精度，应该使各个量测量各取一个权值，精度高的测量量权大一些，而精度低的测量量权小一些。根据这一原理

提出了加权最小二乘准则。

加权最小二乘准则的目标函数为

$$J(\boldsymbol{x})=[\boldsymbol{z}-\boldsymbol{h}(\boldsymbol{x})]^{\mathrm{T}}W[\boldsymbol{z}-\boldsymbol{h}(\boldsymbol{x})] \tag{2-16}$$

式中：W 为一适当选择的正定阵，当 W 为单位阵时，式（2-16）就是最小二乘准则。

假设 $W=R^{-1}$，R 为式（2-12）的测量误差方差阵。其中各元素为 $R_i^{-1}=1/\sigma_i^2$ 于是目标函数可写成

$$J(\boldsymbol{x})=\sum_{i=1}^{m}\frac{[z_i-h_i(\boldsymbol{x})]^2}{\sigma_i^2}=[\boldsymbol{z}-\boldsymbol{h}(\boldsymbol{x})]^{\mathrm{T}}\boldsymbol{R}^{-1}[\boldsymbol{z}-\boldsymbol{h}(\boldsymbol{x})] \tag{2-17}$$

2.3.3 最小二乘算法

1. h（x）为线性函数

先假定 h（x）是线性向量函数。

$$h(\boldsymbol{x})=\sum_{j=1}^{n}h_{ij}x_j,(i=1,2,\cdots,m) \tag{2-18}$$

或

$$\boldsymbol{H}(\boldsymbol{x})=\boldsymbol{H}x$$

式中：H 为 $m\times n$ 矩阵，其元素为 h_{ij}。状态量的值 x 与测量值 z 的关系为

$$\boldsymbol{z}=\boldsymbol{Hx}+\boldsymbol{v}$$

按最小二乘准则建立目标函数

$$J(\boldsymbol{x})=[\boldsymbol{z}-\boldsymbol{Hx}]^{\mathrm{T}}R^{-1}[\boldsymbol{z}-\boldsymbol{Hx}]$$

或

$$J(\boldsymbol{x})=\sum_{i=1}^{m}\frac{\left[z_i-\sum_{j=1}^{n}h_{ij}x_j\right]^2}{\sigma_i^2} \tag{2-19}$$

对目标函数求导数并取为零，即

$$\frac{\partial J(x)}{\partial x_k}=-2\times\sum_{i=1}^{m}\frac{\left[z_i-\sum_{j=1}^{n}h_{ij}x_j\right]h_{ik}}{\sigma_i^2}=0(k=1,2,\cdots,n) \tag{2-20}$$

亦即

$$\sum_{i=1}^{m}\sum_{j=1}^{n}\frac{h_{ik}h_{ij}}{\sigma_i^2}x_j=\sum_{i=1}^{m}\frac{z_ih_{ik}}{\sigma_i^2}$$

这是一组有 n 个未知数的 n 维方程组，联立求解即可求得 x 的最佳估计值 $\hat{x}$。写成矩阵方程式的形式，即

$$\left.\begin{aligned}[\boldsymbol{H}^{\mathrm{T}}\boldsymbol{R}^{-1}\boldsymbol{H}]\hat{\boldsymbol{x}}&=\boldsymbol{H}^{\mathrm{T}}\boldsymbol{R}^{-1}\boldsymbol{z}\\ \hat{\boldsymbol{x}}&=[\boldsymbol{H}^{\mathrm{T}}\boldsymbol{R}^{-1}\boldsymbol{H}]^{-1}\boldsymbol{H}^{\mathrm{T}}\boldsymbol{R}^{-1}\boldsymbol{z}\end{aligned}\right\} \tag{2-21}$$

式中：$\hat{\boldsymbol{x}}$ 为最佳估计值，$[\boldsymbol{H}^{\mathrm{T}}\boldsymbol{R}^{-1}\boldsymbol{H}]$ 为信息矩阵。

（1）状态估计值的误差

$$x - \hat{x} = (H^{T}R^{-1}H)^{-1}H^{T}R^{-1}(Hx - z) = -(H^{T}R^{-1}H)^{-1}H^{T}R^{-1}v \tag{2-22}$$

（2）测量误差

$$v = z - h(x) \tag{2-23}$$

（3）测量量的测量值与估计值的差称为残差，残差方程为

$$r = z - \hat{z} = Hx + v - H\hat{x} = [I - H(H^{T}R^{-1}H)^{-1}H^{T}R^{-1}]v = Wv \tag{2-24}$$

式中：$W = I - H(H^{T}R^{-1}H)^{-1}H^{T}R^{-1}$ 为残差灵敏度矩阵。

（4）量测量的估计值

$$\hat{z} = h(\hat{x}) \tag{2-25}$$

【例题 2-1】 一直流电路如图 2-5 所示，已知结构参数 $R_1=40\Omega$，$R_2=60\Omega$，用电流表测得的 $I=1.04$A，用电压表 V1 测得的电压为 39.88V，用电压表 V2 测得的电压为 59.96V，用电压表 V3 测得的电压为 99.99V，电流表、电压表 V1、电压表 V2、电压表 V3 测量方差的倒数分别为 $R_1^{-1}=3$，$R_2^{-1}=5$，$R_3^{-1}=2$，采用加权最小二乘法进行状态估计，试写出以电流为状态量的测量函数、H 矩阵和信息矩阵，并求出电路电流、电压 V1、V2、V3 的估计值。

解　设量测量 $z^{T}=[U_1\ U_2\ U_3\ I_1]$，状态量为 I，测量误差为 $v^{T}=[v_1,\ v_2,\ v_3,\ v_4]$。

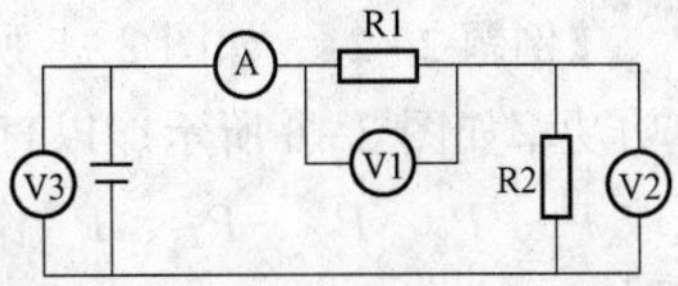

图 2-5　直流电路图

量测量与状态量的关系表示为

$$\begin{cases} U_1 = IR_1 + v_1 = 40I + v_1 \\ U_2 = IR_2 + v_2 = 60I + v_2 \\ U_3 = IR_3 + v_3 = 100I + v_3 \\ I_1 = I + v_4 = I + v_4 \end{cases}$$

用向量表示

$$\begin{bmatrix} U_1 \\ U_2 \\ U_3 \\ I_1 \end{bmatrix} = \begin{bmatrix} 40 \\ 60 \\ 100 \\ 1 \end{bmatrix} \times I + \begin{bmatrix} v_1 \\ v_2 \\ v_3 \\ v_4 \end{bmatrix}$$

因此 H 矩阵为

$$H = \begin{bmatrix} 40 \\ 60 \\ 100 \\ 1 \end{bmatrix}$$

$$\boldsymbol{R}^{-1}=\begin{bmatrix}3&&&\\&5&&\\&&2&\\&&&2\end{bmatrix}$$

信息矩阵

$$\boldsymbol{A}=\begin{bmatrix}40\\60\\100\\1\end{bmatrix}^{\mathrm{T}}\times\begin{bmatrix}3&&&\\&5&&\\&&2&\\&&&2\end{bmatrix}\times\begin{bmatrix}40\\60\\100\\1\end{bmatrix}=42802$$

$$\hat{\boldsymbol{I}}=(\boldsymbol{H}^{\mathrm{T}}\boldsymbol{R}^{-1}\boldsymbol{H})^{-1}\boldsymbol{H}^{\mathrm{T}}\boldsymbol{R}^{-1}\boldsymbol{z}=\frac{1}{42802}\begin{bmatrix}40&60&1001\end{bmatrix}\begin{bmatrix}3&&&\\&5&&\\&&2&\\&&&2\end{bmatrix}\begin{bmatrix}39.88\\59.96\\99.99\\1.04\end{bmatrix}=0.9993(A)$$

则

$$\begin{bmatrix}\hat{U}_1\\\hat{U}_2\\\hat{U}_3\\\hat{I}_1\end{bmatrix}=\begin{bmatrix}40\\60\\100\\1\end{bmatrix}\times\hat{\boldsymbol{I}}=\begin{bmatrix}39.9735\\59.9603\\99.9338\\0.9993\end{bmatrix}$$

【例题 2-2】 如图 2-6 所示的三母线电力系统结构参考图，支路电抗和节点注入有功功率如图 2-6 所示。以直流潮流和直流状态估计分析说明基本加权最小二乘法。选取 P_1、P_2、P_{12}、P_{13}、P_{23} 作为用于状态估计的量测量，假定测量得到的量测量向量 $z=[-1.98,0.502,-0.596,-1.404,-0.097]^{\mathrm{T}}$，设误差向量中 v_1、v_2、v_3、v_4、v_5 为服从正态分布的期望值为零的相互独立的随机变量，其方差分别为 $\sigma_1^2=\sigma_2^2=\sigma_3^2=\sigma_4^2=\sigma_5^2=0.01$，求状态量 $\hat{x}_1$，$\hat{x}_2$ 的值。

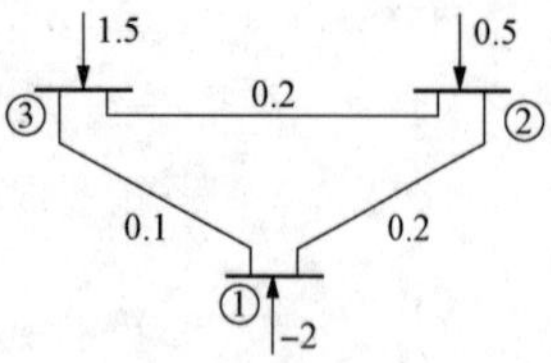

图 2-6　三母线电力系统结构参数图

解　选择 3 号节点为参考节点。只计及支路电抗形成除参考节点以外的节点导纳矩阵 $\boldsymbol{B}_0=\begin{bmatrix}15&-5\\-5&10\end{bmatrix}$ $\boldsymbol{P}^{\mathrm{SP}}=\begin{bmatrix}-2\\0.5\end{bmatrix}$ 为节点 1 和节点 2 的注入有功功率，由直流潮流计算公式有 $\boldsymbol{P}^{\mathrm{SP}}=\boldsymbol{B}_0\theta$，所以 $\boldsymbol{\theta}=\boldsymbol{B}_0^{-1}\boldsymbol{P}^{\mathrm{SP}}$，求得 $\boldsymbol{\theta}=\begin{bmatrix}-0.14\\-0.02\end{bmatrix}$。则各支路有功潮流为

$$P_{12}=\frac{\theta_1-\theta_2}{x_{12}}=\frac{-0.14+0.02}{0.2}=-0.6$$

$$P_{13}=\frac{\theta_1-\theta_3}{x_{13}}=\frac{-0.14-0}{0.1}=-1.4$$

$$P_{23}=\frac{\theta_2-\theta_3}{x_{23}}=\frac{-0.02-0}{0.2}=-0.1$$

选取 P_1、P_2、P_{12}、P_{13}、P_{23} 作为用于状态估计的量测量，用向量 z 表示，本题中的状态量为θ_1、θ_2，用向量 x 表示。则量测量与状态量之间的关系为

$$\begin{aligned} P_1 &= 15\theta_1 - 5\theta_2 + v_1 \\ P_2 &= -5\theta_1 + 10\theta_2 + v_2 \\ P_{12} &= 5\theta_1 - 5\theta_2 + v_3 \\ P_{13} &= 10\theta_1 + v_4 \\ P_{23} &= 5\theta_2 + v_5 \end{aligned}$$

写成矩阵形式为

$$\boldsymbol{z} = \boldsymbol{Hx} + \boldsymbol{v}$$

其中 $\boldsymbol{H}=\begin{bmatrix} 15 & -5 \\ -5 & 10 \\ 5 & -5 \\ 10 & 0 \\ 0 & 5 \end{bmatrix}$，$\boldsymbol{v}=\boldsymbol{z}-\boldsymbol{Hx}$ 为误差向量。

为使测量误差最小，按最小二乘准则建立目标函数

$$f(\boldsymbol{x}) = (\boldsymbol{z} - \boldsymbol{Hx})^{\mathrm{T}}(\boldsymbol{z} - \boldsymbol{Hx})$$

考虑到各个量测量的测量精度是不一样的，对各量测值取一个权值，精度高的量测量权值大些，精度低的量测量权值小些。这样目标函数可以写成

$$f(\boldsymbol{x}) = (\boldsymbol{Z} - \boldsymbol{Hx})^{\mathrm{T}}\boldsymbol{W}(\boldsymbol{z} - \boldsymbol{Hx})$$

其中 $\boldsymbol{W}=\begin{bmatrix} w_1 & & & \\ & w_2 & & \\ & & \ddots & \\ & & & w_5 \end{bmatrix}$ 为加权矩阵。

设误差向量中 v_1、v_2、v_3、v_4、v_5 为服从正态分布的期望值为零的相互独立的随机变量，其方差分别为 $\sigma_1^2=\sigma_2^2=\sigma_3^2=\sigma_4^2=\sigma_5^2=0.01$，则随机向量 v 的方差阵为

$$\boldsymbol{R} = \begin{bmatrix} \sigma_1^2 & & & & \\ & \sigma_2^2 & & & \\ & & \sigma_3^2 & & \\ & & & \sigma_4^2 & \\ & & & & \sigma_5^2 \end{bmatrix} = \begin{bmatrix} 0.01 & & & & \\ & 0.01 & & & \\ & & 0.01 & & \\ & & & 0.01 & \\ & & & & 0.01 \end{bmatrix}$$

取

$$\boldsymbol{W} = \boldsymbol{R}^{-1} = \begin{bmatrix} 100 & & & & \\ & 100 & & & \\ & & 100 & & \\ & & & 100 & \\ & & & & 100 \end{bmatrix}$$

选择使得 f 取最小值的 $\hat{x}_1$，$\hat{x}_2$ 作为状态变量真实值的估计值求解目标函数 $f(x)=(\boldsymbol{z}-\boldsymbol{Hx})^{\mathrm{T}}\boldsymbol{W}(\boldsymbol{z}-\boldsymbol{Hx})$，写成矩阵方程的形式得到

$$\hat{\boldsymbol{x}}=\begin{bmatrix}\hat{x}_1\\ \hat{x}_2\end{bmatrix}=(\underbrace{\boldsymbol{H}^{\mathrm{T}}\boldsymbol{WH}}_{A})^{-1}\boldsymbol{H}^{\mathrm{T}}Wz=A^{-1}\boldsymbol{H}^{\mathrm{T}}Wz=\begin{bmatrix}-0.134\\ -0.015\end{bmatrix}$$

2. $\boldsymbol{h}(\boldsymbol{x})$ 为非线性函数

以上是在 $\boldsymbol{h}(\boldsymbol{x})$ 为线性函数的前提下讨论的。但电力系统的测量函数向量 $\boldsymbol{h}(\boldsymbol{x})$ 是非线性的向量函数，这时无法直接由目标函数 $J(\boldsymbol{x})$ 的极值条件求解 $\hat{\boldsymbol{x}}$，需要用迭代的方法求解。

(1) 设状态变量的初值为 $\boldsymbol{x}^{(0)}$。

将 $h(x)$ 在 $x^{(0)}$ 处线性化，并用泰勒级数在附近展开，即

$$\boldsymbol{h}(\boldsymbol{x})=\boldsymbol{h}(\boldsymbol{x}^{(0)})+\boldsymbol{H}(\boldsymbol{x}^{(0)})\Delta\boldsymbol{x}+\cdots \tag{2-26}$$

$\boldsymbol{H}(x^{(0)})$ 是函数向量 $\boldsymbol{h}(\boldsymbol{x})$ 的雅可比矩阵，其元素为

$$h_{ij}(x^{(0)})=\left.\frac{\partial h_i}{\partial x_j}\right|_{x=x^{(0)}} \tag{2-27}$$

(2) 目标函数。

略去 Δx 的高阶项，取目标函数为

$$J(\boldsymbol{x})=[\boldsymbol{z}-\boldsymbol{h}(\boldsymbol{x}^{(0)})-\boldsymbol{H}(\boldsymbol{x}^{(0)})\Delta\boldsymbol{x}]^{\mathrm{T}}\boldsymbol{R}^{-1}[\boldsymbol{z}-\boldsymbol{h}(\boldsymbol{x}^{(0)})-\boldsymbol{H}(\boldsymbol{x}^{(0)})\Delta\boldsymbol{x}] \tag{2-28}$$

取 $\Delta z=z-h(x^{(0)})$，有

$$J(x)=[\Delta\boldsymbol{z}-\boldsymbol{H}(\boldsymbol{x}^{(0)})\Delta\boldsymbol{x}]^{\mathrm{T}}\boldsymbol{R}^{-1}[\Delta\boldsymbol{z}-\boldsymbol{H}(\boldsymbol{x}^{(0)})\Delta\boldsymbol{x}] \tag{2-29}$$

(3) 极值的条件。

$$\frac{\mathrm{d}J(\boldsymbol{x})}{\mathrm{d}\boldsymbol{x}} \tag{2-30}$$

即

$$\begin{aligned}\frac{\mathrm{d}J(\boldsymbol{x})}{\mathrm{d}\boldsymbol{x}}&=\frac{\mathrm{d}[\Delta\boldsymbol{z}-\boldsymbol{H}(\boldsymbol{x}^{(0)})\Delta\boldsymbol{x}]^{\mathrm{T}}}{\mathrm{d}\boldsymbol{x}}\boldsymbol{R}^{-1}[\Delta\boldsymbol{z}-\boldsymbol{H}(\boldsymbol{x}^{(0)})\Delta\boldsymbol{x}]+\\&\quad\frac{\mathrm{d}\{\boldsymbol{R}^{-1}[\Delta\boldsymbol{z}-H(x^{(0)})\Delta\boldsymbol{x}]\}^{\mathrm{T}}}{\mathrm{d}\boldsymbol{x}}[\Delta\boldsymbol{z}-\boldsymbol{H}(\boldsymbol{x}^{(0)})\Delta\boldsymbol{x}]\\&=-2\boldsymbol{H}^{\mathrm{T}}(\boldsymbol{x}^{(0)})\boldsymbol{R}^{-1}[\Delta\boldsymbol{z}-\boldsymbol{h}(\boldsymbol{x}^{(0)})\Delta\boldsymbol{x}]=0\end{aligned}$$

则

$$\boldsymbol{H}^{\mathrm{T}}(x^{(0)})\boldsymbol{R}^{-1}\Delta\boldsymbol{z}=\boldsymbol{H}^{\mathrm{T}}(\boldsymbol{x}^{(0)})\boldsymbol{R}^{-1}\boldsymbol{H}(\boldsymbol{x}^{(0)})\Delta\boldsymbol{x}$$

$$\Delta\boldsymbol{x}=[\boldsymbol{H}^{\mathrm{T}}(\boldsymbol{x}^{(0)})\boldsymbol{R}^{-1}\boldsymbol{H}(\boldsymbol{x}^{(0)})]^{-1}\boldsymbol{H}^{\mathrm{T}}(\boldsymbol{x}^{(0)})\boldsymbol{R}^{-1}\Delta z=c(\boldsymbol{x}^{(0)})H^{\mathrm{T}}(\boldsymbol{x}^{(0)})R^{-1}\Delta\boldsymbol{z}$$

式中

$$\boldsymbol{c}(\boldsymbol{x}^{(0)})=[\boldsymbol{H}^{\mathrm{T}}(\boldsymbol{x}^{(0)})\boldsymbol{R}^{-1}\boldsymbol{H}(\boldsymbol{x}^{(0)})]^{-1}$$

由此可得

$$\hat{\boldsymbol{x}}=\boldsymbol{x}^{(0)}+\Delta\hat{\boldsymbol{x}}=\boldsymbol{x}^{(0)}+\boldsymbol{c}(\boldsymbol{x}^{(0)})\boldsymbol{H}^{\mathrm{T}}(\boldsymbol{x}^{(0)})\boldsymbol{R}^{-1}[\boldsymbol{z}-\boldsymbol{h}(\boldsymbol{x}^{(0)})] \tag{2-31}$$

(4) 迭代格式。

当 $\boldsymbol{x}^{(0)}$ 充分接近 $\hat{\boldsymbol{x}}$ 时泰勒级数略去高阶项后才是足够近似的。用式 (2-31) 作逐次迭代，可以得到 $\hat{\boldsymbol{x}}$。若以 (l) 表示迭代序号，式 (2-31) 可以写成

$$\Delta\hat{\boldsymbol{x}}^{(l)}=[\boldsymbol{H}^{\mathrm{T}}(\hat{\boldsymbol{x}}^{(l)})\boldsymbol{R}^{-1}\boldsymbol{H}(\hat{\boldsymbol{x}}^{(l)})]^{-1}\boldsymbol{H}^{\mathrm{T}}(\hat{\boldsymbol{x}}^{(l)})\boldsymbol{R}^{-1}[\boldsymbol{z}-\boldsymbol{h}(\hat{\boldsymbol{x}}^{(l)})] \tag{2-32}$$

$$\hat{\boldsymbol{x}}^{(l+1)} = \hat{\boldsymbol{x}}^{(l)} + \Delta\hat{\boldsymbol{x}}^{(l)} \tag{2-33}$$

(5) 收敛判据。

按式（2-32）和式（2-33）进行迭代修正，直到目标函数接近于最小为止。所采用的收敛判据可以是以下三项中的任一项

$$\max_i |\Delta\hat{x}_i^{(l)}| \leqslant \varepsilon_x \tag{2-34}$$

$$|J(\hat{x}^{(l)}) - J(\hat{x}^{(l-1)})| < \varepsilon_J \tag{2-35}$$

$$\|\Delta\hat{x}^{(l)}\| \leqslant \varepsilon_a \tag{2-36}$$

式（2-34）～式（2-36）是三种收敛标准。其中式（2-34）表示状态修正量绝对值最大者小于规定的收敛标准，这是最常用的判据。ε_x 可取基准电压模值的 10^{-6}～10^{-4}。

满足收敛标准时的 $\hat{x}^{(l)}$ 即为最优状态估计值 $\hat{\boldsymbol{x}}$。此时测量量的估计值是 $\hat{\boldsymbol{z}}=\boldsymbol{h}(\hat{\boldsymbol{x}})$。

【例题 2-3】 直流电路如图 2-7 所示，测量值：I=1.05A，U=9.8V，电阻消耗的有功功率可以测得为 9.6W，进行 LSE 估计。

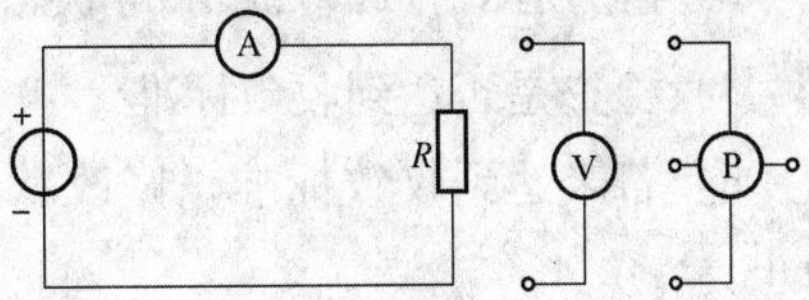

图 2-7 直流电路图

解

测量值

$$I=1.05\text{A}=1.05(\text{标幺值})$$

$$U=9.8\text{V}=0.98(\text{标幺值})$$

$$P=9.6\text{W}=0.96(\text{标幺值})$$

量测方程为

$$\begin{cases} Z_1 = x + v_1 \\ Z_2 = Rx + v_2 \\ Z_3 = Rx^2 + v_3 \end{cases}$$

状态量 x 为电流 I。

目标函数

$$\text{Min.}\ J(x) = (1.05-x)^2 + (0.98-x)^2 + (0.96-x^2)^2$$

令

$$\frac{\partial J(x)}{\partial x} = -2(1.05-x) - 2(0.98-x) - 4x(0.96-x^2) = 0$$

$$x^3 + 0.04x - 1.015 = 0$$

$$x = 0.9917$$

经迭代后的状态估计值 x=0.9917。

量测的估计值：

电流 $I=x$=0.9917(标幺值) =0.9917(A)

电压 $U=Rx$=0.9917(标幺值) =9.917(V)

有功 $P=Rx^2$=0.9835(标幺值) =9.835(W)

量测的残差值：

电流残差 v_I＝1.05－0.9917＝0.0583(A)

电压残差 v_U＝9.8－9.917＝－0.117(V)

有功残差 v_P＝9.6－9.835＝－0.235(W)

（6）状态估计的计算步骤及程序框图。

当 $h(x)$ 是 x 的非线性函数时，进行状态估计的步骤如下：

1）从状态量的初值计算测量函数向量 $\boldsymbol{h}(\boldsymbol{x}^{(0)})$ 和雅可比矩阵 $\boldsymbol{H}(\boldsymbol{x}^{(0)})$。

2）由遥测量 $\boldsymbol{z}$ 和 $\boldsymbol{h}(\boldsymbol{x}^{(0)})$ 计算残差 $z-h(\boldsymbol{x}^{(0)})$ 和目标函数 $J(\boldsymbol{x}^{(l)})$，并由雅可比矩阵 $\boldsymbol{H}(\boldsymbol{x}^{(l)})$ 计算信息矩阵$\boldsymbol{H}^{\mathrm{T}}\boldsymbol{R}^{-1}\boldsymbol{H}$ 和向量$\boldsymbol{H}^{\mathrm{T}}\boldsymbol{R}^{-1}[\boldsymbol{z}-\boldsymbol{h}(\boldsymbol{x}^{(l)})]$。

3）解方程式（2-32）求得状态修正量 $\Delta\boldsymbol{x}^{(l)}$，并取其中绝对值最大者$\max\limits_i|\Delta x_i^{(l)}|$。

4）检查是否达到收敛标准。

5）若未达到收敛标准，修改状态量$\boldsymbol{x}^{(l+1)}=\boldsymbol{x}^{(l)}+\Delta\boldsymbol{x}^{(l)}$，继续迭代计算，直到收敛为止。

6）将计算结果送入不良数据检测与辨识入口。图 2-8 是加权最小二乘估计程序框图，其中框 1 包括输入各测量量的权值。框 1 的初值在实际应用中一般取前一次状态估计的电压值，以加快迭代的收敛速度。框 3 中用现有的状态量$\boldsymbol{x}^{(l)}$（如电压模值与电压相角）计算 $\boldsymbol{h}(\boldsymbol{u},\boldsymbol{\theta})$ 及其偏导数 $\boldsymbol{H}(\boldsymbol{u},\boldsymbol{\theta})$。框 4 求解电压模值与相角的修正量，选出 $\max\limits_i|\Delta u_i|$ 及$\max\limits_i|\Delta\theta_i|$，供框 5 作收敛检查。框 6 转入下一次迭代并对状态变量作修正。

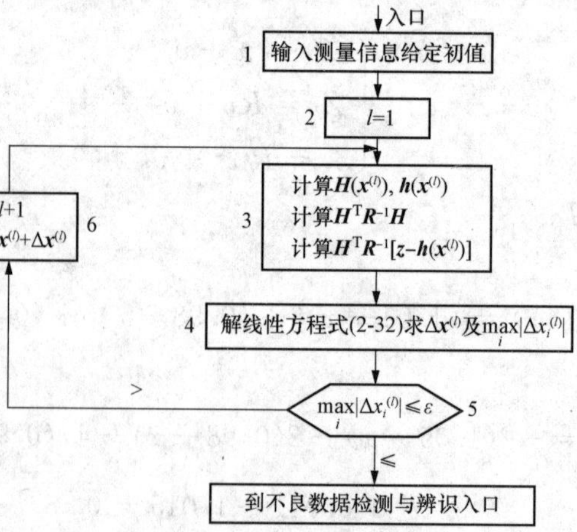

图 2-8　加权最小二乘估计框图

2.3.4　信息矩阵（阵）的特点

1. 稀疏性和对称性

因为$\boldsymbol{H}^{\mathrm{T}}\boldsymbol{R}^{-1}\boldsymbol{H}$一般为稀疏矩阵，所以可以用稀疏矩阵技巧进行求解。以下先讨论这

个矩阵的结构，由式（2 - 32）可得

$$[\boldsymbol{H}^{\mathrm{T}}(x^{(l)})\boldsymbol{R}^{-1}\boldsymbol{H}(\boldsymbol{x}^{(l)})]\Delta\hat{\boldsymbol{x}} = \boldsymbol{H}^{\mathrm{T}}(\boldsymbol{x}^{(l)})\boldsymbol{R}^{-1}[\boldsymbol{z}-\boldsymbol{h}(\boldsymbol{x}^{(l)})] \tag{2-37}$$

或写成

$$Ax = b \tag{2-38}$$

为了求解式（2 - 38），先研究 A 阵的特点。

A 阵的元素

$$a_{ij} = \sum_{k=1}^{m} \frac{h_{ki}h_{kj}}{\sigma_k^2}, a_{ji} = \sum_{k=1}^{m} \frac{h_{kj}h_{ki}}{\sigma_k^2}$$

因为 R^{-1} 是对角阵，所以 A 阵的结构与 $\boldsymbol{H}^{\mathrm{T}}\boldsymbol{H}$ 的结构一致。由于 H 是稀疏的，而且 h_{ki} 和 h_{kj} 换位并不影响 a_{ij} 的值，因此 $\boldsymbol{A}$ 阵是 $n\times n$ 的对称稀疏矩阵。$\boldsymbol{A}$ 阵的结构与导纳矩阵不一样，取决于网络结构与测点的布置。

2. $\boldsymbol{A}$ 的结构与系统网络结构和测点配置的关系

（1）支路功率测量。对连接两个节点（i 和 j）的支路，不论在线路哪一侧，也不论是有功或无功，只要有一个测量就能出现 a_{ij} 元素。

（2）节点注入功率测量。对节点 i 的有功或无功注入的测量值，不仅与节点 i 的状态量有关，而且还与同节点 i 有直接连接的相邻节点的状态量有关。

对于图 2 - 9 例子，在 H 阵中，相应于节点 i 注入测量的行（设为 m 行）的 i 列以及与 i 相关的各节点（如 e、j、k）的列均为非零元素，即 h_{me}、h_{mi}、h_{mj}、h_{mk} 为非零元素，即相应的 H 阵为

$$\boldsymbol{H} = \begin{bmatrix} \vdots & & & & & & & & & & \vdots \\ 0 & \cdots & h_{me} & \cdots & h_{mi} & \cdots & h_{mj} & \cdots & h_{mk} & \cdots & 0 \\ \vdots & & & & & & & & & & \vdots \end{bmatrix}$$

根据式（2 - 37）可看出，这一测量值，在 A 阵中将使 a_{ie}、a_{je}、a_{ji}、a_{ke}、a_{ki}、a_{kj} 六个非对角元发生变化（由于 A 是对称阵，这里仅列出下三角部分）并成为非零元素（这时 a_{ee}、a_{ei}、a_{ej}、a_{ek}、a_{ie}、a_{ii}、a_{ij}、a_{ik}、a_{je}、a_{ji}、a_{jj}、a_{jk}、a_{ke}、a_{ki}、a_{kj}、a_{kk} 均非零）。它的作用相当于在 $i-e$、$j-e$、$j-i$、$k-e$、$k-i$、$k-j$ 六条支路上装有测量，而实际上图 2 - 9 中以虚线表示的线路是不存在的。

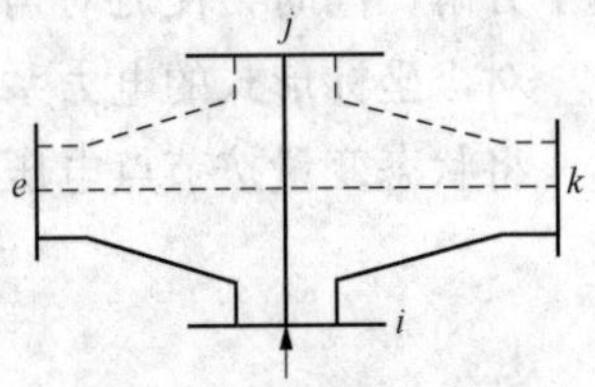

图 2 - 9　节点注入对 H 阵影响示意图

（3）节点电压测量。节点 i 的电压测量值仅在 H 阵 i 列有非零元素，在 A 阵中也只影响相应的 i 行对角元素。

根据上述，对于图 2 - 10（a）的网络与测点布置情况，其 H 阵的结构如图 2 - 10（b）所示，其中列号为节点号，亦即该节点的状态量电压模值与电压相角的序号。

图 2 - 10 中有 11 个测量量，7 个状态量。由式（2 - 37），$\boldsymbol{A}=\boldsymbol{H}^{\mathrm{T}}\boldsymbol{R}^{-1}\boldsymbol{H}$，$\boldsymbol{A}$ 阵结构如图 2 - 10（c）所示。用图 2 - 10（c）的关联关系可以绘出 $\boldsymbol{A}$ 阵的线图 2 - 10（d）。

比较图 2 - 10（a）与图 2 - 10（d）可见，凡没有配置支路功率测量，且其两侧又无

注入功率的，其 **A** 阵的 $a_{ij}=0$。如果在节点 i 有注入功率测量，则与 i 有关联的各节点间就形成一闭合的回路。

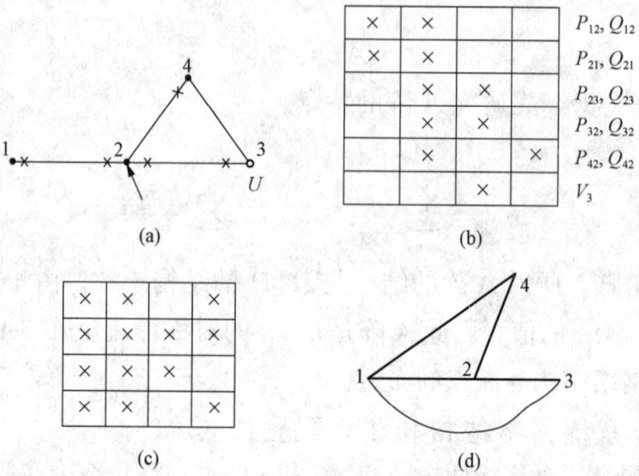

图 2-10　信息矩阵的结构示意图

(a) 系统网络示意图；(b) *H* 矩阵；(c) *A* 矩阵；(d) *A* 矩阵网络示意图

○—电压测量；×—支路功率测量；↗—注入功率测量

2.4　静态最小二乘估计的改进

快速解耦（分解）状态估计思想是利用有功与电压模值，无功与电压相角间联系很弱的特点。对有功与无功进行分解，从而减少内存，在迭代过程中虽然增加了迭代次数，但每次迭代速度大大提高。另外把信息矩阵常数化，这样在迭代过程中就只需进行一次因子分解，同时再使之对角化就可以提高计算效率。

对极坐标形式的电力系统加权最小二乘状态估计基本算法进行简化。

将状态变量按节点电压相角和模值分别排列，即

$$\boldsymbol{x}=\begin{bmatrix}\theta\\U\end{bmatrix}$$

将测量量按有功和无功分别排列，即

$$\boldsymbol{z}=\begin{bmatrix}\boldsymbol{z}_a\\\boldsymbol{z}_r\end{bmatrix}=\begin{bmatrix}\boldsymbol{h}_a(\theta,U)\\\boldsymbol{h}_r(\theta,U)\end{bmatrix}+\begin{bmatrix}\boldsymbol{v}_a\\\boldsymbol{v}_r\end{bmatrix}\tag{2-39}$$

式中：z_a 为支路有功潮流、节点有功注入测量量向量；z_r 为支路无功潮流、节点无功注入、节点电压模值的测量向量。

雅可比矩阵可表示为

$$\boldsymbol{H}(\boldsymbol{\theta},\boldsymbol{U})=\begin{bmatrix}\dfrac{\partial\boldsymbol{h}_a}{\partial\theta}&\dfrac{\partial\boldsymbol{h}_a}{\partial\boldsymbol{U}}\\\dfrac{\partial\boldsymbol{h}_r}{\partial\theta}&\dfrac{\partial\boldsymbol{h}_r}{\partial\boldsymbol{U}}\end{bmatrix}=\begin{bmatrix}\boldsymbol{H}_{aa}&\boldsymbol{H}_{ar}\\\boldsymbol{H}_{ra}&\boldsymbol{H}_{rr}\end{bmatrix}\tag{2-40}$$

同时，对角权矩阵也相应地按有功和无功分别排列，即

$$\boldsymbol{R}=\begin{bmatrix}\boldsymbol{R}_a & 0\\ 0 & \boldsymbol{R}_r\end{bmatrix}\boldsymbol{R}^{-1}=\begin{bmatrix}\boldsymbol{R}_a^{-1} & 0\\ 0 & \boldsymbol{R}_r^{-1}\end{bmatrix} \tag{2-41}$$

信息矩阵可以写成

$$\begin{aligned}\boldsymbol{H}^{\mathrm{T}}\boldsymbol{R}^{-1}\boldsymbol{H}&=\begin{bmatrix}\boldsymbol{H}_{aa}^{\mathrm{T}} & \boldsymbol{H}_{ra}^{\mathrm{T}}\\ \boldsymbol{H}_{ar}^{\mathrm{T}} & \boldsymbol{H}_{rr}^{\mathrm{T}}\end{bmatrix}\begin{bmatrix}\boldsymbol{R}_a^{-1} & 0\\ 0 & \boldsymbol{R}_r^{-1}\end{bmatrix}\begin{bmatrix}\boldsymbol{H}_{aa} & \boldsymbol{H}_{ar}\\ \boldsymbol{H}_{ra} & \boldsymbol{H}_{rr}\end{bmatrix}\\ &=\begin{bmatrix}\boldsymbol{H}_{aa}^{\mathrm{T}}\boldsymbol{R}_a^{-1}\boldsymbol{H}_{aa}+\boldsymbol{H}_{ra}^{\mathrm{T}}\boldsymbol{R}_r^{-1}\boldsymbol{H}_{ra} & \boldsymbol{H}_{aa}^{\mathrm{T}}\boldsymbol{R}_a^{-1}\boldsymbol{H}_{ar}+\boldsymbol{H}_{ra}^{\mathrm{T}}\boldsymbol{R}_r^{-1}\boldsymbol{H}_{rr}\\ \boldsymbol{H}_{ar}^{\mathrm{T}}\boldsymbol{R}_a^{-1}\boldsymbol{H}_{aa}+\boldsymbol{H}_{rr}^{\mathrm{T}}\boldsymbol{R}_r^{-1}\boldsymbol{H}_{ra} & \boldsymbol{H}_{ar}^{\mathrm{T}}\boldsymbol{R}_a^{-1}\boldsymbol{H}_{ar}+\boldsymbol{H}_{rr}^{\mathrm{T}}\boldsymbol{R}_r^{-1}\boldsymbol{H}_{rr}\end{bmatrix}\end{aligned} \tag{2-42}$$

在高压电网中，有功主要取决于节点电压相角，无功主要取决于节点电压模值。即

$$\begin{cases}\dfrac{\partial \boldsymbol{h}_a}{\partial \theta}\gg\dfrac{\partial \boldsymbol{h}_a}{\partial U}\\[2mm] \dfrac{\partial \boldsymbol{h}_r}{\partial U}\gg\dfrac{\partial \boldsymbol{h}_r}{\partial \theta}\end{cases}\begin{cases}\boldsymbol{H}_{aa}\gg\boldsymbol{H}_{ar}\\ \boldsymbol{H}_{rr}\gg\boldsymbol{H}_{ra}\end{cases}$$

因此，可引入第一项简化假设

$$\begin{cases}\dfrac{\partial \boldsymbol{h}_a}{\partial U}\approx 0\\[2mm] \dfrac{\partial \boldsymbol{h}_r}{\partial \theta}\approx 0\end{cases}\begin{cases}\boldsymbol{H}_{ar}=0\\ \boldsymbol{H}_{ra}=0\end{cases}$$

这样，$\boldsymbol{H}$ 矩阵变为对角阵

$$\boldsymbol{H}=\begin{bmatrix}\boldsymbol{H}_{aa} & 0\\ 0 & \boldsymbol{H}_{rr}\end{bmatrix}$$

式（2-42）可以转化为对角矩阵

$$\boldsymbol{A}=\boldsymbol{H}^{\mathrm{T}}\boldsymbol{R}^{-1}\boldsymbol{H}=\begin{bmatrix}\dfrac{\partial \boldsymbol{h}_a^{\mathrm{T}}}{\partial \theta}\boldsymbol{R}_a^{-1}\dfrac{\partial \boldsymbol{h}_a}{\partial \theta} & 0\\ 0 & \dfrac{\partial \boldsymbol{h}_r^{\mathrm{T}}}{\partial \theta}\boldsymbol{R}_r^{-1}\dfrac{\partial \boldsymbol{h}_r}{\partial \theta}\end{bmatrix}$$

如再假定各支路电阻远远小于电抗，支路两端的相角差很小，各节点电压模值接近于参考节点电压，即

$$G_{ij}\ll B_{ij},\sin\theta_{ij}\approx 0,\cos\theta_{ij}\approx 1,U_i\approx U_j\approx U_0$$

这样有

$$\begin{cases}\boldsymbol{H}_{aa}=\dfrac{\partial \boldsymbol{h}_a}{\partial \boldsymbol{\theta}}=-U_0^2\boldsymbol{B}_a\\[2mm] \boldsymbol{H}_{rr}=\dfrac{\partial \boldsymbol{h}_r}{\partial \boldsymbol{U}}=-U_0\boldsymbol{B}_r\end{cases}\begin{cases}\boldsymbol{A}_a=U_0^4[(-\boldsymbol{B}_a)^{\mathrm{T}}\boldsymbol{R}_a^{-1}(-\boldsymbol{B}_a)]\\ \boldsymbol{A}_r=\boldsymbol{U}_0^2[(-\boldsymbol{B}_r)^{\mathrm{T}}\boldsymbol{R}_r^{-1}(-\boldsymbol{B}_r)]\end{cases}$$

（1）$\boldsymbol{B}_a$ 取支路电抗倒数（不计变压器非标准变化及线路对地电容的影响）；

（2）$\boldsymbol{B}_r$ 取支路导纳的虚部（电压测量的 B_r 元素取 $1/U_0$）。

于是信息矩阵就成为常数矩阵，不必在迭代过程中修改。

$$A = H^{T} R^{-1} H = \begin{bmatrix} H_{aa}^{T} & 0 \\ 0 & H_{rr}^{T} \end{bmatrix} \begin{bmatrix} R_{a}^{-1} & 0 \\ 0 & R_{r}^{-1} \end{bmatrix} \begin{bmatrix} H_{aa} & 0 \\ 0 & H_{rr} \end{bmatrix}$$

$$= \begin{bmatrix} H_{aa}^{T} R_{a}^{-1} H_{aa} & 0 \\ 0 & H_{rr}^{T} R_{r}^{-1} H_{rr} \end{bmatrix} = \begin{bmatrix} A_{a} & 0 \\ 0 & A_{r} \end{bmatrix} \tag{2-43}$$

对于修正方程右边项的处理不同于常规潮流计算。计算经验表明：矩阵元素采用上述两项假设比准确计算更有利于收敛性的改善，提高迭代计算的速度。

$$H^{T} R^{-1}[z - h(x)] = \begin{bmatrix} H_{aa}^{T} & H_{ar}^{T} \\ H_{ra}^{T} & H_{rr}^{T} \end{bmatrix} \begin{bmatrix} R_{a}^{-1} & 0 \\ 0 & R_{r}^{-1} \end{bmatrix} \begin{bmatrix} z_{a} - h_{a}(\theta, U) \\ z_{r} - h_{r}(\theta, U) \end{bmatrix} = \begin{bmatrix} H_{aa}^{T} R_{a}^{-1}[z_{a} - h_{a}(\theta, U)] \\ H_{rr}^{T} R_{r}^{-1}[z_{r} - h_{r}(\theta, U)] \end{bmatrix}$$

$$= \begin{bmatrix} U_{0}^{2}(-B_{a})^{T} R_{a}^{-1}[z_{a} - h_{a}(\theta, U)] \\ U_{0}(-B_{a})^{T} R_{r}^{-1}[z_{r} - h_{r}(\theta, U)] \end{bmatrix} = \begin{bmatrix} b_{a} \\ b_{r} \end{bmatrix}$$

迭代的修正方程式可以写成

$$A_{a} \Delta \theta^{(l)} = b_{a}^{(l)} \tag{2-44}$$

$$A_{r} \Delta U^{(l)} = b_{r}^{(l)} \tag{2-45}$$

展开为

$$U_{0}^{4}[(-B_{a})^{T} R_{a}^{-1}(-B_{a})]\Delta \theta^{(l)} = U_{0}^{2}(-B_{a})^{T} R_{a}^{-1}[z_{a} - h_{a}(\theta^{(l)}, U^{(l)})] \tag{2-46}$$

$$U_{0}^{2}[(-B_{r})^{T} R_{r}^{-1}(-B_{r})]\Delta U^{(l)} = U_{0}(-B_{a})^{T} R_{r}^{-1}[z_{r} - h_{r}(\theta^{(l)}, U^{(l)})] \tag{2-47}$$

其中：

$$a^{(l)} = \begin{bmatrix} \dfrac{\partial h_{a}^{T}}{\partial \theta} & \dfrac{\partial h_{r}^{T}}{\partial \theta} \end{bmatrix} R^{-1}[z - h(\theta, u)] \Big|_{\substack{\theta=\theta^{(l)} \\ u=u^{(l)}}} \tag{2-48}$$

$$b^{(l)} = \begin{bmatrix} \dfrac{\partial h_{a}^{T}}{\partial u} & \dfrac{\partial h_{r}^{T}}{\partial u} \end{bmatrix} R^{-1}[z - h(\theta, u)] \Big|_{\substack{\theta=\theta^{(l)} \\ u=u^{(l)}}} \tag{2-49}$$

式中：$a^{(l)}$为节点电压相角的向量，$b^{(l)}$为节点电压模值的向量。

方程式（2-44）和式（2-45）的方法，称为快速解耦状态估计算法。当有功测量的维数为m_a，无功测量的维数为m_r时，状态量θ、u的维数是网络节点数中减去平衡节点的状态量数，分别为n_a、n_r，于是H_{aa}是$m_a \times n_a$阶的，H_{rr}是$m_r \times n_r$阶的，A_a是$n_a \times n_a$阶常数对称矩阵，A_r是$n_r \times n_r$阶常数对称矩阵，$a^{(l)}$是n_a维向量，$b^{(l)}$是n_r维向量。

为进一步加快速度，可对式（2-44）和式（2-45）右边也做类似简化。这种方法，也称为模分解估计算法。其简化式为

$$a^{(l)} = U_{0}^{2}(-B_{a})^{T} R_{a}^{-1}[z_{a} - h_{a}(u, \theta)] \Big|_{\substack{\theta=\theta^{(l)} \\ u=u^{(l)}}} \tag{2-50}$$

$$b^{(l)} = U_{0}^{2}(-B_{r})^{T} R_{r}^{-1}[z_{r} - h_{r}(u, \theta)] \Big|_{\substack{\theta=\theta^{(l)} \\ u=u^{(l)}}} \tag{2-51}$$

两种方法综合比较：

（1）加权最小二乘法：估计质量好，收敛性好，但内存需要大，计算时间长，适用于小型电力系统。

（2）快速分解法：估计质量好，收敛性好，计算速度快，程序复杂，是一种实用方法。

2.5　不良数据的检测与辨识

2.5.1　不良数据的检测

电力系统的测量信息如果误差不大，测量系统的配置恰当，则用一般的状态估计方法可以得到满意的实时数据库。如果调度中心收到的远动测量数据具有异常大的误差，则常规状态估计算法无法估计出正确的数值，影响电力系统的实时调度管理。

电力系统中测量系统的标准误差 σ 大约为正常测量范围的 0.5%～2%，误差大于 $\pm 3\sigma$ 的测量值就为不良数据，但在实用中由于达不到这个标准，所以通常把误差达到 ±（6～7）σ 以上的数据作为不良数据。当电力系统出现不良数据时，需要通过检测与辨识的方法处理，以满足状态估计计算对测量数据的要求。

检测是判定是否存在不良数据，而辨识则是为了寻找出哪一个数据是不良数据，以便进行剔除或补充。不良数据的出现，会在目标函数 $J(\hat{x})$ 中得到反映，使它大大偏离正常值。因此，可以根据对 $J(\hat{x})$ 的检测来确定不良数据的是否存在。

目标函数如式（2-16）所示，其中 $\boldsymbol{z}-\boldsymbol{h}(\hat{\boldsymbol{x}})$ 项可用残差 r 表示

$$\boldsymbol{r}=\boldsymbol{z}-\boldsymbol{h}(\hat{\boldsymbol{x}})=\boldsymbol{z}-\hat{\boldsymbol{z}} \tag{2-52}$$

测量误差为 v，则残差可写成

$$\boldsymbol{r}=\boldsymbol{z}-\hat{\boldsymbol{z}}=\boldsymbol{W}_{v} \tag{2-53}$$

式中：W 为残差灵敏度矩阵。式（2-53）也就是前述的式（2-24），称为残差方程，它表示了残差与测量误差间的关系。

下面定义加权残差 r_W

$$\boldsymbol{r}_W=\sqrt{\boldsymbol{R}^{-1}}\boldsymbol{r} \tag{2-54}$$

再定义加权测量误差 $\boldsymbol{v}_W$

$$\boldsymbol{v}_W=\sqrt{\boldsymbol{R}^{-1}}\boldsymbol{v} \tag{2-55}$$

引入上述定义后，残差方程可以写成

$$\boldsymbol{r}_W=\sqrt{\boldsymbol{R}^{-1}}\boldsymbol{W}\sqrt{\boldsymbol{R}}\boldsymbol{v}_W=\boldsymbol{W}_W\boldsymbol{v}_W \tag{2-56}$$

式中：$\boldsymbol{W}_W$ 为加权残差灵敏度。其表示式为

$$\boldsymbol{W}_W=\sqrt{\boldsymbol{R}^{-1}}\boldsymbol{W}\sqrt{\boldsymbol{R}}=\boldsymbol{I}-\sqrt{\boldsymbol{R}^{-1}}\boldsymbol{H}(\boldsymbol{H}^{\mathrm{T}}\boldsymbol{R}^{-1}\boldsymbol{H})\boldsymbol{H}^{\mathrm{T}}\sqrt{\boldsymbol{R}^{-1}} \tag{2-57}$$

采用加权残差灵敏度，从数学运算方面可以带来一些方便。例如：W 是不对称的，而 $\boldsymbol{W}_W$ 是对称的，所以有

$$\boldsymbol{W}_W^2=\boldsymbol{W}_W \tag{2-58}$$

$$\boldsymbol{W}_W^{\mathrm{T}}=\boldsymbol{W}_W \tag{2-59}$$

以及加权残差的协方差阵为

$$\boldsymbol{E}\boldsymbol{r}_W\boldsymbol{r}_W^{\mathrm{T}}=\boldsymbol{W}_W \tag{2-60}$$

不良数据的检测一般通过检查目标函数是否远离正常值或残差是否超过正常值来反映。不良数据的检测常用的方法有三种：$J(\hat{x})$ 检测法，加权残差检测法，标准化残差检测法。以下分别介绍。

1. $J(\hat{x})$ 检测法

（1）假定电力系统没有不良数据，加权残差为 $\boldsymbol{r}_W$，加权测量误差为 $\boldsymbol{v}_W$。于是目标函数为

$$J_z(\hat{x}) = \boldsymbol{r}_{uz}^{\mathrm{T}}\boldsymbol{r}_{uz}$$

将式（2-56）和式（2-59）代入上式得

$$J_z(\hat{x}) = \boldsymbol{v}_{uz}^{\mathrm{T}}\boldsymbol{W}_W\boldsymbol{v}_{uz} \tag{2-61}$$

可见 $J_z(\hat{x})$ 为 v_{uz} 的二次型。正常情况下测量为正态分布时 $J_z(\hat{x})$ 是 χ^2-分布。其数学期望和方差可以分别由式（2-61）的展开式求出。

$J_z(\hat{x})$ 的数学期望和方差为

$$E[J_z(\hat{x})] = \sum_{i=1}^{m} W_{W,ii} = T_r(W_W) = m - n = K$$

$$\mathrm{var}[J_z(\hat{x})] = E[J_z(\hat{x}) - K]^2 = 2K$$

式中：K 为测量冗余度，即 χ^2-分布的自由度；$J_z(\hat{x})$ 为 K 阶自由度的 χ^2-分布的随机变量，可写为

$$J_z(\hat{x}) \sim \chi^2(K) \tag{2-62}$$

随着自由度的增大，$\chi^2(K)$ 越来越接近正态分布，当 $K>30$ 时，可以用相应的正态分布代替 χ^2-分布。

$J_z(\hat{x})$ 的标准化随机变量形式为

$$\zeta_1 = \frac{J_z(\hat{x}) - K}{\sqrt{2K}} \sim N(0,1) \quad (K > 30)$$

（2）假定在电力系统的测量量中，第 i 个量是值为 a_i 的不良数据，于是测量的误差向量为

$$v = v_z + e_i a_i \tag{2-63}$$

式中：e_i 为 m 维向量，其中仅 i 元素为 1，其余元素均为 0，即

$$e_i = [0,\cdots,0,1,0\cdots,0]^{\mathrm{T}} \tag{2-64}$$

此时加权测量误差向量为

$$v_W = v_{uz} + \sqrt{R^{-1}}e_i a_i = v_{uz} + e_i a_{ui}$$

将上式代入式（2-56）得

$$r_W = W_w v_{uz} + W_w e_i a_{ui}$$

于是含一个不良数据时的目标函数将不同于式（2-61），而是

$$J(\hat{x}) = v_{uz}^{\mathrm{T}}W_W v_{uz} + 2a_{ui}e_i^{\mathrm{T}}W_W v_{uz} + a_{ui}^2 e_i^{\mathrm{T}}W_W e_i \tag{2-65}$$

式（2-65）右侧第一项即为 $J(\hat{x})$，是 χ^2-分布；第二项是 0 均值的正态分布。第三

项为常数。所以 $J(\hat{x})$ 的数学期望与方差分别为

$$\mu_J = E[J_z(\hat{x})] = K + a_{wi}^2 w_{w,ii} \tag{2-66}$$

$$a_J^2 = \mathrm{var}[J_z(\hat{x})] = 2K + 4a_{wi}^2 w_{w,ii} \tag{2-67}$$

$K>30$ 时，式（2-65）右侧第一项趋于正态分布，此时整个 $J(\hat{x})$ 也趋于正态分布。$J(\hat{x})$ 的标准化随机变量形式为

$$\zeta'_1 = \frac{J_z(\hat{x}) - K}{\sqrt{2K}} \sim N\left(\frac{\mu_J - K}{\sqrt{2K}}, \frac{\sigma_J^2}{2K}\right) \tag{2-68}$$

比较式（2-65）可以看出，存在不良数据后，目标函数 $J(\hat{x})$ 急剧增大。利用这一特性可以检测不良数据，具体方法是用 H_0 和 H_1 两种假设性检验方法。内容如下：

1）H_0 假设：如 $\zeta<\gamma$（γ 为检验阈值），则没有不良数据，H_0 属真。

2）H_1 假设：如 $\zeta\geqslant\gamma$（γ 为检验阈值），则有不良数据，H_1 属真。

当确定了阈值 γ 后，如某次采样 $\zeta<\gamma$ 就认为 H_0 属真。采用这种假设性检验方法可能犯两类错误：第一类错误，即 H_0 属真而拒绝了 H_0，接受了 H_1，这类错误称误报警，其出现的概率为 p_e，称为伪警概率；第二类错误，即 H_1 不真而接受了 H_1，拒绝了 H_0。这类错误称漏报，出现的概率为 p_d，称为漏检概率。这两类错误的概率由阈值 γ 确定，一般漏检概率越小，伪警概率就越大，反之亦然。

为了减少这两类错误，通常将概率范围取为 $p_e=0.005\sim0.1$。若 $\boldsymbol{p_e=0.05}$ 且 $K>30$，则可由给定的 N（0，1）正态分布表查到相应的 γ 值为 1.645。

2. 权残差检测法

由残差定义可知，残差也是一个按正态分布的随机变量。又由于加权残差的权值是相应测量量标准差的倒数，因而加权残差也符合正态分布。所以利用加权残差同样也可以用假设性检验的方法来检测不良数据。

由于是正态分布，故 $Er_{wz,i}=0$，W_w 的对角元素就是加权残差的方差

$$\mathrm{var}(r_{wz,i}) = Er_{wz,i}^2 = W_{w,ii} (i = 1,2,\cdots,m)$$

即 $r_{wz,i}$ 为正态分布随机变量

$$r_{wz,i} \sim N(0, W_{w,ii})$$

通常测量情况下，若规定伪警概率为 $p_e=0.005$，则正常的加权残差取值范围为

$$|r_{wz,i}| = 2.81\sqrt{W_{w,ii}}, (i = 1,2,\cdots,m) \tag{2-69}$$

于是加权残差阈值可定为

$$r_{w,i} = 2.81\sqrt{W_{w,ii}} \tag{2-70}$$

加权残差 r_w 检测是将逐维残差按假设性检验的方法来进行。

$$\begin{aligned} &H_0: |r_{w,i}| < \gamma_{w,i}, \text{此时 } H_0 \text{ 属真,接受 } H_0 \\ &H_1: |r_{w,i}| \geqslant \gamma_{w,i}, \text{此时 } H_0 \text{ 不真,接受 } H_1 \end{aligned} \tag{2-71}$$

式中：$i=1，2，\cdots，m$。

3. 准化残差检测法

除了 $J(\hat{x})$ 检测法与加权残差检测法外，有时可以采用标准化残差检测方法以取得

更理想的效果。

标准化残差的定义为

$$r_N = \sqrt{D^{-1}}r \tag{2-72}$$

其中

$$\boldsymbol{D} = \mathrm{diag}[\boldsymbol{W}_R] = \mathrm{diag}[\textstyle\sum_r] \tag{2-73}$$

于是

$$r_{N,i} = \frac{r_i}{\sqrt{\sum_{r,ii}}},(i=1,2,\cdots,m) \tag{2-74}$$

式中：$\sum_{r,ii}$ 为矩阵 $\sum_r$ 的第 i 个对角元素。

由残差方程式（2-55）可以写出标准化残差方程式为

$$\boldsymbol{r}_N = \boldsymbol{W}_N v \tag{2-75}$$

式中：W_N 为标准化残差灵敏度矩阵。

在正常测量条件下，W_N 具有下列关系

$$\boldsymbol{E}\boldsymbol{r}_{NZ}^{\mathrm{T}}\boldsymbol{r}_{NZ} = \boldsymbol{W}_N(\boldsymbol{E}\boldsymbol{r}\boldsymbol{r}^{\mathrm{T}})\boldsymbol{W}_N^{\mathrm{T}} = \sqrt{\boldsymbol{D}^{-1}}\boldsymbol{W}\boldsymbol{R}_W^{\mathrm{T}}\sqrt{\boldsymbol{D}^{-1}} = \sqrt{\boldsymbol{D}^{-1}}(WR)\sqrt{D^{-1}} \tag{2-76}$$

将式（2-73）代入式（2-76），可得上式右端矩阵的对角元素均为 1，故有

$$Er_{N,i}^2 = 1,(i=1,2,\cdots,m) \tag{2-77}$$

当 $p_e=0.005$ 时，得到第 i 个标准化残差的检测阈值为

$$\gamma_{N,i} = 2.81,(i=1,2,\cdots,m) \tag{2-78}$$

逐维残差的标准化残差检测方法为

$$\left.\begin{aligned} H_0: |r_{N,i}| < \gamma_{N,i},\text{此时 } H_0 \text{ 属真,接受 } H_0 \\ H_1: |r_{N,i}| \geqslant \gamma_{N,i},\text{此时 } H_0 \text{ 不真,接受 } H_1 \end{aligned}\right\} \tag{2-79}$$

式中：$r_{N,i}$为第 i 个标准化残差分量。

以上三种检测方法的共同特点是利用采样的残差信息来检测不良数据，其检测效果与阈值的选择有关，当阈值较低时，检测不良数据的能力较强，但是过低的阈值又会使误检率增大。

检测法是一种总体型的检测，它能测知不良数据是否存在，但不能知道哪一个是不良数据。在系统规模较大及冗余度大的情况下，个别不良数据对 $J(\hat{x})$ 的影响相对减小，即式（2-82）右侧的第三顶相对减小，从而使检测的灵敏度较低。

$\boldsymbol{r}_W$ 与 $\boldsymbol{r}_N$ 检测法与系统大小无关，它取决于 $\boldsymbol{W}_W$ 或 $\boldsymbol{W}_N$ 的对角元素。当测量系统完善，冗余度 K 越大，则对角元素越占优势，检测不良数据越灵敏。在冗余度为 $m/n=2\sim3$ 时，$\boldsymbol{r}_N$ 法比 $\boldsymbol{r}_W$ 法在灵敏度方面更优越，但是 $\boldsymbol{r}_N$ 法需付出计算 D 的代价，在冗余度更高时这两种方法的效果相近。

$\boldsymbol{r}_W$ 与 $\boldsymbol{r}_N$ 法在单个不良数据时一般可取得理想的效果，但有时除了不良数据点的残差超过检测阈值外，一些正常测点的残差也超过阈值，这种现象称为残差污染。

有多个不良数据时，由于相互作用可能导致部分或全部不良数据测点上的残差近于正常残差现象，这称为残差淹没。残差污染和残差淹没使不良数据点模糊，导致辨识不良数据的困难。

在应用 $\boldsymbol{r}_W$ 或 $\boldsymbol{r}_N$ 检验时，增加测量可使矩阵的对角元素增大，同时使其非对角元素减小。

$J(\hat{x})$ 如果将前一采样时刻的测量信息作为伪测量与本采样时刻的测量量一起进行状态估计，其效果是加强了残差灵敏度矩阵的对角元素优势，可以有效地削弱单个不良数据情况下的残差污染和多个不良数据情况下的残差淹没现象。为了减少由于增加伪测量（增加维数）所导致的计算时间增长，应只在真正薄弱的某些测点增加相应的局部测量量。

2.5.2　不良数据的辨识

对不良数据辨识的基本思路是：检测出不良数据后，设法找出这个不良数据并在测量向量中将其排除，然后重新进行状态估计。

假设在检测中发现有不良数据。最简单的辨识方法是在 m 个测量量中去掉第一个测量量，再用不良数据检测法检查余下的 $m-1$ 个中是否存在不良数据。如果 $m-1$ 个测量的 $J(\hat{x})$值与 $m-1$ 个时的 $J(\hat{x})$ 值差不多，则表示第一个测量量是正常量，应予以恢复。

然后试第二个测量量，直到找出不良数据为止。如果存在两个不良数据，则应试探每次去掉两个测量量的各种组合。这种方法试探的次数非常多，而且每次试探都要进行状态估计，因此问题的关键在于如何减少试探的次数。

不良数据的辨识方法有残差搜索辨识法和估计辨识法两种方法。

1. 残差搜索辨识法

残差搜索辨识法采用残差绝对值由大到小排队来逐维作试探。其又分为加权残差搜索法和标准化残差搜索法，即 $\boldsymbol{r}_W$ 与 $\boldsymbol{r}_N$ 法。

(1) 加权残差搜索法。加权残差搜索法是按 $|r_{W,i}|$ 大小排队，逐维试探。加权残差可以写成

$$\boldsymbol{r}_W = \boldsymbol{r}_{WZ} + \sqrt{\boldsymbol{R}^{-1}} w_i a_i \tag{2-80}$$

式中：$\boldsymbol{r}_W$ 为有不良数据 a_i 时 m 维加权残差向量；$\boldsymbol{r}_{WZ}$ 为没有不良数据时的 m 维加权残差向量；w_i 为 W 矩阵的第 i 个列向量；a_i 为出现在第 i 点上的不良数据值。

略去正常残差，式（2-80）可以写成

$$\left.\begin{aligned} r_{wi} &\approx \frac{1}{\sigma_i}\omega_{ii} a_i \\ r_{wk} &\approx \frac{1}{\sigma_k}\omega_{ki} a_i (k = 1,2,\cdots,m; k \neq i) \end{aligned}\right\} \tag{2-81}$$

由于需研究的是 r_{wi} 的大小与其排队次序问题。由式（2-81）可见，σ_i 与 σ_k 的值是影响因素之一，此外

$$\left.\begin{aligned}\omega_{ii}&=1-\sigma_i^{-2}\boldsymbol{H}_i\ (\boldsymbol{H}^{\mathrm{T}}\boldsymbol{R}^{-1}\boldsymbol{H})^{-1}H_i^{\mathrm{T}}\\ \omega_{ki}&=-\sigma_i^{-1}\sigma_k^{-1}\boldsymbol{H}_k\ (\boldsymbol{H}^{\mathrm{T}}\boldsymbol{R}^{-1}\boldsymbol{H})^{-1}H_k^{\mathrm{T}}\end{aligned}\right\}$$

因此，排队顺序可用上列系数值分别除以 σ_i、σ_k 来确定。

当 σ_i 比 σ_k 小，则 $|r_{W,i}|$ 法排队次序的提前较 $|r_i|$ 法更明显。对于注入功率较小，而穿越功率较大的节点，由于 σ_i 与 σ_k 分别与注入功率与穿越功率成线性关系，所以用 r_W 法排队效果较好。

(2) 标准化残差搜索法。标准化残差搜索法是按 $|r_{N,i}|$ 排队，逐维试探。标准化残差可以写成

$$\boldsymbol{r}_N=\boldsymbol{r}_{NZ}+\sqrt{\boldsymbol{D}^{-1}}\omega_i a_i \tag{2-82}$$

式中：r_N 为有一个不良数据 a_i 时的 m 维标准化残差向量；r_{NZ} 为正常测量时的 m 维标准化残差向量；D 的含义见式（2-73）；ω_i 为 W 阵的第 i 个列向量。

略去正常残差 r_{NZ}，式（2-82）可写成

$$\boldsymbol{r}_N=\sqrt{\boldsymbol{D}^{-1}}\omega_i a_i \tag{2-83}$$

由式（2-76）和式（2-77）得

$$Er_{N,i}^2=\sqrt{d_{ii}^{-1}}(\omega_{ii}a_i^2)\sqrt{d_{ii}^{-1}}=1 \tag{2-84}$$

这表示随机变量 $r_{N,i}$ 的自相关系数为 1。根据概率论，在式（2-76）中，$r_{N,i}$、$r_{N,k}$ $(k\neq i)$之间的互相关系数的绝对值恒小于或等于 1。

$$|Er_{N,k}r_{N,i}|=|-\sqrt{d_{kk}^{-1}}(\omega_{ki}a_i^2)\sqrt{d_{ii}^{-1}}|\leqslant 1 \tag{2-85}$$

与式（2-77）比较，可得

$$\sqrt{d_{ii}^{-1}}\omega_{ii}\geqslant\sqrt{d_{kk}^{-1}}\omega_{ki} \tag{2-86}$$

可见，在单个不良数据时，按 $|r_{N,i}|$ 大小排队，不良数据点的标准化残差绝对值总是排在前面。计及正常残差 $\boldsymbol{r}_{NZ}$ 的影响后也排在前面，亦即按 $\boldsymbol{r}_N$ 法只需搜索 1～2 次即可辨识成功。

残差搜索法只适用于单个不良数据的辨识，或弱相关的多个不良数据的辨识。对于强相关的多个不良数据，则由于需搜索次数过多而难以奏效。

残差搜索法在确定一个残差大的可疑数据并将它暂时排除后，需重作状态估计以确定排除的是否真为不良数据。因此，需进行多次状态估计，在大系统中会耗时过多，但这种方法程序简单，占用内存少，对状态估计程序的适应性好。

$\boldsymbol{r}_W$ 与 $\boldsymbol{r}_N$ 辨识法可以用相同的程序流程框图，如图 2-11 所示。图 2-11 中程序说明如下。

框 1，进行一次采样，形成测点集合 $\boldsymbol{M}$，在 $\boldsymbol{M}$ 中可疑数据集合为 $\boldsymbol{S}$，不良数据集合为 $\boldsymbol{P}$。

框 2，用 $\boldsymbol{M}$ 进行状态估计。计算出 r_W 或 r_N 和 $J(\hat{x})$。

框 3，进行 $J(\hat{x})$ 检测，若 $J(\hat{x})<\gamma_J$ 无不良数据，输出状态估计的各项数据，程序转到出口。若 $J(\hat{x})\geqslant\gamma_J$，进入框 4。

框 4，将现有 $J(\hat{x})$ 的保留在 $J(\mathring{x})$ 中。

框 5，将 S 中各测点按 r_W 或 r_N 的大小排队。

框 6，将 S 中排在前面的测点号 i 送到 P，并将 i 从 S 清除。

框 7，在总的测点集合 M 中扣除 P 的测量，形成新的 M 集合。

框 8，用新的测点集合 M 作状态估计，计算 r_W 或 r_N 和 $J(\hat{x})$。

框 9，进行 $J(\hat{x})$ 检测，若已无不良数据，则程序转出口，否则到框 10。

框 10，比较 $J(\hat{x})$ 与 $J(\mathring{x})$，若有 $J(\hat{x})$ 显著减小，则表示 i 测点是不良数据，转框 4，再对 S 集合用框 8 的 r_W 或 r_N 重新排队；若 $J(\hat{x})$ 无明显减小。则 i 测点不是不良数据，予以恢复，转框 11。

框 11，将 i 从 P 中清除，不必重新排队，只需取框 6 中排在第二位的测点进行试探。

在上述不良数据的残差搜索辨识中，若不将残差绝对值大的测量量从状态估计中排除，而是在迭代过程中减小它的权值，即减小它在状态估计中的影响，使得最终能获得最精确的状态估计量。这种修改加权最小二乘目标函数的方法在辨识单个不良数据或多个不产生残差淹没的不良数据时是非常有效的，但在出现残差淹没时则难以奏效，而且它对测量系统的要求较高。

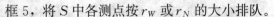

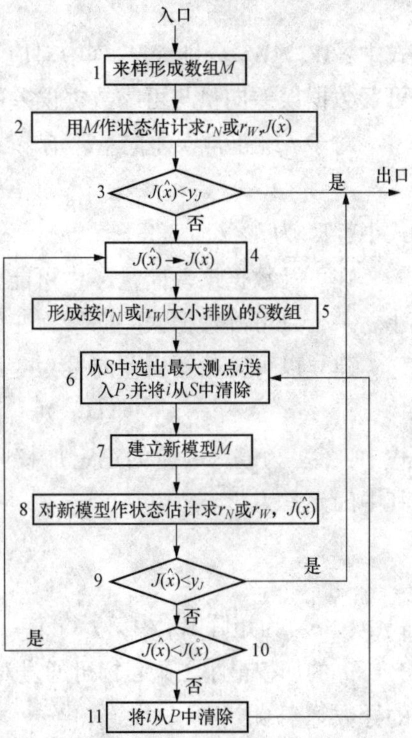

图 2-11　残差搜索辨识法程序流程框图

类似的方法是将式（2-32）改写成

$$\Delta(\hat{x})=[H^{\mathrm{T}}R^{-1}H]^{-1}H^{\mathrm{T}}R^{-1}S[z-h(\hat{x})] \tag{2-87}$$

式中：S 为对角矩阵，其对应于不良数据的对角元素为零，其他对角元素为 1，即对可疑数据直接置为零进行排除。其迭代收敛后的估计结果接近于排除了不良数据后的最优估计，其中对应于不良数据点上的残差，即为不良数据的估计值。这种方法程序简单，计算速度快，节约内存并能配合多种状态估计算法，由于其对可疑数据的残差直接置为零，所以也称为零残差法。

2. 不良数据的估计辨识法

不良数据的估计辨识是由清华大学相柏年教授提出，这种方法具有较好的辨识多个不良数据的功能，实时性也较好，因此已在电力系统中得到应用。

估计辩识法的基础是残差方程

$$r=z-\hat{z}=[I-H(H^{\mathrm{T}}R^{-1}H)^{-1}H^{\mathrm{T}}R^{-1}]v=Wv$$

估计辩识法重要特点及论断：

W 矩阵无逆，秩等于 $K=m-n$，即残差方程式中只有 K 个独立线性方程，相应地，只可以估计出 K 个未知数。

假定在误差矢量 v 中有某 K 个分量，把它做为状态量，就可能利用量测多余信息把这 K 个误差分量估计出来。如果不良数据超过 K 个，就不可能被辨识。因为这意味着用 K 个独立方程去解超过 K 个的独立变量。即使不良数据个数 P 小于 K 个，也不一定可以辨识。要看 P 的测点组合。

设系统有 n 个状态量，m 个测量量，多余测量信息 $k=n-m$。根据可观察性的概念，如果有 p 个不良数据从测量量中移去，余下的测量量不能保证系统的可观察性，即不能作出 $\hat{x}$ 的估计，则这 p 个量就不可能辨识。

如果在一次测量中可疑数据有 s 个，可靠数据有 t 个，测量总数为 $m=t+s$，则 p 个不良数据也包括在可疑数据 s 中，于是有

$$r-W_s v_s = W_t v_t \tag{2-88}$$

式中：W_s、W_t 分别为 W 阵中对应于数据 s 和 t 部分的 $m\times s$ 及 $m\times t$ 子阵；v_s、v_t 分别为可疑数据误差向量与可靠数据误差向量。

对于 t 维正常误差向量 v_t 有

$$Ev_t = 0, \mathrm{var}(v_t) = R_t \tag{2-89}$$

式中：R_t 为 $t\times t$ 阶对角阵。

在可疑数据误差向量 v_s 中可能含有正常测量误差，但肯定含有 p 个不良数据，可以建立一个以可疑数据误差向量为变量的目标函数。

建立以可疑数据误差向量为变量的目标函数。

$$J(v_s) = [r-W_s v_s]^{\mathrm{T}} G^{-1}[r-W_s v_s] \tag{2-90}$$

式中：G^{-1} 为 $m\times m$ 阶的正定加权阵，可以取 G 为 var（$W_t v_t$）$=W_t R_t W_t^{\mathrm{T}}$ 的对角阵，其中的元素为

$$g_{ii} = \sum_{j=1}^{t} w_{t,ij}^2 \sigma_{t,j}^2 \qquad (i=1,2,\cdots,m)$$

式中：$w_{t,ij}$ 为矩阵 W_t 中第 i 行第 j 列元素；$\sigma_{t,j}^2$ 为 $v_{t,i}$ 的方差。

v_s 的加权最小二乘目标可通过对式（2-90）的导数等于零来求得。利用对式（2-90）的导数等于 0，得

$$\frac{\partial J(v_s)}{\partial v_s}\Big|_{v_s=\hat{v}_s} = -2W_s^{\mathrm{T}} G^{-1}[r-W_s \hat{v}_s] = 0 \tag{2-91}$$

得

$$\hat{v}_s = (W_s^{\mathrm{T}} G^{-1} W_s)^{-1} W_s^{\mathrm{T}} G^{-1} r \tag{2-92}$$

式中：$\hat{v}_s$ 为可疑数据误差的估计值，它可以用来判断哪些分量为不良数据，哪些数据为正常测量误差。从而达到辨识不良数据的目的。上式也可称为可疑数据的估计方程。

在求出可疑数据误差的估计值后，可以求出状态估计修正量。状态估计的修正量计算方法如下。

正常情况下状态估计误差表达式为

$$x-\hat{x}=-(H^{T}R^{-1}H)^{-1}H^{T}R^{-1}v \tag{2-93}$$

当存在 s 个不良数据时，其测量误差向量为v_b，这时状态估计误差表达式为

$$x-\hat{x}_b=-(H^{T}R^{-1}H)^{-1}H^{T}R^{-1}v_b \tag{2-94}$$

式中：$\hat{x}_b$ 为含有不良数据时求出的状态估计值。

将上述两式相减，可得

$$\begin{aligned}\Delta\hat{x}=\hat{x}-\hat{x}_b&=-(H^{T}R^{-1}H)^{-1}H^{T}R^{-1}(v_b-v)\\&=-(H^{T}R^{-1}H)^{-1}H^{T}R^{-1}v_{sm}\end{aligned} \tag{2-95}$$

式中：v_{sm} 为一个 m 维向量，其中对应于 s 个不良数据测点的相应元素等于不良数据的真值v_{si}，而其余元素均为零。

将式（2-92）求出的v_s 估计值$\hat{v}_s$ 带入v_{sm} 向量的相应元素后，就可以用式（2-95）求出状态估计修正量 $\Delta\hat{x}$，于是修正后的估计值为

$$\hat{x}=\hat{x}_b+\Delta\hat{x} \tag{2-96}$$

应该指出的是，上述修正方法是建立在系统线性化基础上的，并假定不良数据对 $\boldsymbol{H}$ 阵没有显著影响。

在准确辨识可疑数据方面可以快速处理多个不良数据，无需重新状态估计计算，但在准确辨识可疑数据方面含有缺陷。

逐次型估计辨识法结合了残差搜索法中准确辨识可疑数据的优势和总体型估计辨识法中快速处理多个不良数据的能力，在准确辨识可疑数据方面比估计辨识法具有优势。

2.6　电力系统网络拓扑分析

网络拓扑分析的基本功能是根据开关的开合状态（遥信信息）和电网一次接线图来确定网络的拓扑关系，即节点－支路的连通关系，为其他高级应用做好准备。

电力系统在运行情况下，在线分析计算的许多程序都是以节点导纳矩阵为基础的。节点导纳矩阵随网络的接线变化而变，而电力系统中经常进行开关操作，网络拓扑也将变化。当开关状态发生变化时，必须实时修改接线，形成新的节点导纳矩阵，否则会导致错误的分析与判断。因此，根据实时开关状态用计算机自动确定网络联结情况，并在此基础上确定节点导纳矩阵，才能保证后续各种分析计算程序的正常运行。

节点导纳矩阵是网络分析的基础，它由输变电元件参数、网络结构和厂站开关状态决定，其中网络结构和厂站开关状态是在运行中变化的量，由遥信量决定。

网络拓扑（topology）的实时分析，其任务就是实时处理开关信息的变化，自动划分发电厂、变电站的计算用节点，形成新的网络接线，确定连通的最大子网络。同时在新的网络图上分配量测，为后续的在线网络分析程序提供可供计算用的网络结构、参数和实时运行参数的基础数据。网络的接线分析包括对厂站的接线分析和对系统的接线分析。

厂站的接线分析和对系统的接线分析方法详见文献［31］。

第 3 章　电力系统静态安全分析

3.1　概　　述

随着电力系统规模的扩大和发电量的增长，建立可靠的电力系统运行监视、分析和控制系统，以保证电网的安全经济运行，已成为十分重要的问题。计算机技术的发展为电力系统的运行管理提供了极为有利的条件，并已有众多的电力系统采用了具有优良在线性能的计算机系统和先进的人—机接口，它不仅可以用来改善系统运行的安全性，也可以将电能生产的费用降低到最低程度。

目前世界各国电力系统调度中心的计算机功能已经涉及电力系统运行管理的所有领域，其中主要用来完成运行参数监视、记录和由调度员直接进行操作的部分称为 SCADA（supervisory control and data acquisition），它包括数据采集、数据预处理、运行状况的监视、调度员远方操作、运行数据的记录打印统计与保存、事故追忆和事故顺序记录等功能。为了加强系统的安全性，60 年代以后又发展了安全监视的功能（有关文献称为安全分析），它主要包括状态估计和安全分析（在有的文献中则称为安全评估）。

3.1.1　电力系统的安全性和可靠性的定义

安全性：电力系统的安全性通常是指电力系统在实时运行中，抵抗各种干扰，在事故条件下，维持电力系统连续供电的能力。

可靠性：电力系统的可靠性是指电力系统在一个较长时间段内（例如：一年），保证其连续供电的概率，或者说是电力系统的年可用率等。是按时间的平均特性的函数。

对安全的广义解释是保持不间断的供电，亦即不失去负荷。在实用中可以更确切地用正常供电情况下，是否能保持潮流及电压模值在允许限值范围以内来表示。

3.1.2　电力系统的运行状态及其安全控制

电力系统进行安全分析的目的是提高系统安全性。这就要求必须从系统规划、系统调度操作、系统维修等方面统一考虑，最终体现在系统运行状态上。

电力系统运行状态可用四种状态来描述：安全正常状态、不安全正常状态、紧急状态和恢复状态。

对安全的解释，在实用中更确切地用正常供电情况下，是否能保持潮流及电压模值等在允许的范围以内表示。电力系统处于正常状态时，若忽略损耗，各用户的有功、无功负荷与系统中发出的有功功率、无功功率应该相等，即

$$\sum_{i=1}^{N} P_{ig} - \sum_{i=1}^{N} P_{id} = 0; \sum_{i=1}^{N} Q_{ig} - \sum_{i=1}^{N} Q_{id} = 0$$

式中：P_{ig}、Q_{ig} 分别为第 i 节点的有功、无功注入；P_{id}、Q_{id} 分别为第 i 节点的有功、无功负荷。

也可以表示成统一的等式约束形式：

$$g(x)=0$$

式中：x 为系统运行的状态量。

另外，在具有合格电能质量的条件下，有关设备的运行状态应处于其运行限值范围以内，可用下列不等式来表示

$$U_{imin} \leqslant U_i \leqslant U_{imax}$$
$$P_{kmin} \leqslant P_k \leqslant P_{kmax}$$
$$Q_{kmin} \leqslant Q_k \leqslant Q_{kmax}$$

式中：U_i 为节点 i 的电压模值；P_k 为支路 k 的有功潮流；Q_k 为支路 k 的无功潮流。

也可写成：$h(x) \leqslant 0$。

综上所述：电力系统正常运行时应同时满足等式和不等式两种约束条件。这时处于运行的正常状态。

从电力系统运行角度来看，处于正常状态的系统当发生故障后，系统可能仍然处于安全状态，也可能由于网络结构的变化出现输电线路过负载、电压数值越限、系统失去稳定等情况。因此，对于正常状态的电力系统又可以区分为安全正常状态与不安全正常状态。

1. 安全正常状态

安全正常状态是指已处于正常状态的电力系统，在承受一个合理的预想事故集（contingency set）的扰动之后，如果仍不违反等约束及不等约束，则该系统处于安全正常状态。

2. 不安全正常状态

不安全正常状态如果运行在正常状态下的电力系统，在承受规定预想事故集的扰动过程中，只要有一个预想事故使得系统不满足运行不等式约束条件，就称该系统处于不安全正常状态。

对处于不安全状态的系统可通过预防控制使其转变为安全正常状态。从电力系统运行调度的角度来看，应该用预想事故分析的方法来预先知道系统是否存在安全隐患，即处在所谓不安全正常状态，以便及早采取相应的措施来防患于未然，使之从不安全状态转变为安全正常状态。电力系统安全分析（或称电力系统安全评估）就是为这一目的而

设立的。

凡用来判断在发生预想事故后系统是否会发生过负荷或电压越限的功能称为静态安全分析；而用来判断系统是否会失稳的功能则称为暂态安全分析；使系统从不安全正常状态转变到安全正常状态的控制手段，则称为预防控制。

3. 紧急状态

对于只满足等式约束但不满足不等式约束的运行状态，称为紧急状态。

这表示虽还没有出现大面积用户停电，但运行参数已越限。若不采取措施，运行情况将会进一步恶化，甚至造成系统崩溃。紧急状态又可以分为两类：

(1) 持久性的紧急状态——没有失去稳定性质的紧急状态。

由于输电设备通常允许有一定的过负荷持续时间，所以这种状态称为持久性的紧急状态。对于这种状态一般可以通过控制使之回到安全状态，称为校正控制。

(2) 稳定性的紧急状态——可能失去稳定的紧急状态。

这种状态能容忍的时间只有几秒钟，因此相应的控制也不得超过 1s。这种控制称为紧急控制或稳定性紧急控制。系统经紧急控制后一般进入恢复状态。

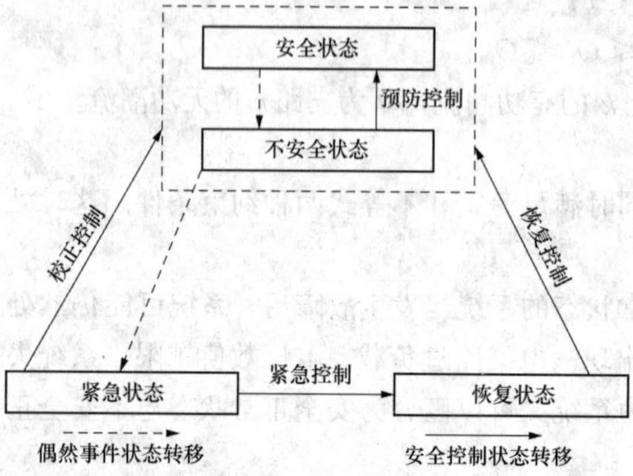

图 3-1　电力系统运行状态分类及其转化过程

4. 恢复状态

系统处于恢复状态时，可能不满足等式的约束，而不等式约束则可以满足。

对于已经处于恢复状态的系统，一般应通过恢复控制来恢复对用户的供电及实现已解列系统的重新联网，使电力系统进入到正常状态。

图 3-1 给出了电力系统的四种状态及其经控制或事故扰动相互转化的过程。

3.1.3　电力系统能量管理系统

能量管理系统（energy management system，EMS）。它是电网调度的大脑。主要负责运行管理和电能管理。

1. 运行管理

运行管理也称为生产管理，包含的功能为 SCADA 、状态估计、安全分析（或称安全评估）、安全控制、自动发电控制、负荷控制、电压控制、调度员培训模拟等。

2. 电能管理

电能管理主要负责经济管理（经营管理），包含的功能为：制订发电计划、经济调度、负荷预测、运行规划、电能交易评估等。

3.2 电力系统静态等值

3.2.1 概述

1. 静态等值的意义

随着电网规模的扩大，互联系统的分析计算往往会遇到计算机容量的限制或耗费的机时过长等问题。用等值方法取代系统中某些不感兴趣的部分，可以大大地缩小计算规模。

此外，当电力系统在线计算时，往往难以在调度中心获得整个系统的全部实时信息，因此，不得不把系统中的某些不可观察部分通过等值方法来处理。

电力系统按计算要求分研究系统和外部系统。前者要求详细计算，后者可用等值计算来取代。研究系统可分为边界系统和内部系统。边界系统是指内部系统与外部系统相联系的边界点（或边界母线）。内部系统与边界系统的联络支路称为联络线。任何一种将外部系统简化成外部等值的方法必须保证，当研究系统内部运行条件发生变化（例如发生预想事故），其等值网的分析结果应与未简化前由全系统计算分析的结果相近。本章介绍的等值的方法有 WARD 等值和 REI 等值。

2. 互联电力系统的划分

互联系统可划分成研究系统 ST 和外部系统 E 两部分。某些文献把研究系统分成边界系统 B 内部系统 I，如图 3-2 所示。还有一种，把内部系统称为研究系统，而边界母线归并在外部系统中，如图 3-3 所示。一般 WARD 等值用前种，REI 等值用后一种。

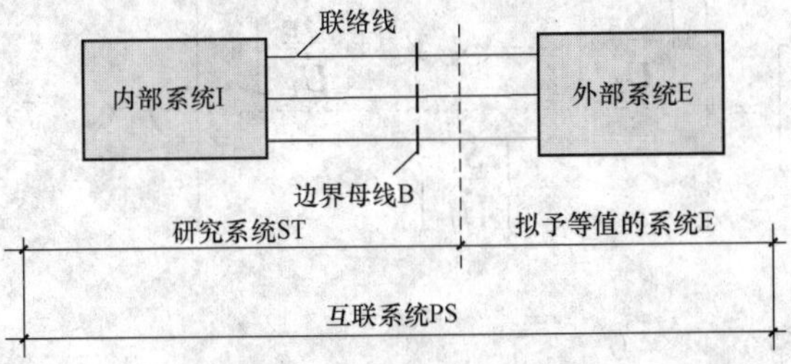

图 3-2 互联系统的第一种划分

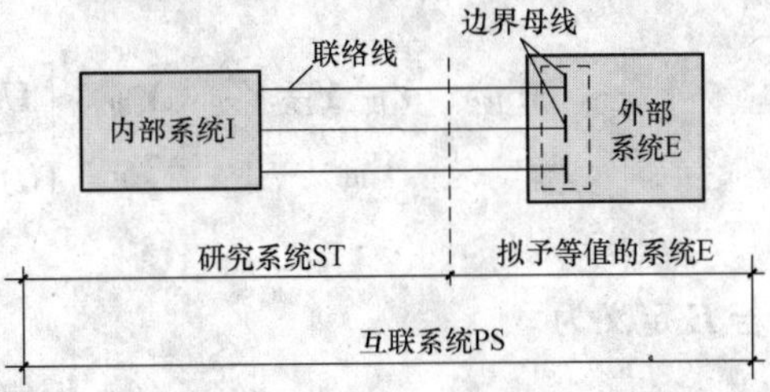

图 3-3 互联系统的第二种划分

3.2.2 Ward 等值

互联系统可用下列一组线性方程组表示

$$\boldsymbol{Y}\dot{\boldsymbol{U}} = \dot{\boldsymbol{I}} \tag{3-1}$$

如将电网节点分为三类：以子集 I 表示内部系统节点集合，子集 B 为边界节点集合，子集 E 为外部系统节点集合。式（3-1）可写成

$$\begin{bmatrix} \boldsymbol{Y}_{EE} & \boldsymbol{Y}_{EB} & 0 \\ \boldsymbol{Y}_{BE} & \boldsymbol{Y}_{BB} & \boldsymbol{Y}_{BI} \\ 0 & \boldsymbol{Y}_{IB} & \boldsymbol{Y}_{II} \end{bmatrix} \begin{bmatrix} \dot{\boldsymbol{U}}_E \\ \dot{\boldsymbol{U}}_B \\ \dot{\boldsymbol{U}}_I \end{bmatrix} = \begin{bmatrix} \dot{\boldsymbol{I}}_E \\ \dot{\boldsymbol{I}}_B \\ \dot{\boldsymbol{I}}_I \end{bmatrix} \tag{3-2}$$

消去式（3-2）中的$\dot{\boldsymbol{U}}_E$，得

$$\begin{bmatrix} \boldsymbol{Y}_{BB} - \boldsymbol{Y}_{BE}\boldsymbol{Y}_{EE}^{-1}\boldsymbol{Y}_{EB} & \boldsymbol{Y}_{BI} \\ \boldsymbol{Y}_{IB} & \boldsymbol{Y}_{II} \end{bmatrix} \begin{bmatrix} \dot{\boldsymbol{U}}_B \\ \dot{\boldsymbol{U}}_I \end{bmatrix} = \begin{bmatrix} \dot{\boldsymbol{I}}_B - \boldsymbol{Y}_{BE}\boldsymbol{Y}_{EE}^{-1}\dot{\boldsymbol{I}}_E \\ \dot{\boldsymbol{I}}_I \end{bmatrix} \tag{3-3}$$

或写成

$$\boldsymbol{Y}_{EQ}\dot{\boldsymbol{U}}_{EQ} = \dot{\boldsymbol{I}}_{EQ} \tag{3-4}$$

从式（3-3）可以看出，消去外部节点后$\boldsymbol{Y}_{BB}$受到修正，亦即边界节点的自导纳与互导纳改变。外部系统的节点注入电流 $\dot{\boldsymbol{I}}_E$ 通过分配矩阵$\boldsymbol{D}$ 被分配到边界节点上，分配矩阵$\boldsymbol{D}$为

$$\boldsymbol{D} \equiv \boldsymbol{Y}_{BE}\boldsymbol{Y}_{EE}^{-1} \tag{3-5}$$

对线性系统来说式（3-3）、式（3-4）是一个严格的等值。只要 $\dot{\boldsymbol{I}}_E$ 不变，在任何 $\dot{\boldsymbol{I}}_B$、$\dot{\boldsymbol{I}}_I$ 下，由式（3-3）求得的$\dot{\boldsymbol{U}}_B$、$\dot{\boldsymbol{U}}_I$ 都与未等值网一致。

但在实际应用中，需要注入功率来代替注入电流，即

$$\dot{\boldsymbol{I}} = \left[\frac{\dot{\boldsymbol{S}}}{\dot{\boldsymbol{U}}}\right]^* = \mathrm{diag}\,(\boldsymbol{U}^*)^{-1}\overset{*}{\boldsymbol{S}} \tag{3-6}$$

则式（3-3）可写成

$$\left[\begin{array}{c:c} \boldsymbol{Y}_{BB} - \boldsymbol{Y}_{BE}\boldsymbol{Y}_{EE}^{-1}\boldsymbol{Y}_{EB} & \boldsymbol{Y}_{BI} \\ \hdashline \boldsymbol{Y}_{IB} & \boldsymbol{Y}_{II} \end{array}\right] \left[\begin{array}{c} \dot{\boldsymbol{U}}_B \\ \hdashline \dot{\boldsymbol{U}}_I \end{array}\right] = \left[\begin{array}{c} \left[\dfrac{\dot{\boldsymbol{S}}_B}{\dot{\boldsymbol{U}}_B}\right]^* - \boldsymbol{Y}_{BE}\boldsymbol{Y}_{EE}^{-1}\left[\dfrac{\dot{\boldsymbol{S}}_E}{\dot{\boldsymbol{U}}_E}\right]^* \\ \hdashline \left[\dfrac{\dot{\boldsymbol{S}}_I}{\dot{\boldsymbol{U}}_I}\right]^* \end{array}\right] \tag{3-7}$$

若$\boldsymbol{E}$定义为

$$\dot{\boldsymbol{E}} \triangleq \begin{bmatrix} \mathrm{diag}(\boldsymbol{U}_B^*) & 0 \\ 0 & \mathrm{diag}(\boldsymbol{U}_I^*) \end{bmatrix} \tag{3-8}$$

则式（3-7）可写成

$$\dot{\boldsymbol{E}}\boldsymbol{Y}_{EQ}\begin{bmatrix} \dot{\boldsymbol{U}}_B \\ \dot{\boldsymbol{U}}_I \end{bmatrix} = \left[\begin{array}{c} \overset{*}{\boldsymbol{S}}_B - [\mathrm{diag}(\boldsymbol{U}_B^*)]\boldsymbol{Y}_{BE}\boldsymbol{Y}_{EE}^{-1}\left[\dfrac{\dot{\boldsymbol{S}}_E}{\dot{\boldsymbol{U}}_E}\right]^* \\ \hline \overset{*}{\boldsymbol{S}}_I \end{array}\right] \tag{3-9}$$

式（3-10）为基本情况下外部系统注入功率分配到边界节点上的注入功率增量

$$\mathrm{diag}(\boldsymbol{U}_B^*)\boldsymbol{Y}_{BE}\boldsymbol{Y}_{EE}^{-1}\left[\frac{\dot{\boldsymbol{S}}_E}{\dot{\boldsymbol{U}}_E}\right]^* \tag{3-10}$$

事实上这种等值是不严格的，这主要由于外部系统注入功率在边界节点上的分配与 U_B^* 有关。等值后的边界注入功率式（3-9）与运行方式有关。另外在非基本运行方式下，由于外部节点电压 U_E 不同于基本情况，而式（3-10）却引入了基本情况下的 $\dot{U}_E$，也是有误差的。

形成 Ward 等值的步骤如下：

（1）选取一种有代表性的基本运行方式，通过潮流计算确定全网络各节点的复电压。

（2）选取内部系统的范围和确定边界节点，然后对下列矩阵进行高斯消元。

$$\begin{bmatrix} \boldsymbol{Y}_{EE} & \boldsymbol{Y}_{EB} \\ \boldsymbol{Y}_{BE} & \boldsymbol{Y}_{BB} \end{bmatrix}$$

目的是消去外部系统，保留边界节点，得到仅含边界节点的外部等值导纳阵 $\boldsymbol{Y}_{BB}-\boldsymbol{Y}_{BE}\boldsymbol{Y}_{EE}^{-1}\boldsymbol{Y}_{EB}$。

（3）根据式（3-10）计算出分配到边界节点上的注入功率增量，并将其加到边界节点原有注入上，得到边界节点的等值注入。

边界节点等值注入 P_i^{EQ}、Q_i^{EQ} 另一形成方法是在已知基本运行方式下的内部与边界节点 i 电压模值与相角 U_i^0、θ_i^0 后，则 P_i^{EQ}、Q_i^{EQ} 的另外表达方式为

$$\left.\begin{aligned} P_i^{EQ} &= \sum_{j\omega i}\left[(U_i^0)^2(g_{ij}+g_{io})-U_i^0U_j^0(g_{ij}\cos\theta_{ij}^0+b_{ij}\sin\theta_{ij}^0)\right] \\ Q_i^{EQ} &= \sum_{j\omega i}\left[U_i^0U_j^0(b_{ij}\cos\theta_{ij}^0+g_{ij}\sin\theta_{ij}^0)-(U_i^0)^2(b_{ij}+b_{io})\right] \end{aligned}\right\} \tag{3-11}$$

式中：g_{ij}、b_{ij} 为与边界节点 i 相连的联络线或等值支路导纳的实部和虚部；θ_{ij}^0 为边界节点 i 和相邻节点 j 之间的电压相角差；$g_{i0}+\mathrm{j}b_{i0}$ 为支路 i 侧的对地支路导纳；$j\omega i$ 为节点 j 与 i 相邻。

这种方法的优点是在实时情况下，外部系统运行状态变化不知，而内部和边界节点复电压和联络线潮流，可以随时由状态估计器提供。

等值后，Ward 等值后的网络接线如图 3-4 所示。

Ward 等值网的缺点如下：

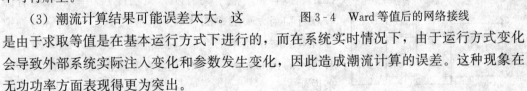

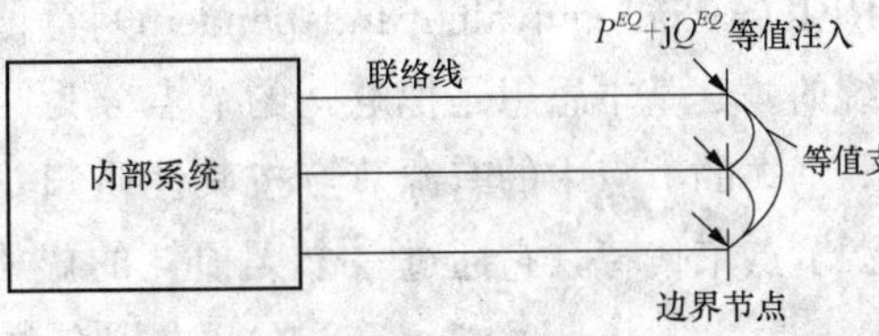

图 3-4 Ward 等值后的网络接线

（1）用等值法求解潮流时，迭代次数可能过多或完全不收敛。

（2）等值网的潮流计算可能收敛在不可行解上。

（3）潮流计算结果可能误差太大。这是由于求取等值是在基本运行方式下进行的，而在系统实时情况下，由于运行方式变化会导致外部系统实际注入变化和参数发生变化，因此造成潮流计算的误差。这种现象在无功功率方面表现得更为突出。

3.2.3 Ward 等值法的改进措施

1. 并联支路的处理

等值后的并联支路，代表了从边界节点看出去的外部网络对地电容和补偿并联支路。因为外部网络的串联阻抗值较小，所以外部系统的并联支路有集聚于边界节点的趋势。等值在边界的并联支路，产生错误的并联支路响应模型。如：边界节点电压微小变化，导致并联支路无功功率显著增加。而实际外部系统某些节点电压，通常受邻近的 PV 节点支援，而边界节点电压的改变，对这些节点电压的影响很小。因此：等值时尽量不用并联支路，而通过求边界的等值注入来计及影响。

2. 保留外部系统的部分 PV 节点

在等值时，如果外部系统中含有 PV 节点，则内部系统中发生事故开断时，应保持外部 PV 节点对内部系统的无功支援。否则，等值网潮流解算结果差。通常的做法是进行外部等值时，保留无功功率大，且与内部系统电气距离小的 PV 节点。

3. 非基本运行方式下 WARD 等值校正

先以内部系统实时数据作状态估计，求出边界节点的电压模值与电压相角；然后以所有边界节点作为平衡节点，对基本运行方式下的外部等值系统（由边界节点及保留的外部系统节点组成）作潮流计算。对保留的 PV 节点：有功注入为 0，电压模值为给定值，相角取边界节点相角平均值。潮流计算求得的边界注入用于校正基本运行方式下的注入。如果校正后注入进行状态估计时，与内部信息有较大残差，可修改边界节点电压模值与相角，重复计算 2～3 次。

导纳阵稀疏性变差是 Ward 等值法的必然结果。这主要是 Y_{EQ} 的稀疏性取决于消去范围的大小。例如 1000 节点 1500 条支路系统等值成 200 节点。其中 100 个是边界节点。等值后矩阵等值支路有：100×99/2=4950 条，支路数变为原来的 3 倍。

3.2.4 REI 等值法

REI（radial equivalent independent）等值法是 P. Dimo 等人首先提出来并应用于电力系统的。其基本思想是把电网的节点分为两组，即要保留的节点与要消去的节点。首先将要消去的节点中的有源节点按其性质归并为若干组，每组有源节点用一个虚拟的等价有源节点来代替，它通过一个无损耗的虚构网络（REI 网络）与这些有源节点相联。在此虚拟有源节点上的有功、无功注入功率是该组有源节点有功与无功功率的代数和。在接入 REI 网络与虚拟等价节点后，原来的有源节点就变成无源节点。然后将所有要消去的无源节点用常规的方法消去。结合图 3-5 来说明。

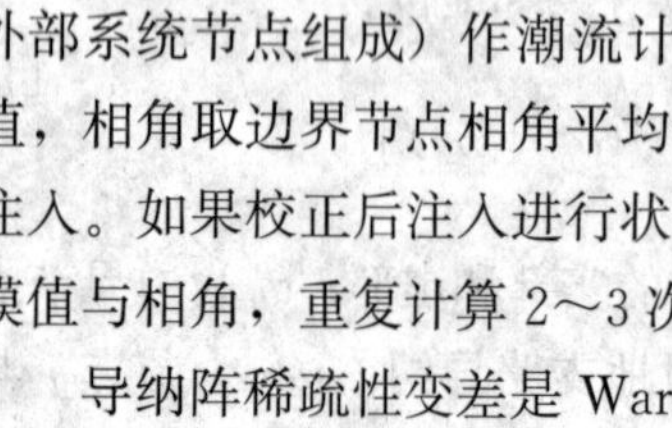

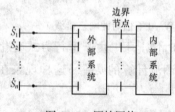

图 3-5 原始网络

第一步：将外部系统中具有相关性质（如同为电源或负荷节点，PV 或 PQ 节点，电气距离相近等）的有源节点归为若干组，图 3-6 仅代表集中为一个组的情况。

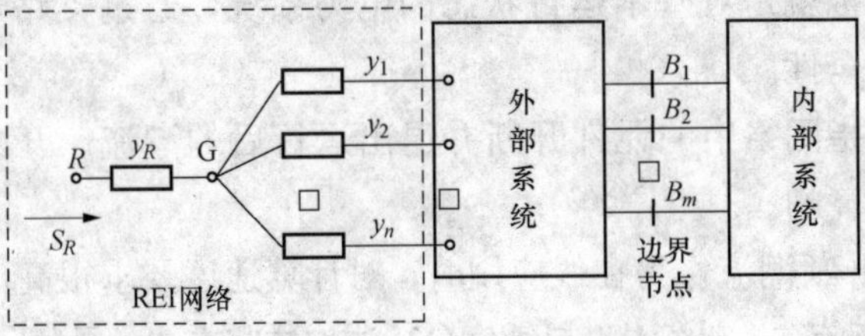

图 3-6　外部系统接入 REI 网络后的网络

第二步：有一个虚拟的有源节点 R 代替若干有源节点。并通过一个 REI 网络接到原来的有源节点上，如图 3-7 所示。这里 $\dot{S}_R=\sum_{k=1}^{n}\dot{S}_k$。为了使得注入到原来各有源节点上的功率仍然保持原有的值，REI 网络的有功、无功损耗必须为零，即 REI 网络应是一个无损网。为此在 REI 网络中接有 y_R 以抵消在 $y_1 \sim y_n$ 中产生的损耗。

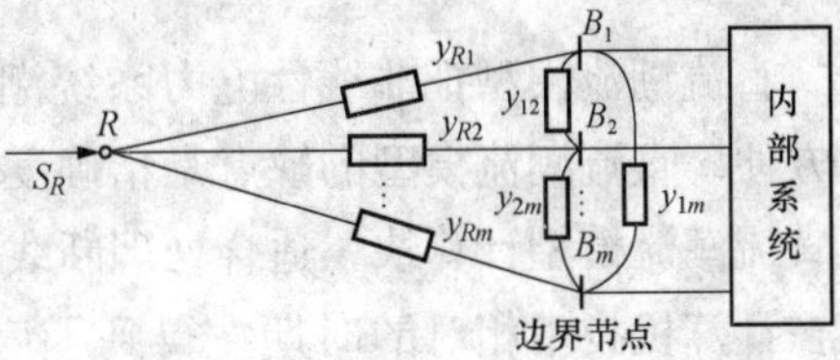

图 3-7　消去节点后的 REI 等值网络

以下讨论如何确定 REI 网络中各个导纳 y_R 数值。对要消去的每个有源节点，其注入电流关系为

$$\dot{I}_k=\overset{*}{S}_k/\overset{*}{U}_k,(k=1,2,\cdots,n) \tag{3-12}$$

式中：$\dot{U}_k$ 为基本潮流解的节点复电压。于是

$$\dot{I}_R=\sum_{k=1}^{n}\dot{I}_k=\sum_{k=1}^{n}\frac{\overset{*}{S}_k}{\overset{*}{U}_k} \tag{3-13}$$

在构造 REI 网络的参数时应保持原始网络各有源节点的注入不变，可得

$$y_k=\dot{I}_k/(\dot{U}_G-\dot{U}_k) \tag{3-14}$$

为了满足无损网的条件，则

$$\dot{S}_R=\sum_{k=1}^{n}\dot{S}_k \tag{3-15}$$

$$\dot{U}_R=\dot{S}_R/\dot{I}_R=\dot{S}_R/\left(\sum_{k=1}^{n}\frac{\dot{S}_k}{\dot{U}_k}\right) \tag{3-16}$$

$$y_R=\dot{I}_R/(\dot{U}_R-\dot{U}_G) \tag{3-17}$$

式（3-14）中的 $\dot{U}_G$ 是任意的，通常取 $\dot{U}_G=0$，于是 REI 网络的构造就变成了唯一的。

REI 等值是有争议的方法，并没有被采用。

3.3　支路开断模拟

电力系统静态安全分析也称为静态安全评估，是根据系统中可能发生的扰动来评定系统安全性的。预想事故通常包括支路开断与发电机开断两类。

（1）支路开断模拟就是对基本运行状态的电力系统，通过支路开断的计算（开断潮流）分析来校核其安全性。

（2）开断潮流是指网络中的元件开断并退出运行后的潮流。开断潮流是以开断前的潮流作为初值进行计算的。

支路开断模拟或开断潮流作为在线应用时，对计算速度要求很高，所以需要快速求解。常用的计算方法有：直流法、补偿法、灵敏度分析法，这些方法各具特色，现分别介绍如下。

3.3.1 直流法

直流潮流模型把非线性电力系统潮流问题简化为线性电路问题，从而使分析计算非常方便。直流潮流模型的缺点是精确度差，只能校验过负荷，不能校验电压越界的情况。但直流潮流模型计算快，适合处理断线分析，而且便于形成用线性规划求解的优化问题，这在计算机技术相对的时期，得到了广泛的应用。目前的计算机计算速度以不成问题，但在某些事先不知道无功电压分布的场景，直流潮流还是一种有效的选择。

1. 直流潮流数学模型

极坐标表示的电力系统交流潮流的节点有功功率方程为

$$P_i = U_i \sum_{j \in i} U_j (G_{ij} \cos\theta_{ij} + B_{ij} \sin\theta_{ij}) \tag{3-18}$$

支路有功潮流可表达为

$$P_{ij} = U_i U_j (G_{ij} \cos\theta_{ij} + B_{ij} \sin\theta_{ij}) - t_{ij} G_{ij} U_i^2 \tag{3-19}$$

式中：t_{ij} 为支路 $i-j$ 的变压器非标准变比。θ_{ij} 为支路 $i-j$ 两端节点电压的相角差，G_{ij} 及 B_{ij} 为节点导纳矩阵元素的实部与虚部。

$$\theta_{ij} = \theta_i - \theta_j \tag{3-20}$$

$$G_{ij} + \mathrm{j}B_{ij} = -\frac{1}{r_{ij} + \mathrm{j}x_{ij}} = \frac{-r_{ij}}{r_{ij}^2 + x_{ij}^2} + \mathrm{j}\frac{x_{ij}}{r_{ij}^2 + x_{ij}^2} \tag{3-21}$$

式中：r_{ij} 及 x_{ij} 为支路 $i-j$ 的电阻和电抗，当 $i=j$ 时

$$G_{ii} = -\sum_{\substack{j \in i \\ j \neq i}} G_{ij} B_{ii} = -\sum_{\substack{j \in i \\ j \neq i}} B_{ij}$$

将交流潮流根据 P-Q 分解法的简化条件简化，就可得到直流潮流方程

$$P_i = \sum_{j \in i} B_{ij} \theta_{ij} \quad (i = 1, 2, \cdots, n) \tag{3-22}$$

由式（3-21）可知 $B_{ij} \approx \frac{1}{x_{ij}}$，但为了以后应用方便，定义

$$B_{ij} = -\frac{1}{x_{ij}} \tag{3-23}$$

因此

$$B_{ii} = \sum_{\substack{j \in i \\ j \neq i}} \left(\frac{1}{x_{ij}}\right) \tag{3-24}$$

最后得到

$$P_i = \sum_{j \in i} B_{ij}\theta_j, (i = 1,2,\cdots,n) \tag{3-25}$$

写成矩阵形式

$$\boldsymbol{P} = \boldsymbol{B\theta} \tag{3-26}$$

式中：P 为节点注入功率向量，其中元素 $P_i = P_{Gi} - P_{Di}$；θ 为节点电压相角向量；B 为系数矩阵，其元素由式（3-23）和式（3-24）构成。

式（3-26）也可写成另一种形式

$$\boldsymbol{\theta} = \boldsymbol{XP} \tag{3-27}$$

$$\boldsymbol{X} = \boldsymbol{B}^{-1} \tag{3-28}$$

式中：X 为 B 的逆矩阵。

同样，将 P-Q 分解法的简化条件代入支路潮流方程式（3-19），可得

$$P_{ij} = -B_{ij}\theta_{ij} = \frac{\theta_i - \theta_j}{x_{ij}} \tag{3-29}$$

将上式写成矩阵形式

$$P_l = B_l\Phi \tag{3-30}$$

式中：P_l 为各支路有功功率潮流构成的向量；Φ 为各支路两端相角差向量；B_l 为由各支路导纳组成的对角矩阵，设系统的支路数为 l，则 B_l 为 l 阶方阵。

设网络关联矩阵为 A，则有

$$\boldsymbol{\Phi} = \boldsymbol{A\theta} \tag{3-31}$$

式（3-26）、式（3-27）、式（3-30）均为线性方程，是直流潮流方程的基本形式。当系统运行方式及接线方式给定时，即得到关于的 θ 方程式（3-26）。通过三角分解或矩阵直接求逆可以由式（3-27）求出状态向量 θ，并由式（3-29）求出各支路的有功潮流。

2. 直流潮流的断线模型

可以看出，应用直流潮流模型求解输电系统的状态和支路有功潮流非常简单。而且，由于模型是线性的，因此可以快速进行追加和开断线路后的潮流计算。

原网络直流潮流公式

$$\boldsymbol{\theta} = XP$$

当支路（或追加）开断后，而注入功率 P 没有变化时，直流潮流公式为 $\theta + \Delta\theta = (X + \Delta X)P$，从而得到 $\Delta\theta = \Delta XP$。

（1）阻抗矩阵的变化 ΔX。设原输电系统网络的节点阻抗矩阵为 X，支路 k 两端的节点为 i、j。这里的支路是指两节点间各线路的并联，线路是支路中的一个元件。当支路 k 增加一条电抗为 x_k 的线路（称追加线路）时，形成新的网络。

应用支路追加原理，新网络的节点阻抗矩阵为

$$\boldsymbol{X}' = \boldsymbol{X} - \boldsymbol{X}_L\boldsymbol{X}_L^{\mathrm{T}}/\boldsymbol{X}_{LL} \tag{3-32}$$

式中

$$\boldsymbol{X}_L = \boldsymbol{X}e_k \quad X_{LL} = x_k + e_k^{\mathrm{T}} X e_k \tag{3-33}$$

$$\boldsymbol{e}_k = \begin{bmatrix} 0 \\ \vdots \\ 1 \\ \vdots \\ -1 \\ 0 \\ \vdots \end{bmatrix} \begin{matrix} \\ \\ \leftarrow i \\ \\ \leftarrow j \\ \\ \\ \end{matrix}$$

$$\boldsymbol{X}' = \boldsymbol{X} - \boldsymbol{X}e_k e_{\mathrm{k}}^{\mathrm{T}} \boldsymbol{X} / (\boldsymbol{x}_k + \boldsymbol{e}_k^{\mathrm{T}} \boldsymbol{X} \boldsymbol{e}_k) \tag{3-34}$$

式（3-34）可以简写为

$$X' = X + \beta_k X e_k e_k^{\mathrm{T}} X \tag{3-35}$$

式中

$$\beta_k = -1/(x_k + \boldsymbol{e}_k^{\mathrm{T}} \boldsymbol{X} \boldsymbol{e}_k) \tag{3-36}$$

$$\Delta \boldsymbol{X} = \boldsymbol{X}' - \boldsymbol{X} = \beta_k \boldsymbol{X} e_k e_k^{\mathrm{T}} \boldsymbol{X} \tag{3-37}$$

（2）状态量的变化 $\Delta\theta$。在节点注入功率不变的情况下，可以直接得到追加线路 k 后状态向量的增量

$$\Delta \boldsymbol{\theta} = \Delta \boldsymbol{X} \boldsymbol{P} = \beta_k \boldsymbol{X} e_k e_k^{\mathrm{T}} \boldsymbol{X} \boldsymbol{P} = \beta_k \boldsymbol{X} e_k e_k^{\mathrm{T}} \boldsymbol{\theta} \tag{3-38}$$

（3）追加线路后的状态向量。

$$\boldsymbol{\theta}' = \boldsymbol{\theta} + \Delta \boldsymbol{\theta} = \boldsymbol{\theta} + \beta_k \boldsymbol{X} e_k e_k^{\mathrm{T}} \boldsymbol{\theta} \tag{3-39}$$

当网络断开支路 k 时只要将 x_k 换为 $-x_k$，以上公式同样适用。必须指出，当网络开断支路 k 使系统解列时，新的阻抗矩阵 X'不存在，这时式（3-36）中的 β_k 为无穷大，因此，应用直流潮流模型可以方便地找出网络中那些开断后引起系统解列的线路，对于这些线路不能直接进行断线分析。

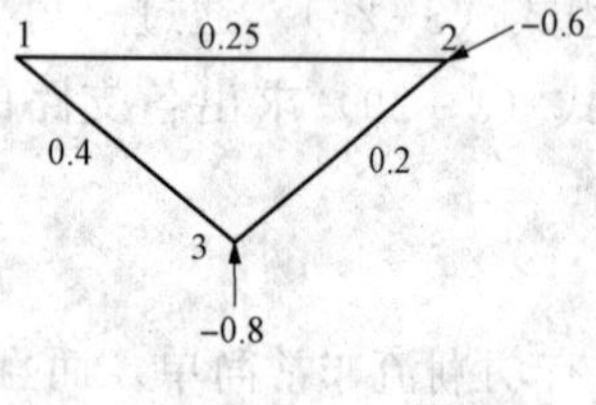

图 3-8　网络结构及参数图

【例题 3-1】 三节点电力系统，节点 1 为平衡节点，其支路和节点参数（标幺值）如下：$X_{12}=0.25$，$X_{13}=0.4$，$X_{23}=0.2$；$P_2=-0.6$，$P_3=-0.8$。用直流法求解。

（1）基态时各支路有功潮流分布；

（2）采用直流法求支路 1-2 开断后各支路潮流分布。

解

$$\boldsymbol{P} = \boldsymbol{B}_0 \boldsymbol{\theta} \quad \Rightarrow$$

$$\begin{bmatrix} -0.6 \\ -0.8 \end{bmatrix} = \begin{bmatrix} \dfrac{1}{0.25} + \dfrac{1}{0.2} & -\dfrac{1}{0.2} \\ -\dfrac{1}{0.2} & \dfrac{1}{0.4} + \dfrac{1}{0.2} \end{bmatrix} \begin{bmatrix} \theta_2 \\ \theta_3 \end{bmatrix} = \begin{bmatrix} 9 & -5 \\ -5 & \dfrac{15}{2} \end{bmatrix} \begin{bmatrix} \theta_2 \\ \theta_3 \end{bmatrix}$$

$$\boldsymbol{\theta} = \boldsymbol{X} \boldsymbol{P} \quad \Rightarrow$$

$$\begin{bmatrix}\theta_2\\\theta_3\end{bmatrix}=\begin{bmatrix}9 & -5\\-5 & \frac{15}{2}\end{bmatrix}^{-1}\begin{bmatrix}-0.6\\-0.8\end{bmatrix}=\begin{bmatrix}-0.2\\-0.24\end{bmatrix}$$

求支路潮流为

所以
$$P_{12}=\frac{\theta_1-\theta_2}{0.25}=\frac{0+0.2}{0.25}=0.8$$

$$P_{13}=\frac{\theta_1-\theta_3}{0.25}=\frac{0+0.24}{0.4}=0.6$$

$$P_{23}=\frac{\theta_2-\theta_3}{0.2}=\frac{-0.2+0.24}{0.2}=0.2$$

$$P_1=P_{13}+P_{12}=1.4$$

$$\begin{bmatrix}\Delta\theta_2\\\Delta\theta_3\end{bmatrix}=\beta_k X e_k e_k^{\mathrm{T}}\theta=\frac{18}{5}\begin{bmatrix}\frac{15}{85} & \frac{10}{85}\\\frac{10}{85} & \frac{18}{85}\end{bmatrix}\begin{bmatrix}1\\0\end{bmatrix}\begin{bmatrix}1 & 0\end{bmatrix}\begin{bmatrix}-0.2\\-0.24\end{bmatrix}=\begin{bmatrix}-0.48\\-0.32\end{bmatrix}$$

$$\begin{bmatrix}\theta'_2\\\theta'_3\end{bmatrix}=\begin{bmatrix}\theta_2\\\theta_3\end{bmatrix}+\begin{bmatrix}\Delta\theta_2\\\Delta\theta_3\end{bmatrix}=\begin{bmatrix}-0.68\\-0.56\end{bmatrix}$$

求断开支路 1 - 2 后的支路潮流为

$$P_{13}=\frac{\theta'_1-\theta'_3}{0.4}=\frac{0+0.56}{0.4}=1.4$$

$$P_{23}=\frac{\theta'_2-\theta'_3}{0.2}=\frac{-0.68+0.56}{0.2}=-0.6$$

3.3.2　补偿法

电力系统基本运行方式计算完毕后，往往还进行一些特殊运行方式的计算，以分析系统中某些支路开断以后系统的运行状态，简称断线运行方式。这对于确保电力系统可靠运行、合理安排检修计划都是非常必要的。

发电厂运行状态的变化，如发电厂之间出力的调整和某些发电厂退出运行等，在程序中比较容易模拟。因为这时网络结构和网络参数均未发生变化，所以网络的阻抗矩阵、导纳矩阵以及 P- Q 分解法中的因子表都和基本运行方式一样。因此，只要按照新的运行方式给定各发电厂的输出功率，就可以直接转入迭代程序。

当系统开断线路或变压器时，要引起电网参数或局部系统结构发生变化，这种情况下进行潮流计算，要修改网络的阻抗矩阵或导纳矩阵。对于牛顿法潮流程序，修正导纳矩阵后即可转入迭代程序。对于 P- Q 分解法来说，修改导纳矩阵后，要先形成因子表，然后再进行迭代计算。在程序编制上这样处理比较简单，只需增加修改导纳矩阵的程序。但是，由于需要重新形成因子表，因此计算速度较慢。

为进一步发挥 P- Q 分解法的优点，提高计算速度，可以采用补偿法的原理，所谓的补偿法是将支路开断视为该支路未被断开，而在其两端节点处引入某一待求的补偿电流，以此来模拟支路开断的影响，即在原有基本运行方式因子表的基础上进行开断运行方式的计算。当潮流程序用作在线静态安全监视时，利用补偿法加速顺序开断方式的检验显得特别重要。

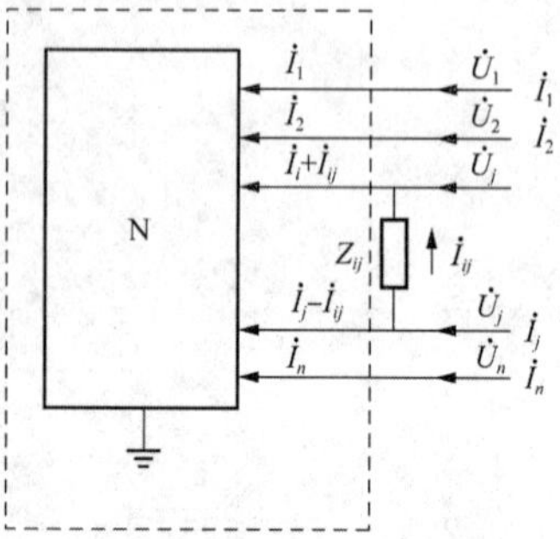

图 3 - 9　电力网络发生支路变化时的等效电路

补偿法的概念不仅应用于 P - Q 分解法潮流程序，也广泛应用在短路电流、复杂故障以及动态稳定计算程序的网络处理上。

以下先介绍补偿法的基本原理，然后讨论如何利用补偿法进行开断运行方式的计算。

如图 3 - 9 所示，设网络 N 的导纳矩阵已经形成，并对它进行三角分解而得到因子表。

当网络节点 i、j 之间发生支路开断，根据补偿原理可以等效地认为在 i、j 节点间并联了一个追加的支路阻抗 Z_{ij}，其数值等于被断开支路阻抗的负值。这时流入原网络的注入电流将由 $\dot I^{(0)}$ 变成 $\dot I'$

$$\dot{I}^{(0)} = [\dot I_1, \dot I_2, \cdots, \dot I_i, \cdots, \dot I_j, \cdots, \dot I_n]^{\mathrm T} \tag{3 - 40}$$

$$\dot{I}' = [\dot I_1, \dot I_2, \cdots, \dot I_i + \dot I_{ij}, \cdots, \dot I_j - \dot I_{ij}, \cdots, \dot I_n]^{\mathrm T} \tag{3 - 41}$$

用原网络的因子表对 $\dot I'$ 进行消去回代运算所求出的节点电压向量，就是待求的发生支路开断后的节点电压向量 $\dot U$，且 $\dot U = Y^{-1}\dot I'$。目前关键问题在于要求出追加支路 Z_{ij} 上通过的电流 I_{ij}，从而求得 $\dot I'$。

对于线性网络，可以应用迭加原理把图 3 - 10（a）分成两个网络即图 3 - 10（b）和图 3 - 10（c）。这时待求的节点电压 $\dot U$ 也可看成两个部分

$$\dot{\boldsymbol U} = \dot{\boldsymbol U}^{(0)} + \dot{\boldsymbol U}^{(1)} \tag{3 - 42}$$

式中：$\dot{\boldsymbol U}^{(0)}$ 相当于没有追加支路情况下的各节点电压，这个向量可以用原网络的因子表求出，即

$$\dot{\boldsymbol U}^{(0)} = \dot{\boldsymbol Y}^{-1} I^{(0)} \tag{3 - 43}$$

$\dot U^{(1)}$ 是向原网络注入电流向量 $\dot{\boldsymbol I}^{(1)}$ 时求出的，其值为

$$\dot{\boldsymbol U}^{(1)} = \boldsymbol Y^{-1} \dot{\boldsymbol I}^{(1)} \tag{3 - 44}$$

$$\dot{\boldsymbol I}^{(1)} = [0, \cdots, \overset{\overset{i}{\downarrow}}{\dot I_{ij}}, \cdots, -\overset{\overset{j}{\downarrow}}{\dot I_{ij}}, \cdots, 0]^{\mathrm T} = \dot I_{ij}[0, \cdots, \overset{\overset{i}{\downarrow}}{1}, \cdots, -\overset{\overset{j}{\downarrow}}{1}, \cdots, 0]^{\mathrm T} = \dot I_{ij}\, \dot I^{(ij)} \tag{3 - 45}$$

若假定 $\dot I_{ij}=1$，则有 $\dot I^{(1)} = \dot I^{(ij)}$。于是由式（3-44）就可求出当 $\dot I_{ij}$ 为单位电流时，网络各节点电压 $\dot U^{(ij)}$，即

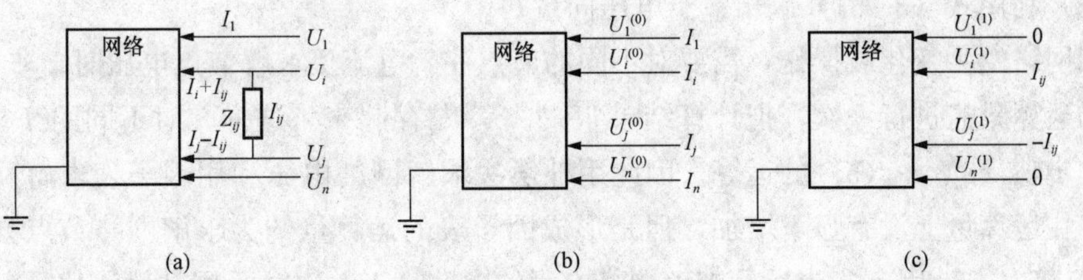

图 3 - 10　补偿法原理示意图

$$\boldsymbol{Y}^{-1}\dot{\boldsymbol{I}}^{(ij)} = \dot{\boldsymbol{U}}^{(ij)} \tag{3-46}$$

应用等效发电机原理，如果把图 3 - 11 所示电路上的 i、j 节点间的整个系统看成是 Z_{ij} 的等效电源，其空载电压就是

$$\dot{E} = \dot{U}_i^{(0)} - \dot{U}_j^{(0)} \tag{3-47}$$

这个电源的等值内阻抗 Z_T 可以用其他节点的注入电流为零，仅在 i、j 点分别通入正、负单位电流后，在 i、j 点产生的电压差来表示。由式（3 - 46）求得 $\dot{U}^{(ij)}$ 后，便可求得

$$Z_T = U_i^{(ij)} - U_j^{(ij)} \tag{3-48}$$

Z_T 亦即是从 i、j 节点看进去的输入阻抗，令

$$Z'_{ij} = Z_T + Z_{ij} \tag{3-49}$$

通过等值电路图 3 - 11 可见，利用式（3 - 48）、式（3 - 49）可求出

$$\dot{I}_{ij} = -\left(\frac{\dot{U}_i^{(0)} - \dot{U}_j^{(0)}}{Z'_{ij}}\right) = -\left(\frac{\dot{U}_i^{(0)} - \dot{U}_j^{(0)}}{Z_{ij} + \dot{U}_i^{(ij)} - \dot{U}_j^{(ij)}}\right) \tag{3-50}$$

求得 $\dot{\boldsymbol{I}}_{ij}$ 之后，由式（3 - 44）即可求得

$$\dot{\boldsymbol{U}}^{(1)} = \boldsymbol{Y}^{-1}\dot{\boldsymbol{I}}^{(1)} = \boldsymbol{Y}^{-1}\dot{\boldsymbol{I}}_{ij}\dot{\boldsymbol{I}}^{(ij)} = \dot{\boldsymbol{I}}_{ij}\boldsymbol{Y}^{-1}\dot{\boldsymbol{I}}^{(ij)} = \dot{\boldsymbol{I}}_{ij}\dot{\boldsymbol{U}}^{(ij)}$$
$$\dot{\boldsymbol{U}} = \dot{\boldsymbol{U}}^{(0)} + \dot{\boldsymbol{U}}^{(1)} = \dot{\boldsymbol{U}}^{(0)} + \dot{\boldsymbol{I}}_{ij}\dot{\boldsymbol{U}}^{(ij)} \tag{3-51}$$

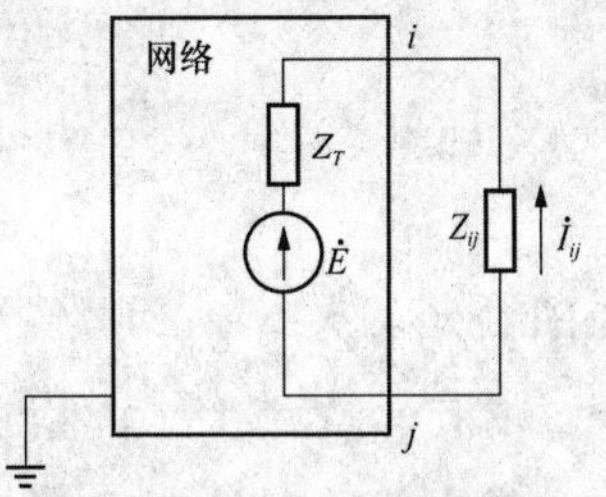

图 3 - 11　求电流 $\dot{I}_{ij}$ 的等效电路

由上式就可求得支路开断后的节点电压向量。

以上讨论了补偿法的基本原理。实用上，利用补偿法求解节点电压的过程可按以下步骤进行：

（1）利用原网络的因子表对于单位电流向量

$$\dot{\boldsymbol{I}}_{ij} = [0,\cdots,\overset{i}{\overset{\downarrow}{1}},0,\cdots,-\overset{j}{\overset{\downarrow}{1}},\cdots,0]^{\mathrm{T}} \tag{3-52}$$

进行消去回代运算，求出 $U^{(ij)}$。

（2）利用式（3 - 48）求等值发电机的内阻抗 Z_T，并根据式（3 - 49）求 Z'_{ij}。

（3）利用原网络因子表对节点注入电流向量 $\boldsymbol{I}$ 进行消去回代运算，求出 $U^{(0)}$。

（4）根据式（3 - 50）求出流经追加支路 Z_{ij} 的电流 $\dot{\boldsymbol{I}}_{ij}$。

(5) 利用式 (3-51) 求出节点电压向量 U。

当网络发生变化或操作，需要对不同的节点注入电流 I 求解节点电压时，步骤 (1)、(2) 的运算只需进行一次，把计算结果 $U^{(ij)}$、Z'_{ij} 贮存起来。这样，对不同的 I 求 U 时，只需作步骤 (3) ～ (5) 的运算。因此用补偿法求解网络电压和用因子表求解网络电压相比，在运算量上没有显著增加，但是形成因子表的运算量约为求解网络节点方程运算量的 10 倍左右，因此，当反复求解网络方程的次数小于 5 次时，用补偿法比重新形成因子表要节约很大的运算量。

补偿法在原理上也可用于网络同时进行两处或多处操作的情况，这时需要递归地套用以上的计算步骤。

以上介绍了补偿法的原理，下面讨论在 P-Q 分解法潮流程序中如何利用补偿法进行开断运行方式的计算。

补偿法与快速解耦相结合的计算。

对于 P-Q 分解法的修正方程式，可分别看成是由"导纳矩阵" B' 及 B'' 所描述网络的节点方程式，其注入电流分别为 $\Delta P/U$ 及 $\Delta Q/U$，待求的节点电压为 $U_0\Delta\theta$ 及 ΔU，这样就可以完全套用以上的计算过程。这种情况下对 B' 及 B'' 来说，图 3-9 的追加支路阻抗应分别为

$$Z'_{ij}=-1/B_{ij}, Z''_{ij}=-x_{ij} \tag{3-53}$$

开断元件是非标准变比的变压器时，式 (3-52) 的电流表示式改写为

$$\dot{I}_{ij}=[0\cdots \overset{i}{\downarrow}{n_T}\, 0\cdots -\overset{j}{\downarrow}{1}\, 0\cdots 0]^{\mathrm{T}} \tag{3-54}$$

式中：n_T 为在 j 侧的非标准变比。这时式 (3-47)、式 (3-48)、式 (3-50) 相应地变为

$$\dot{E}=n_T\dot{U}_i^{(0)}-\dot{U}_j^{(0)} \tag{3-55}$$

$$\dot{Z}_T=n_T\dot{U}_i^{(ij)}-\dot{U}_j^{(ij)} \tag{3-56}$$

$$\dot{I}_{ij}=-(n_T\dot{U}_i^{(0)}-\dot{U}_j^{(0)})/Z'_{ij} \tag{3-57}$$

式中：$Z'_{ij}=Z_T+Z_{ij}$。

必须注意，式 (3-53) 实际上只考虑了断开线路和变压器的不接地支路。严格地讲，输电线路对地电容或非标准变比变压器接地支路也应同时断开，但是，这样就成为同时出现 3 处操作的情况，使计算复杂化。计算实践表明，在利用补偿法进行系统开断运行方式计算时，不计接地支路的影响给计算带来的误差是很小的，可以忽略不计。

3.3.3 灵敏度分析法

1. 节点功率方程的线性化

前面介绍的直流潮流模型是一种简单而快速的静态安全分析方法，但这种方法只能进行有功潮流的计算，没有考虑电压和无功问题。采用潮流计算的 P-Q 分解法和补偿法

进行断线分析可以同时给出有功潮流、无功潮流以及节点电压的估计。但为了使计算结果达到一定的精度，必须进行反复迭代。否则其计算结果，特别是电压及无功潮流的误差较大。

下面介绍断线分析的灵敏度法。这种方法将线路开断视为正常运行的扰动，从电力系统潮流方程的泰勒级数展开式出发，导出灵敏度矩阵，以节点注入功率的增量模拟断线影响，较好地解决了电力系统断线分析计算问题。这种方法简单明了，省去了大量的中间计算过程，显著提高了断线分析的效率。应用本方法既可提供全面的系统运行指标(有功、无功潮流，节点电压、相角)，又具有很高的计算精度和速度，是较实用的静态安全分析方法。

网络断线分析还可结合故障选择技术，以减少断线分析的次数，进一步提高静态安全分析的效率。

电力系统节点功率方程为

$$\left.\begin{aligned} P_{is} &= U_i \sum_{j\in i} U_j (G_{ij}\cos\theta_{ij} + B_{ij}\sin\theta_{ij}) \\ Q_{is} &= U_i \sum_{j\in i} U_j (G_{ij}\sin\theta_{ij} - B_{ij}\cos\theta_{ij}) \end{aligned}\right\} (i = 1,2,\cdots,N) \tag{3-58}$$

式中：P_{is}、Q_{is}分别为节点 i 的有功和无功功率注入量。

对于正常情况下的系统状态，式（3-58）可概括为

$$\boldsymbol{W}_0 = f(\boldsymbol{X}_0,\boldsymbol{Y}_0) \tag{3-59}$$

式中：$\boldsymbol{W}_0$为正常情况下节点有功、无功注入功率向量；$\boldsymbol{X}_0$为正常情况下由节点电压、相角组成的状态向量；$\boldsymbol{Y}_0$为正常情况的网络参数。

若系统注入功率发生扰动 $\Delta\boldsymbol{W}$，或网络发生变化 ΔY，状态变量也会出现变化，设其变化量为 ΔX，并满足方程

$$\boldsymbol{W}_0 + \Delta\boldsymbol{W} = f(\boldsymbol{X}_0 + \Delta\boldsymbol{X},\boldsymbol{Y}_0 + \Delta\boldsymbol{Y}) \tag{3-60}$$

将式（3-60）按泰勒级数展开，有

$$\begin{aligned} \boldsymbol{W}_0 + \Delta\boldsymbol{W} = {} & f(\boldsymbol{X}_0,\boldsymbol{Y}_0) + f'_x(\boldsymbol{X}_0,\boldsymbol{Y}_0)\Delta\boldsymbol{X} + f'_y(\boldsymbol{X}_0,\boldsymbol{Y}_0)\Delta\boldsymbol{Y} + \frac{1}{2}[f''_{xx}(\boldsymbol{X}_0,\boldsymbol{Y}_0)(\Delta\boldsymbol{X})^2 \\ & + 2f''_{xy}(\boldsymbol{X}_0,\boldsymbol{Y}_0)\Delta\boldsymbol{Y}\Delta\boldsymbol{X} + f''_{yy}(\boldsymbol{X}_0,\boldsymbol{Y}_0)(\Delta\boldsymbol{Y})^2] + \cdots \end{aligned} \tag{3-61}$$

当扰动及状态改变量不大时，可以忽略$(\Delta\boldsymbol{X})^2$ 项及高次项，由于 f（$\boldsymbol{X}$，$\boldsymbol{Y}$）是 $\boldsymbol{Y}$ 的线性函数，故 f''_{yy}（$\boldsymbol{X}$，$\boldsymbol{Y}$）$=0$。因此式（3-61）可简化为

$$\boldsymbol{W}_0 + \Delta\boldsymbol{W} = f(\boldsymbol{X}_0,\boldsymbol{Y}_0) + f'_x(\boldsymbol{X}_0,\boldsymbol{Y}_0)\Delta\boldsymbol{X} + f'_y(\boldsymbol{X}_0,\boldsymbol{Y}_0)\Delta\boldsymbol{Y} + f''_{xy}(\boldsymbol{X}_0,\boldsymbol{Y}_0)\Delta\boldsymbol{Y}\Delta\boldsymbol{X}$$

将式（3-59）代入后，上式为

$$\Delta\boldsymbol{W} = f'_x(\boldsymbol{X}_0,\boldsymbol{Y}_0)\Delta\boldsymbol{X} + f'_y(\boldsymbol{X}_0,\boldsymbol{Y}_0)\Delta\boldsymbol{Y} + f''_{xy}(\boldsymbol{X}_0,\boldsymbol{Y}_0)\Delta\boldsymbol{Y}\Delta\boldsymbol{X} \tag{3-62}$$

由此可求出状态变量与节点功率扰动和网络结构变化的线性关系式为

$$\Delta\boldsymbol{X} = [f'_x(\boldsymbol{X}_0,\boldsymbol{Y}_0) + f''_{xy}(\boldsymbol{X}_0,\boldsymbol{Y}_0)\Delta\boldsymbol{Y}]^{-1}[\Delta\boldsymbol{W} - f'_y(\boldsymbol{X}_0,\boldsymbol{Y}_0)\Delta\boldsymbol{Y}] \tag{3-63}$$

当不考虑网络结构变化时 $\Delta \boldsymbol{Y}=0$，式（3-63）成为

$$\Delta \boldsymbol{X}=[f'_x(\boldsymbol{X}_0,\boldsymbol{Y}_0)]^{-1}\Delta \boldsymbol{W}=S_0\Delta \boldsymbol{W} \tag{3-64}$$

式中：$f''_{xy}(\boldsymbol{X}_0,\boldsymbol{Y}_0)=\left.\dfrac{\partial f(\boldsymbol{X},\boldsymbol{Y})}{\partial X}\right|_{X=\boldsymbol{X}_0,Y=\boldsymbol{Y}_0}=\boldsymbol{J}_0$。

其中：$\boldsymbol{J}_0$ 为潮流计算迭代结束时的雅可比矩阵；$\boldsymbol{S}_0$ 为灵敏度矩阵。因为在潮流计算时$\boldsymbol{J}_0$ 已经进行了三角分解，所以$\boldsymbol{S}_0$ 很容易通过回代运算求出。

当不考虑节点注入功率的扰动时，$\Delta \boldsymbol{W}=0$，式（3-63）变为

$$\Delta \boldsymbol{X}=[f'_x(\boldsymbol{X}_0,\boldsymbol{Y}_0)+f''_{xy}(\boldsymbol{X}_0,\boldsymbol{Y}_0)\Delta \boldsymbol{Y}]^{-1}[-f'_y(\boldsymbol{X}_0,\boldsymbol{Y}_0)\Delta \boldsymbol{Y}] \tag{3-65}$$

或经过变换，改写成如下形式

$$\begin{aligned}\Delta \boldsymbol{X}&=[f'_x(\boldsymbol{X}_0,\boldsymbol{Y}_0)]^{-1}[\boldsymbol{I}+f''_{xy}(\boldsymbol{X}_0,\boldsymbol{Y}_0)\Delta \boldsymbol{Y}f'_x(\boldsymbol{X}_0,\boldsymbol{Y}_0)^{-1}]^{-1}\cdot[-f'_y(\boldsymbol{X}_0,\boldsymbol{Y}_0)\Delta \boldsymbol{Y}]\\&=\boldsymbol{S}_0[\boldsymbol{I}+f''_{xy}(\boldsymbol{X}_0,\boldsymbol{Y}_0)\Delta \boldsymbol{Y}f'_x(\boldsymbol{X}_0,\boldsymbol{Y}_0)^{-1}]^{-1}[-f'_y(\boldsymbol{X}_0,\boldsymbol{Y}_0)\Delta \boldsymbol{Y}]\end{aligned} \tag{3-66}$$

式中：$\boldsymbol{I}$ 为单位矩阵。

最后，得到

$$\Delta \boldsymbol{X}=\boldsymbol{S}_0\Delta \boldsymbol{W}_y \tag{3-67}$$

式（3-64）相比，$\Delta \boldsymbol{W}_y$ 可看作是由断线而引起的节点注入功率的扰动

$$\Delta \boldsymbol{W}_y=[\boldsymbol{I}+f''_{xy}(\boldsymbol{X}_0,\boldsymbol{Y}_0)\Delta \boldsymbol{Y}f'_x(\boldsymbol{X}_0,\boldsymbol{Y}_0)^{-1}]^{-1}[-f'_y(\boldsymbol{X}_0,\boldsymbol{Y}_0)\Delta \boldsymbol{Y}] \tag{3-68}$$

式中，右端各项均可由正常情况的潮流计算结果求出，因此断线分析模拟完全是在正常接线及正常运行方式的基础上进行的。

为校验断线时的系统情况，只要按式（3-68）求出相应的节点注入功率增量，就可利用正常情况下的灵敏度矩阵由式（3-67）直接求出状态变量的修正量。修正后系统的状态变量为

$$\boldsymbol{X}=\boldsymbol{X}_0+\boldsymbol{X} \tag{3-69}$$

节点状态向量 X 已知后，即可按下式求出任意支路的潮流功率

$$\left.\begin{aligned}P_{ij}&=U_iU_j(G_{ij}\cos\theta_{ij}+B_{ij}\sin\theta_{ij})-t_{ij}G_{ij}U_i^2\\Q_{ij}&=U_iU_j(G_{ij}\sin\theta_{ij}-B_{ij}\cos\theta_{ij})+(t_{ij}B_{ij}-b_{ij0})U_i^2\end{aligned}\right\} \tag{3-70}$$

式中：t_{ij} 为支路变比标幺值；b_{ij0} 为支路容纳的 1/2。

2. 断线处节点注入功率增量的计算

断线分析的关键是按式（3-68）求出断线处节点注入功率增量 $\Delta \boldsymbol{W}_y$。静态安全校验主要是进行单线开断分析。为叙述方便，暂时假定系统中所有节点均为 PQ 节点，将式（3-68）简写为

$$\Delta \boldsymbol{W}_y=[\boldsymbol{I}+\boldsymbol{L}_0\boldsymbol{S}_0]^{-1}\Delta \boldsymbol{W}_l \tag{3-71}$$

式中：

$$\boldsymbol{L}_0=f''_{xy}(\boldsymbol{X}_0,\boldsymbol{Y}_0)\Delta \boldsymbol{Y} \tag{3-72}$$

$$\Delta \boldsymbol{W}_l=-f'_y(\boldsymbol{X}_0,\boldsymbol{Y}_0)\Delta \boldsymbol{Y} \tag{3-73}$$

其中：$\Delta \boldsymbol{W}_l$ 与断线支路在正常运行情况下的潮流有关。

设系统总的支路数为 b，断线支路两端节点为 ij，则在 b 阶向量 $\Delta \boldsymbol{Y}$ 中只有与支路 ij

对应的元素为非零元素，即

$$\Delta y_{ij}=-y_{ij}=-\sqrt{G_{ij}^2+B_{ij}^2} \tag{3-74}$$

对于一个节点数为 N 的网络，式（3-73）的 $f'_x(\boldsymbol{X}_0,\boldsymbol{Y}_0)$ 为 $2N\times b$ 阶矩阵，由式（3-58）知，只有节点 i 和 j 的注入功率和支路 i、j 的导纳有直接关系，即只有求节点 i、j 的注入功率时才用到 G_{ij} 和 B_{ij}。所以该矩阵每列只有 4 个非零元素。

设 i、j 支路的阻抗角为 α_{ij}，则有

$$G_{ij}=Y_{ij}\cos\alpha_{ij},B_{ij}=Y_{ij}\sin\alpha_{ij}$$

$$\frac{\partial G_{ij}}{\partial Y_{ij}}=\cos\alpha_{ij}=\frac{G_{ij}}{Y_{ij}},\frac{\partial B_{ij}}{\partial Y_{ij}}=\sin\alpha_{ij}=\frac{B_{ij}}{Y_{ij}}$$

利用以上关系和式（3-58），可求得

$$\left.\begin{aligned}\frac{\partial P_i}{\partial y_{ij}}&=\frac{U_iU_j(G_{ij}\cos\theta_{ij}+B_{ij}\sin\theta_{ij})-t_{ij}G_{ij}U_i^2}{y_{ij}}\\\frac{\partial Q_i}{\partial y_{ij}}&=\frac{U_iU_j(G_{ij}\sin\theta_{ij}-B_{ij}\cos\theta_{ij})+(t_{ij}B_{ij}-b_{ij0})U_i^2}{y_{ij}}\end{aligned}\right\}$$

将式（3-70）代入以上两式可得

$$\left.\begin{aligned}\frac{\partial P_i}{\partial y_{ij}}&=\frac{P_{ij}}{y_{ij}}\\\frac{\partial Q_i}{\partial y_{ij}}&=\frac{Q_{ij}}{y_{ij}}\end{aligned}\right\} \tag{3-75}$$

同理可得

$$\left.\begin{aligned}\frac{\partial P_j}{\partial y_{ij}}&=\frac{P_{ji}}{y_{ij}}\\\frac{\partial Q_j}{\partial y_{ij}}&=\frac{Q_{ji}}{y_{ij}}\end{aligned}\right\} \tag{3-76}$$

式（3-75）和式（3-76）中的 4 个元素即为 $f'_y(\boldsymbol{X}_0,\boldsymbol{Y}_0)$ 中对应于 ij 支路的 4 个非零元素。其他元素为

$$\left.\begin{aligned}\frac{\partial P_k}{\partial y_{ij}}&=0\\\frac{\partial Q_k}{\partial y_{ij}}&=0\end{aligned}\right\}\quad(k\notin\{i,j\}) \tag{3-77}$$

式中：$k\notin\{i,j\}$ 为 k 不属于节点集 $\{i,j\}$。

综合式（3-74）～式（3-77），可得式（3-73）的简化形式

$$\Delta\boldsymbol{W}_l=[0,\cdots,0,P_{ij},Q_{ij},0,\cdots,0,P_{ji},Q_{ji},0,\cdots,0] \tag{3-78}$$

式（3-72）中的 $\boldsymbol{L}_0$ 为 $2N\times2N$ 阶方阵，$f''_{xy}(\boldsymbol{X}_0,\boldsymbol{Y}_0)$ 是 $2N\times2N\times b$ 阶矩阵，相当于用雅可比矩阵对各支路导纳元素求偏导，每条支路对应一 $2N\times2N$ 阶方阵，其矩阵结构如图 3-12 所示。

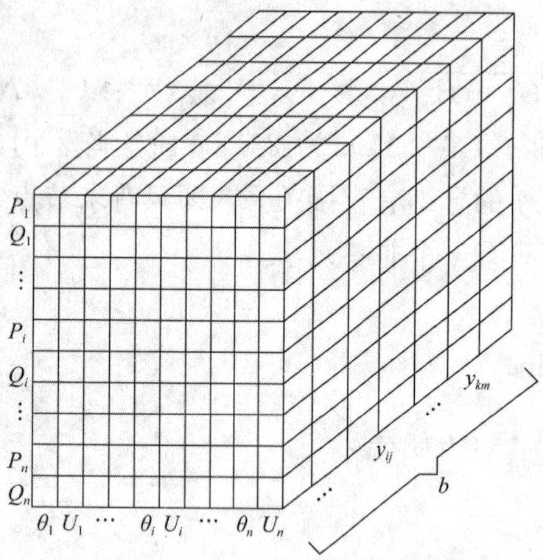

图 3-12 $f''_{xy}(\boldsymbol{X}_0,\boldsymbol{Y}_0)$ 的矩阵结构

由于当 $k\notin\{i,j\}$ 且 $m\notin\{i,j\}$ 时有

$$\left.\begin{aligned}\frac{\partial^2 P_k}{\partial y_{ij}\,\partial\theta_m}&=0\\\frac{\partial^2 Q_k}{\partial y_{ij}\,\partial\theta_m}&=0\\U_m\frac{\partial^2 P_k}{\partial y_{ij}\,\partial u_m}&=0\\U_m\frac{\partial^2 Q_k}{\partial y_{ij}\,\partial u_m}&=0\end{aligned}\right\}\tag{3-79}$$

所以每条支路 $2N\times 2N$ 阶矩阵最多只有16个非零元素。这些非零元素由雅可比矩阵或由式（3-75）、式（3-76）求出

$$\begin{aligned}\frac{\partial^2 P_i}{\partial y_{ij}\,\partial\theta_i}&=\frac{U_iU_j(-G_{ij}\sin\theta_{ij}+B_{ij}\cos\theta_{ij})}{y_{ij}}=-\frac{H_{ij}}{y_{ij}}\\\frac{\partial^2 Q_i}{\partial y_{ij}\,\partial\theta_i}&=\frac{U_iU_j(G_{ij}\cos\theta_{ij}+B_{ij}\sin\theta_{ij})}{y_{ij}}=-\frac{J_{ij}}{y_{ij}}\\U_i\frac{\partial^2 P_i}{\partial y_{ij}\,\partial u_i}&=\frac{[U_iU_j(G_{ij}\cos\theta_{ij}+B_{ij}\sin\theta_{ij})-2tG_{ij}U_i^2]}{y_{ij}}=\frac{(2P_{ij}-N_{ij})}{y_{ij}}\\U_i\frac{\partial^2 Q_i}{\partial y_{ij}\,\partial u_i}&=\frac{[U_iU_j(G_{ij}\sin\theta_{ij}-B_{ij}\cos\theta_{ij})+2(t_{ij}B_{ij}-b_{ij0})U_i^2]}{y_{ij}}=\frac{(2Q_{ij}-L_{ij})}{y_{ij}}\\\frac{\partial^2 P_i}{\partial y_{ij}\,\partial\theta_j}&=\frac{H_{ij}}{y_{ij}}\\\frac{\partial^2 Q_i}{\partial y_{ij}\,\partial\theta_j}&=\frac{J_{ij}}{y_{ij}}\\U_j\frac{\partial^2 P_i}{\partial y_{ij}\,\partial u_j}&=\frac{N_{ij}}{y_{ij}}\\U_j\frac{\partial^2 Q_i}{\partial y_{ij}\,\partial u_j}&=\frac{L_{ij}}{y_{ij}}\end{aligned}\tag{3-80}$$

同理可对 P_j 及 Q_j，求出与式（3-80）类似的8个偏导数公式。以上诸式中，H_{ij}、J_{ij}、N_{ij}、L_{ij} 均为雅可比矩阵的元素

$$\left.\begin{aligned}H_{ij}&=\frac{\partial P_i}{\partial\theta_j}=U_iU_j(G_{ij}\sin\theta_{ij}-B_{ij}\cos\theta_{ij})\\N_{ij}&=U_j\frac{\partial P_i}{\partial U_j}=U_iU_j(G_{ij}\cos\theta_{ij}+B_{ij}\sin\theta_{ij})\\J_{ij}&=\frac{\partial Q_i}{\partial\theta_j}=-U_iU_j(G_{ij}\cos\theta_{ij}+B_{ij}\sin\theta_{ij})\\N_{ij}&=U_j\frac{\partial Q_i}{\partial V_j}=U_iU_j(G_{ij}\sin\theta_{ij}-B_{ij}\cos\theta_{ij})\end{aligned}\right\}\quad(j\neq i)\tag{3-81}$$

由于 $\Delta \boldsymbol{Y}$ 中只有一个非零元素 $\Delta \boldsymbol{Y}=-y_{ij}$，所以式（3-72）变为

$$\boldsymbol{L}_0=\begin{bmatrix}-H_{ij} & 2P_{ij}-N_{ij} & H_{ij} & N_{ij}\\ -J_{ij} & 2Q_{ij}-L_{ij} & J_{ij} & L_{ij}\\ H_{ji} & N_{ji} & -H_{ji} & 2P_{ji}-N_{ji}\\ J_{ji} & L_{ji} & -L_{ji} & 2Q_{ji}-L_{ji}\end{bmatrix}\begin{matrix}\leftarrow 2i-1\\ \leftarrow 2i\\ \leftarrow 2j-1\\ \leftarrow 2j\end{matrix} \tag{3-82}$$

$$\begin{matrix}\uparrow & \uparrow & \uparrow & \uparrow\\ 2i-1 & 2i & 2j-1 & 2j\end{matrix}$$

式（3-82）中，只有对应于 i、j 两行两列交叉处 $2i-1$、$2i$、$2j-1$、$2j$ 节点元素有非零元素，其余元素均为零。

可知，在 $\Delta \boldsymbol{W}_1$ 及$\boldsymbol{L}_0$ 中只有与断线端点有关的元素才是非零元素，故式（3-71）可以写成更紧凑的形式

$$\begin{bmatrix}\Delta P_i\\ \Delta Q_i\\ \Delta P_j\\ \Delta Q_j\end{bmatrix}=\boldsymbol{H}^{-1}\begin{bmatrix}\Delta P_{ij}\\ \Delta Q_{ij}\\ \Delta P_{ji}\\ \Delta Q_{ji}\end{bmatrix} \tag{3-83}$$

$$\boldsymbol{H}=\begin{bmatrix}1&0&0&0\\0&1&0&0\\0&0&1&0\\0&0&0&1\end{bmatrix}+\begin{bmatrix}-H_{ij} & 2P_{ij}-N_{ij} & H_{ij} & N_{ij}\\ -J_{ij} & 2Q_{ij}-L_{ij} & J_{ij} & L_{ij}\\ H_{ji} & N_{ji} & -H_{ji} & 2P_{ji}-N_{ji}\\ J_{ji} & L_{ji} & -L_{ji} & 2Q_{ji}-L_{ji}\end{bmatrix}\begin{bmatrix}S_{ii}^{(1)} & S_{ii}^{(2)} & S_{ij}^{(1)} & S_{ij}^{(2)}\\ S_{ii}^{(3)} & S_{ii}^{(4)} & S_{ij}^{(3)} & S_{ij}^{(4)}\\ S_{ji}^{(1)} & S_{ji}^{(2)} & S_{jj}^{(1)} & S_{jj}^{(2)}\\ S_{ji}^{(3)} & S_{ji}^{(4)} & S_{jj}^{(3)} & S_{jj}^{(4)}\end{bmatrix} \tag{3-84}$$

式中：$\boldsymbol{S}_{ij}^{(1)}$、$\boldsymbol{S}_{ij}^{(2)}$、$\boldsymbol{S}_{ij}^{(3)}$、$\boldsymbol{S}_{ij}^{(4)}$ 等为灵敏度矩阵中行和列都与断线端点有关的元素。且有

$$\left.\begin{aligned}S_{ij}^{(1)}&=\frac{\partial \theta_i}{\partial P_j}\\ S_{ij}^{(2)}&=\frac{\partial \theta_i}{\partial Q_j}\\ S_{ij}^{(3)}&=\frac{1}{U_i}\frac{\partial U_i}{\partial P_j}\\ S_{ij}^{(4)}&=\frac{1}{U_i}\frac{\partial U_i}{\partial Q_j}\end{aligned}\right\} \tag{3-85}$$

式（3-83）等式左边的向量表示断开线路 ij 时在节点 i、j 形成的节点注入功率增量，其他节点的增量为零。据此可由式（3-67）求出各状态变量的修正量。式（3-83）是断线分析的主要公式，式中右端各项均可由牛顿潮流计算结果获得。在形成 H 阵时只需进行两个 4 阶方阵的运算［见式（3-84）］。因而可以简便地求出由于断线引起的注入功率增量，快速进行静态安全分析。

3. 快速断线分析计算流程

快速断线分析方法的计算流程如图 3-13 所示。可知在进行断线分析之前，首先要用

牛顿法计算正常情况时的潮流，提供断线分析所需的数据。这些数据包括雅可比矩阵$\boldsymbol{J}_0$灵敏度矩阵$\boldsymbol{S}_0$正常情况下各节点电压相角和支路潮流等。

断线分析计算包括3部分（以单线开断为例）：

（1）按式（3-83）求相应的节点注入功率增量，其中主要是按式（3-84）求出矩阵H。

（2）按式（3-67）求各节点状态变量的改变量，并按式（3-69）求出断线后新的状态变量。

（3）按式（3-70）求出断线后各支路潮流功率。

注意，当断线使系统分解成两个不相连的子系统时，式（3-84）中矩阵的逆矩阵不存在，因而不能直接进行断线分析。

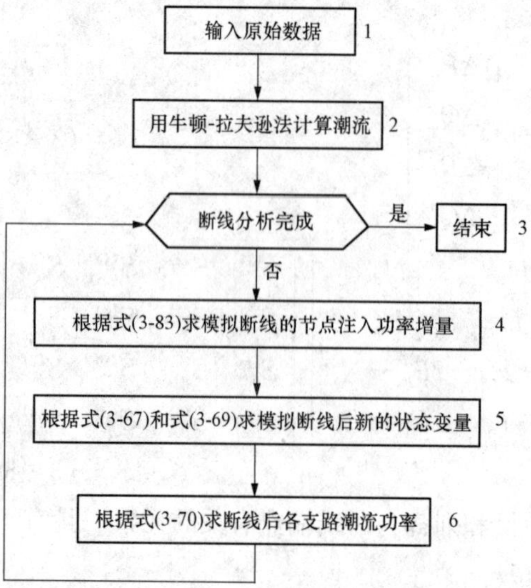

图3-13　快速断线分析计算流程图

前面假定所有节点均为PQ节点。当与断线相连的节点为PV节点时，在式（3-58）中只有与有功功率有关的方程，故断线分析只需计算该节点的有功功率增量，并认为无功功率增量为零，在式（3-83）和式（3-84）中除去与无功功率有关的行和列。当断线与平衡节点相连时，由于式（3-58）不包含与平衡节点有关的方程，因此不求平衡节点注入功率的增量。即PV节点的无功注入功率和平衡节点的有功及无功注入功率是不定的，求它们的增量没有意义。

在静态安全校验中，如果只分析断线对某些关键节点的状态变量和关键支路潮流的影响，那么在图3-13的5、6两框中可只对这些节点和支路求断线后的数值，从而减少计算量。

3.4　发电机开断模拟

在电力系统运行中，发电机开断是一种可能发生的事故。因此，电力系统安全分析必须具备这种预想事故的模拟分析功能。目前，多数关于发电机开断模拟的分析方法（如直流法、分布系数法等）都是采用线性迭加原理，精度较差。这里介绍一种计及电力系统频率特性的静态频率特性法，这种方法的精确性与快速性已在实用中得到证实。

发电机开断时，由于受扰的内部系统失去了一部分发电机，调速系统一次调节后，外部系统必然会提供一定的有功给予支援，即内部系统边界的有功注入必须修正。除了外部有功的支援外，各联络线上的有功也要作相应调整。

发电机的频率响应特性（frequency response characteristics，FRC）及边界节点上的等值频率响应特性将是求解这些功率变化的依据。

发电机开断模拟的数学模型，必须考虑到失去一部分有功功率后系统的暂态过程及自动控制装置动作所产生的效应。通常情况下，可将整个变化过程划分为以下 4 个时段。

时段 1，电磁暂态过程：系统的暂态潮流按网络阻抗与机组暂态电抗来分布，由于系统电磁储能容量很小，因此暂态过程在数毫秒内即被阻尼。

时段 2，机械暂态过程：发电机的反应过程决定于机组的惯性，有功功率的变化由发电机旋转部分的转动惯量来决定。

时段 3，调速器动作过程：发电机间功率分配的变化由 FRC 特性来决定。

时段 4，自动发电控制：在一个控制区域内的发电机按自动发电控制装置（AGC）的整定值进行调节。

对于在线发电机开断模拟来说，由于所研究的系统在发生事故后已进入稳定状态。此时，快速反应的时段 1、2 将不予考虑。一般，原动机调速器在故障发生后几秒到几十秒之内起作用并到达稳定状态，所以系统在上述时段 3 的行为就是静态安全分析所需要研究的部分。

此时各台发电机的功率变化可用它的 FRC 与系统 FRC 之间的比例关系来确定。图 3-14 表示总容量为 110GW 的系统，在失去 2.7GW 机组后的频率变化过程，此过程在故障后 13s 左右抵达稳定状态。

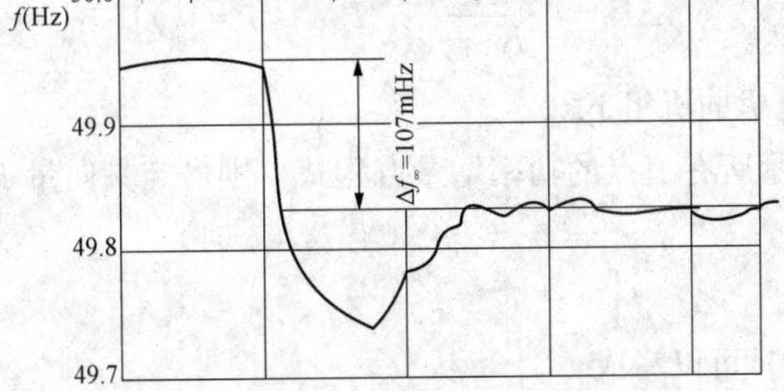

图 3-14　110GW 电力系统失去 2.7GW 机组后的频率变化过程

至于时段 4 中 AGC 的作用，则是通过二次频率调节来消除静态频率偏差。此外，还可以控制联络线的功率来调整互联系统间的静态频率偏差。这些内容已不属于安全分析的范围。

下面讨论当电力系统有发电机开断时，系统其他发电机功率的变化。

当系统有发电机开断时，全系统的静态有功响应是根据调速系统一次调节所达到的稳定状态来确定的。图 3-15 表示理想调速系统的典型静态频率特性曲线。考虑到可行的功率范围是在最大值与最小值之间，于是发电机组在设定的运行点 P_{Gi}^{0} 的特性可以用调差系数来表示

$$R_{Gi}=-\frac{\partial f}{\partial P_{Gi}}\ (\mathrm{Hz/MW}) \tag{3-86}$$

其倒数为

$$K_{Gi}=\frac{1}{R_{Gi}}\ (\mathrm{MW/Hz}) \tag{3-87}$$

式中：K_{Gi} 为“发电机组的 FRC”。

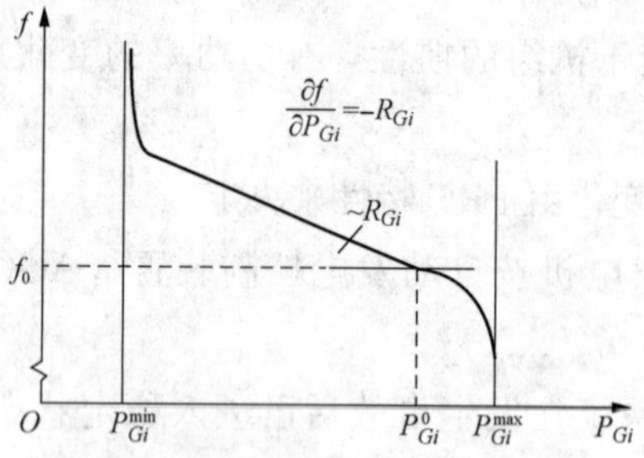

图 3-15　理想调速系统的典型静态频率特性曲线图

除了发电机的静态频率特性 K_{Gi} 引起发电机 i 的功率变化外，系统频率变化时也会引起负荷功率的变化，这就是负荷的频率响应特性。

频率变化幅度不大时，此特性可认为是线性的，以 K_{Li} 表示，对节点的总响应为

$$K_i=K_{Gi}+K_{Li} \tag{3-88}$$

电力系统的响应为各节点响应的总和，节点数为 n 时，系统的 FRC 为

$$K_s=\sum_{i=1}^{n}K_i \tag{3-89}$$

如果静态频率特性 K_G 在运行点 P_G^0 线性化，则当节点 k 上失去有功出力 P_G^l 后，发电机 i 的功率增量 ΔP_i 为

$$\left.\begin{aligned}\Delta P_i&=\frac{K_i}{K_s-K_G^l}P_G^l\quad(i\neq k)\\ \Delta P_i&=\frac{-K_s+K_i}{K_s-K_G^l}P_G^l\quad(i=k)\end{aligned}\right\} \tag{3-90}$$

式中：K_G^l 为开断发电机的机组 FRC。

若以向量形式表示所有节点的功率增量方程式，则可定义向量 H，其中的元素

$$\left.\begin{aligned}h_i&=0\qquad(\text{当 } i\neq k \text{ 时})\\ h_i&=-K_s\quad(\text{当 } i=k \text{ 时})\end{aligned}\right\} \tag{3-91}$$

从而，式（3-90）可以写成

$$\Delta\boldsymbol{P}=\frac{P_G^l}{K_s-K_G^l}[\boldsymbol{K}+\boldsymbol{H}] \tag{3-92}$$

对于大型电力系统，因为 $K_s\gg K_G^l$，式（3-92）可写成

$$\Delta\boldsymbol{P}=\frac{P_G^l}{K_s}[\boldsymbol{K}+\boldsymbol{H}] \tag{3-93}$$

在实际电力系统中，由于 $K_{Li}\ll K_{Gi}$，于是有

$$K_i=K_{Gi} \tag{3-94}$$

$$K_s = K_{Gs} = \sum_{i=1}^{n} K_{Gi} \tag{3-95}$$

当各节点的注入功率变化 ΔP_i，可以仅用发电机的出力变化 ΔP_{Gi} 来表示，则式（3-93）可以写成

$$\Delta P_G = \frac{P_G^l}{K_{Gs}}(K_G + \boldsymbol{H}) \tag{3-96}$$

为求得发电机 k 开断后系统较精确的潮流分布，可以用解耦潮流算法进行交流潮流计算。以式（1-59）代入式（1-53），将有功功率变化关系写成

$$\Delta \boldsymbol{P} = \mathrm{diag}(\boldsymbol{U})\boldsymbol{B}'\mathrm{diag}(\boldsymbol{U})\Delta\boldsymbol{\theta} \tag{3-97}$$

式中：B' 为直流潮流矩阵；U 为扰动前的电压模值向量。

若取

$$\boldsymbol{A} = \mathrm{diag}(\boldsymbol{U})\boldsymbol{B}'\mathrm{diag}(\boldsymbol{U}) \tag{3-98}$$

则式（3-97）可写成

$$\Delta \boldsymbol{P} = \boldsymbol{A}\Delta\boldsymbol{\theta} \tag{3-99}$$

将式（3-92）代入式（3-99）的左边，可得

$$\frac{P_G^l}{K_s - K_G^l}(\boldsymbol{K} + \boldsymbol{H}) = \boldsymbol{A}\Delta\boldsymbol{\theta} \tag{3-100}$$

当电力系统进行外部等值时，由于外部系统的发电机也承担了有功功率调节的任务，因此必须求出外部系统的等值 FRC。

将全系统的节点分为三类，E 为外部系统节点，B 为边界节点，I 为内部系统节点，则式（3-99）可分解为以下形式

$$\begin{bmatrix} \Delta\boldsymbol{P}_E \\ \Delta\boldsymbol{P}_B \\ \Delta\boldsymbol{P}_I \end{bmatrix} = \begin{bmatrix} \boldsymbol{A}_{EE} & \boldsymbol{A}_{EB} & 0 \\ \boldsymbol{A}_{BE} & \boldsymbol{A}_{BB} & \boldsymbol{A}_{BI} \\ 0 & \boldsymbol{A}_{IB} & \boldsymbol{A}_{IB} \end{bmatrix} \begin{bmatrix} \Delta\boldsymbol{\theta}_E \\ \Delta\boldsymbol{\theta}_B \\ \Delta\boldsymbol{\theta}_I \end{bmatrix} \tag{3-101}$$

消去外部系统部分后，则有

$$\begin{bmatrix} \Delta\boldsymbol{P}_B^* \\ \Delta\boldsymbol{P}_I \end{bmatrix} = \begin{bmatrix} \boldsymbol{A}_{BB}^* & \boldsymbol{A}_{BI} \\ \boldsymbol{A}_{IB} & \boldsymbol{A}_{II} \end{bmatrix} \begin{bmatrix} \Delta\boldsymbol{\theta}_B \\ \Delta\boldsymbol{\theta}_I \end{bmatrix} \tag{3-102}$$

其中

$$\boldsymbol{A}_{BB}^* = \boldsymbol{A}_{BB} - \boldsymbol{A}_{BE}\boldsymbol{A}_{EE}^{-1}\boldsymbol{A}_{EB} \tag{3-103}$$

$$\Delta\boldsymbol{P}_B^* = \Delta\boldsymbol{P}_B - \boldsymbol{A}_{BE}\boldsymbol{A}_{EE}^{-1}\Delta\boldsymbol{P}_E \tag{3-104}$$

式（3-102）～式（3-104）中：A_{BB}^* 为外部系统等值后，相应于边界节点的系数矩阵；ΔP_B^* 为等值后边界节点的有功功率注入增量。

若把式（3-104）中的 $\Delta\boldsymbol{P}_B^*$、$\Delta\boldsymbol{P}_B$ 及 $\Delta\boldsymbol{P}_E$ 分别用边界节点的等值 FRC（K_B^*）、边界节点的 FRC（K_B）及外部节点的 FRC（K_E）与 $\frac{P_G^l}{Ks - K_G^l}$ 的乘积表示，则式（3-104）可写成

$$\frac{P_G^l}{K_s - K_G^l}\boldsymbol{K}_B^* = (K_B - A_{BE}A_{EE}^{-1}K_E)\frac{P_G^l}{K_s - K_G^l} \tag{3-105}$$

于是

$$K_B^* = K_B - A_{BE}A_{EE}^{-1}K_E = K_B - \Delta K_B^* \tag{3-106}$$

$$\Delta K_B^* = A_{BE}A_{EE}^{-1}K_E \tag{3-107}$$

式（3-106）和式（3-107）表示外部节点的 FRC（K_E）与边界节点上等值 FRC（K_B^*）间的关系，K_E 是按 $A_{BE}A_{EE}^{-1}$ 的关系分配到边界节点上的。令 $J_E=A_{BE}A_{EE}^{-1}$，则式（3-107）可写成

$$\Delta K_B^* = A_{BE}J_E \tag{3-108}$$

式中：J_E 可由三角分解后通过前代回代求出。

由式（3-98）可得 $A_{BE}=\text{diag}\ (U_B)\ B'_{BE}\text{diag}\ (U_E)$，$A_{EE}=\text{diag}\ (U_E)\ B'_{EE}\text{diag}\ (U_E)$。

于是，式（3-106）的 $A_{BE}A_{EE}^{-1}$ 可写成

$$A_{BE}A_{EE}^{-1} = \text{diag}(U_B)B'_{BE}\ (B'EE)^{-1}\text{diag}^{-1}(U_E) \tag{3-109}$$

代入式（3-103）得

$$K_B^* = K_B - \text{diag}(UB)B'_{BE}(B'_{EE})^{-1}\text{diag}^{-1}(U_E)K_E \tag{3-110}$$

在实时情况下，外部系统的电压模值 U_E 无法知道。为此可取 $U_E=U_0\approx 1$（标幺值），于是式（3-110）可写为

$$K_B^* = K_B - \frac{1}{U_0}\text{diag}(U_B)B'_{BE}\ (B'_{EE})^{-1}K_E \tag{3-111}$$

在式（3-111）中只用到 B' 的有关元素及边界节点电压。因此求出等值 FRC，亦即边界节点响应的总和。

3.5 预想事故的自动选择

在进行大型电力系统安全分析时，需要考虑的预想事故数目是相当可观的。一般预想事故至少是开断一条线路、一台发电机、二条线路或一机一线等。在某些情况下，也可能需要考虑更多重的复合故。

要给出预想事故的安全性评价，需要逐个对预想事故进行潮流分析，然后校核其违限情况。因此安全分析的计算量很大，难以适应实时要求。

预想事故自动选择（automatic contingency selection，ACS），就是在实时条件下利用电力系统实时信息，自动选出那些会引起支路潮流过载、电压越限等危及系统安全运行的预想事故，并用行为指标来表示它对系统造成的危害严重程度，按顺序排队给出一览表。因为有意义的预想事故，只占整个预想事故集的一小部分。因此，就不必对整个预想事故集进行逐个详尽分析计算，这样可以大大节省机时，加快安全分析的速度。

自从 1979 年提出预想事故自动选择概念以来，已有许多论文介绍了各种自动选择的算法。某些方法已进入现场考验与实施的阶段，但仍存在一些问题有待于进一步研究解决。

预想事故自动选择需要一种快速的、在精度上只要能满足排队要求的开断模拟算法，即能剔除不起作用的预想事故，并将起作用的预想事故按其严重程度排队。因此，它与

第 3.3 节、第 3.4 节的计算要求不同。

为了表征各种开断情况下线路潮流过载和节点电压越限的严重程度，同时又考虑到网络中的有功功率与无功功率存在弱耦合这一物理现象，定义了两种行为指标（performance index，PI）。

(1) 有功功率行为指标，是用来衡量线路有功功率过负荷程度的计算方式，表示式为

$$PI_p = \sum_{\alpha} w_p \left(\frac{P_l}{P_l^{\max}}\right)^2 \tag{3-112}$$

式中：w_p 为有功功率权因子；P_l 为线路 l 中有功潮流；$P_l^{\max}$ 为线路 l 的有功潮流限值，α 为有功功率过负荷的线路集合。

(2) 无功功率行为指标，是用来衡量电压与无功功率越限程度的计算公式，表示式为

$$PI_{vq} = \sum_{\beta} w_u \frac{|U_i - U_i^{\lim}|}{U_i^{\lim}} + \sum_{\gamma} w_q \frac{|Q_i - Q_i^{\lim}|}{Q_i^{\lim}} \tag{3-113}$$

式中：U_i 为节点 i 的电压模值；$U_i^{\lim}$ 为节点 i 的电压模值限值；w_u 为电压权因子；Q_i 为节点 i 的无功注入；$Q_i^{\lim}$ 为节点 i 的无功注入限值；w_q 为无功功率权因子；β 为电压模值超过上、下限的节点集合；γ 为无功超过上、下限的节点集合。

式（3-112）、式（3-113）中，α、β、γ 均只限于越限的线路或节点；w_p、w_u、w_q 的值取决于系统的运行经验和在不同越限情况下有关线路的重要程度；当权因子取为零时，即认为该线违限并不重要而可排除在集合之外。

在研究线路行为指标时，可将所有线路，不论是否过负荷，都参加 PI 计算；也可以只将支路潮流增加的线路参加 PI 计算。

用开断模拟计算得出按行为指标排队的一览表后，选择其中排在前面的一些预想事故，用完整的交流潮流作进一步分析，以确定其对电力系统的影响。在选择这些需作精确计算的预想事故时，可引用终止判据的概念。

终止判据是指对一览表中需要进行详细交流潮流计算的预想事故数进行选择的判据。凡是属于终止判据范围以外的预想事故，就认为不会对电力系统引起越限或虽越限但影响并不重要，因而可以不必再用交流潮流进行校验。下面介绍通常采用的两种终止判据。

(1) 只分析预想事故表中的前 N 个。这种方法计算时间短，但 N 个以后的开断情况，若也可能引起越限，就不能对它们作详尽分析了。

(2) 采用不再出现违限的开断情况作为终止判据。这种方法可以降低出现遗漏严重情况的可能性，但增加了预想事故分析所需的时间。

任何 ACS 算法，必须满足以下条件，才可认为是具有实用价值的。

(1) 从计算时间的得失效果上看，采用 ACS 算法后应当是有利的。其效果可用式（3-114）表示

$$(N_t - N_{ac})T_{ac} = N_t T_{acs} \tag{3-114}$$

式中：N_t 为预想事故总数；N_{ac} 为经 ACS 分析筛选后确定需要用完全交流潮流法进行分析的越限预想事故数；T_{ac} 为每一种预想事故用完全交流潮流法进行分析所需的平均计算时间；T_{acs} 为用 ACS 法排列预想事故表时，每一开断情况所需的平均计算时间。

式（3-115）可改写成

$$N_{ac}=N_t\ (1-T_{acs}/T_{ac}) \tag{3-115}$$

如果某电力系统用 ACS 算法后求出 $N_{ac}=40\%$，这表示在 100 种可能发生的事件中，需要用完全交流潮流进行分析的事件等于或少于 40 件时，ACS 才具有实用价值。

（2）ACS 算法的实用价值还可用俘获率来衡量。在某一规定的终止判据下，俘获率的定义为

$$R = N_{ca}/N_{ta} \tag{3-116}$$

式中：N_{ca} 为分类到关键性预想事故集中的预想事故总数；N_{ta} 为实际起作用的预想事故总数。

通常 R 最大可以是 1，此时 $N_{ca}=N_{ta}$。一般 N_{ca} 可由完全的交流潮流计算来确定。

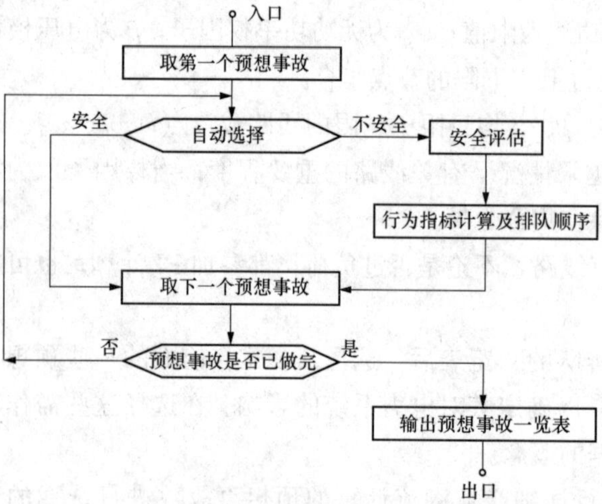

图 3-16　预想事故自动选择算法的原理框图

（3）ACS 算法应避免发生遮蔽现象或不致因遮蔽现象而降低俘获率。所谓遮蔽现象是指一个可能引起多个线路出现重载但并未过载的预想事故，其行为指标反而高于只有个别线路产生过负荷的预想事故指标，从而引起排队顺序的错误，漏掉对有意义预想事故的分析。

预想事故自动选择算法原理框图见图 3-16。安全评价是整个流程中的一个部分，自动选择框起着剔除无害预想事故的作用，通过计算行为指标可以得出按行为指标递降顺序排列的有意义预想事故一览表。

目前有许多用于 ACS 的开断模拟计算方法，其中大多数应用了线性重迭原理。它们虽然具有快速、简单等特点，但对于重载线路或大机组开断存在精度较差的缺点。下面对两种比较有代表性的预想事故分析方法进行介绍。

1. *P*-*Q* 分解潮流一次迭代法

本方法直接应用 *P*-*Q* 分解法来计算各种开断情况下的支路潮流与节点电压。为了加快计算速度，在极短的时间内完成 ACS 排队，可以只做一次迭代计算，并应用求出的解进行 PI 分析。由于大多数预想事故只使故障点邻近范围内的潮流与电压产生较大的偏差，因而一次迭代的排队具有一定的准确度。然后按终止判据选择其中较严重的预想事故作完全的交流潮流计算。

2. 分布系数法

为了计算某一线路 k（即连接节点 i 与 j 的支路）开断情况下，其余各线路 l 的有功潮流，可通过计算支路 k 的电抗变化后电抗矩阵的变化量 δX 来推导。

$$\boldsymbol{\delta X} = (\boldsymbol{B}_{(1)})^{-1} - (\boldsymbol{B}_{(0)})^{-1} \tag{3-117}$$

式中：$B_{(0)}$ 为支路开断前的电纳矩阵；$B_{(1)}$ 为支路开断后的电纳矩阵。

由后补偿公式得

$$\boldsymbol{U} = [\boldsymbol{E} - \boldsymbol{X}^k C\ (\boldsymbol{M}^k)^{\mathrm{T}}]\boldsymbol{Y}_{(0)}^{-1}\boldsymbol{I} = \boldsymbol{Y}_{(1)}^{-1}\boldsymbol{I} \tag{3-118}$$

其中

$$\boldsymbol{M}^k = \boldsymbol{M}^{ij} = [0,\cdots,0,\overset{i}{\downarrow}{1},\cdots,-\overset{j}{\downarrow}{1},0,\cdots,0]^{\mathrm{T}}$$

$$\boldsymbol{X}^k = \boldsymbol{Y}_{(0)}^{-1}\boldsymbol{M}^k$$

于是支路开断后的导纳矩阵为 $\boldsymbol{Y}_{(1)}^{-1} \triangleq [\boldsymbol{E} - \boldsymbol{X}^k C\ (\boldsymbol{M}^k)^{\mathrm{T}}]\ \boldsymbol{Y}_{(0)}^{-1}$。

其中

$$C = 1/(Z_k + (M^k)^{\mathrm{T}} Y_{(0)}^{-1} M^k)$$

式中：Z_k 为支路 k 的阻抗，也可以用 $1/bk$ 表示。

若定义 $(M^k)^{\mathrm{T}} Y_{(0)}^{-1} M^k \triangleq Z$，则

$$\boldsymbol{Z} = (\boldsymbol{M}^k)^{\mathrm{T}}\boldsymbol{X}^k$$

在只有一条线路 k 开断时，则

$$\boldsymbol{Z} = X_i - X_j$$

式中：X_i 与 X_j 分别为列向量 X^k 的第 i 个和第 j 个元素。

当只有一条线路开断时，C 是一个纯量

$$C = [\boldsymbol{Z}_k + (X_i - X_j)]^{-1} = \left[\frac{1}{\boldsymbol{b}_k} + (X_i - X_j)\right]^{-1} \tag{3-119}$$

于是

$$\boldsymbol{Y}_{(1)}^{-1} = [\boldsymbol{E} - C\boldsymbol{X}^k\ (M^k)^{\mathrm{T}}]\ \boldsymbol{Y}_{(0)}^{-1}$$

若写成电纳形式时，支路 k 开断后电纳阵之逆为

$$B_{(1)}^{-1} = [E - CX^k\ (M^k)^{\mathrm{T}}]\ B_{(0)}^{-1} \tag{3-120}$$

式中：$B_{(0)}$ 可以是 P-Q 分解法中的 B' 或 B'' 或直流法潮流的 $B'_{(0)}$。将式（3-120）代入式（3-117），并用 $B_{(0)}$ 表示得

$$\begin{aligned}\boldsymbol{\delta X} &= (\boldsymbol{B}_{(0)}^{-1}) - C\boldsymbol{X}^k(\boldsymbol{M}^k)^{\mathrm{T}}(\boldsymbol{B}_{(0)}^{-1}) - (\boldsymbol{B}_{(0)}^{-1}) \\ &= -C\boldsymbol{X}^k(\boldsymbol{M}^k)^{\mathrm{T}}(\boldsymbol{B}_{(0)}^{-1})\end{aligned} \tag{3-121}$$

其中

$$\left.\begin{aligned}\boldsymbol{X}^k &= (\boldsymbol{B}_{(0)})^{-1}\boldsymbol{M}^k \\ C &= \frac{1}{b_k} + b_k X_{kk} \\ \boldsymbol{X}_{kk} &= (\boldsymbol{M}^k)^{\mathrm{T}}\boldsymbol{X}^k\end{aligned}\right\} \tag{3-122}$$

由于 $B_{(0)} = (B_{(0)})^{\mathrm{T}}$，所以

$$(\boldsymbol{X}^k)^{\mathrm{T}} = [(\boldsymbol{B}_{(0)}^{-1})\boldsymbol{M}^k]^{\mathrm{T}} = (\boldsymbol{M}^k)^{\mathrm{T}}(\boldsymbol{B}_{(0)}^{-1}) \tag{3-123}$$

于是式（3-121）可写成

$$\boldsymbol{\delta X} = -C\boldsymbol{X}^k(\boldsymbol{X}^k)^{\mathrm{T}} \tag{3-124}$$

由直流潮流法可得，支路 k 开断后节点电压相角的变化为（此时用 $B'_{(0)}$ 代替 B'）

$$\Delta\boldsymbol{\theta} = (\boldsymbol{B'}_1^{-1})\boldsymbol{P} - (\boldsymbol{B'}_0^{-1})\boldsymbol{P} \tag{3-125}$$

将式（3-117）代入式（3-125），得

$$\Delta\boldsymbol{\theta} = \boldsymbol{\delta X P} \tag{3-126}$$

于是，未开断支路 l（两端节点号为 p、q）的角度变化为

$$\Delta\theta_l = \Delta\theta_p - \Delta\theta_q = (\boldsymbol{M}^l)^{\mathrm{T}}\Delta\boldsymbol{\theta} \tag{3-127}$$

其中

$$(\boldsymbol{M}^l)^{\mathrm{T}} = (\boldsymbol{M}^{pq})^{\mathrm{T}} = [0,\cdots 0,\overset{p}{\downarrow}{1},0,\cdots,0,-\overset{q}{\downarrow}{1},0,\cdots,0]$$

将式（3-123）、式（3-124）和式（3-126）代入式（3-127），得

$$\begin{aligned}\Delta\boldsymbol{\theta}_l &= (\boldsymbol{M}^l)^{\mathrm{T}}\boldsymbol{\delta X P} = -(\boldsymbol{M}^l)^{\mathrm{T}}C\boldsymbol{X}^k(\boldsymbol{X}^k)^{\mathrm{T}}\boldsymbol{P} \\ &= -C(\boldsymbol{M}^l)^{\mathrm{T}}\boldsymbol{X}^k(\boldsymbol{M}^k)^{\mathrm{T}}(\boldsymbol{B}_0^{-1})\boldsymbol{P} = -C(\boldsymbol{M}^l)^{\mathrm{T}}\boldsymbol{X}^k(\boldsymbol{M}^k)^{\mathrm{T}}\boldsymbol{\theta} \\ &= -CX_{lk}\theta_k \quad (l=1,2,\cdots,N_L; l\neq k)\end{aligned} \tag{3-128}$$

其中

$$X_{lk} = (\boldsymbol{M}^l)^{\mathrm{T}}\boldsymbol{X}^k \tag{3-129}$$

$$\theta_k \triangleq \theta_i - \theta_j = (\boldsymbol{M}^k)^{\mathrm{T}}\boldsymbol{\theta} \tag{3-130}$$

式中：N_L 为网络支路总数。

利用直流潮流关系式（3-29）可知，当已知支路 l 两端节点 p、q 的角度差后，支路潮流为 $P_l = B_l^N(\theta_p - \theta_q)$，写成增量形式为

$$\Delta\boldsymbol{P}_l = \boldsymbol{B}_l^N(\Delta\theta_p - \Delta\theta_q) = \boldsymbol{B}_l^N\Delta\theta_l \tag{3-131}$$

其中

$$\boldsymbol{B}_l^N = \begin{cases}\boldsymbol{B}_l & (l\neq k) \\ \boldsymbol{B}_k + \Delta b_k & (l=k)\end{cases}$$

式中：B_l、B_k 分别为线路 l 和 k 的互导纳。

支路 l 的功率变化可由角度变化 $\Delta\theta_l$ 求出，而支路 k 的功率变化则与 θ_k 及 Δb_k 有关，即

$$\begin{aligned}\Delta\boldsymbol{P}_l &= \boldsymbol{B}_l\Delta\theta_l \quad (l\neq k) \\ \Delta\boldsymbol{P}_k &= \theta_k\Delta\boldsymbol{B}_k^N + \boldsymbol{B}_k^N\Delta\theta_k\end{aligned} \tag{3-132}$$

由于 $\boldsymbol{B}_k^N = \boldsymbol{B}_k + \Delta\boldsymbol{b}_k$，所以

$$\Delta\boldsymbol{P}_k = \theta_k\Delta\boldsymbol{b}_k + (\boldsymbol{B}_k + \Delta\boldsymbol{b}_k)\Delta\theta_k \tag{3-133}$$

将 $\theta_k = P_k/B_k$ 及式（3-128）、式（3-122）分别代入式（3-132）和式（3-133）得

$$\begin{aligned}\Delta P_l &= -B_lCX_{lk}\theta_k = -B_l\frac{\Delta b_k}{1+\Delta b_kX_{kk}}X_{lk}\frac{P_k}{B_k} \\ &= \frac{-B_lX_{lk}}{1+\Delta b_kX_{kk}}\frac{\Delta b_k}{B_k}P_k = \beta_{lk}\frac{\Delta b_k}{B_k}P_k\end{aligned} \tag{3-134}$$

$$
\begin{aligned}
\Delta P_k &= \frac{P_k}{B_k}\Delta b_k + (B_k + \Delta b_k)\left(-CX_{kk}\frac{P_k}{B_k}\right) \\
&= \left[1 - \frac{(B_k + \Delta b_k)X_{kk}}{1 + \Delta b_k X_{kk}}\right]\frac{\Delta b_k}{B_k}P_k \\
&= \frac{1 - B_k X_{kk}}{1 + \Delta b_k X_{kk}}\frac{\Delta b_k}{B_k}P_k \\
&= \beta_{kk}\frac{\Delta b_k}{B_k}P_k
\end{aligned}
\tag{3-135}
$$

式（3-134）、式（3-135）中：系数项 β_{lk} 及 β_{kk} 称为支路开断分布系数，它们反映了支路 k 开断后导致网络各支路功率变化的情况。

由于在支路开断前各支路的功率是已知的，通过式（3-134）及式（3-135）可以求出支路 k 开断后的功率增量，这就不难求出开断预想事故后各支路的功率。

第 4 章　电力系统复杂故障分析

电力系统为了继电保护整定、电气设备选择等进行的故障计算，普遍是采用对称分量法计算故障后某一个瞬间的量，例如故障后最初瞬间的电流、电压等，并不分析这些电流、电压随时间变化的规律。从这一角度看，通常的故障分析仍属稳态分析的范畴。本章将要讨论的复杂故障分析，是分析系统中发生一个以上或多重非对称故障时各节点电压和支路短路电流值的计算问题。

4.1 概　　述

4.1.1 电力系统复杂故障分析计算的提出

1. 多重故障（两重及以上）的表现

电力系统的复杂故障是指电力系统中不同地点同时发生不对称故障，其中出现双重故障的可能性最大。以下介绍几种最常见的复杂故障的表现形式。

(1) 电力系统中在两个不同的地点同时发生故障，这一类故障的发生几率极小。

(2) 220kV 及以上电压等级线路上发生不对称短路故障，由于采用单相重合闸（分相操作开关）切除故障相而出现单相接地短路故障和单相断线故障同时发生。

(3) 220kV 及以上电压等级线路采用串联电容补偿时出现不对称短路故障和电容器组非对称击穿故障。

(4) 电气化铁道中单相负荷的接入，导致在系统不同地点同时出现不对称单相负荷。

(5) 超高压线路潜供电流计算问题。

2. 复故障的分析计算方法

电力系统中发生多重故障时经常采用的分析计算方法有如下两种。

(1) 对称分量法、两端口网络理论应用。利用对称分量法分析三相电路的不对称运行状态，由各序网络给出系统中用于故障分析的两端口网络，并推导出相应的描述两端口网络的方程。

(2) 全相（三相）分析计算法。

3. 复故障的分析计算目标

与简单故障分析计算一致，电力系统复杂故障分析计算的是故障后最初瞬间（$t=0''$）时电流和电压周期分量，并不分析这些电流、电压随时间变化的规律，因此电力系统复杂故障的分析计算不涉及整个暂态过程。

4.1.2 对称分量法及 abc 系统与 120 系统参数转换

1. 对称分量法

对称分量法是将三个相量分解为三组对称的分量，用于分析三相电路不对称运行状态的一种方法。对称分量法提供了将单相电路分析法推广到具有不平衡负荷的三相系统中。

（1）n 相系统的对称分量变换。任一个 n 相不平衡相量系统可分解为具有不同相序的（$n-1$）组平衡的 n 相系统和一组零序系统，其变换关系为

$$\begin{bmatrix}\dot{F}_a\\ \dot{F}_b\\ \dot{F}_c\\ \vdots\\ \dot{F}_n\end{bmatrix}=\begin{bmatrix}1 & 1 & 1 & \cdots & 1\\ 1 & a^{n-1} & a^{n-2} & \cdots & a\\ 1 & a^{n-2} & a^{n-4} & \cdots & a^2\\ & & \cdots & & \\ 1 & a & a^2 & \cdots & a^{n-1}\end{bmatrix}\begin{bmatrix}\dot{F}_{a0}\\ \dot{F}_{a1}\\ \dot{F}_{a2}\\ \vdots\\ \dot{F}_{a(n-1)}\end{bmatrix}$$

或
$$\dot{\boldsymbol{F}}_{abc}=\dot{\boldsymbol{A}}\dot{\boldsymbol{F}}_{012} \tag{4-1}$$

式中：$a=e^{j\frac{2\pi}{n}}$为旋转因子。

序分量用相量表示的逆关系为

$$\begin{bmatrix}\dot{F}_{a0}\\ \dot{F}_{a1}\\ \dot{F}_{a2}\\ \vdots\\ \dot{F}_{a(n-1)}\end{bmatrix}=\frac{1}{n}\begin{bmatrix}1 & 1 & 1 & \cdots & 1\\ 1 & a & a^2 & \cdots & a^{n-1}\\ 1 & a^2 & a^4 & \cdots & a^{2(n-1)}\\ & & \cdots & & \\ 1 & a^{n-1} & a^{2(n-1)} & \cdots & a^{(n-1)(n-1)}\end{bmatrix}\begin{bmatrix}\dot{F}_a\\ \dot{F}_b\\ \dot{F}_c\\ \vdots\\ \dot{F}_n\end{bmatrix}$$

或
$$\dot{\boldsymbol{F}}_{012}=\dot{\boldsymbol{A}}^{-1}\dot{\boldsymbol{F}}_{abc} \tag{4-2}$$

（2）三相系统的对称分量变换。任一个三相不平衡相量系统可分解为具有不同相序的二组平衡的三相系统和一组零序系统，其变换关系为

$$\begin{bmatrix}\dot{F}_a\\ \dot{F}_b\\ \dot{F}_c\end{bmatrix}=\begin{bmatrix}1 & 1 & 1\\ 1 & a^2 & a\\ 1 & a & a^2\end{bmatrix}\begin{bmatrix}\dot{F}_{a0}\\ \dot{F}_{a1}\\ \dot{F}_{a2}\end{bmatrix}$$

或
$$\dot{\boldsymbol{F}}_{abc}=\dot{\boldsymbol{A}}\dot{\boldsymbol{F}}_{012} \tag{4-3}$$

其中
$$a=e^{j\frac{2\pi}{3}}=e^{j120^{\circ}}=-\frac{1}{2}+j\frac{\sqrt{3}}{2}$$

$$a^2=e^{j\frac{4\pi}{3}}=e^{j240^{\circ}}=e^{-j120^{\circ}}=-\frac{1}{2}-j\frac{\sqrt{3}}{2}$$

$$\dot{\boldsymbol{A}}=\begin{bmatrix}1 & 1 & 1\\1 & a^2 & a\\1 & a & a^2\end{bmatrix}$$

序分量用相量表示的逆关系为

$$\begin{bmatrix}\dot{F}_{a0}\\\dot{F}_{a1}\\\dot{F}_{a2}\end{bmatrix}=\frac{1}{3}\begin{bmatrix}1 & 1 & 1\\1 & a & a^2\\1 & a^2 & a\end{bmatrix}\begin{bmatrix}\dot{F}_a\\\dot{F}_b\\\dot{F}_c\end{bmatrix}$$

或
$$\dot{\boldsymbol{F}}_{012}=\dot{\boldsymbol{A}}^{-1}\dot{\boldsymbol{F}}_{abc} \tag{4-4}$$

其中
$$\dot{\boldsymbol{A}}^{-1}=\frac{1}{3}\begin{bmatrix}1 & 1 & 1\\1 & a & a^2\\1 & a^2 & a\end{bmatrix}$$

最后说明，不对称的相量转换为对称的序分量后各序分量的作用是相互独立的，从而可以简化计算。这是对称分量法应用的基本条件，否则就没有应用价值。而序分量相互独立的条件是线性系统，因此对变换后的序变量可运用迭加原理。

2. abc 系统与 120 系统的参数转换关系

习惯上，对称分量变换中的正序、负序、零序分量常以下标“1、2、0”表示。因此，abc 坐标系统中的常用变量参数与 120 坐标系统的转换关系如下。

（1）abc 系统与 120 系统中电压参数的转换关系

$$\begin{cases}\dot{\boldsymbol{U}}_{abc}=\dot{\boldsymbol{A}}\dot{\boldsymbol{U}}_{012}\\\dot{\boldsymbol{U}}_{012}=\dot{\boldsymbol{A}}^{-1}\dot{\boldsymbol{U}}_{abc}\end{cases} \tag{4-5}$$

（2）abc 系统与 120 系统中电流参数的转换关系

$$\begin{cases}\dot{\boldsymbol{I}}_{abc}=\dot{\boldsymbol{A}}\dot{\boldsymbol{I}}_{012}\\\dot{\boldsymbol{I}}_{012}=\dot{\boldsymbol{A}}^{-1}\dot{\boldsymbol{I}}_{abc}\end{cases} \tag{4-6}$$

（3）abc 系统与 120 系统中功率参数的转换关系

$$P_{3\varphi}=\mathrm{Re}\{\dot{\boldsymbol{U}}_{abc}^{\mathrm{T}}\dot{\boldsymbol{I}}_{abc}^{*}\}=\mathrm{Re}\{\dot{\boldsymbol{U}}_{012}^{\mathrm{T}}\dot{\boldsymbol{A}}^{\mathrm{T}}\dot{\boldsymbol{A}}^{*}\dot{\boldsymbol{I}}_{012}^{*}\}=3\mathrm{Re}\{\dot{\boldsymbol{U}}_{012}^{\mathrm{T}}\dot{\boldsymbol{I}}_{012}^{*}\} \tag{4-7}$$

其中：$\dot{\boldsymbol{A}}^{\mathrm{T}}\dot{\boldsymbol{A}}^{*}=3\begin{bmatrix}1 & & \\ & 1 & \\ & & 1\end{bmatrix}\neq\boldsymbol{E}$，不是酉矩阵。

（4）abc 系统与 120 系统中线路阻抗参数的转换关系

$$\begin{cases}\boldsymbol{Z}_{abc} = \dot{\boldsymbol{A}}\, Z_{012}\, \dot{A}^{-1} \\ \boldsymbol{Z}_{012} = \dot{\boldsymbol{A}}^{-1}\, Z_{abc}\dot{A}\end{cases} \tag{4-8}$$

其中
$$\begin{cases}Z_1 = Z_L = Z_S - Z_M \\ Z_2 = Z_L \\ Z_0 = Z_L + 3Z_M = Z_S + 2Z_M\end{cases}$$

式中：Z_S为一相导线全自感抗；Z_M为线间互感抗。

（5）abc 系统与 120 系统中线路电容参数的转换关系

$$\begin{cases}\boldsymbol{C}_{abc} = \dot{\boldsymbol{A}}\, \boldsymbol{C}_{012}\, \dot{\boldsymbol{A}}^{-1} \\ \boldsymbol{C}_{012} = \dot{\boldsymbol{A}}^{-1}\, \boldsymbol{C}_{abc}\dot{\boldsymbol{A}}\end{cases} \tag{4-9}$$

其中
$$\begin{cases}C_1 = C_{a0} + 3C_{ab} \\ C_2 = C_1 \\ C_0 = C_{a0}\end{cases}$$

式中：C_{a0}为线对地电容；Z_{ab}为线间电容。

需要指出的是，由于对称分量法只能处理相量，而不是瞬时值，故只能建立与对称分量的关系。

4.2　简单故障的再分析

运用对称分量法分析简单故障时，习惯上总是取 a 相作特殊相。所谓特殊相，是指在故障处该相的状态不同于其他两相。此外，各电流、电压的对称分量也总以 a 相为参考相，即各序网络方程以及故障边界条件中，均以 a 相的相应序分量表示。在研究简单故障时，这种将特殊相和参考相统一起来的好处是以对称分量表示的边界条件比较简单，其中不含复数运算子α。从而，按这些边界条件建立起来的复合序网络将无例外地是各序网络的串联或并联，它们之间具有直接的电气连接。

如实际发生的故障所对应的特殊相并非 a 相，则只要将该相视为 a 相，并按相应的顺序改变其他两相的名称，仍可套用所有以 a 相为特殊相时的分析方法和结果。如实际的特殊相为 b 相，可将 b 相视为 a 相、c 相视为 b 相、a 相视为 c 相，依此类推。这是因为不论特殊相为何相，电流、电压之间的相对关系与特殊相为 a 相时相同。

但对同时发生一个以上故障的复杂故障而言，上述方法的可行性就无法保证，因不能保证所有故障的特殊相都属同一相。例如，完全可能出现某一点 a 相短路而另一点 b 相断线的情况。为解决此类问题，必须应用以下引出的通用边界条件和通用复合序网。因此，本节讨论的虽是简单故障，但其目的却是为进一步研究复杂故障作准备。

4.2.1 短路故障通用复合序网

1. 单相接地短路

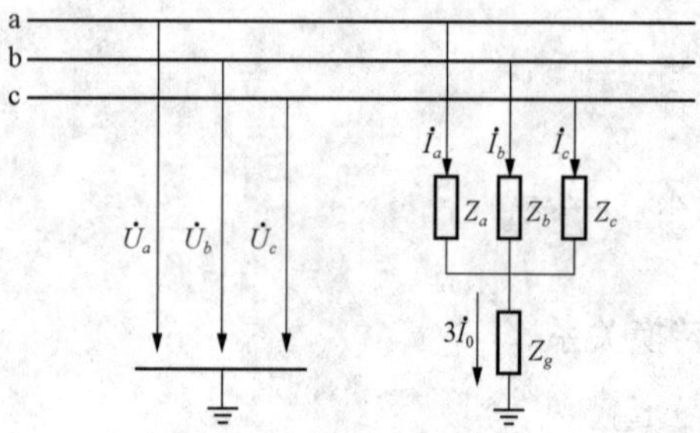

图 4-1 通用短路故障示意图

任何短路故障都可以用图 4-1 来表示，所不同的只是图中的 Z_a、Z_b、Z_c、Z_g 的取值。

由图 4-1 可见，a 相短路时，取 $Z_a=0$，$Z_b=\infty$，$Z_c=\infty$，从而得到 a 相短路的边界条件

$$\dot{I}_b=0,\dot{I}_c=0,\dot{U}_a=Z_g\dot{I}_a$$

以对称分量表示，得 a 相短路的边界条件

$$\dot{I}_{a1}=\dot{I}_{a2}=\dot{I}_{a0},\dot{U}_{a1}+\dot{U}_{a2}+\dot{U}_{a0}=3Z_g\dot{I}_{a0} \tag{4-10a}$$

b 相短路时，取 $Z_b=0$，$Z_a=\infty$，$Z_c=\infty$，从而得到 b 相短路的边界条件

$$\dot{I}_a=0,\dot{I}_c=0,\dot{U}_b=Z_g\dot{I}_b$$

以对称分量表示，有

$$\dot{I}_{b1}=\dot{I}_{b2}=\dot{I}_{b0},$$

$$\dot{U}_{b1}+\dot{U}_{b2}+\dot{U}_{b0}=3Z_g\dot{I}_{b0}$$

如仍取 a 相为参考相，则 b 相短路的边界条件应改写为

$$a^2\dot{I}_{a1}=a\dot{I}_{a2}=\dot{I}_{a0},\ a^2\dot{U}_{a1}+a\dot{U}_{a2}+\dot{U}_{a0}=3Z_g\dot{I}_{a0} \tag{4-10b}$$

c 相短路时，取 $Z_c=0$，$Z_a=\infty$，$Z_b=\infty$，从而得到 c 相短路的边界条件

$$\dot{I}_a=0,\dot{I}_b=0,\dot{U}_c=Z_g\dot{I}_c$$

以对称分量表示，有

$$\dot{I}_{c1}=\dot{I}_{c2}=\dot{I}_{c0},$$

$$\dot{U}_{c1}+\dot{U}_{c2}+\dot{U}_{c0}=3Z_g\dot{I}_{c0}$$

如仍取 a 相为参考相，则 c 相短路的边界条件应改写为

$$a\dot{I}_{a1}=a^2\dot{I}_{a2}=\dot{I}_{a0},a\dot{U}_{a1}+a^2\dot{U}_{a2}+\dot{U}_{a0}=3Z_g\dot{I}_{a0} \tag{4-10c}$$

式（4-10a）、式（4-10b）、式（4-10c）所示就是 a、b、c 三相分别发生单相短路，但仍取 a 相为参考相时的边界条件。可将它们归纳为更具普遍意义，并适应于任何特殊相的通用边界条件

$$\begin{cases}n_1\dot{I}_{a1}=n_2\dot{I}_{a2}=n_0\dot{I}_{a0}\\ n_1\dot{U}_{a1}+n_2\dot{U}_{a2}+n_0(\dot{U}_{a0}-3Z_g\dot{I}_{a0})=0\end{cases} \tag{4-11}$$

与通用边界条件相对应的通用复合序网如图 4-2 所示。式（4-11）中的 n_1、n_2、n_0 分别为相应的算子符号，其值取决于故障的特殊相别。图中的 $K_{(1)}$、$K_{(2)}$、$K_{(0)}$ 分别为

正、负、零序网络中的短路点；$N_{(1)}$、$N_{(2)}$ 分别为正、负序网络中的零电位点，而 $N_{(0)}$ 则为零序网络中变压器的中性点。图 4－2 中的互感线圈，通常称理想（移相）变压器，它们是不改变电压、电流的大小，仅起隔离和移相作用的无损耗变压器。它们的变比分别为 n_1、n_2、n_0。由于这些理想变压器的引入，正、负、零序网络之间不再有直接的电气连接。

2. 两相接地短路

类似于单相短路，可直接列出两相接地短路时的通用边界条件为

$$\begin{cases} n_1 \dot{I}_{a1} + n_2 \dot{I}_{a2} + n_0 \dot{I}_{a0} = 0 \\ n_1 \dot{U}_{a1} = n_2 \dot{U}_{a2} = n_0 (\dot{U}_{a0} - 3Z_g \dot{I}_{a0}) \end{cases} \tag{4-12}$$

并作出相应的通用复合序网如图 4－3 所示。

故障相	n_1	n_2	n_0
a	1	1	1
b	a^2	a	1
c	a	a^2	1

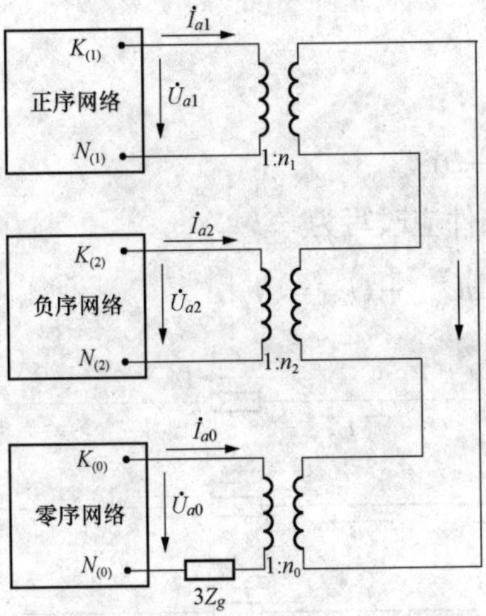

图 4－2　单相短路通用复合序网图

故障相	n_1	n_2	n_0
b,c	1	1	1
c,a	a^2	a	1
a,b	a	a^2	1

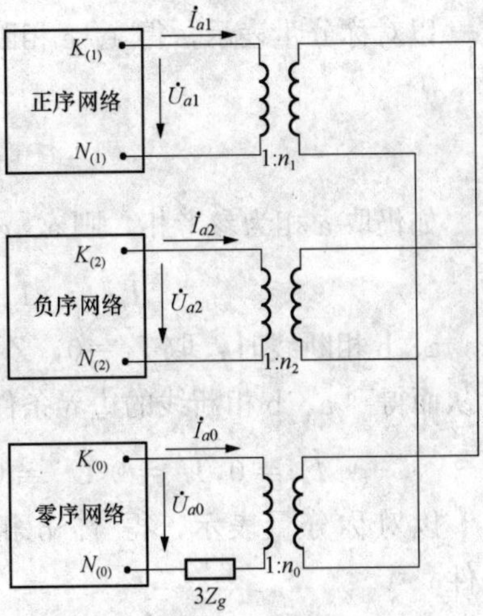

图 4－3　两相接地短路通用复合序网图

3. 两相短路

同样的，可直接列出两相短路时的通用边界条件为

$$\begin{cases} n_1 \dot{I}_{a1} + n_2 \dot{I}_{a2} = 0 \\ n_1 \dot{U}_{a1} = n_2 \dot{U}_{a2} \end{cases} \tag{4-13}$$

由于其与两相接地短路的差别仅在于没有零序分量，如将图 4－3 中的零序网络删去，就可得分析这种短路的通用复合序网如图 4－4 所示。

故障相	n_1	n_2
b,c	1	1
c,a	a^2	a
a,b	a	a^2

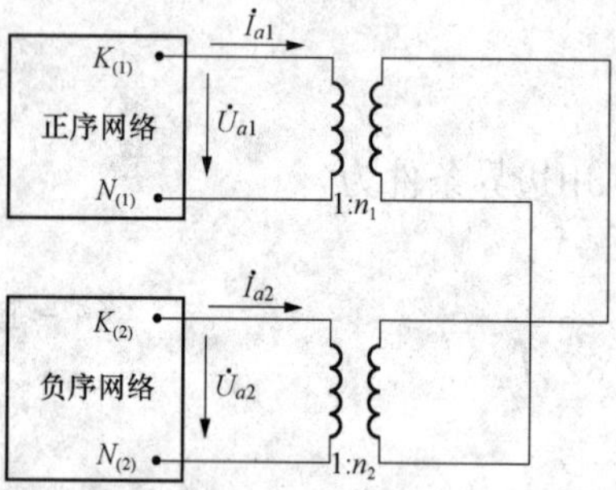

图 4-4　两相短路通用复合序网图

4.2.2　断线故障通用复合序网

1. 两相断线

任何断线故障都可以用图 4-5 表示，不同的只是图中 Z_a、Z_b、Z_c 的取值。

由图 4-5 可见，b、c 相断线时，取 $Z_a=0$，$Z_b=\infty$，$Z_c=\infty$，从而得到 b、c 相断线的边界条件

$$\dot{I}_b=0,\dot{I}_c=0,\dot{U}_a=0$$

以对称分量表示，得 b、c 相断线的边界条件

$$\dot{I}_{a1}=\dot{I}_{a2}=\dot{I}_{a0},\dot{U}_{a1}+\dot{U}_{a2}+\dot{U}_{a0}=0 \tag{4-14a}$$

a、c 相断线时，取 $Z_b=0$，$Z_a=\infty$，$Z_c=\infty$，从而得到 a、c 相断线的边界条件

$$\dot{I}_a=0,\dot{I}_c=0,\dot{U}_b=0$$

以对称分量表示，得 a、c 相断线的边界条件

$$\dot{I}_{b1}=\dot{I}_{b2}=\dot{I}_{b0},$$
$$\dot{U}_{b1}+\dot{U}_{b2}+\dot{U}_{b0}=0$$

如仍取 a 相为参考相，则 a、c 相断线的边界条件应改写为

$$a^2\dot{I}_{a1}=a\dot{I}_{a2}=\dot{I}_{a0},a^2\dot{U}_{a1}+a\dot{U}_{a2}+\dot{U}_{a0}=0 \tag{4-14b}$$

a、b 相断线时，取 $Z_c=0$，$Z_a=\infty$，$Z_b=\infty$，从而得到 a、b 相断线的边界条件

$$\dot{I}_a=0,\dot{I}_b=0,\dot{U}_c=0$$

以对称分量表示，得 a、b 相断线的边界条件

$$\dot{I}_{c1}=\dot{I}_{c2}=\dot{I}_{c0},$$
$$\dot{U}_{c1}+\dot{U}_{c2}+\dot{U}_{c0}=0$$

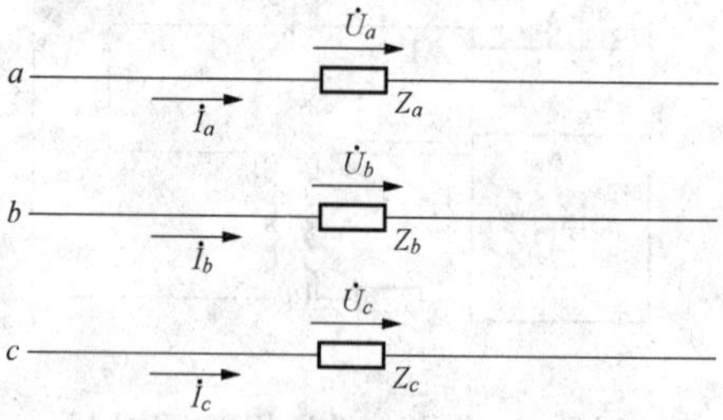

图 4-5　通用断线故障示意图

如仍取 a 相为参考相，则 a、b 相断线的边界条件应改写为

$$a\dot{I}_{a1}=a^2\dot{I}_{a2}=\dot{I}_{a0},a\dot{U}_{a1}+a^2\dot{U}_{a2}+\dot{U}_{a0}=0 \tag{4-14c}$$

对照式（4-14a）～式（4-14c）和式（4-10a）～式（4-10c）可建立类似式（4-11）所示的、两相断线的通用边界条件，详细表达式如式（4-15）所示。

$$\begin{cases}n_1\dot{I}_{a1}=n_2\dot{I}_{a2}=n_0\dot{I}_{a0}\\n_1\dot{U}_{a1}+n_2\dot{U}_{a2}+n_0\dot{U}_{a0}=0\end{cases} \tag{4-15}$$

并作出类似图 4-2 所示的通用复合序网如图 4-6 所示。图 4-6 与图 4-2 的不同仅在

于其中的 $L_{(1)}$、$L_{(2)}$、$L_{(0)}$ 和 $L'_{(1)}$、$L'_{(2)}$、$L'_{(0)}$ 分别为断口的两个端点，而且图 4-6 中不出现接地电阻 Z_g。

2. 单相断线

类似于两相断线，可直接列出单相断线时的通用边界条件为

$$\begin{cases} n_1\dot{I}_{a1}+n_2\dot{I}_{a2}+n_0\dot{I}_{a0}=0 \\ n_1\dot{U}_{a1}=n_2\dot{U}_{a2}=n_0\dot{U}_{a0} \end{cases} \tag{4-16}$$

考虑到其边界条件相似于两相接地短路，可参照图 4-3、图 4-6 作出相应的通用复合序网如图 4-7 所示。

故障相	n_1	n_2	n_0
b,c	1	1	1
c,a	a^2	a	1
a,b	a	a^2	1

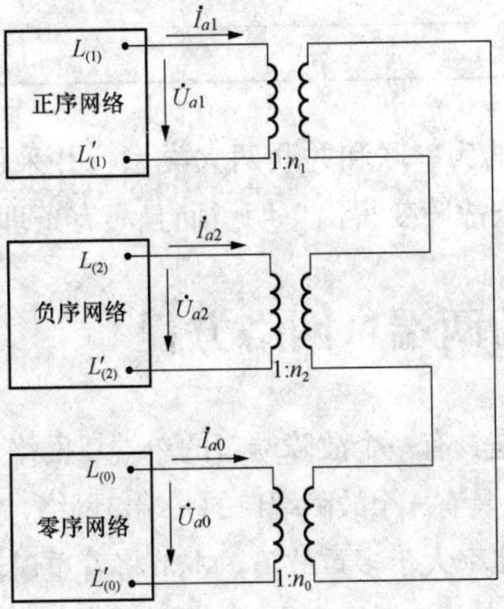

图 4-6　两相断线通用复合序网图

故障相	n_1	n_2	n_0
a	1	1	1
b	a^2	a	1
c	a	a^2	1

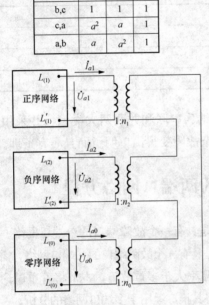

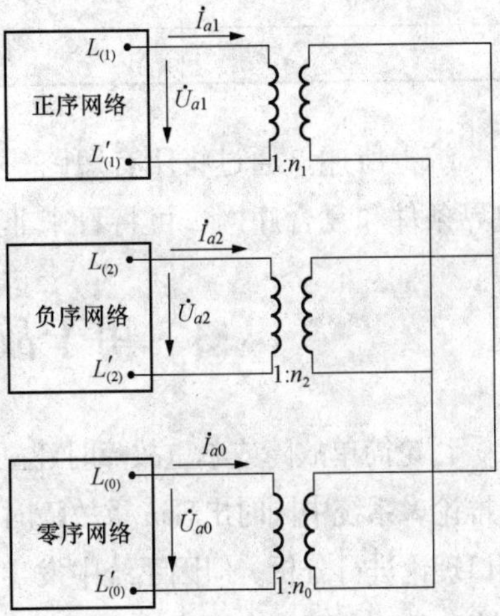

图 4-7　单相断线通用复合序网图

4.2.3　小结

(1) 如具体故障所对应的特殊相不同于固定不变的参考相 a 相，则在以对称分量表示的边界条件将出现复数运算子 α，相应的复合序网中就要出现理想变压器。

(2) 单相接地短路和两相断线具有类似的边界条件，当 $Z_g=0$ 时，可统一用下式来表示

$$\begin{cases} n_1\dot{I}_{a1}=n_2\dot{I}_{a2}=n_0\dot{I}_{a0} \\ n_1\dot{U}_{a1}+n_2\dot{U}_{a2}+n_0\dot{U}_{a0}=0 \end{cases}$$

与之对应的复合序网则是三序网络分别通过它们的理想变压器在二次侧串联而成。因此，这一类故障又统称串联型故障。

（3）单相断线和两相接地短路具有类似的边界条件，当 $Z_g=0$ 时，可统一用下式来表示

$$\begin{cases} n_1\dot{I}_{a1}+n_2\dot{I}_{a2}+n_0\dot{I}_{a0}=0 \\ n_1\dot{U}_{a1}=n_2\dot{U}_{a2}=n_0\dot{U}_{a0} \end{cases}$$

与之对应的复合序网则是三序网络分别通过它们的理想变压器在二次侧并联而成。因此，这类故障统称为并联型故障。

（4）复合序网中理想变压器的变比取决于与具体故障相对应的特殊相别，可归纳见表 4-1。

表 4-1　　复合序网中理想变压器的变化

特殊相	n_1	n_2	n_0
a	1	1	1
b	a^2	a	1
c	a	a^2	1

综上所述，通过将所有短路、断线故障归纳为串联和并联两大类型，并采用通用的边界条件和复合序网，可将看来非常繁复的复杂故障变得简单明了而且颇有条理。

4.3　用于故障分析的两端口网络方程

讨论简单故障或单重故障时建立的各序网络是具有一个故障端口的单端口网络。由此可以推论，系统中同时出现 n 重故障时各序网络应是具有 n 个故障端口的 n 端口网络，需运用多端口理论进行分析。但因系统中发生双重故障的几率大于多重故障，本节将着重讨论两端口网络。熟悉了两端口网络的分析方法之后，不难将其推广运用于多端口网络的分析。

描述两端口网络的方程有 6 种类型，其中仅有 3 种常用于复杂故障分析，即阻抗型参数方程、导纳型参数方程和混合型参数方程三种类型。

4.3.1　阻抗型参数方程

1. 网络无源

对图 4-8 所示两端口网络，可列出端口电压方程

$$\begin{bmatrix} \dot{U}_1 \\ \dot{U}_2 \end{bmatrix}=\begin{bmatrix} Z_{11} & Z_{12} \\ Z_{21} & Z_{22} \end{bmatrix}\begin{bmatrix} \dot{I}_1 \\ \dot{I}_2 \end{bmatrix} \tag{4-17}$$

式中：系数矩阵为端口阻抗矩阵。

端口阻抗矩阵元素的物理意义：端口阻抗矩阵与节点阻抗矩阵不同，虽然其对角元也称自阻抗，非对角元也称互阻抗，但含义不同，说明如下。

令第二端口开路，$\dot{I}_2=0$，可得

$$\dot{U}_1 = Z_{11}\dot{I}_1$$

$$\dot{U}_2 = Z_{21}\dot{I}_1$$

从而设 $\dot{I}_1=1$，则 $Z_{11}=\dot{U}_1$，$Z_{21}=\dot{U}_2$。

再令第一端口开路，$\dot{I}_1=0$，可得

$$\dot{U}_1 = Z_{12}\dot{I}_2$$

$$\dot{U}_2 = Z_{22}\dot{I}_2$$

从而设 $\dot{I}_2=1$，则 $Z_{12}=\dot{U}_1$，$Z_{22}=\dot{U}_2$。

综上可见，某端口的自阻抗，其数值等于向该端口注入单位电流而另一端口开路时，需在该端口施加的电压值；两端口间的互阻抗，其数值就等于向某一端口注入单位电流而另一端口开路时，在另一端口呈现的电压值。

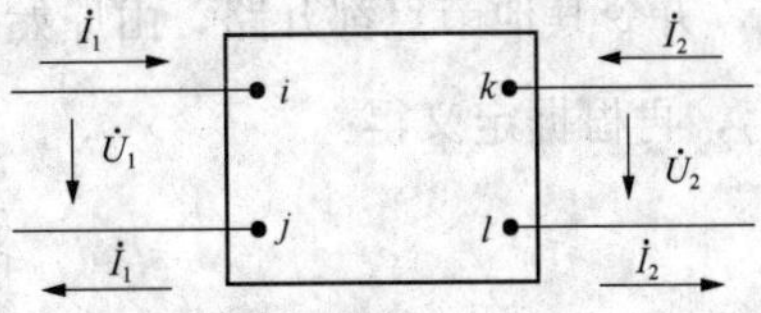

图 4-8　两端口网络示意图

2. 网络有源

如果图 4-8 所示两端口网络有源，可运用迭加原理列出

$$\begin{bmatrix}\dot{U}_1\\ \dot{U}_2\end{bmatrix}=\begin{bmatrix}Z_{11} & Z_{12}\\ Z_{21} & Z_{22}\end{bmatrix}\begin{bmatrix}\dot{I}_1\\ \dot{I}_2\end{bmatrix}+\begin{bmatrix}\dot{U}_{z1}\\ \dot{U}_{z2}\end{bmatrix} \tag{4-18}$$

式中：$\dot{U}_{z1}$、$\dot{U}_{z2}$分别为两个端口都开路，$\dot{I}_1=\dot{I}_2=0$ 时，这两个端口所呈现的电压。

3. 端口阻抗矩阵及有源网络开路电压的求取

设已形成节点阻抗矩阵$\boldsymbol{Z}_B$，抽取其中与两个端口的四个节点 i、j 和 k、l 相关的元素，建立如下节点方程

$$\begin{bmatrix}\dot{U}_i\\ \dot{U}_j\\ \dot{U}_k\\ \dot{U}_l\end{bmatrix}=\begin{bmatrix}Z_{ii} & Z_{ij} & Z_{ik} & Z_{il}\\ Z_{ji} & Z_{jj} & Z_{jk} & Z_{jl}\\ Z_{ki} & Z_{kj} & Z_{kk} & Z_{kl}\\ Z_{li} & Z_{lj} & Z_{lk} & Z_{ll}\end{bmatrix}\begin{bmatrix}\dot{I}_i\\ \dot{I}_j\\ \dot{I}_k\\ \dot{I}_l\end{bmatrix}$$

然后，令第一端口的注入电流为单位电流，第二端口开路，则

$$\begin{bmatrix}\dot{U}_i\\ \dot{U}_j\\ \dot{U}_k\\ \dot{U}_l\end{bmatrix}=\begin{bmatrix}Z_{ii} & Z_{ij} & Z_{ik} & Z_{il}\\ Z_{ji} & Z_{jj} & Z_{jk} & Z_{jl}\\ Z_{ki} & Z_{kj} & Z_{kk} & Z_{kl}\\ Z_{li} & Z_{lj} & Z_{lk} & Z_{ll}\end{bmatrix}\begin{bmatrix}1\\ -1\\ 0\\ 0\end{bmatrix}=\begin{bmatrix}Z_{ii}-Z_{ij}\\ Z_{ji}-Z_{jj}\\ Z_{ki}-Z_{kj}\\ Z_{li}-Z_{lj}\end{bmatrix}$$

于是，根据端口阻抗矩阵诸元素的物理意义，可得

$$\begin{bmatrix} Z_{11} \\ Z_{21} \end{bmatrix} = \begin{bmatrix} \dot{U}_1 \\ \dot{U}_2 \end{bmatrix} = \begin{bmatrix} \dot{U}_i - \dot{U}_j \\ \dot{U}_k - \dot{U}_l \end{bmatrix} = \begin{bmatrix} Z_{ii} - Z_{ij} - Z_{ji} + Z_{jj} \\ Z_{ki} - Z_{kj} - Z_{li} + Z_{lj} \end{bmatrix} \tag{4-19a}$$

类似地，令第二端口的注入电流为单位电流，第一端口开路，又可得端口阻抗矩阵中其他两个元素

$$\begin{bmatrix} Z_{12} \\ Z_{22} \end{bmatrix} = \begin{bmatrix} \dot{U}_1 \\ \dot{U}_2 \end{bmatrix} = \begin{bmatrix} \dot{U}_i - \dot{U}_j \\ \dot{U}_k - \dot{U}_l \end{bmatrix} = \begin{bmatrix} Z_{ik} - Z_{il} - Z_{jk} + Z_{jl} \\ Z_{kk} - Z_{kl} - Z_{lk} + Z_{ll} \end{bmatrix} \tag{4-19b}$$

开路电压 $\dot{U}_{z1}$、$\dot{U}_{z2}$ 的求取，首先将各电压源都转换为电流源作为各该节点的注入电流，并令其他节点都开路，由原始完整的节点电压方程 $\dot{\boldsymbol{U}}_B = \boldsymbol{Z}_B \dot{\boldsymbol{I}}_B$ 求得 $\dot{U}_i$、$\dot{U}_j$、$\dot{U}_k$、$\dot{U}_l$，再根据定义得

$$\begin{bmatrix} \dot{U}_{z1} \\ \dot{U}_{z2} \end{bmatrix} = \begin{bmatrix} \dot{U}_i - \dot{U}_j \\ \dot{U}_k - \dot{U}_l \end{bmatrix} \tag{4-19c}$$

4.3.2 导纳型参数方程

1. 网络无源

对于图 4-8 所示的两端口网络，如果网络无源还可以列出端口电流方程

$$\begin{bmatrix} \dot{I}_1 \\ \dot{I}_2 \end{bmatrix} = \begin{bmatrix} Y_{11} & Y_{12} \\ Y_{21} & Y_{22} \end{bmatrix} \begin{bmatrix} \dot{U}_1 \\ \dot{U}_2 \end{bmatrix} \tag{4-20}$$

式中：系数矩阵为两端口导纳矩阵。

两端口导纳矩阵元素的物理意义：两端口导纳矩阵元素与节点导纳矩阵不同，虽然其对角元也称自导纳，非对角元也称互导纳，但含义不同，说明如下。

令第二端口短路，$\dot{U}_2=0$，可得

$$\dot{I}_1 = Y_{11}\dot{U}_1$$
$$\dot{I}_2 = Y_{21}\dot{U}_1$$

从而设 $\dot{U}_1=1$，则 $Y_{11}=\dot{I}_1$，$Y_{21}=\dot{I}_2$。

再令第一端口短路，$\dot{U}_1=0$，可得

$$\dot{I}_1 = Y_{12}\dot{U}_2$$
$$\dot{I}_2 = Y_{22}\dot{U}_2$$

从而设 $\dot{U}_2=1$，则 $Y_{12}=\dot{I}_1$，$Y_{22}=\dot{I}_2$。

综上可见，某端口的自导纳，其数值等于向该端口施加单位电压而另一端口短路时，需在该端口注入的电流值；两端口间的互导纳，其数值就等于向某一端口施加单位电压

而另一端口短路时，在另一端口流过的电流值。

2. 网络有源

如果图 4-8 所示两端口网络有源，可运用迭加原理列出

$$\begin{bmatrix}\dot{I}_1\\ \dot{I}_2\end{bmatrix}=\begin{bmatrix}Y_{11} & Y_{12}\\ Y_{21} & Y_{22}\end{bmatrix}\begin{bmatrix}\dot{U}_1\\ \dot{U}_2\end{bmatrix}+\begin{bmatrix}\dot{I}_{y1}\\ \dot{I}_{y2}\end{bmatrix} \tag{4-21}$$

式中：$\dot{I}_{y1}$、$\dot{I}_{y2}$分别为两个端口都短路，$\dot{U}_1=\dot{U}_2=0$ 时，这两个端口所流过的电流。

3. 两端口导纳矩阵元素及有源网络短路电流的求取

两端口导纳矩阵元素可由两端口阻抗矩阵求取，因为它们之间互为逆阵。

有源网络短路电流 $\dot{I}_{y1}$、$\dot{I}_{y2}$可在求得开路电压 $\dot{U}_{z1}$、$\dot{U}_{z2}$后，以 $\dot{U}_1=\dot{U}_2=0$ 代入式（4-18）解得

$$\begin{bmatrix}\dot{I}_{y1}\\ \dot{I}_{y2}\end{bmatrix}=-\begin{bmatrix}Z_{11} & Z_{12}\\ Z_{21} & Z_{22}\end{bmatrix}^{-1}\begin{bmatrix}\dot{U}_{z1}\\ \dot{U}_{z2}\end{bmatrix}=-\begin{bmatrix}Y_{11} & Y_{12}\\ Y_{21} & Y_{22}\end{bmatrix}\begin{bmatrix}\dot{U}_{z1}\\ \dot{U}_{z2}\end{bmatrix} \tag{4-22}$$

4.3.3　混合型参数方程

1. 网络无源

由式（4-17）中第二式可得

$$\dot{I}_2=\frac{1}{Z_{22}}\dot{U}_2-\frac{Z_{21}}{Z_{22}}\dot{I}_1$$

将其代入第一式以消去 $\dot{I}_2$，又可得

$$\dot{U}_1=\left(Z_{11}-\frac{Z_{12}Z_{21}}{Z_{22}}\right)\dot{I}_1+\frac{Z_{12}}{Z_{22}}\dot{U}_2$$

将上两式归并如下

$$\begin{bmatrix}\dot{U}_1\\ \dot{I}_2\end{bmatrix}=\begin{bmatrix}Z_{11}-Z_{12}Z_{21}/Z_{22} & Z_{12}/Z_{22}\\ -Z_{21}/Z_{22} & 1/Z_{22}\end{bmatrix}\begin{bmatrix}\dot{I}_1\\ \dot{U}_2\end{bmatrix}$$

简写为两端口网络的混合型参数方程为

$$\begin{bmatrix}\dot{U}_1\\ \dot{I}_2\end{bmatrix}=\begin{bmatrix}H_{11} & H_{12}\\ H_{21} & H_{22}\end{bmatrix}\begin{bmatrix}\dot{I}_1\\ \dot{U}_2\end{bmatrix} \tag{4-23}$$

式中：$H_{11}=Z_{11}-Z_{12}Z_{21}/Z_{22}$，$H_{12}=Z_{12}/Z_{22}$；$H_{21}=-Z_{21}/Z_{22}$，$H_{22}=1/Z_{22}$。

混合型参数的物理意义：H_{11}具有阻抗的量纲，H_{22}具有导纳的量纲，H_{12}、H_{21}无量纲，混合型参数的名称由此而来。对这些参数的物理意义，还可作如下说明。

令第二端口短路，$\dot{U}_2=0$，可得

$$\dot{U}_1=H_{11}\dot{I}_1$$

$$\dot{I}_2=H_{21}\dot{I}_1$$

从而设 $\dot{I}_1=1$，则 $H_{11}=\dot{U}_1$，$H_{21}=\dot{I}_2$。

再令第一端口开路，$\dot{I}_1=0$，可得

$$\dot{U}_1 = H_{12}\dot{U}_2,$$

$$\dot{I}_2 = H_{22}\dot{U}_2$$

从而设 $\dot{U}_2=1$，则 $H_{12}=\dot{U}_1$，$H_{22}=\dot{I}_2$。

综上可见，H_{11}数值上等于第二端口短路而第一端口注入单位电流时，在第一端口所施加的电压值；H_{22}数值上等于第一端口开路而第二端口施加单位电压时，在第二端口所注入的电流值；H_{12}数值上等于在第二端口施加单位电压，第一端口开路时的开路电压值；H_{21}数值上等于在第一端口注入单位电流，第二端口短路时的短路电流值。

2. 网络有源

如果网络有源，可运用迭加原理列出

$$\begin{bmatrix}\dot{U}_1\\ \dot{I}_2\end{bmatrix}=\begin{bmatrix}H_{11} & H_{12}\\ H_{21} & H_{22}\end{bmatrix}\begin{bmatrix}\dot{I}_1\\ \dot{U}_2\end{bmatrix}+\begin{bmatrix}\dot{U}_{h1}\\ \dot{I}_{h2}\end{bmatrix} \tag{4-24}$$

式中：$\dot{U}_{h1}$、$\dot{I}_{h2}$分别为第一端口开路、第二端口短路时，第一端口的开路电压和第二端口的短路电流。它们仍可在求得开路电压 $\dot{U}_{z1}$、$\dot{U}_{z2}$后，以 $\dot{I}_1=0$、$\dot{U}_2=0$ 代入式（4-18）解得

$$\begin{bmatrix}\dot{U}_{h1}\\ 0\end{bmatrix}=\begin{bmatrix}Z_{11} & Z_{12}\\ Z_{21} & Z_{22}\end{bmatrix}\begin{bmatrix}0\\ \dot{I}_{h2}\end{bmatrix}+\begin{bmatrix}\dot{U}_{z1}\\ \dot{U}_{z2}\end{bmatrix}$$

$$\begin{bmatrix}\dot{U}_{h1}\\ \dot{I}_{h2}\end{bmatrix}=\begin{bmatrix}1 & -Z_{12}/Z_{22}\\ 0 & -1/Z_{22}\end{bmatrix}\begin{bmatrix}\dot{U}_{z1}\\ \dot{U}_{z2}\end{bmatrix} \tag{4-25}$$

4.3.4 结论

（1）阻抗型参数方程中，系数矩阵——端口阻抗矩阵的所有元素都是在开路条件下确定的，因而它又称开路参数方程。这一方程适用于各序电压之和为零，各序电流相等的双重串联型复杂故障的分析。

（2）导纳型参数方程中，系数矩阵——端口导纳矩阵的所有元素都是在短路条件下确定的，因而它又称短路参数方程。这一方程适用于各序电流之和为零，各序电压相等的双重并联型复杂故障的分析。

（3）混合型参数方程中，系数矩阵——混合参数矩阵中各元素是分别在一个端口开路、另一个端口短路的条件下确定的。这一方程适用于一个端口串联型，另一个端口并联型故障的双重复杂故障分析，它还可以推广适用于任何多重复杂故障的分析。

4.4 复杂故障分析

复杂故障的分析方法：先分析双重故障，然后推广到多重故障。

双重故障的类型：

（1）串联型与串联型故障的复合。

（2）并联型与并联型故障的复合。

（3）串联型与并联型故障的复合。

4.4.1 串联—串联型双重故障分析

1. 复合序网

由各序两端口网络串联而成的串联—串联型双重故障复合序网示意图，如图 4-9 所示。

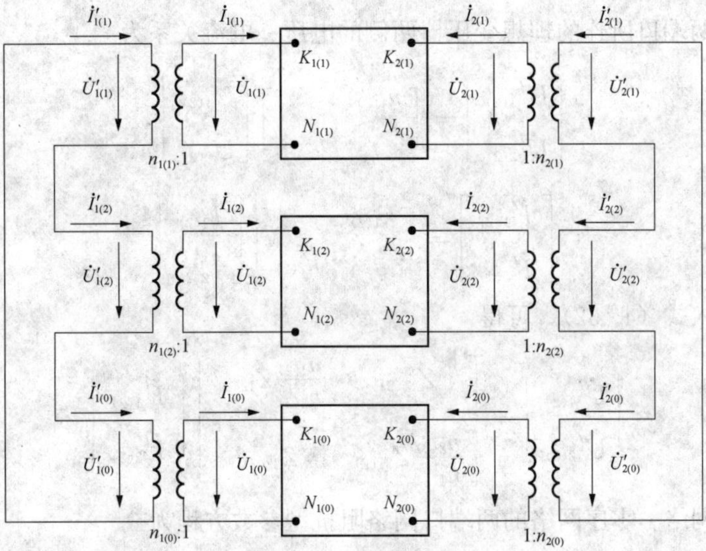

图 4-9　串联—串联型双重故障复合序网图

注：下标 1、2 分别表示第一、第二端口；下标（1）、（2）、（0）分别表示正序、负序、零序；表示参考相的下标 a 均已略去（因为总以 a 相为参考相）。

2. 网络方程转换

对这种复杂故障，运用阻抗型参数方程分析最为方便。

（1）正序网络。正序网络的有源两端口网络阻抗型参数方程为

$$\begin{bmatrix} \dot{U}_{1(1)} \\ \dot{U}_{2(1)} \end{bmatrix} = \begin{bmatrix} Z_{11(1)} & Z_{12(1)} \\ Z_{21(1)} & Z_{22(1)} \end{bmatrix} \begin{bmatrix} \dot{I}_{1(1)} \\ \dot{I}_{2(1)} \end{bmatrix} + \begin{bmatrix} \dot{U}_{z1} \\ \dot{U}_{z2} \end{bmatrix} \tag{4-26}$$

正序网络两端口所连的理想变压器两侧的电压、电流关系为

$$\begin{bmatrix}\dot{U}'_{1(1)}\\ \dot{U}'_{2(1)}\end{bmatrix}=\begin{bmatrix}n_{1(1)} & \\ & n_{2(1)}\end{bmatrix}\begin{bmatrix}\dot{U}_{1(1)}\\ \dot{U}_{2(1)}\end{bmatrix},$$

$$\begin{bmatrix}\dot{I}'_{1(1)}\\ \dot{I}'_{2(1)}\end{bmatrix}=\begin{bmatrix}n_{1(1)} & \\ & n_{2(1)}\end{bmatrix}\begin{bmatrix}\dot{I}_{1(1)}\\ \dot{I}_{2(1)}\end{bmatrix}$$

将上式代入式（4 - 30），可得

$$\begin{bmatrix}\dot{U}'_{1(1)}\\ \dot{U}'_{2(1)}\end{bmatrix}=\begin{bmatrix}Z_{11(1)} & \frac{n_{1(1)}}{n_{2(1)}}Z_{12(1)}\\ \frac{n_{2(1)}}{n_{1(1)}}Z_{21(1)} & Z_{22(1)}\end{bmatrix}\begin{bmatrix}\dot{I}'_{1(1)}\\ \dot{I}'_{2(1)}\end{bmatrix}+\begin{bmatrix}n_{1(1)}\dot{U}_{z1}\\ n_{2(1)}\dot{U}_{z2}\end{bmatrix}\tag{4-27}$$

（2）负序网络。负序网络的两端口网络阻抗型参数方程为

$$\begin{bmatrix}\dot{U}_{1(2)}\\ \dot{U}_{2(2)}\end{bmatrix}=\begin{bmatrix}Z_{11(2)} & Z_{12(2)}\\ Z_{21(2)} & Z_{22(2)}\end{bmatrix}\begin{bmatrix}\dot{I}_{1(2)}\\ \dot{I}_{2(2)}\end{bmatrix}\tag{4-28}$$

负序网络两端口所连的理想变压器两侧的电压、电流关系为

$$\begin{bmatrix}\dot{U}'_{1(2)}\\ \dot{U}'_{2(2)}\end{bmatrix}=\begin{bmatrix}n_{1(2)} & \\ & n_{2(2)}\end{bmatrix}\begin{bmatrix}\dot{U}_{1(2)}\\ \dot{U}_{2(2)}\end{bmatrix},$$

$$\begin{bmatrix}\dot{I}'_{1(2)}\\ \dot{I}'_{2(2)}\end{bmatrix}=\begin{bmatrix}n_{1(2)} & \\ & n_{2(2)}\end{bmatrix}\begin{bmatrix}\dot{I}_{1(2)}\\ \dot{I}_{2(2)}\end{bmatrix}$$

将上式代入式（4 - 32），可得

$$\begin{bmatrix}\dot{U}'_{1(2)}\\ \dot{U}'_{2(2)}\end{bmatrix}=\begin{bmatrix}Z_{11(2)} & \frac{n_{1(2)}}{n_{2(2)}}Z_{12(2)}\\ \frac{n_{2(2)}}{n_{1(2)}}Z_{21(2)} & Z_{22(2)}\end{bmatrix}\begin{bmatrix}\dot{I}'_{1(2)}\\ \dot{I}'_{2(2)}\end{bmatrix}\tag{4-29}$$

（3）零序网络。零序网络的两端口网络阻抗型参数方程为

$$\begin{bmatrix}\dot{U}_{1(0)}\\ \dot{U}_{2(0)}\end{bmatrix}=\begin{bmatrix}Z_{11(0)} & Z_{12(0)}\\ Z_{21(0)} & Z_{22(0)}\end{bmatrix}\begin{bmatrix}\dot{I}_{1(0)}\\ \dot{I}_{2(0)}\end{bmatrix}\tag{4-30}$$

由于零序网络两端口变压器的变比总为 1∶1，则有

$$\begin{bmatrix}\dot{U}'_{1(0)}\\ \dot{U}'_{2(0)}\end{bmatrix}=\begin{bmatrix}Z_{11(0)} & Z_{12(0)}\\ Z_{21(0)} & Z_{22(0)}\end{bmatrix}\begin{bmatrix}\dot{I}'_{1(0)}\\ \dot{I}'_{2(0)}\end{bmatrix}\tag{4-31}$$

3. 边界条件

$$\begin{bmatrix}\dot{U}'_{1(1)}\\ \dot{U}'_{2(1)}\end{bmatrix}+\begin{bmatrix}\dot{U}'_{1(2)}\\ \dot{U}'_{2(2)}\end{bmatrix}+\begin{bmatrix}\dot{U}'_{1(0)}\\ \dot{U}'_{2(0)}\end{bmatrix}=\begin{bmatrix}0\\ 0\end{bmatrix}\tag{4-32}$$

$$\begin{bmatrix} \dot{I}'_{1(1)} \\ \dot{I}'_{2(1)} \end{bmatrix} = \begin{bmatrix} \dot{I}'_{1(2)} \\ \dot{I}'_{2(2)} \end{bmatrix} = \begin{bmatrix} \dot{I}'_{1(0)} \\ \dot{I}'_{2(0)} \end{bmatrix} \tag{4-33}$$

4. 求解

将式（4 - 27）、式（4 - 29）、式（4 - 31）代入式（4 - 32），并计及式（4 - 33），可得

$$\begin{bmatrix} Z_{11} & Z_{12} \\ Z_{21} & Z_{22} \end{bmatrix} \begin{bmatrix} \dot{I}'_{1(1)} \\ \dot{I}'_{2(1)} \end{bmatrix} + \begin{bmatrix} n_{1(1)}\dot{U}_{z1} \\ n_{2(1)}\dot{U}_{z2} \end{bmatrix} = \begin{bmatrix} 0 \\ 0 \end{bmatrix} \tag{4-34}$$

其中

$$Z_{11} = Z_{11(1)} + Z_{11(2)} + Z_{11(0)} \tag{4-35a}$$

$$Z_{12} = \frac{n_{1(1)}}{n_{2(1)}} Z_{12(1)} + \frac{n_{1(2)}}{n_{2(2)}} Z_{12(2)} + Z_{12(0)} \tag{4-35b}$$

$$Z_{21} = \frac{n_{2(1)}}{n_{1(1)}} Z_{21(1)} + \frac{n_{2(2)}}{n_{1(2)}} Z_{21(2)} + Z_{21(0)} \tag{4-35c}$$

$$Z_{22} = Z_{22(1)} + Z_{22(2)} + Z_{22(0)} \tag{4-35d}$$

再由式（4 - 34）可解得

$$\begin{bmatrix} \dot{I}'_{1(1)} \\ \dot{I}'_{2(1)} \end{bmatrix} = -\begin{bmatrix} Z_{11} & Z_{12} \\ Z_{21} & Z_{22} \end{bmatrix}^{-1} \begin{bmatrix} n_{1(1)}\dot{U}_{z1} \\ n_{2(1)}\dot{U}_{z2} \end{bmatrix} \tag{4-36}$$

求得 $\dot{I}'_{1(1)}$、$\dot{I}'_{2(1)}$后，根据式（4 - 33）可求得 $\dot{I}'_{1(2)}$、$\dot{I}'_{2(2)}$、$\dot{I}'_{1(0)}$、$\dot{I}'_{2(0)}$。

将 $\dot{I}'_{1(1)}$、$\dot{I}'_{2(1)}$、$\dot{I}'_{1(2)}$、$\dot{I}'_{2(2)}$、$\dot{I}'_{1(0)}$、$\dot{I}'_{2(0)}$分别代入式（4 - 27）、式（4 - 29）、式（4 - 31），可求得 $\dot{U}'_{1(1)}$、$\dot{U}'_{2(1)}$、$\dot{U}'_{1(2)}$、$\dot{U}'_{2(2)}$、$\dot{U}'_{1(0)}$、$\dot{U}'_{2(0)}$。

然后，将所有二次侧电流、电压归算至一次侧，即可求得各序网络中故障端口的电流、电压。

【例题 4 - 1】 如图 4 - 10 所示系统，其参数（标幺值）为

发电机 G1　$Z''_{(1)} = Z_{(2)} = \text{j}0.15$，$Z_{(0)} = \text{j}0.13$，$E''_{G1} = 1.0\angle 0°$（相位归算至 B 母线）；

发电机 G2　$Z''_{(1)} = Z_{(2)} = \text{j}0.12$，$Z_{(0)} = \text{j}0.10$，$E''_{G2} = 1.1\angle 30°$；

变压器 T1　$Z_{(1)} = Z_{(2)} = Z_{(0)} = \text{j}0.12$；

线路 L　$Z_{(1)} = Z_{(2)} = \text{j}0.5$，$Z_{(0)} = \text{j}1.0$；

变压器 T2　$Z_{(1)} = Z_{(2)} = Z_{(0)} = \text{j}0.10$。

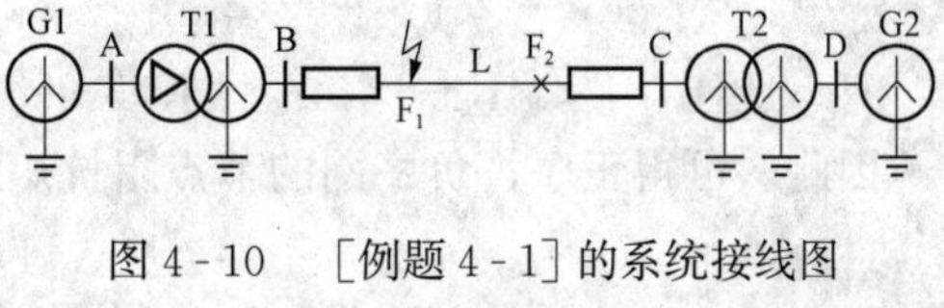

图 4 - 10　［例题 4 - 1］的系统接线图

当 F_1 处 B 相接地，F_2 处 A、B 相断线时，试计算流经断路器 C 的电流及母线 C 的电压。

解　本例属于串—串型故障。将发电机 G1 和 G2 用电流源表示，其中

$$\dot{I}_{G1} = \frac{1.2\angle 30°}{\text{j}0.15} = 8\angle -60°$$

$$\dot{I}_{G2} = \frac{1.0\angle 0°}{\text{j}0.13} = 7.6923\angle -90°$$

于是可画出系统在故障情况下的三个独立双口序网如图 4 - 11（a）、（b）、（c）所示。

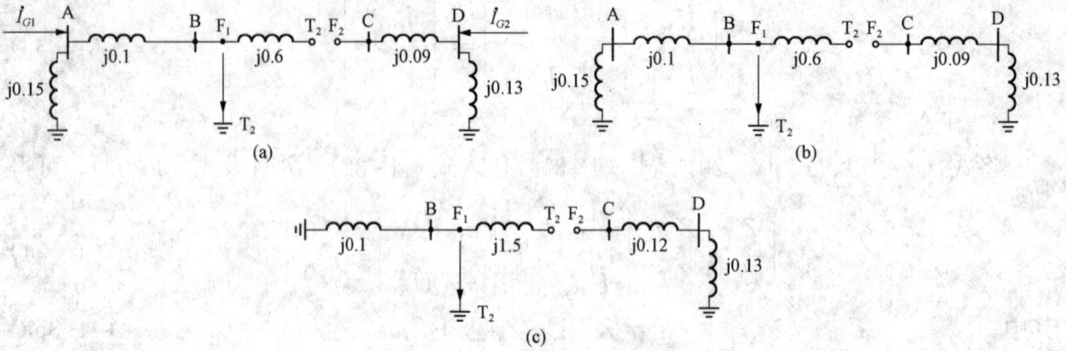

图 4 - 11　[例题 4 - 1]的系统在故障情况下的三序独立双口序网
(a) 正序网；(b) 负序网；(c) 零序网

由图 4 - 11 可知，当按照支路 0 - A、支路 0 - D、支路 A - B（F_1）、支路 D - C（F_2）和支路 B（F_1）- T_2 的支路追加顺序，此时各序网的全部支路均属树支。采用支路追加法形成正序网节点阻抗矩阵的过程中各矩阵元素计算如下：

（1）追加接地支路 0 - A，形成 1×1 矩阵，矩阵元素为
$$Z_{11(1)} = z_{0A} = j0.15$$

（2）追加接地支路 0 - D，形成 2×2 矩阵，新增矩阵元素为
$$Z_{12(1)} = Z_{21(1)} = 0, \ Z_{22(1)} = z_{0D} = j0.13$$

（3）追加支路 A - B（F_1），形成 3×3 矩阵，新增矩阵元素为
$$Z_{13(1)} = Z_{31(1)} = Z_{11(1)} = j0.15; Z_{23(1)} = Z_{32(1)} = Z_{21(1)} = 0;$$
$$Z_{33(1)} = Z_{11(1)} + z_{AB} = j0.25$$

（4）追加支路 D - C（F_2），形成 4×4 矩阵，新增矩阵元素为
$$Z_{14(1)} = Z_{12(1)} = 0; Z_{24(1)} = Z_{22(1)} = j0.13; Z_{34(1)} = Z_{32(1)} = 0;$$
$$Z_{44(1)} = Z_{22(1)} + z_{CD} = j0.22$$

（5）追加支路 B（F_1）- T_2，形成 5×5 矩阵，新增矩阵元素为
$$Z_{15(1)} = Z_{14(1)} = 0; Z_{25(1)} = Z_{24(1)} = j0.13; Z_{35(1)} = Z_{34(1)} = 0;$$
$$Z_{45(1)} = Z_{44(1)} = j0.25; Z_{55(1)} = Z_{44(1)} + z_{BT_2} = j0.85$$

因此，可得正序、负序网的节点阻抗矩阵为

$$Z_{(1)} = Z_{(2)} = \begin{array}{ccccc} A & D & B(F_1) & C(F_2) & T_2 \end{array} \\ \begin{bmatrix} j0.15 & 0 & j0.15 & 0 & j0.15 \\ 0 & j0.13 & 0 & j0.13 & 0 \\ j0.15 & 0 & j0.25 & 0 & j0.25 \\ 0 & j0.15 & 0 & j0.25 & 0 \\ j0.15 & 0 & j0.25 & 0 & j0.85 \end{bmatrix}$$

同理，可得零序网的节点阻抗矩阵为

$$
\begin{array}{c} \\ Z_{(0)}= \end{array}
\begin{array}{c}
\begin{array}{cccc} \mathrm{D} & \mathrm{B}(\mathrm{F}_1) & \mathrm{C}(\mathrm{F}_2) & \mathrm{T}_2 \end{array} \\
\begin{bmatrix} \mathrm{j}0.11 & 0 & \mathrm{j}0.1 & 0 \\ 0 & \mathrm{j}0.1 & 0 & \mathrm{j}0.1 \\ \mathrm{j}0.1 & 0 & \mathrm{j}0.22 & 0 \\ 0 & \mathrm{j}0.1 & 0 & \mathrm{j}1.6 \end{bmatrix}
\end{array}
$$

故障前正序网各节点注入电流为

$$
I_{(1)}^{(0)}=\begin{array}{c} \mathrm{A} \\ \mathrm{D} \\ \mathrm{F}_1 \\ \mathrm{F}_2 \\ \mathrm{T}_2 \end{array}\begin{bmatrix} 8\angle 60^\circ \\ 7.6923\angle -90^\circ \\ 0 \\ 0 \\ 0 \end{bmatrix}
$$

式中：F_1即B，F_2即C，以下同。

发电机电源在正序网各节点电压为

$$
\begin{bmatrix} \dot{U}_{A(1)}^{(0)} \\ \dot{U}_{D(1)}^{(0)} \\ \dot{U}_{B(1)}^{(0)} \\ \dot{U}_{C(1)}^{(0)} \\ \dot{U}_{T_2(1)}^{(0)} \end{bmatrix}=\begin{bmatrix} \mathrm{j}0.15 & 0 & \mathrm{j}0.15 & 0 & \mathrm{j}0.15 \\ 0 & \mathrm{j}0.13 & 0 & \mathrm{j}0.13 & 0 \\ \mathrm{j}0.15 & 0 & \mathrm{j}0.25 & 0 & \mathrm{j}0.25 \\ 0 & \mathrm{j}0.13 & 0 & \mathrm{j}0.22 & 0 \\ \mathrm{j}0.15 & 0 & \mathrm{j}0.25 & 0 & \mathrm{j}0.85 \end{bmatrix}\begin{bmatrix} 8\angle 60^\circ \\ 7.6923\angle -90^\circ \\ 0 \\ 0 \\ 0 \end{bmatrix}=\begin{bmatrix} 1.2\angle 30^\circ \\ 1.0 \\ 1.2\angle 30^\circ \\ 1.0 \\ 1.2\angle 30^\circ \end{bmatrix}
$$

所以正序网络故障口的开路电压为

$$
\begin{bmatrix} \dot{U}_{A(1)}^{(0)} \\ \dot{U}_{D(1)}^{(0)} \\ \dot{U}_{B(1)}^{(0)} \\ \dot{U}_{C(1)}^{(0)} \\ \dot{U}_{T_2(1)}^{(0)} \end{bmatrix}=\begin{bmatrix} \mathrm{j}0.15 & 0 & \mathrm{j}0.15 & 0 & \mathrm{j}0.15 \\ 0 & \mathrm{j}0.13 & 0 & \mathrm{j}0.13 & 0 \\ \mathrm{j}0.15 & 0 & \mathrm{j}0.25 & 0 & \mathrm{j}0.25 \\ 0 & \mathrm{j}0.13 & 0 & \mathrm{j}0.22 & 0 \\ \mathrm{j}0.15 & 0 & \mathrm{j}0.25 & 0 & \mathrm{j}0.85 \end{bmatrix}\begin{bmatrix} 8\angle 60^\circ \\ 7.6923\angle -90^\circ \\ 0 \\ 0 \\ 0 \end{bmatrix}=\begin{bmatrix} 1.2\angle 30^\circ \\ 1.0 \\ 1.2\angle 30^\circ \\ 1.0 \\ 1.2\angle 30^\circ \end{bmatrix}
$$

所以正序网络故障口的开路电压为

$$
\begin{bmatrix} \dot{U}_{p1(1)}^{(0)} \\ \dot{U}_{p2(1)}^{(0)} \end{bmatrix}=\begin{bmatrix} \dot{U}_{F1(1)}^{(0)}-\dot{U}_{T1(1)}^{(0)} \\ \dot{U}_{F2(1)}^{(0)}-\dot{U}_{T2(1)}^{(0)} \end{bmatrix}=\begin{bmatrix} 1.2\angle 30^\circ \\ 1-1.2\angle 30^\circ \end{bmatrix}=\begin{bmatrix} 1.2\angle 30^\circ \\ 0.6013\angle -93.74^\circ \end{bmatrix}
$$

根据式（4-19a）、式（4-19b），可求得各序网的两端口阻抗矩阵元素为

$$
Z_{11(1)}=Z_{11(2)}=Z_{F1F1(1)}+Z_{T1T1(1)}-2Z_{F1T1(1)}=\mathrm{j}0.25+\mathrm{j}0-\mathrm{j}0=\mathrm{j}0.25
$$

$$
Z_{12(1)}=Z_{12(2)}=Z_{F1F2(1)}+Z_{T1T2(1)}-Z_{F1T2(1)}-Z_{T1F2(1)}=0+0-\mathrm{j}0.25+0=-\mathrm{j}0.25
$$

$$Z_{21(1)}=Z_{21(2)}=Z_{F2F1(1)}+Z_{T2T1(1)}-Z_{F2T1(1)}-Z_{T2F1(1)}=0+0-\mathrm{j}0.25+0=-\mathrm{j}0.25$$

$$Z_{22(1)}=Z_{22(2)}=\mathrm{j}0.22+\mathrm{j}0.85-2\times 0=\mathrm{j}1.07$$

$$Z_{11(0)}=\mathrm{j}0.1+0-0=\mathrm{j}0.1$$

$$Z_{12(0)}=0+0-0-\mathrm{j}0.1=-\mathrm{j}0.1$$

$$Z_{21(0)}=0+0-\mathrm{j}0.1=-\mathrm{j}0.1$$

$$Z_{22(0)}=\mathrm{j}0.22+\mathrm{j}1.6-0\times 2=\mathrm{j}0.82$$

因为 F_1 处的特殊相是 B 相，F_2 处的特殊相是 C 相，故得：

$$n_{1(1)}=\alpha^2;n_{1(2)}=\alpha;n_{2(1)}=\alpha;n_{2(2)}=\alpha^2$$

将上述两端口阻抗矩阵元素及附属算子值代入式（4 - 35），可得复合序网两端口阻抗矩阵元素为

$$Z'_{11}=\mathrm{j}0.25+\mathrm{j}0.25+\mathrm{j}0.1=\mathrm{j}0.6$$

$$Z'_{12}=\alpha(-\mathrm{j}0.25)\alpha+\alpha^2(-\mathrm{j}0.25)\alpha^2+(-\mathrm{j}0.1)=\mathrm{j}0.15$$

$$Z'_{21}=\alpha^2(-\mathrm{j}0.25)\alpha^2+\alpha(-\mathrm{j}0.25)\alpha+(-\mathrm{j}0.1)=\mathrm{j}0.15$$

$$Z'_{22}=\mathrm{j}1.07+\mathrm{j}1.07+\mathrm{j}1.82=\mathrm{j}3.96$$

即

$$Z'=\begin{bmatrix}\mathrm{j}0.6 & \mathrm{j}0.15\\ \mathrm{j}0.15 & \mathrm{j}3.96\end{bmatrix}$$

$$(Z')^{-1}=\begin{bmatrix}-\mathrm{j}1.6826 & \mathrm{j}0.0637\\ \mathrm{j}0.0637 & -\mathrm{j}0.2549\end{bmatrix}$$

根据式（4 - 29），可得复合序网的开路电压为

$$U'=\begin{bmatrix}n_{1(1)}\dot{U}^{(0)}_{p1(1)}\\ n_{2(1)}\dot{U}^{(0)}_{p2(1)}\end{bmatrix}=\begin{bmatrix}\alpha^2(1.2\angle 30^\circ)\\ \alpha^2\times(0.6013\angle -93.74^\circ)\end{bmatrix}=\begin{bmatrix}-\mathrm{j}1.2\\ 0.6013\angle 26.26^\circ\end{bmatrix}$$

由 Z' 和 U' 计算得

$$\begin{bmatrix}\dot{I}_{1(0)}\\ \dot{I}_{2(0)}\end{bmatrix}=-(Z')^{-1}U'=\begin{bmatrix}-\mathrm{j}1.6826 & \mathrm{j}0.0637\\ \mathrm{j}0.0637 & -\mathrm{j}0.2549\end{bmatrix}\begin{bmatrix}-\mathrm{j}1.2\\ 0.6013\angle 26.26^\circ\end{bmatrix}$$

$$=\begin{bmatrix}2.0364\angle -0.97^\circ\\ 0.1992\angle 136.38^\circ\end{bmatrix}$$

最后可得

$$\begin{bmatrix}\dot{I}_{1(1)}\\ \dot{I}_{2(1)}\end{bmatrix}=\begin{bmatrix}n^{-1}_{1(1)}\ \dot{I}_{1(0)}\\ n^{-1}_{2(1)}\ \dot{I}_{2(0)}\end{bmatrix}=\begin{bmatrix}\alpha(2.0364\angle -0.97^\circ)\\ \alpha^2(0.1992\angle 136.38^\circ)\end{bmatrix}=\begin{bmatrix}2.0364\angle 119.03^\circ\\ 0.1992\angle 16.38^\circ\end{bmatrix}$$

$$\begin{bmatrix}\dot{I}_{1(2)}\\ \dot{I}_{2(2)}\end{bmatrix}=\begin{bmatrix}n^{-1}_{1(2)}\ \dot{I}_{1(0)}\\ n^{-1}_{2(2)}\ \dot{I}_{2(0)}\end{bmatrix}=\begin{bmatrix}\alpha^2(2.0364\angle -0.97^\circ)\\ \alpha(0.1992\angle 136.38^\circ)\end{bmatrix}=\begin{bmatrix}2.0364\angle -120.97^\circ\\ 0.1992\angle -103.62^\circ\end{bmatrix}$$

因此，故障情况下各序网的节点注入电流向量为

$$I_{(1)}=\begin{bmatrix}8\angle-60^\circ\\7.6923\angle-90^\circ\\2.0364\angle 119.03^\circ\\0.1992\angle 16.38^\circ\\-0.1992\angle 16.38^\circ\end{bmatrix};I_{(2)}=\begin{bmatrix}0\\0\\2.0364\angle-120.97^\circ\\0.1992\angle-103.62^\circ\\-0.1992\angle 103.62^\circ\end{bmatrix};I_{(0)}=\begin{bmatrix}0\\0\\2.0364\angle-0.97^\circ\\0.1992\angle 136.38^\circ\\-0.1992\angle 136.38^\circ\end{bmatrix}$$

为了计算流经断路器 C 的电流，首先应根据节点阻抗矩阵，算出其中节点 D 和节点 C 的序电压，即

$$\begin{bmatrix}\dot U_{D(1)}\\\dot U_{C(1)}\end{bmatrix}=\begin{bmatrix}0 & j0.13 & 0 & j0.13 & 0\\0 & j0.13 & 0 & j0.22 & 0\end{bmatrix}\begin{bmatrix}8\angle-60^\circ\\7.6923\angle-90^\circ\\2.0364\angle 119.03^\circ\\0.1992\angle 16.38^\circ\\-0.1992\angle 16.38^\circ\end{bmatrix}=\begin{bmatrix}0.9930\angle 1.43^\circ\\0.9885\angle 2.44^\circ\end{bmatrix}$$

$$\begin{bmatrix}\dot U_{D(2)}\\\dot U_{C(2)}\end{bmatrix}=\begin{bmatrix}0 & j0.13 & 0 & j0.13 & 0\\0 & j0.13 & 0 & j0.22 & 0\end{bmatrix}\begin{bmatrix}0\\0\\2.0364\angle-120.97^\circ\\0.1992\angle-103.62^\circ\\-0.1992\angle 103.62^\circ\end{bmatrix}=\begin{bmatrix}0.0259\angle-13.62^\circ\\0.0438\angle-13.62^\circ\end{bmatrix}$$

$$\begin{bmatrix}\dot U_{D(0)}\\\dot U_{C(0)}\end{bmatrix}=\begin{bmatrix}0 & j0.1 & 0 & j0.1 & 0\\0 & j0.1 & 0 & j0.22 & 0\end{bmatrix}\begin{bmatrix}0\\0\\2.0364\angle-0.97^\circ\\0.1992\angle 136.38^\circ\\-0.1992\angle 136.38^\circ\end{bmatrix}=\begin{bmatrix}0.0199\angle-133.62^\circ\\0.0438\angle-133.62^\circ\end{bmatrix}$$

故流经断路器 C 的各序电流为

$$\dot I_{C(1)}=\frac{\dot U_{D(1)}-\dot U_{C(1)}}{z_{CD(1)}}=\frac{0.9930\angle 1.43^\circ-0.9885\angle 2.44^\circ}{j0.09}=0.2004\angle-163.62^\circ$$

$$\dot I_{C(2)}=\frac{\dot U_{D(2)}-\dot U_{C(2)}}{z_{CD(2)}}=\frac{0.0259\angle-13.62^\circ-0.0438\angle-13.62^\circ}{j0.09}=0.1989\angle 166.38^\circ$$

$$\dot I_{C(0)}=\frac{\dot U_{D(0)}-\dot U_{C(0)}}{z_{CD(0)}}=\frac{0.0199\angle-133.62^\circ-0.0438\angle-133.62^\circ}{j0.12}=0.1992\angle-43.62^\circ$$

根据对称分量法，可得流经断路器 C 的各相电流（下标括号中的字母表示相别，下同）为

$$\begin{bmatrix}\dot I_{C(A)}\\\dot I_{C(B)}\\\dot I_{C(C)}\end{bmatrix}=\begin{bmatrix}1 & 1 & 1\\1 & \alpha^2 & \alpha\\1 & \alpha & \alpha^2\end{bmatrix}\begin{bmatrix}0.1992\angle-43.62^\circ\\0.2004\angle-163.62^\circ\\0.1989\angle 166.38^\circ\end{bmatrix}=\begin{bmatrix}0.2827\angle-148.64^\circ\\0.2812\angle-28.34^\circ\\0.4464\angle-7.16^\circ\end{bmatrix}$$

而母线 C 的各项电压为

$$\begin{bmatrix}\dot{U}_{C(A)}\\ \dot{U}_{C(B)}\\ \dot{U}_{C(C)}\end{bmatrix}=\begin{bmatrix}1 & 1 & 1\\ 1 & \alpha^2 & \alpha\\ 1 & \alpha & \alpha^2\end{bmatrix}\begin{bmatrix}0.0438\angle-133.62^\circ\\ 0.9885\angle 2.44^\circ\\ 0.0438\angle-13.62^\circ\end{bmatrix}=\begin{bmatrix}0.1\\ 0.1\angle-120^\circ\\ 0.9711\angle 127.46^\circ\end{bmatrix}$$

不难看出，当求出各序网故障口电流后，针对本例题的具体电路，还可由基尔霍夫电流定律直接求得流经断路器 C 的各序电流。

4.4.2 并联—并联型双重故障分析

1. 复合序网

由各序两端口网络并联而成的并联—并联型双重故障复合序网示意图，如图 4-12 所示。

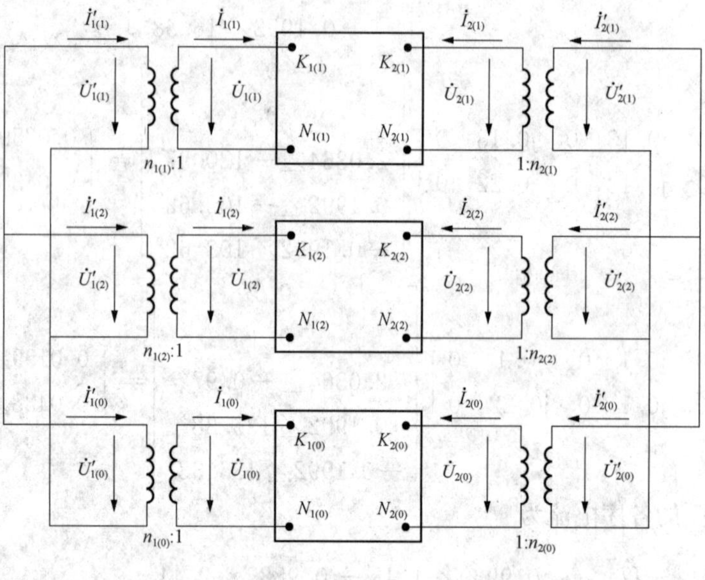

图 4-12　并联—并联型双重故障复合序网图

2. 网络方程转换

对这种复杂故障，运用导纳型参数方程分析最为方便。

(1) 正序网络

$$\left.\begin{aligned}&\begin{bmatrix}\dot{I}_{1(1)}\\ \dot{I}_{2(1)}\end{bmatrix}=\begin{bmatrix}Y_{11(1)} & Y_{12(1)}\\ Y_{21(1)} & Y_{22(1)}\end{bmatrix}\begin{bmatrix}\dot{U}_{1(1)}\\ \dot{U}_{2(1)}\end{bmatrix}+\begin{bmatrix}\dot{I}_{y1}\\ \dot{I}_{y2}\end{bmatrix}\\ &\begin{bmatrix}\dot{I}'_{1(1)}\\ \dot{I}'_{2(1)}\end{bmatrix}=\begin{bmatrix}Y_{11(1)} & \dfrac{n_{1(1)}}{n_{2(1)}}Y_{12(1)}\\ \dfrac{n_{2(1)}}{n_{1(1)}}Y_{21(1)} & Y_{22(1)}\end{bmatrix}\begin{bmatrix}\dot{U}'_{1(1)}\\ \dot{U}'_{2(1)}\end{bmatrix}+\begin{bmatrix}n_{1(1)}\dot{I}_{y1}\\ n_{2(1)}\dot{I}_{y2}\end{bmatrix}\end{aligned}\right\}\qquad(4-37)$$

(2) 负序网络

$$\left.\begin{aligned}\begin{bmatrix}\dot{I}_{1(2)}\\\dot{I}_{2(2)}\end{bmatrix}&=\begin{bmatrix}Y_{11(2)} & Y_{12(2)}\\Y_{21(2)} & Y_{22(2)}\end{bmatrix}\begin{bmatrix}\dot{U}_{1(2)}\\\dot{U}_{2(2)}\end{bmatrix}\\\begin{bmatrix}\dot{I}'_{1(2)}\\\dot{I}'_{2(2)}\end{bmatrix}&=\begin{bmatrix}Y_{11(2)} & \dfrac{n_{1(2)}}{n_{2(2)}}Y_{12(2)}\\\dfrac{n_{2(2)}}{n_{1(2)}}Y_{21(2)} & Y_{22(2)}\end{bmatrix}\begin{bmatrix}\dot{U}'_{1(2)}\\\dot{U}'_{2(2)}\end{bmatrix}\end{aligned}\right\}\tag{4-38}$$

(3) 零序网络

$$\left.\begin{aligned}\begin{bmatrix}\dot{I}_{1(0)}\\\dot{I}_{2(0)}\end{bmatrix}&=\begin{bmatrix}Y_{11(0)} & Y_{12(0)}\\Y_{21(0)} & Y_{22(0)}\end{bmatrix}\begin{bmatrix}\dot{U}_{1(0)}\\\dot{U}_{2(0)}\end{bmatrix}\\\begin{bmatrix}\dot{I}'_{1(0)}\\\dot{I}'_{2(0)}\end{bmatrix}&=\begin{bmatrix}Y_{11(0)} & Y_{12(0)}\\Y_{21(0)} & Y_{22(0)}\end{bmatrix}\begin{bmatrix}\dot{U}'_{1(0)}\\\dot{U}'_{2(0)}\end{bmatrix}\end{aligned}\right\}\tag{4-39}$$

3. 边界条件

$$\begin{bmatrix}\dot{I}'_{1(1)}\\\dot{I}'_{2(1)}\end{bmatrix}+\begin{bmatrix}\dot{I}'_{1(2)}\\\dot{I}'_{2(2)}\end{bmatrix}+\begin{bmatrix}\dot{I}'_{1(0)}\\\dot{I}'_{2(0)}\end{bmatrix}=0\tag{4-40}$$

$$\begin{bmatrix}\dot{U}'_{1(1)}\\\dot{U}'_{2(1)}\end{bmatrix}=\begin{bmatrix}\dot{U}'_{1(2)}\\\dot{U}'_{2(2)}\end{bmatrix}=\begin{bmatrix}\dot{U}'_{1(0)}\\\dot{U}'_{2(0)}\end{bmatrix}\tag{4-41}$$

4. 求解

将式 (4-41) ~式 (4-43) 代入式 (4-44), 并计及式 (4-45), 可得

$$\begin{bmatrix}Y_{11} & Y_{12}\\Y_{21} & Y_{22}\end{bmatrix}\begin{bmatrix}\dot{U}'_{1(1)}\\\dot{U}'_{2(1)}\end{bmatrix}+\begin{bmatrix}n_{1(1)}\dot{I}_{y1}\\n_{2(1)}\dot{I}_{y2}\end{bmatrix}=\begin{bmatrix}0\\0\end{bmatrix}\tag{4-42}$$

其中

$$Y_{11}=Y_{11(1)}+Y_{11(2)}+Y_{11(0)}\tag{4-43a}$$

$$Y_{12}=\frac{n_{1(1)}}{n_{2(1)}}Y_{12(1)}+\frac{n_{1(2)}}{n_{2(2)}}Y_{12(2)}+Y_{12(0)}\tag{4-43b}$$

$$Y_{21}=\frac{n_{2(1)}}{n_{1(1)}}Y_{21(1)}+\frac{n_{2(2)}}{n_{1(2)}}Y_{21(2)}+Y_{21(0)}\tag{4-43c}$$

$$Y_{22}=Y_{22(1)}+Y_{22(2)}+Y_{22(0)}\tag{4-43d}$$

再由式 (4-46) 可解得

$$\begin{bmatrix}\dot{U}'_{1(1)}\\\dot{U}'_{2(1)}\end{bmatrix}=-\begin{bmatrix}Y_{11} & Y_{12}\\Y_{21} & Y_{22}\end{bmatrix}^{-1}\begin{bmatrix}n_{1(1)}\dot{I}_{y1}\\n_{2(1)}\dot{I}_{y2}\end{bmatrix}\tag{4-44}$$

求得 $\dot{U}'_{1(1)}$、$\dot{U}'_{2(1)}$后, 根据式 (4-41) 可求得 $\dot{U}'_{1(2)}$、$\dot{U}'_{2(2)}$、$\dot{U}'_{1(0)}$、$\dot{U}'_{2(0)}$。

将 $\dot{U}'_{1(1)}$、$\dot{U}'_{2(1)}$、$\dot{U}'_{1(2)}$、$\dot{U}'_{2(2)}$、$\dot{U}'_{1(0)}$、$\dot{U}'_{2(0)}$分别代入式 (4-37) ~式 (4-39),

可求得 $\dot{I}'_{1(1)}$、$\dot{I}'_{2(1)}$、$\dot{I}'_{1(2)}$、$\dot{I}'_{2(2)}$、$\dot{I}'_{1(0)}$、$\dot{I}'_{2(0)}$。

然后，将所有二次侧电流、电压归算至一次侧，即可求得各序网络中故障端口的电压、电流。

【例题 4-2】 仍如［例题 4-1］所给定的系统图和参数，当 F_1 处发生 B、C 两相接地，F_2 处发生 B 相断相，试计算 F_1 处的各相电压及各序网的口电流。

解 各序双口网络仍如图 4-11 一样。本例属于并联—并联型故障，所以应采用两端口导纳方程计算。

根据［例题 4-1］所求得的各序网络阻抗矩阵，将它们求逆，便得出各序网的两端口导纳矩阵为

$$\boldsymbol{Y}_{(1)}=\boldsymbol{Y}_{(2)}=Z^{-1}{}_{(1)}=\begin{bmatrix}\mathrm{j}0.25 & -\mathrm{j}0.25\\ -\mathrm{j}0.25 & \mathrm{j}1.07\end{bmatrix}^{-1}=\begin{bmatrix}-\mathrm{j}5.2195 & -\mathrm{j}1.2195\\ -\mathrm{j}1.2195 & -\mathrm{j}1.2195\end{bmatrix}$$

$$\boldsymbol{Y}_{(0)}=\boldsymbol{Z}^{-1}{}_{(0)}=\begin{bmatrix}\mathrm{j}0.1 & -\mathrm{j}0.1\\ -\mathrm{j}0.1 & \mathrm{j}1.82\end{bmatrix}^{-1}=\begin{bmatrix}-\mathrm{j}10.5814 & -\mathrm{j}0.5814\\ -\mathrm{j}0.5814 & -\mathrm{j}0.5814\end{bmatrix}$$

由$\boldsymbol{Y}_{(1)}$与［例题 4-1］所求得的正序网络故障口开路电压 $U_{P(1)}^{(0)}$ 计算可得正序网故障口短路时的口电流为

$$\boldsymbol{I}_{y(1)}=-\boldsymbol{Y}_{(1)}U_{P(1)}^{(0)}=-\begin{bmatrix}-\mathrm{j}5.2195 & -\mathrm{j}1.2195\\ -\mathrm{j}1.2195 & -\mathrm{j}1.2195\end{bmatrix}\begin{bmatrix}1.2\angle 30^\circ\\ 0.6013\angle -93.74^\circ\end{bmatrix}$$

$$=\begin{bmatrix}-5.8878\angle -65.94^\circ\\ -1.2195\angle -90^\circ\end{bmatrix}$$

因为 F_1 处的特殊相为 A 相，F_2 处的特殊相为 B 相，所以得到

$$n_{1(1)}=n_{1(2)}=1,\ n_{2(1)}=\alpha^2,\ n_{2(2)}=\alpha$$

因此，可算得复合双口序网的两端口导纳矩阵元素为

$$Y'_{11}=(-\mathrm{j}5.2195)+(-\mathrm{j}5.2195)+(-\mathrm{j}10.5814)=-\mathrm{j}21.0204$$

$$Y'_{12}=\alpha(-\mathrm{j}1.2195)+\alpha^2(-\mathrm{j}1.2195)+(-\mathrm{j}0.5814)=\mathrm{j}0.6381$$

$$Y'_{21}=(-\mathrm{j}1.2195)\alpha^2+(-\mathrm{j}1.2195)\alpha+(-\mathrm{j}0.5814)=\mathrm{j}0.6381$$

$$Y'_{22}=(-\mathrm{j}1.2195)+(-\mathrm{j}1.2195)+(-\mathrm{j}0.5814)=\mathrm{j}3.0204$$

即

$$Y'=\begin{bmatrix}-\mathrm{j}21.0204 & \mathrm{j}0.6381\\ \mathrm{j}0.6381 & -\mathrm{j}3.0204\end{bmatrix}$$

$$(Y')^{-1}=\begin{bmatrix}\mathrm{j}0.0479 & \mathrm{j}0.0101\\ \mathrm{j}0.0101 & \mathrm{j}0.3332\end{bmatrix}$$

最后，可得

$$\begin{bmatrix}\dot{U}_{1(0)}\\ \dot{U}_{2(0)}\end{bmatrix}=-(Y')^{-1}\begin{bmatrix}-5.8878\angle -65.94^\circ\\ -1.2195\angle -90^\circ\end{bmatrix}=\begin{bmatrix}0.2933\angle 23.08^\circ\\ 0.4613\angle 3.01^\circ\end{bmatrix}$$

进而，可得

$$\begin{bmatrix}\dot{U}_{1(1)}\\ \dot{U}_{2(1)}\end{bmatrix}=\begin{bmatrix}\alpha\dot{U}_{1(0)}\\ \dot{U}_{2(0)}\end{bmatrix}=\begin{bmatrix}0.2933\angle 23.08^\circ\\ 0.4613\angle 123.01^\circ\end{bmatrix}$$

$$\begin{bmatrix}\dot{U}_{1(2)}\\ \dot{U}_{2(2)}\end{bmatrix}=\begin{bmatrix}\alpha^2\dot{U}_{1(0)}\\ \dot{U}_{2(0)}\end{bmatrix}=\begin{bmatrix}0.2933\angle 23.08^\circ\\ 0.4613\angle 243.01^\circ\end{bmatrix}$$

故得 F_1 处的各相电压为

$$\begin{bmatrix}\dot{U}_{F1(A)}\\ \dot{U}_{F1(B)}\\ \dot{U}_{F1(C)}\end{bmatrix}=\begin{bmatrix}1 & 1 & 1\\ 1 & \alpha^2 & \alpha\\ 1 & \alpha & \alpha^2\end{bmatrix}\begin{bmatrix}0.4613\angle 3.01^\circ\\ 0.4613\angle 123.01^\circ\\ 0.4613\angle 243.01^\circ\end{bmatrix}=\begin{bmatrix}0\\ 1.3839\\ 0\end{bmatrix}$$

由已求得的 $\dot{U}_{1(0)}$、$\dot{U}_{2(0)}$ 分别计算得各序网的故障口电流为

$$\begin{bmatrix}\dot{I}_{1(1)}\\ \dot{I}_{2(1)}\end{bmatrix}=\begin{bmatrix}-j5.2195 & -j1.2195\\ -j1.2195 & -j1.2195\end{bmatrix}\begin{bmatrix}0.2933\angle 23.08^\circ\\ 0.4613\angle 123.01^\circ\end{bmatrix}+\begin{bmatrix}-5.8878\angle 65.94^\circ\\ -1.2195\angle -90^\circ\end{bmatrix}$$

$$=\begin{bmatrix}-6.6130\angle 78.41^\circ\\ -0.6122\angle -136.85^\circ\end{bmatrix}$$

$$\begin{bmatrix}\dot{I}_{1(2)}\\ \dot{I}_{2(2)}\end{bmatrix}=\begin{bmatrix}-j5.2195 & -j1.2195\\ -j1.2195 & -j1.2195\end{bmatrix}\begin{bmatrix}0.2933\angle 23.08^\circ\\ 0.4613\angle 243.01^\circ\end{bmatrix}=\begin{bmatrix}-1.1573\angle 94.89^\circ\\ -0.3685\angle 11.54^\circ\end{bmatrix}$$

$$\begin{bmatrix}\dot{I}_{1(0)}\\ \dot{I}_{2(0)}\end{bmatrix}=\begin{bmatrix}-j10.5814 & -j0.5814\\ -j0.5814 & -j0.5814\end{bmatrix}\begin{bmatrix}0.2933\angle 23.08^\circ\\ 0.4613\angle 3.01^\circ\end{bmatrix}=\begin{bmatrix}-3.3567\angle 111.51^\circ\\ -0.4323\angle 100.79^\circ\end{bmatrix}$$

4.4.3　串联—并联型双重故障分析

1. 复合序网

由各序两端口网络混联，一个端口串联、另一个端口并联而成的串联—并联型双重故障复合序网如图 4 - 13 所示。

2. 网络方程转换

对这种复杂故障，运用混合型参数方程分析最为方便。

(1) 正序网络

$$\begin{bmatrix}\dot{U}_{1(1)}\\ \dot{I}_{2(1)}\end{bmatrix}=\begin{bmatrix}H_{11(1)} & H_{12(1)}\\ H_{21(1)} & H_{22(1)}\end{bmatrix}\begin{bmatrix}\dot{I}_{1(1)}\\ \dot{U}_{2(1)}\end{bmatrix}+\begin{bmatrix}\dot{U}_{h1}\\ \dot{I}_{h2}\end{bmatrix}$$

$$\begin{bmatrix}\dot{U}'_{1(1)}\\ \dot{I}'_{2(1)}\end{bmatrix}=\begin{bmatrix}H_{11(1)} & \dfrac{n_{1(1)}}{n_{2(1)}}H_{12(1)}\\ \dfrac{n_{2(1)}}{n_{1(1)}}H_{21(1)} & H_{22(1)}\end{bmatrix}\begin{bmatrix}\dot{I}'_{1(1)}\\ \dot{U}'_{2(1)}\end{bmatrix}+\begin{bmatrix}n_{1(1)}\dot{U}_{h1}\\ n_{2(1)}\dot{I}_{h2}\end{bmatrix}\quad(4-45)$$

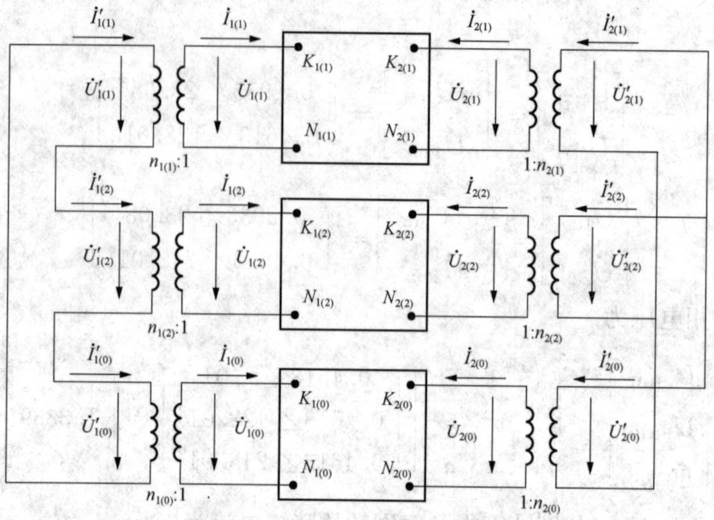

图 4-13　串联—并联型双重故障复合序网图

(2) 负序网络

$$\left.\begin{aligned}
\begin{bmatrix}\dot{U}_{1(2)}\\ \dot{I}_{2(2)}\end{bmatrix} &= \begin{bmatrix}H_{11(2)} & H_{12(2)}\\ H_{21(2)} & H_{22(2)}\end{bmatrix}\begin{bmatrix}\dot{I}_{1(2)}\\ \dot{U}_{2(2)}\end{bmatrix}\\
\begin{bmatrix}\dot{U}'_{1(2)}\\ \dot{I}'_{2(2)}\end{bmatrix} &= \begin{bmatrix}H_{11(2)} & \dfrac{n_{1(2)}}{n_{2(2)}}H_{12(2)}\\ \dfrac{n_{2(2)}}{n_{1(2)}}H_{21(2)} & H_{22(2)}\end{bmatrix}\begin{bmatrix}\dot{I}'_{1(2)}\\ \dot{U}'_{2(2)}\end{bmatrix}
\end{aligned}\right\} \tag{4-46}$$

(3) 零序网络

$$\left.\begin{aligned}
\begin{bmatrix}\dot{U}_{1(0)}\\ \dot{I}_{2(0)}\end{bmatrix} &= \begin{bmatrix}H_{11(0)} & H_{12(0)}\\ H_{21(0)} & H_{22(0)}\end{bmatrix}\begin{bmatrix}\dot{I}_{1(0)}\\ \dot{U}_{2(0)}\end{bmatrix}\\
\begin{bmatrix}\dot{U}'_{1(0)}\\ \dot{I}'_{2(0)}\end{bmatrix} &= \begin{bmatrix}H_{11(0)} & H_{12(0)}\\ H_{21(0)} & H_{22(0)}\end{bmatrix}\begin{bmatrix}\dot{I}'_{1(0)}\\ \dot{U}'_{2(0)}\end{bmatrix}
\end{aligned}\right\} \tag{4-47}$$

3. 边界条件

$$\begin{bmatrix}\dot{U}'_{1(1)}\\ \dot{I}'_{2(1)}\end{bmatrix}+\begin{bmatrix}\dot{U}'_{1(2)}\\ \dot{I}'_{2(2)}\end{bmatrix}+\begin{bmatrix}\dot{U}'_{1(0)}\\ \dot{I}'_{2(0)}\end{bmatrix}=0 \tag{4-48}$$

$$\begin{bmatrix}\dot{U}'_{1(1)}\\ \dot{I}'_{2(1)}\end{bmatrix}=\begin{bmatrix}\dot{U}'_{1(2)}\\ \dot{I}'_{2(2)}\end{bmatrix}=\begin{bmatrix}\dot{U}'_{1(0)}\\ \dot{I}'_{2(0)}\end{bmatrix} \tag{4-49}$$

4. 求解

将式 (4-45) ～式 (4-47) 代入式 (4-48)，并计及式 (4-49)，可得

$$\begin{bmatrix} H_{11} & H_{12} \\ H_{21} & H_{22} \end{bmatrix} \begin{bmatrix} \dot{I}'_{1(1)} \\ \dot{U}'_{2(1)} \end{bmatrix} + \begin{bmatrix} n_{1(1)}\dot{U}_{h1} \\ n_{2(1)}\dot{I}_{h2} \end{bmatrix} = \begin{bmatrix} 0 \\ 0 \end{bmatrix} \tag{4-50}$$

其中

$$H_{11} = H_{11(1)} + H_{11(2)} + H_{11(0)} \tag{4-51a}$$

$$H_{12} = \frac{n_{1(1)}}{n_{2(1)}} H_{12(1)} + \frac{n_{1(2)}}{n_{2(2)}} H_{12(2)} + H_{12(0)} \tag{4-51b}$$

$$H_{21} = \frac{n_{2(1)}}{n_{1(1)}} H_{21(1)} + \frac{n_{2(2)}}{n_{1(2)}} H_{21(2)} + H_{21(0)} \tag{4-51c}$$

$$H_{22} = H_{22(1)} + H_{22(2)} + H_{22(0)} \tag{4-51d}$$

再由式（4-50）可解得

$$\begin{bmatrix} \dot{I}'_{1(1)} \\ \dot{U}'_{2(1)} \end{bmatrix} = -\begin{bmatrix} H_{11} & H_{12} \\ H_{21} & H_{22} \end{bmatrix}^{-1} \begin{bmatrix} n_{1(1)}\dot{U}_{h1} \\ n_{2(1)}\dot{I}_{h2} \end{bmatrix} \tag{4-52}$$

求得 $\dot{I}'_{1(1)}$、$\dot{U}'_{2(1)}$后，根据式（4-49）可求得 $\dot{I}'_{1(2)}$、$\dot{U}'_{2(2)}$、$\dot{I}'_{1(0)}$、$\dot{U}'_{2(0)}$。

将 $\dot{I}'_{1(1)}$、$\dot{U}'_{2(1)}$、$\dot{I}'_{1(2)}$、$\dot{U}'_{2(2)}$、$\dot{I}'_{1(0)}$、$\dot{U}'_{2(0)}$分别代入式（4-45）～式（4-47），可求得 $\dot{U}'_{1(1)}$、$\dot{I}'_{2(1)}$、$\dot{U}'_{1(2)}$、$\dot{I}'_{2(2)}$、$\dot{U}'_{1(0)}$、$\dot{I}'_{2(0)}$。

然后，将所有二次侧电流、电压归算至一次侧，即可求得各序网络中故障端口的电流、电压。

【例题 4-3】 仍如［例题 4-1］所给定的系统和参数。当 F_1 处 A、B 相断相，F_2 处 B、C 相接地时，试计算各序网故障口的电压与电流，以及 F_1 处的相电流和相电压。

解 系统故障情况下的各双口序网仍如图 4-12 所示。因本例属于串联—并联型故障，故宜采用混合型口参数方程进行计算。

由图 4-14 可得正序、负序网的节点阻抗矩阵为

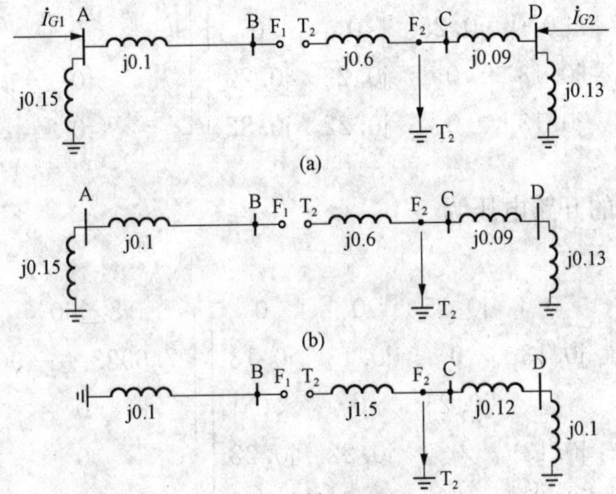

图 4-14 ［例题 4-3］的系统在故障情况下的三序独立双口序网

(a) 正序网；(b) 负序网；(c) 零序网

$$
\begin{array}{c} \\ \boldsymbol{Z}_{(1)}=\boldsymbol{Z}_{(2)}= \end{array}
\begin{array}{c}
\begin{array}{ccccc} \mathrm{A} & \mathrm{D} & \mathrm{B(F_1)} & \mathrm{C(F_2)} & \mathrm{T_2} \end{array} \\
\begin{bmatrix}
\mathrm{j}0.15 & 0 & \mathrm{j}0.15 & 0 & 0 \\
0 & \mathrm{j}0.13 & 0 & \mathrm{j}0.13 & \mathrm{j}0.13 \\
\mathrm{j}0.15 & 0 & \mathrm{j}0.25 & 0 & 0 \\
0 & \mathrm{j}0.13 & 0 & \mathrm{j}0.22 & \mathrm{j}0.22 \\
0 & \mathrm{j}0.13 & 0 & \mathrm{j}0.22 & \mathrm{j}0.82
\end{bmatrix}
\end{array}
$$

同理，可得零序网的节点阻抗矩阵为

$$
\begin{array}{c} \\ \boldsymbol{Z}_{(0)}= \end{array}
\begin{array}{c}
\begin{array}{cccc} \mathrm{D} & \mathrm{B(F_1)} & \mathrm{C(F_2)} & \mathrm{T_2} \end{array} \\
\begin{bmatrix}
\mathrm{j}0.1 & 0 & \mathrm{j}0.1 & \mathrm{j}0.1 \\
0 & \mathrm{j}0.1 & 0 & \mathrm{j}0.1 \\
\mathrm{j}0.1 & 0 & \mathrm{j}0.22 & \mathrm{j}0.22 \\
\mathrm{j}0.13 & 0 & \mathrm{j}0.22 & \mathrm{j}1.72
\end{bmatrix}
\end{array}
$$

故障前正序网各节点注入电流为

$$
I_{(1)}^{(0)}=\begin{array}{c}\mathrm{A}\\ \mathrm{D}\\ \mathrm{F_1}\\ \mathrm{F_2}\\ \mathrm{T_2}\end{array}
\begin{bmatrix}
8\angle 60^\circ \\
7.6923\angle -90^\circ \\
0 \\
0 \\
0
\end{bmatrix}
$$

式中：F_1即 B，F_2即 C，以下同。

发电机电源在正序网各节点电压为

$$
\begin{bmatrix}
\dot{U}_{A(1)}^{(0)} \\ \dot{U}_{D(1)}^{(0)} \\ \dot{U}_{B(1)}^{(0)} \\ \dot{U}_{C(1)}^{(0)} \\ \dot{U}_{T_2(1)}^{(0)}
\end{bmatrix}
=
\begin{bmatrix}
\mathrm{j}0.15 & 0 & \mathrm{j}0.15 & 0 & 0 \\
0 & \mathrm{j}0.13 & 0 & \mathrm{j}0.13 & \mathrm{j}0.13 \\
\mathrm{j}0.15 & 0 & \mathrm{j}0.25 & 0 & 0 \\
0 & \mathrm{j}0.13 & 0 & \mathrm{j}0.22 & \mathrm{j}0.22 \\
0 & \mathrm{j}0.13 & 0 & \mathrm{j}0.22 & \mathrm{j}0.82
\end{bmatrix}
\begin{bmatrix}
8\angle 60^\circ \\ 7.6923\angle -90^\circ \\ 0 \\ 0 \\ 0
\end{bmatrix}
=
\begin{bmatrix}
1.2\angle 30^\circ \\ 1.0 \\ 1.2\angle 30^\circ \\ 1.0 \\ 1.0
\end{bmatrix}
$$

所以正序网络故障口的开路电压为

$$
\begin{bmatrix}
\dot{U}_{A(1)}^{(0)} \\ \dot{U}_{D(1)}^{(0)} \\ \dot{U}_{B(1)}^{(0)} \\ \dot{U}_{C(1)}^{(0)} \\ \dot{U}_{T_2(1)}^{(0)}
\end{bmatrix}
=
\begin{bmatrix}
\mathrm{j}0.15 & 0 & \mathrm{j}0.15 & 0 & 0 \\
0 & \mathrm{j}0.13 & 0 & \mathrm{j}0.13 & \mathrm{j}0.13 \\
\mathrm{j}0.15 & 0 & \mathrm{j}0.25 & 0 & 0 \\
0 & \mathrm{j}0.13 & 0 & \mathrm{j}0.22 & \mathrm{j}0.22 \\
0 & \mathrm{j}0.13 & 0 & \mathrm{j}0.22 & \mathrm{j}0.82
\end{bmatrix}
\begin{bmatrix}
8\angle 60^\circ \\ 7.6923\angle -90^\circ \\ 0 \\ 0 \\ 0
\end{bmatrix}
=
\begin{bmatrix}
1.2\angle 30^\circ \\ 1.0 \\ 1.2\angle 30^\circ \\ 1.0 \\ 1.0
\end{bmatrix}
$$

所以正序网络故障口的开路电压为

$$\begin{bmatrix}\dot{U}_{p1(1)}^{(0)}\\ \dot{U}_{p2(1)}^{(0)}\end{bmatrix}=\begin{bmatrix}\dot{U}_{F1(1)}^{(0)}-\dot{U}_{T1(1)}^{(0)}\\ \dot{U}_{F2(1)}^{(0)}-\dot{U}_{T2(1)}^{(0)}\end{bmatrix}=\begin{bmatrix}0.6013\angle 86.26^{\circ}\\ 1\end{bmatrix}$$

根据式（4 - 19a）、式（4 - 19b），可求得各序网的两端口阻抗矩阵元素为

$$Z_{11(1)}=Z_{11(2)}=Z_{F1F1(1)}+Z_{T1T1(1)}-2Z_{F1T1(1)}=\mathrm{j}0.25+\mathrm{j}0.82-2\times 0=\mathrm{j}1.07$$

$$Z_{12(1)}=Z_{12(2)}=Z_{F1F2(1)}+Z_{T1T2(1)}-Z_{F1T2(1)}-Z_{T1F2(1)}=0+0+0-\mathrm{j}0.22=-\mathrm{j}0.22$$

$$Z_{21(1)}=Z_{21(2)}=Z_{F2F1(1)}+Z_{T2T1(1)}-Z_{F2T1(1)}-Z_{T2F1(1)}=0+0+0-\mathrm{j}0.22=-\mathrm{j}0.22$$

$$Z_{22(1)}=Z_{22(2)}=\mathrm{j}0.15+\mathrm{j}0.13=\mathrm{j}0.28$$

$$Z_{11(0)}=\mathrm{j}0.1+\mathrm{j}1.72-2\times 0=\mathrm{j}1.82$$

$$Z_{12(0)}=0+0-0-\mathrm{j}0.22=-\mathrm{j}0.22$$

$$Z_{21(0)}=0+0-\mathrm{j}0.22=-\mathrm{j}0.22$$

$$Z_{22(0)}=\mathrm{j}0.22+0-0\times 2=\mathrm{j}0.22$$

根据［例题 4 - 1］算得的各序网故障口阻抗参数，可算出本例各序网的混合型口参数为

$$H_{11(1)}=H_{11(2)}=Z_{11(1)}-\frac{Z_{12(1)}Z_{21(1)}}{Z_{22(1)}}=\mathrm{j}1.07-\frac{(-\mathrm{j}0.22)(-\mathrm{j}0.22)}{\mathrm{j}0.28}=\mathrm{j}0.8971$$

$$H_{12(1)}=H_{12(2)}=\frac{Z_{12(1)}}{Z_{22(1)}}=\frac{-\mathrm{j}0.22}{\mathrm{j}0.28}=-0.7857$$

$$H_{21(1)}=H_{21(2)}=-\frac{Z_{12(1)}}{Z_{22(1)}}=0.7857$$

$$H_{22(1)}=H_{22(2)}=\frac{1}{Z_{22(1)}}=\frac{1}{\mathrm{j}0.28}=-\mathrm{j}3.5714$$

$$H_{11(0)}=\mathrm{j}1.82-\frac{(-\mathrm{j}0.22)(-\mathrm{j}0.22)}{\mathrm{j}0.22}=\mathrm{j}1.6$$

$$H_{12(0)}=\frac{-\mathrm{j}0.22}{\mathrm{j}0.22}=-1$$

$$H_{21(0)}=\frac{\mathrm{j}0.22}{\mathrm{j}0.22}=1$$

$$H_{22(0)}=\frac{1}{\mathrm{j}0.22}=-\mathrm{j}4.5455$$

由［例题 4 - 1］已算出的两故障口开路电压，可得

$$\begin{bmatrix}\dot{U}_{H(1)}\\ \dot{I}_{H2(1)}\end{bmatrix}=\begin{bmatrix}0.6013\angle 86.26^{\circ}-\dfrac{-\mathrm{j}0.22}{\mathrm{j}0.28}\\ -\dfrac{1}{\mathrm{j}0.28}\end{bmatrix}=\begin{bmatrix}1.02\angle 36.03^{\circ}\\ 3.5174\angle 90^{\circ}\end{bmatrix}$$

因为 F_1 处故障特殊相为 C 相，F_2 处故障特殊相为 A 相，因此得

$$n_{1(1)}=\alpha,n_{1(2)}=\alpha^{2},n_{2(1)}=n_{n(2)}=1$$

所以可得复合序网的混合型口参数矩阵元素为

$$H'_{11}=\mathrm{j}0.8971+\mathrm{j}0.8971+\mathrm{j}1.6=\mathrm{j}3.3942$$

$$H'_{12}=\alpha(-0.7857)+\alpha^2(-0.7857)+(-0.7857)=0$$

$$H'_{21}=0$$

$$H'_{22}=-\mathrm{j}3.5714-\mathrm{j}3.5714-\mathrm{j}4.5455=-\mathrm{j}12.6883$$

可得

$$\begin{bmatrix}\dot{I}_{1(0)}\\ \dot{U}_{2(0)}\end{bmatrix}=-\begin{bmatrix}-\mathrm{j}3.3942 & 0\\ 0 & -\mathrm{j}12.6883\end{bmatrix}^{-1}\begin{bmatrix}\alpha(1.02\angle 36.03^\circ)\\ 3.5174\angle 90^\circ\end{bmatrix}$$

$$=\begin{bmatrix}-0.3\angle 36.03^\circ\\ 0.2815\end{bmatrix}$$

由上式所得结果得

$$\begin{bmatrix}\dot{U}_{1(0)}\\ \dot{I}_{2(0)}\end{bmatrix}=-\begin{bmatrix}\mathrm{j}1.6 & -1\\ 1 & -\mathrm{j}4.5455\end{bmatrix}^{-1}\begin{bmatrix}-0.3\angle 36.03^\circ\\ 0.2815\end{bmatrix}=\begin{bmatrix}-0.3882\angle 90.12^\circ\\ -1.4761\angle 80.54^\circ\end{bmatrix}$$

由 $\dot{U}_{1(10)}$ 及 $\dot{I}_{1(0)}$ 的值可得

$$\begin{bmatrix}\dot{I}_{1(0)}\\ \dot{U}_{2(0)}\end{bmatrix}=\begin{bmatrix}\alpha^{-1} & \\ & 1\end{bmatrix}^{-1}\begin{bmatrix}-0.3\angle 36.03^\circ\\ 0.2815\end{bmatrix}=\begin{bmatrix}0.3\angle 96.03^\circ\\ 0.2815\end{bmatrix}$$

$$\begin{bmatrix}\dot{I}_{1(2)}\\ \dot{U}_{2(2)}\end{bmatrix}=\begin{bmatrix}(\alpha^2)^{-1} & \\ & 1\end{bmatrix}\begin{bmatrix}-0.3\angle 36.03^\circ\\ 0.2815\end{bmatrix}=\begin{bmatrix}0.3\angle -23.97^\circ\\ 0.2815\end{bmatrix}$$

由上述结果得

$$\begin{bmatrix}\dot{U}_{1(1)}\\ \dot{I}_{2(1)}\end{bmatrix}=\begin{bmatrix}\mathrm{j}0.8971 & -0.7851\\ 0.7851 & -\mathrm{j}3.5714\end{bmatrix}^{-1}\begin{bmatrix}0.3\angle 96.03^\circ\\ 0.2815\end{bmatrix}+\begin{bmatrix}1.02\angle 36.03^\circ\\ 3.5714\angle 90^\circ\end{bmatrix}=\begin{bmatrix}0.6632\angle 59.55^\circ\\ 2.8006\angle 90.51^\circ\end{bmatrix}$$

$$\begin{bmatrix}\dot{U}_{1(2)}\\ \dot{I}_{2(2)}\end{bmatrix}=\begin{bmatrix}\mathrm{j}0.8971 & -0.7851\\ 0.7851 & -\mathrm{j}3.5714\end{bmatrix}^{-1}\begin{bmatrix}0.3\angle -23.97^\circ\\ 0.2815\end{bmatrix}=\begin{bmatrix}0.2702\angle 114.45^\circ\\ 1.122\angle -78.93^\circ\end{bmatrix}$$

根据对称分量法，可得 F_1 处（即断口 F_1、T_1）的电压和电流为

$$\begin{bmatrix}\dot{U}_{FITI(A)}\\ \dot{U}_{FITI(B)}\\ \dot{U}_{FITI(C)}\end{bmatrix}=\begin{bmatrix}1 & 1 & 1\\ 1 & \alpha^2 & \alpha\\ 1 & \alpha & \alpha^2\end{bmatrix}\begin{bmatrix}-0.3882\angle 90.12^\circ\\ 0.6632\angle 59.55^\circ\\ 0.2702\angle 114.45^\circ\end{bmatrix}=\begin{bmatrix}0.3602\angle 71.03^\circ\\ 1.1972\angle 81.80^\circ\\ 0\end{bmatrix}$$

$$\begin{bmatrix}\dot{I}_{FITI(A)}\\ \dot{I}_{FITI(B)}\\ \dot{I}_{FITI(C)}\end{bmatrix}=\begin{bmatrix}1 & 1 & 1\\ 1 & \alpha^2 & \alpha\\ 1 & \alpha & \alpha^2\end{bmatrix}\begin{bmatrix}-0.3\angle 36.03^\circ\\ 0.3\angle 96.03^\circ\\ 0.3\angle 23.97^\circ\end{bmatrix}=\begin{bmatrix}0\\ 0\\ 0.9\angle -143.97^\circ\end{bmatrix}$$

4.4.4　多重故障分析

设 n 重故障中，有 i 重为串联型故障，以 S 表示；有 j 重为并联型故障，以 P 表示。以矩阵形式表示的正序、负序、零序网络混合型参数方程为

$$\begin{bmatrix}\dot{\boldsymbol{U}}_{S(1)}\\ \dot{\boldsymbol{I}}_{P(1)}\end{bmatrix}=\begin{bmatrix}\boldsymbol{H}_{SS(1)} & \boldsymbol{H}_{SP(1)}\\ \boldsymbol{H}_{PS(1)} & \boldsymbol{H}_{PP(1)}\end{bmatrix}\begin{bmatrix}\dot{\boldsymbol{I}}_{S(1)}\\ \dot{\boldsymbol{U}}_{P(1)}\end{bmatrix}+\begin{bmatrix}\dot{\boldsymbol{U}}_{hS}\\ \dot{\boldsymbol{I}}_{hP}\end{bmatrix}$$

$$\begin{bmatrix}\dot{\boldsymbol{U}}_{S(2)}\\ \dot{\boldsymbol{I}}_{P(2)}\end{bmatrix}=\begin{bmatrix}\boldsymbol{H}_{SS(2)} & \boldsymbol{H}_{SP(2)}\\ \boldsymbol{H}_{PS(2)} & \boldsymbol{H}_{PP(2)}\end{bmatrix}\begin{bmatrix}\dot{\boldsymbol{I}}_{S(2)}\\ \dot{\boldsymbol{U}}_{P(2)}\end{bmatrix}$$

$$\begin{bmatrix}\dot{\boldsymbol{U}}_{S(0)}\\ \dot{\boldsymbol{I}}_{P(0)}\end{bmatrix}=\begin{bmatrix}\boldsymbol{H}_{SS(0)} & \boldsymbol{H}_{SP(0)}\\ \boldsymbol{H}_{PS(0)} & \boldsymbol{H}_{PP(0)}\end{bmatrix}\begin{bmatrix}\dot{\boldsymbol{I}}_{S(0)}\\ \dot{\boldsymbol{U}}_{P(0)}\end{bmatrix}$$

式中：$\dot{\boldsymbol{U}}_{S(m)}$、$\dot{\boldsymbol{I}}_{S(m)}$（$m=1,2,0$）为 i 阶列向量；

$\dot{\boldsymbol{U}}_{P(m)}$、$\dot{\boldsymbol{I}}_{P(m)}$（$m=1,2,0$）为 j 阶列向量。

为求取系数矩阵各子阵$\boldsymbol{H}_{SS(m)}$、$\boldsymbol{H}_{SP(m)}$、$\boldsymbol{H}_{PS(m)}$、$\boldsymbol{H}_{PP(m)}$和列向量$\dot{\boldsymbol{U}}_{hS}$、$\dot{\boldsymbol{I}}_{hP}$，可先列出相应的 n 端口网络阻抗型参数方程为

$$\begin{bmatrix}\dot{\boldsymbol{U}}_{S(m)}\\ \dot{\boldsymbol{U}}_{P(m)}\end{bmatrix}=\begin{bmatrix}\boldsymbol{Z}_{SS(m)} & \boldsymbol{Z}_{SP(m)}\\ \boldsymbol{Z}_{PS(m)} & \boldsymbol{Z}_{PP(m)}\end{bmatrix}\begin{bmatrix}\dot{\boldsymbol{I}}_{S(m)}\\ \dot{\boldsymbol{I}}_{P(m)}\end{bmatrix}+\begin{bmatrix}\dot{\boldsymbol{U}}_{zS}\\ \dot{\boldsymbol{U}}_{zP}\end{bmatrix} \tag{4-53}$$

然后套用求两端口网络混合型参数的方法，得

$$\boldsymbol{H}_{SS(m)}=\boldsymbol{Z}_{SS(m)}-\boldsymbol{Z}_{SP(m)}\boldsymbol{Z}_{PP(m)}^{-1}\boldsymbol{Z}_{PS(m)},\boldsymbol{H}_{SP(m)}=\boldsymbol{Z}_{SP(m)}\boldsymbol{Z}_{PP(m)}^{-1},$$

$$\boldsymbol{H}_{PS(m)}=-\boldsymbol{Z}_{PP(m)}^{-1}\boldsymbol{Z}_{PS(m)},\boldsymbol{H}_{PP(m)}=\boldsymbol{Z}_{PP(m)}^{-1}$$

$$\dot{\boldsymbol{U}}_{hS}=\dot{\boldsymbol{U}}_{zS}-\boldsymbol{Z}_{SP(1)}\boldsymbol{Z}_{PP(1)}^{-1}\dot{\boldsymbol{U}}_{zP}$$

$$\dot{\boldsymbol{I}}_{hP}=-\boldsymbol{Z}_{PP(1)}^{-1}\dot{\boldsymbol{U}}_{zP}$$

至于 n 端口网络的端口阻抗矩阵各子阵$\boldsymbol{Z}_{SS(m)}$、$\boldsymbol{Z}_{SP(m)}$、$\boldsymbol{Z}_{PS(m)}$、$\boldsymbol{Z}_{PP(m)}$和列向量 $\dot{\boldsymbol{U}}_{zS}$、$\dot{\boldsymbol{U}}_{zP}$，均可套用计算两端口网络阻抗型参数方程的方法求取。

然后计及与各序网络相联的理想变压器变比，将电压、电流变换至理想变压器的二次侧，并以类似于式（4-50）的推导方法，得

$$\begin{bmatrix}\boldsymbol{H}_{SS} & \boldsymbol{H}_{SP}\\ \boldsymbol{H}_{PS} & \boldsymbol{H}_{PP}\end{bmatrix}\begin{bmatrix}\dot{\boldsymbol{I}}'_{S(1)}\\ \dot{\boldsymbol{U}}'_{P(1)}\end{bmatrix}+\begin{bmatrix}\boldsymbol{n}_{S(1)}\dot{\boldsymbol{U}}_{hS}\\ \boldsymbol{n}_{P(1)}\dot{\boldsymbol{I}}_{hP}\end{bmatrix}=\begin{bmatrix}0\\ 0\end{bmatrix} \tag{4-54}$$

其中，

$$\boldsymbol{H}_{SS}=\boldsymbol{n}_{S(1)}\boldsymbol{H}_{SS(1)}\boldsymbol{n}_{S(1)}^{-1}+\boldsymbol{n}_{S(2)}\boldsymbol{H}_{SS(2)}\boldsymbol{n}_{S(2)}^{-1}+\boldsymbol{H}_{SS(0)} \tag{4-55a}$$

$$\boldsymbol{H}_{SP}=\boldsymbol{n}_{S(1)}\boldsymbol{H}_{SP(1)}\boldsymbol{n}_{P(1)}^{-1}+\boldsymbol{n}_{S(2)}\boldsymbol{H}_{SP(2)}\boldsymbol{n}_{P(2)}^{-1}+\boldsymbol{H}_{SP(0)} \tag{4-55b}$$

$$\boldsymbol{H}_{PS}=\boldsymbol{n}_{P(1)}\boldsymbol{H}_{PS(1)}\boldsymbol{n}_{S(1)}^{-1}+\boldsymbol{n}_{P(2)}\boldsymbol{H}_{PS(2)}\boldsymbol{n}_{S(2)}^{-1}+\boldsymbol{H}_{PS(0)} \tag{4-55c}$$

$$\boldsymbol{H}_{PP}=\boldsymbol{n}_{P(1)}\boldsymbol{H}_{PP(1)}\boldsymbol{n}_{P(1)}^{-1}+\boldsymbol{n}_{P(2)}\boldsymbol{H}_{PP(2)}\boldsymbol{n}_{P(2)}^{-1}+\boldsymbol{H}_{PP(0)} \tag{4-55d}$$

再由式（4-54）可解得

$$\begin{bmatrix} \dot{\boldsymbol{I}}'_{S(1)} \\ \dot{\boldsymbol{U}}'_{P(1)} \end{bmatrix} = -\begin{bmatrix} \boldsymbol{H}_{SS} & \boldsymbol{H}_{SP} \\ \boldsymbol{H}_{PS} & \boldsymbol{H}_{PP} \end{bmatrix}^{-1} \begin{bmatrix} \boldsymbol{n}_{S(1)} \dot{\boldsymbol{U}}_{hS} \\ \boldsymbol{n}_{P(1)} \dot{\boldsymbol{I}}_{hP} \end{bmatrix} \tag{4-56}$$

最后，在求得 $\dot{\boldsymbol{I}}'_{S(1)}$、$\dot{\boldsymbol{U}}'_{P(1)}$后，利用各序分量之间的关系，可得各理想变压器二次侧的电流、电压值，进而可得各序网络中各故障端口的电流、电压等。

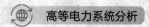

第 5 章　电力系统主要元件数学模型

5.1　同步电机数学模型

5.1.1　理想电机

同步电机是电力系统的心脏，它是一种集旋转与静止、电磁变化与机械运动于一体，实现电能与机械能变换的元件，其动态性能十分复杂，而且其动态性能又对全电力系统的动态性能有极大影响。因此，对它进行深入分析，以便建立用于研究分析电力系统各种物理问题的同步电机数学模型。

为了建立同步电机的数学模型，必须对实际的三相同步电机进行必要的假定，以便简化分析计算。通常假定：

（1）电机磁铁部分的磁导率为常数，既忽略掉磁滞、磁饱和的影响，也不计涡流及集肤效应等的影响。

（2）对纵轴及横轴而言，电机转子在结构上是完全对称的。

（3）定子的 3 个绕组的位置在空间互相相差 120°电角度，3 个绕组在结构上完全相同。同时，它们均在气隙中产生正弦形分布的磁动势。

（4）定子及转子的槽及通风沟等不影响电机定子及转子的电感，即认为电机的定子及转子具有光滑的表面。

满足上述假定条件的电机称为理想电机。这些假定在大多数情况下已能满足实际工程问题研究的需要，下面的同步电机基本方程推导即基于上述理想电机的假定。当需要考虑某些因素（如磁饱和等）时，则要对基本方程作相应修正。

图 5-1 是一对极凸极机理想电机的示意图，图中标明了各绕组电磁量的正方向。必须特别强调的是，后面导出的同步电机基本

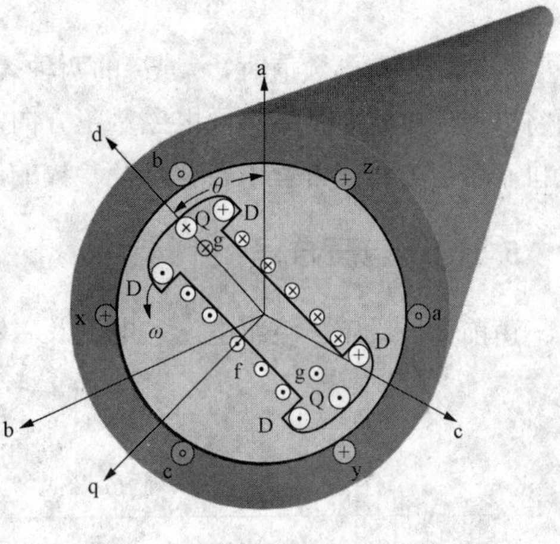

图 5-1　凸极机理想电机的示意图

方程是与图 5-1 中所定义的电磁量正方向相对应的。

下面对图 5-1 中所定义的各电磁量正方向做必要的说明。定子 abc 三相绕组的对称轴 a、b、c 空间互差 120°电角度。设转子逆时针旋转为旋转正方向，则其依次与静止的 a、b、c 三轴相遇。定子三相绕组磁链Ψ_a、Ψ_b、Ψ_c的正方向分别与 a、b、c 三轴正方向一致。定子三相电流i_a、i_b、i_c的正方向如图 5-1 所示。正值相电流产生相应相的负值磁动势和磁链。这种正方向设定与正常运行时定子电流的去磁作用（电枢反应）相对应，有利于分析计算。而定子三相绕组端电压的极性与相电流正方向则按发电机惯例来定义，即正值电流i_a从端电压u_a的正极性端流出发电机，b 相和 c 相类同。

转子励磁绕组中心轴为 d 轴，并设 q 轴沿转子旋转方向领先 d 轴 90°电角度。在 d 轴上有励磁绕组 f 及一个等值阻尼绕组 D，在 q 轴上有一个等值阻尼绕组 Q。上述假定一般能满足多机电力系统分析的需要。对于汽轮机实心转子，转子 q 轴的暂态过程有时需用两个等值阻尼绕组来描写，即除了与次暂态（又称超瞬变）过程对应的时间常数很小的等值阻尼绕组 Q 外，还应考虑与暂态过程对应的时间常数较大的等值阻尼绕组 g（也称为 S 绕组），该绕组在暂态过程中的特点与 d 轴的励磁绕组 f 对应，只是无电源激励。为简便起见，后面的分析将不考虑 g 绕组存在。q 轴有 g 绕组时的分析可参考 d 轴的分析，并令励磁电压为零即可。

设 d 轴的 f 绕组、D 绕组和 q 轴的 g 绕组、Q 绕组的磁链正方向分别与 d 轴、q 轴正方向一致，f 绕组、D 绕组、g 绕组、Q 绕组的正值电流产生相应绕组的正值磁动势和磁链，D 阻尼绕组、g 绕组、Q 绕组端电压恒为零（短路），励磁绕组电流i_f由其端电压u_f的正极性端流入励磁绕组，与稳态运行时方向一致，转子 d 轴在空间领先 a，b，c 三轴的电角度分别为θ_a、θ_b、θ_c，则

$$\theta_b = \begin{cases} \theta_a + 240^\circ \\ \theta_a - 120^\circ \end{cases}$$

$$\theta_c = \begin{cases} \theta_a + 120^\circ \\ \theta_a - 240^\circ \end{cases}$$

当讨论三角函数值时，θ_b或θ_c的两种表达形式有相同的值，因而后面将不加区分。下面将以上述电机绕组结构及电磁量正方向定义为基础，导出 a 相、b 相、c 相坐标下同步电机有名值方程。方程中各变量及参数的单位均采用法定计量单位。

5.1.2 电压方程

由前面所设定子绕组电压、电流及磁链正方向，可写出定子各相绕组电压方程为

$$\begin{cases} u_a = p\psi_a - r_a i_a \\ u_b = p\psi_b - r_b i_b \\ u_c = p\psi_c - r_c i_c \end{cases} \tag{5-1}$$

式中，$p=\frac{\mathrm{d}}{\mathrm{d}t}$，为对时间的导数算子；$r_a$为定子各相绕组的电阻。电压单位为 V，电流单

位为 A，电阻单位为 Ω，磁链单位为 Wb，时间单位为 s。

由前面所设转子各绕组的电压、电流及磁链正方向，可写出转子各绕组的电压方程为

$$\begin{cases} u_f = p\psi_f - r_f i_f \\ u_D = p\psi_D - r_D i_D \equiv 0 \\ u_g = p\psi_g - r_g i_g \equiv 0 \\ u_Q = p\psi_Q - r_Q i_Q \equiv 0 \end{cases} \tag{5-2}$$

式中：r_f、r_D、r_g、r_Q 分别为 f、D、g、Q 绕组的电阻。

发电机各绕组等效电路图如图 5-2 所示。

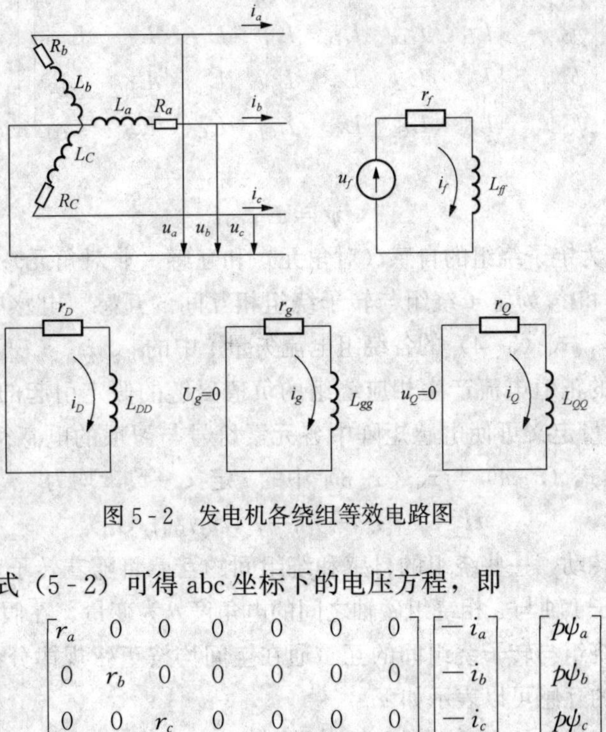

图 5-2　发电机各绕组等效电路图

由式（5-1）与式（5-2）可得 abc 坐标下的电压方程，即

$$\begin{bmatrix} u_a \\ u_b \\ u_c \\ u_f \\ 0 \\ 0 \\ 0 \end{bmatrix} = \begin{bmatrix} r_a & 0 & 0 & 0 & 0 & 0 & 0 \\ 0 & r_b & 0 & 0 & 0 & 0 & 0 \\ 0 & 0 & r_c & 0 & 0 & 0 & 0 \\ 0 & 0 & 0 & R_f & 0 & 0 & 0 \\ 0 & 0 & 0 & 0 & R_D & 0 & 0 \\ 0 & 0 & 0 & 0 & 0 & R_g & 0 \\ 0 & 0 & 0 & 0 & 0 & 0 & R_Q \end{bmatrix} \begin{bmatrix} -i_a \\ -i_b \\ -i_c \\ i_f \\ i_D \\ i_g \\ i_Q \end{bmatrix} + \begin{bmatrix} p\psi_a \\ p\psi_b \\ p\psi_c \\ p\psi_f \\ p\psi_D \\ p\psi_g \\ p\psi_Q \end{bmatrix}$$

$$u = p\psi - ri \tag{5-3}$$

式中

$$u = (u_a, u_b, u_c, u_f, u_D, u_g, u_Q)$$

$$\psi = (\psi_a, \psi_b, \psi_c, \psi_f, \psi_D, \psi_g, \psi_Q)^{\mathrm{T}}$$

$$r = diag(r_a, r_b, r_c, r_f, r_D, r_g, r_Q)$$

$$i = (-i_a, -i_b, -i_c, i_f, i_D, i_g, i_Q)$$

这里需特别注意的是式（5-3）中绕组电流矢量$i_{(7\times1)}$中的前 3 个元素i_a，i_b，i_c前有负号，这是由于定子绕组端电压和相电流正方向按发电机惯例设定而引起的。

5.1.3 磁链方程

在假定磁路不饱和的情况下，由图 5-1 所设定的各绕组电流及磁链正方向，设发电机各绕组自感L_{ii}和绕组的互感L_{ij}（$i\neq j$），可建立起绕组磁链方程，写成矩阵形式为

$$\begin{bmatrix}\psi_a\\ \psi_b\\ \psi_c\\ \psi_f\\ \psi_D\\ \psi_g\\ \psi_Q\end{bmatrix}=\begin{bmatrix}L_{aa} & L_{ab} & L_{ac} & L_{af} & L_{aD} & L_{ag} & L_{aQ}\\ L_{ba} & L_{bb} & L_{bc} & L_{bf} & L_{bD} & L_{bg} & L_{bQ}\\ L_{ca} & L_{cb} & L_{cc} & L_{cf} & L_{cD} & L_{cg} & L_{cQ}\\ L_{fa} & L_{fb} & L_{fc} & L_{ff} & L_{fD} & L_{fg} & L_{fQ}\\ L_{Da} & L_{Db} & L_{Dc} & L_{Df} & L_{DD} & L_{Dg} & L_{DQ}\\ L_{ga} & L_{gb} & L_{gc} & L_{gf} & L_{gD} & L_{gg} & L_{gQ}\\ L_{Qa} & L_{Qb} & L_{Qc} & L_{Qf} & L_{QD} & L_{Qg} & L_{QQ}\end{bmatrix}\begin{bmatrix}-i_a\\ -i_b\\ -i_c\\ i_f\\ i_D\\ i_g\\ i_Q\end{bmatrix}$$

这里简写为

$$\boldsymbol{\psi}=\boldsymbol{L}_{(7\times7)}\boldsymbol{i} \tag{5-4}$$

这里定义$\boldsymbol{L}_{11}$为定子绕组的自感（对角元）和互感（非对角元）；$\boldsymbol{L}_{22}$为转子绕组的自感和互感；而$\boldsymbol{L}_{12}$和$\boldsymbol{L}_{21}$为定子绕组与转子绕组相互间的互感。电感单位为 H。电感矩阵$\boldsymbol{L}_{(7\times7)}$为对称矩阵。式（5-4）的各绕组电流矢量 i 中的i_a、i_b、i_c三项前面也有负号，这是由定子各绕组的正值电流产生相应绕组的负值磁链的假定引起的（参见图 5-1）。式（5-4）的电流矢量定义可使电感矩阵中各元素符号与习惯的电感符号一致（如$L_{aa}>0$，$L_{bb}>0$ 等）。显然式（5-4）与式（5-3）中的 i 定义一致，均为

$$\boldsymbol{i}=(-i_a,-i_b,-i_c,i_f,i_D,i_g,i_Q)$$

由于转子的转动，一些绕组的自感和绕组间的互感将随着转子位置的改变而呈周期性的变化。取转子 f 轴与 a 相绕组磁轴之间的电角度 θ 为变量，在假定定子电流所产生的磁动势以及定子绕组与转子绕组间的互磁通在空间均按正弦规律分布的条件下，各绕组的自感和绕组间的互感可以表示如下。

（1）定子各相绕组的自感。以定子 a 相绕组自感为例进行分析，b 相、c 相绕组和 a 相相似。由式（5-4）可知，定子 a 相绕组自感L_{aa}为

$$L_{aa}=\left.\frac{\psi_a}{-i_a}\right|_{i_b,i_c,i_f,i_D,i_g,i_Q=0}$$

当转子 d 轴与 a 轴重合时，因为相应的磁阻最小，故 $-i_a$产生的 a 相磁链ψ_a达最大值，亦即当$\theta_a=0°$和$\theta_a=180°$时，L_{aa}达最大值。而当 d 轴与 a 轴正交，即 q 轴与 a 轴重合时，因为相应的磁阻最大，故 $-i_a$产生的ψ_a最小，亦即当$\theta_a=90°$和$\theta_a=270°$时，L_{aa}为最小值。定子自感磁路如图 5-3 所示。

由上面分析和理想电机的假定可知，L_{aa}将以 180°为周期，随 d 轴与 a 轴夹角θ_a的变化而呈正弦变化，且恒为正值。假定定子绕组自感中的恒定部分为L_S（$L_S>0$），脉动部

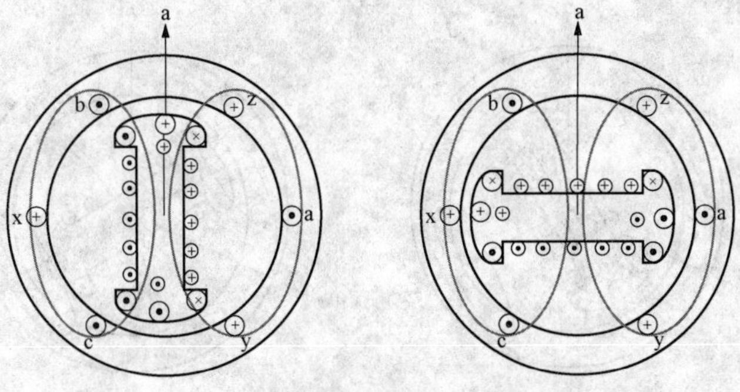

图 5-3　定子绕组自感磁路图

分幅值为L_t，则

$$L_{aa}=L_S+l_t\cos 2\theta_a=L_S+l_t\cos 2\theta$$

同理可得

$$L_{bb}=L_S+l_t\cos 2\theta_b=L_S+l_t\cos 2(\theta-120°)$$
$$L_{cc}=L_S+l_t\cos 2\theta_c=L_S+l_t\cos 2(\theta+120°)$$

$L_S>l_t>0$，从而L_{aa}、L_{bb}、L_{cc}恒为正值。$\theta=\theta_a$为 d 轴领先于 a 轴的角度。对于隐极机，$l_t=0$，从而$L_{aa}=L_{bb}=L_{cc}=const$；对于凸极机，$l_t\neq 0$，则$L_{aa}$、$L_{bb}$、$L_{cc}$是随转子位置而变化的参数。定子绕组自感$L_{aa}$如图 5-4 所示。

(2) 定子各相绕组的互感。现以定子 a，b 相绕组间互感为例进行分析，其他的相绕组间的互感可以类推。定子 a、b 相绕组间互感定义为

$$L_{ab}=\left.\frac{\psi_a}{-i_b}\right|_{i_a,i_c,i_f,i_D,i_g,i_Q=0}$$

$$L_{ba}=\left.\frac{\psi_a}{-i_a}\right|_{i_b,i_c,i_f,i_D,i_g,i_Q=0}$$

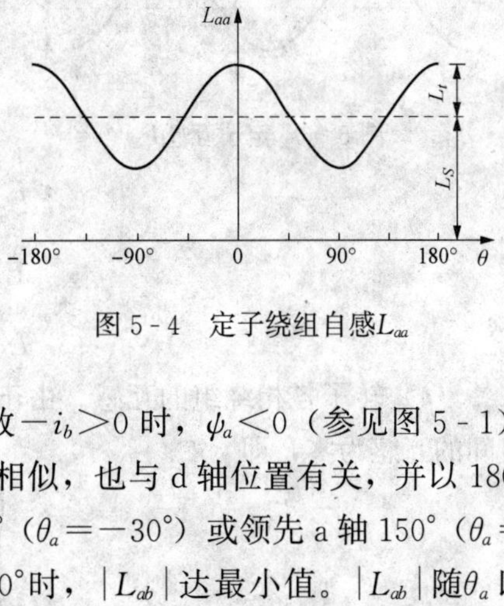

图 5-4　定子绕组自感L_{aa}

而且有：$L_{ab}=L_{ba}$。

由于 a、b 绕组在空间互差 120°（大于 90°），故$-i_b>0$时，$\psi_a<0$（参见图 5-1），即 $L_{ab}<0$，恒为负值。另外定子绕组间互感与自感相似，也与 d 轴位置有关，并以 180° 为周期呈正弦变化。可以证明当 d 轴落后于 a 轴 30°（$\theta_a=-30°$）或领先 a 轴 150°（$\theta_a=150°$）时，$|L_{ab}|$达最大值；而$\theta_a=60°$和$\theta_a=-120°$时，$|L_{ab}|$达最小值。$|L_{ab}|$随θ_a以 180°为周期变化。

设L_{ab}的定常部分绝对值为m_S，则可以证明在忽略漏磁时定子互感的脉动部分幅值与定子自感的脉动部分幅值相等，也为l_t，由前面分析可得

$$L_{ab}=-\left[m_S+l_t\cos 2\left(\theta_a+\frac{\pi}{6}\right)\right]=-\left[m_S+l_t\cos 2\left(\theta+\frac{\pi}{6}\right)\right]$$

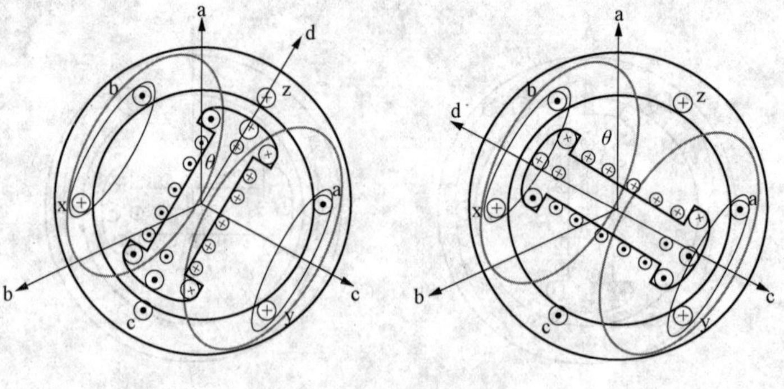

图 5-5　定子互感磁路图

同理可得

$$L_{bc}=-\left[m_S+l_t\cos2\left(\theta_b+\frac{\pi}{6}\right)\right]=-\left[m_S+l_t\cos2\left(\theta-\frac{\pi}{2}\right)\right]$$

$$L_{ac}=-\left[m_S+l_t\cos2\left(\theta_c+\frac{\pi}{6}\right)\right]=-\left[m_S+l_t\cos2\left(\theta+\frac{5\pi}{6}\right)\right]$$

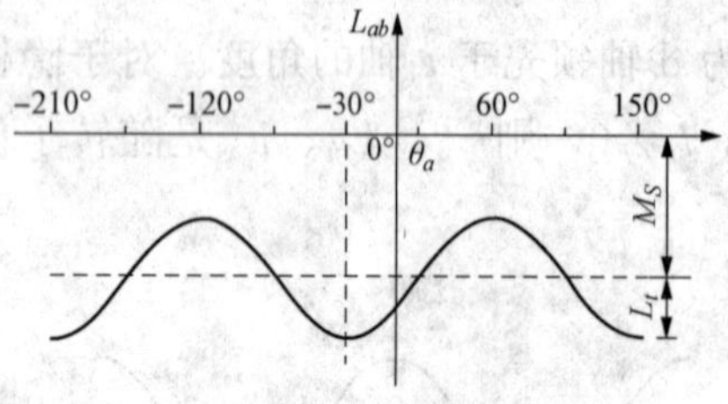

图 5-6　定子互感L_{ab}

（3）转子各相绕组的自感。由于转子各绕组自感所对应的磁路磁阻在转子旋转中保持不变，故转子绕组自感均为常数，且由前面电流、磁链正方向的定义可知，转子自感均为正值。设

$$L_{ff}=\frac{\psi_f}{i_f}\bigg|_{i_a,i_b,i_c,i_D,i_g,i_Q=0}\overset{\text{def}}{=}L_f=\text{const}$$

同理，D绕组、g绕组、Q绕组有

$$L_{DD}\overset{\text{def}}{=}L_D=\text{const}$$

$$L_{gg}\overset{\text{def}}{=}L_g=\text{const}$$

$$L_{QQ}\overset{\text{def}}{=}L_Q=\text{const}$$

（4）转子各相绕组的互感。由于d、q轴互相正交，故d轴上的绕组与q轴上的绕组间的互感为零，即

$$L_{DQ}=L_{QD}=0$$

$$L_{fQ}=L_{Qf}=0$$

$$L_{Dg}=L_{gD}=0$$

$$L_{fg}=L_{gf}=0$$

而转子d轴上f绕组和D绕组间的互感于其所对应的磁路磁阻在转子旋转中保持不变，因此为常数；转子q轴上Q绕组和g绕组间的互感于其所对应的磁路磁阻在转子旋转中保持不变，其值也为常数。

$$L_{Df}=L_{fD}$$

$$L_{Qg}=L_{gQ}$$

（5）定子与转子绕组间的互感。先以 a 相为例讨论定子绕组与转子励磁绕组 f 间的互感。由于转子的旋转，由图 5-1 可知，a 相绕组与励磁绕组间互感将以 360°为周期变化。当 d 轴正方向与 a 轴正方向一致时（$\theta_a=0°$），a 绕组与 f 绕组的互感为正的最大值；当 d 轴与 a 轴正方向相反时（$\theta_a=180°$），该互感为负的最大值。又由理想电机的假定可知，L_{af} 将按正弦变化，设其幅值为 M_f（$M_f>0$），则由上面分析可知

$$L_{af}=L_{fa}=M_f\cos\theta_a=M_f\cos\theta$$

同理

$$L_{bf}=L_{fb}=M_f\cos\theta_b=M_f\cos(\theta-120°)$$
$$L_{cf}=L_{fc}=M_f\cos\theta_c=M_f\cos(\theta+120°)$$

同理可导出定子绕组与 d 轴阻尼绕组 D 间的互感为［设其变化幅值为 $M_D(M_D>0)$］

$$L_{aD}=L_{Da}=M_D\cos\theta_a=M_D\cos\theta$$
$$L_{bD}=L_{Da}=M_D\cos\theta_b=M_D\cos(\theta-120°)$$
$$L_{cD}=L_{Dc}=M_D\cos\theta_c=M_D\cos(\theta+120°)$$

以及定子绕组与 q 轴阻尼绕组 Q 间的互感为［设其变化幅值为 $M_Q(M_Q>0)$］

$$L_{aQ}=L_{Qa}=M_Q\cos(\theta_a+90°)=-M_Q\sin(\theta)$$
$$L_{bQ}=L_{Qb}=M_Q\cos(\theta_b+90°)=-M_Q\sin(\theta-120°)$$
$$L_{cQ}=L_{Qc}=M_Q\cos(\theta_c+90°)=-M_Q\sin(\theta+120°)$$

以及定子绕组与 q 轴阻尼绕组 g 间的互感为［设其变化幅值为 $M_g(M_g>0)$］

$$L_{ag}=L_{ga}=M_g\cos(\theta_a+90°)=-M_g\sin(\theta)$$
$$L_{bg}=L_{gb}=M_g\cos(\theta_b+90°)=-M_g\sin(\theta-120°)$$
$$L_{cg}=L_{gc}=M_g\cos(\theta_c+90°)=-M_g\sin(\theta+120°)$$

上式中幅角出现（$\theta_a+90°$），（$\theta_b+90°$），（$\theta_c+90°$）是由于当 q 轴分别与 a，b，c 轴一致时，即 d 轴分别落后于 a，b，c 轴 90°时，相应的互感为正的最大值。

综上所述，电感矩阵感应系数矩阵是的对称矩阵，这一矩阵可写为

$$\boldsymbol{L}(\theta)=\begin{bmatrix}\boldsymbol{L}_{SS}(\theta) & \boldsymbol{L}_{SR}(\theta)\\ \boldsymbol{L}_{RS}(\theta) & \boldsymbol{L}_{RR}(\theta)\end{bmatrix}\tag{5-5}$$

其中

$$\boldsymbol{L}_{SS}=\begin{bmatrix}L_S+l_t\cos2\theta & -\left[m_S+l_t\cos2\left(\theta+\frac{\pi}{6}\right)\right] & -\left[m_S+l_t\cos2\left(\theta+\frac{5\pi}{6}\right)\right]\\ -\left[m_S+l_t\cos2\left(\theta+\frac{\pi}{6}\right)\right] & L_S+l_t\cos2\left(\theta-\frac{2\pi}{3}\right) & -\left[m_S+l_t\cos2\left(\theta-\frac{\pi}{2}\right)\right]\\ -\left[m_S+l_t\cos2\left(\theta+\frac{5\pi}{6}\right)\right] & -\left[m_S+l_t\cos2\left(\theta-\frac{\pi}{2}\right)\right] & L_S+l_t\cos2\left(\theta+\frac{2\pi}{3}\right)\end{bmatrix}$$

$$\boldsymbol{L}_{RS}=\boldsymbol{L}_{SR}^{\mathrm{T}}=\begin{bmatrix}m_{af}\cos\theta & m_{aD}\cos\theta & -m_{ag}\sin\theta & -m_{aQ}\sin\theta\\ m_{af}\cos\left(\theta-\frac{2\pi}{3}\right) & m_{aD}\cos\left(\theta-\frac{2\pi}{3}\right) & -m_{ag}\sin\left(\theta-\frac{2\pi}{3}\right) & -m_{aQ}\sin\left(\theta-\frac{2\pi}{3}\right)\\ m_{af}\cos\left(\theta+\frac{2\pi}{3}\right) & m_{aD}\cos\left(\theta+\frac{2\pi}{3}\right) & -m_{ag}\sin\left(\theta+\frac{2\pi}{3}\right) & -m_{aQ}\sin\left(\theta+\frac{2\pi}{3}\right)\end{bmatrix}$$

$$\boldsymbol{L}_{RR}=\begin{bmatrix} L_f & M_{fD} & 0 & 0 \\ M_{Df} & L_D & 0 & 0 \\ 0 & 0 & L_g & M_{gQ} \\ 0 & 0 & M_{Qg} & L_Q \end{bmatrix}$$

可以看出，在理想电机的假定下，可得出如下结论：

1）定子绕组的自感和互感均以180°为周期，按正弦规律脉动变化，其脉动是由于转子凸极引起的，而且定子绕组自感和互感的脉动部分幅值在忽略漏磁通时相等，均为l_t。定子绕组自感为正值，定子绕组互感为负值。

2）转子绕组的自感、互感均为恒定值，f与Q、D与Q、f与g、D与g绕组间的互感由于d、q轴正交而为零，转子绕组f与D间互感及转子绕组自感均为正值。

3）定子与转子绕组间的互感以360°为周期正弦变化，其脉动是由于转子旋转而引起的。应特别注意各电感量的变化周期及达到最大值、最小值时的转子位置，并从物理上根据对应的磁路磁阻大小加以解释。

由于电感系数矩阵中有大量随转子位置而变化的参数，因此用abc相坐标来分析电机的暂态过程是十分困难的。

1）电机输出电功率的瞬时值。发电机三相输出瞬时电功率为

$$P_{out}=u_ai_a+u_bi_b+u_ci_c=u_{abc}^{\mathrm{T}}i_{abc} \tag{5-6}$$

其单位为W。输出总电功率为三相绕组输出电功率之和。

2）电磁力矩瞬时值。若把同步电机绕组用集中参数的电阻、电感等值，又根据理想电机假定，电机为多绕组的线性电磁系统，可导出按发电机惯例电磁力矩瞬时值表达式为

$$T_e=-p_p\frac{1}{2}i^{\mathrm{T}}\frac{\mathrm{d}L(\theta)}{\mathrm{d}\theta}i$$

式中：p_p为极对数；i定义与前相同，即为

$$i=(-i_a,-i_b,-i_c,i_f,i_D,i_g,i_Q)^{\mathrm{T}}$$

式中：$L(\theta)$为电感矩阵；θ为转子旋转的电角度，实际取为d轴领先于a轴的电角度，单位为rad。力矩单位为N·m。

将磁链方程引入，可得其另一种表达式为

$$\begin{aligned}T_e&=p_p\frac{1}{\sqrt{3}}[\psi_a(i_b-i_c)+\psi_b(i_c-i_a)+\psi_c(i_a-i_b)]\\&=p_p\frac{1}{\sqrt{3}}\psi_{abc}^{\mathrm{T}}\begin{bmatrix}0 & 1 & -1\\ -1 & 0 & 1\\ 1 & -1 & 0\end{bmatrix}i_{abc}\end{aligned} \tag{5-7}$$

3）转子运动方程。据牛顿运动定律转子运动方程为

$$\begin{cases} J\alpha = \dfrac{\mathrm{d}\omega_m}{\mathrm{d}t} = J\dfrac{\mathrm{d}^2\theta_m}{\mathrm{d}t^2} = T_m - T_e \\ \dfrac{\mathrm{d}\theta_m}{\mathrm{d}t} = \omega_m \end{cases} \tag{5-8}$$

式中：T_m为原动机加于电机轴的机械力矩；N·m；T_e为发电机电磁力矩，N·m；θ_m为转子机械角位移，单位为 rad；ω_m为转子机械角速度，单位 rad/s；J 为转子的转动惯量，单位为 kg·m^2，手册中查到的转子飞轮惯量（GD^2），单位一般为 $t\cdot m^2$，则

$$J = \frac{1}{4}\times GD^2 \times 10^3$$

当T_m为整个转子（包括汽轮机或水轮机的转子）所受到的机械外力矩时，J 应取整个转子的转动惯量。

实际分析时一般取电角度θ（或θ_e）和电角速度ω（或ω_e）为变量，它们与机械角度θ_m、机械角速度ω_m间的关系为

$$\begin{cases} \theta_m = \dfrac{\theta}{p_p} \\ \omega_m = \dfrac{\omega}{p_p} \end{cases}$$

式中：p_p为极对数。

将式（5-8）代入转子运动方程可得

$$\begin{cases} \dfrac{1}{p_p}J\dfrac{\mathrm{d}\omega}{\mathrm{d}t} = T_m - T_e \\ \dfrac{\mathrm{d}\theta}{\mathrm{d}t} = \omega \end{cases}$$

一般在实际分析时采用标幺值下的转子运动方程，下面推导标幺值下转子运动方程。

取转矩基准值：$M_B = \dfrac{S_B}{\omega_{mN}}$。

额定转速下的转子动能：$W_k = \dfrac{1}{2}J\omega_{mN}^2$。

则 $J\dfrac{\mathrm{d}\omega_m}{\mathrm{d}t} = \dfrac{2W_k}{\omega_{mN}^2}\dfrac{\mathrm{d}\omega_m}{\mathrm{d}t} = T_m - T_e$，等式两端同时除以$M_B$，则

$$\frac{2W_k}{\omega_{mN}^2}\Big/\frac{S_B}{\omega_{mN}}\frac{\mathrm{d}\omega_m}{\mathrm{d}t} = \frac{2W_k}{S_B\omega_{mN}}\frac{\mathrm{d}\omega_m}{\mathrm{d}t} = \frac{2W_k}{S_B\omega_N}\frac{\mathrm{d}\omega}{\mathrm{d}t} = T_{m*} - T_{e*}$$

取惯性时间常数：$T_J = \dfrac{2W_k}{S_B}$。

则有$\dfrac{T_J}{\omega_N}\dfrac{\mathrm{d}\omega}{\mathrm{d}t} = T_{m*} - T_{e*}$，计及$\dfrac{\mathrm{d}\delta}{\mathrm{d}t} = \omega - \omega_N$，同时以同步旋转轴为参考轴 $\delta = \theta - \theta_N$。

可得标幺值下转子运动方程：

$$\begin{cases}\dfrac{\mathrm{d}\delta}{\mathrm{d}t}=\omega-\omega_N\\[2mm]\dfrac{\mathrm{d}\omega}{\mathrm{d}t}=\dfrac{\omega_N}{T_J}(T_{m*}-T_{e*})\end{cases}$$

若取$\omega_N=2\pi f_N$做为电角速度ω的基准值可得

$$\begin{cases}\dfrac{\mathrm{d}\delta}{\mathrm{d}t}=\omega_N(\omega_*-1)\\[2mm]\dfrac{\mathrm{d}\omega_*}{\mathrm{d}t}=\dfrac{1}{T_J}(T_{m*}-T_{e*})\end{cases}$$

对于时间基值t_B，有些文献中采用1s作基值，这样做的优点是有名值时间即为标幺值时间，但是同步电机有名值方程化为标幺值方程时，有时会出现一些ω_N的系数，即标幺值方程和有名值方程形式上有不同，不注意时会造成差错。

本书采用的时间基值：将转子以ω_N为电角速度旋转1rad所需要的时间定义为时间基值t_B，又称为1rad时，亦即$t_B=1/\omega_N$。

$$\begin{cases}\dfrac{\mathrm{d}\delta}{\mathrm{d}t_*}=(\omega_*-1)\\[2mm]\dfrac{\mathrm{d}\omega_*}{\mathrm{d}t_*}=\dfrac{1}{T_{J*}}(T_{m*}-T_{e*})\end{cases}$$

如果考虑到发电机组的惯性较大，一般机械角速度ω_m变化不是太大，故可以近似地认为转矩的标幺值等于功率的标幺值，即

$$T_{m*}-T_{e*}=\Delta M_*=\frac{\Delta M}{S_B/\omega_{mB}}=\frac{\Delta M\omega_{mB}}{S_B}\approx\frac{\Delta M\omega_m}{S_B}=\frac{\Delta P}{S_B}=P_{m*}-P_{e*}$$

故常见的发电机转子运动方程表达式为

$$\begin{cases}\dfrac{\mathrm{d}\delta}{\mathrm{d}t}=\omega_N(\omega-1)\\[2mm]\dfrac{\mathrm{d}\omega}{\mathrm{d}t}=\dfrac{1}{T_J}(P_m-P_e)\end{cases}\tag{5-9}$$

$$\begin{cases}\dfrac{\mathrm{d}\delta}{\mathrm{d}t}=(\omega-1)\\[2mm]\dfrac{\mathrm{d}\omega}{\mathrm{d}t}=\dfrac{1}{T_J}(P_m-P_e)\end{cases}\tag{5-10}$$

5.2 派克变换

5.2.1 派克变换

通过上述分析可知

$$\begin{cases} u=\dfrac{\mathrm{d}\psi}{\mathrm{d}t}+Ri=\dfrac{\mathrm{d}L(\theta)}{\mathrm{d}t}i+L(\theta)\dfrac{\mathrm{d}i}{\mathrm{d}t}+Ri \\ \psi=L(\theta)i \end{cases} \tag{5-11}$$

上述电压方程和磁链方程将形成一组以时间 t 为自变量的变系数的微分方程，使分析和计算十分困难。1928 年美国工程师 Park 提出一种变换以简化分析和计算。

派克变换是一种坐标系统的变换，也是一种线性变换。它将静止的 abc 三相坐标系统（三相静止坐标轴在空间上互差 120°）表示的电磁量变换为在空间上随着转子一起旋转的两相直角坐标 d、q 系统和静止的 0 轴系统（称为 dq0 坐标系统）表示的电磁量。不管以何种坐标系统表示，发电机内部的电磁关系并未发生变化。经过派克变换后，可将同步发电机的变系数微分方程式转化为常系数的微分方程式，从而为研究同步发电机提供了一种简捷、准确的方法。

派克变换不仅能对同步发电机的定子三相电流进行变换，还能够对定子绕组的三相电压和三相磁链等物理量进行变换，即

$$\begin{cases} \boldsymbol{U}_{dq0}=\boldsymbol{P}\boldsymbol{U}_{abc} \\ \boldsymbol{U}_{abc}=\boldsymbol{P}^{-1}\boldsymbol{U}_{dq0} \end{cases}$$

$$\begin{cases} \boldsymbol{\Psi}_{dq0}=\boldsymbol{P}\boldsymbol{\Psi}_{abc} \\ \boldsymbol{\Psi}_{abc}=\boldsymbol{P}^{-1}\boldsymbol{\Psi}_{dq0} \end{cases}$$

5.2.2 经典派克变换

经典变换矩阵

$$\boldsymbol{p}=\frac{2}{3}\begin{bmatrix} \cos\theta & \cos(\theta-120°) & \cos(\theta+120°) \\ -\sin\theta & -\sin(\theta-120°) & -\sin(\theta+120°) \\ \dfrac{1}{2} & \dfrac{1}{2} & \dfrac{1}{2} \end{bmatrix}$$

逆变换矩阵

$$\boldsymbol{p}^{-1}=\begin{bmatrix} \cos\theta & -\sin\theta & 1 \\ \cos(\theta-120°) & -\sin(\theta-120°) & 1 \\ \cos(\theta+120°) & -\sin(\theta+120°) & 1 \end{bmatrix}$$

列写同步发电机磁链方程

$$\begin{bmatrix} \boldsymbol{\psi}_{abc} \\ \boldsymbol{\psi}_{fDgQ} \end{bmatrix}=\begin{bmatrix} \boldsymbol{L}_{SS} & \boldsymbol{L}_{SR} \\ \boldsymbol{L}_{RS} & \boldsymbol{L}_{RR} \end{bmatrix}\begin{bmatrix} -\boldsymbol{i}_{abc} \\ \boldsymbol{i}_{fDgQ} \end{bmatrix}$$

式中：$\boldsymbol{L}$ 为各类电感系数；下标“SS”为定子侧各量；“RR”为转子侧各量；“SR”和“RS”代表定子和转子间各量。

对上式进行派克变换，将上式中两边左乘矩阵$\begin{pmatrix} \boldsymbol{P} & \boldsymbol{0} \\ \boldsymbol{0} & U \end{pmatrix}$，其中 U 为单位矩阵。也即仅针对定子磁链和电流进行派克变换。

$$\begin{bmatrix}\boldsymbol{\psi}_{dq0}\\ \boldsymbol{\psi}_{fDgQ}\end{bmatrix}=\begin{bmatrix}\boldsymbol{P} & \boldsymbol{0}\\ \boldsymbol{0} & U\end{bmatrix}\begin{bmatrix}\boldsymbol{\psi}_{abc}\\ \boldsymbol{\psi}_{fDgQ}\end{bmatrix}=\begin{bmatrix}\boldsymbol{P} & \boldsymbol{0}\\ \boldsymbol{0} & U\end{bmatrix}\begin{bmatrix}\boldsymbol{L}_{SS} & \boldsymbol{L}_{SR}\\ \boldsymbol{L}_{RS} & \boldsymbol{L}_{RR}\end{bmatrix}\begin{bmatrix}-\boldsymbol{i}_{abc}\\ \boldsymbol{i}_{fDgQ}\end{bmatrix}$$

$$=\begin{bmatrix}\boldsymbol{P} & \boldsymbol{0}\\ \boldsymbol{0} & U\end{bmatrix}\begin{bmatrix}\boldsymbol{L}_{SS} & \boldsymbol{L}_{SR}\\ \boldsymbol{L}_{RS} & \boldsymbol{L}_{RR}\end{bmatrix}\begin{bmatrix}\boldsymbol{P}^{-1} & \boldsymbol{0}\\ \boldsymbol{0} & \boldsymbol{L}\end{bmatrix}\begin{bmatrix}\boldsymbol{P} & \boldsymbol{0}\\ \boldsymbol{0} & U\end{bmatrix}\begin{bmatrix}-\boldsymbol{i}_{abc}\\ \boldsymbol{i}_{fDgQ}\end{bmatrix}$$

$$=\begin{bmatrix}\boldsymbol{P} & \boldsymbol{0}\\ \boldsymbol{0} & U\end{bmatrix}\begin{bmatrix}\boldsymbol{L}_{SS} & \boldsymbol{L}_{SR}\\ \boldsymbol{L}_{RS} & \boldsymbol{L}_{RR}\end{bmatrix}\begin{bmatrix}\boldsymbol{P}^{-1} & \boldsymbol{0}\\ \boldsymbol{0} & \boldsymbol{L}\end{bmatrix}\begin{bmatrix}-\boldsymbol{i}_{dq0}\\ \boldsymbol{i}_{fDgQ}\end{bmatrix}$$

$$=\begin{bmatrix}\boldsymbol{P}\boldsymbol{L}_{SS}\boldsymbol{P}^{-1} & \boldsymbol{P}\boldsymbol{L}_{SR}\\ \boldsymbol{L}_{RS}\boldsymbol{P}^{-1} & \boldsymbol{L}_{RR}\end{bmatrix}\begin{bmatrix}-\boldsymbol{i}_{dq0}\\ \boldsymbol{i}_{fDgQ}\end{bmatrix}$$

对上式中电感矩阵的各子阵进行运算，可得

$$\boldsymbol{P}\boldsymbol{L}_{SS}\boldsymbol{P}^{-1}=\begin{bmatrix}L_d & & \\ & L_q & \\ & & L_0\end{bmatrix}=\boldsymbol{L}_{dq0}$$

$$\left.\begin{aligned}L_d&=l_0+m_0+\frac{3}{2}l_2\\ L_q&=l_0+m_0-\frac{3}{2}l_2\\ L_0&=l_0-2m_0\end{aligned}\right\}$$

式中：L_d、L_q和L_0分别为等值 d 绕组、q 绕组和 0 绕组的自感，它们依次对应于定子 d 轴同步电抗、q 轴同步电抗和零轴电抗。

$$\boldsymbol{P}\boldsymbol{L}_{SR}=\begin{bmatrix}m_{af} & m_{aD} & 0 & 0\\ 0 & 0 & m_{ag} & m_{aQ}\\ 0 & 0 & 0 & 0\end{bmatrix}$$

$$\boldsymbol{L}_{RS}\boldsymbol{P}^{-1}=\begin{bmatrix}\frac{3}{2}m_{af} & 0 & 0\\ \frac{3}{2}m_{aD} & 0 & 0\\ 0 & 0 & \frac{3}{2}m_{ag}\\ 0 & 0 & \frac{3}{2}m_{aQ}\end{bmatrix}$$

$$\boldsymbol{L}_{RR}=\begin{bmatrix}L_f & M_{fD} & 0 & 0\\ M_{fD} & L_D & 0 & 0\\ 0 & 0 & L_g & M_{gQ}\\ 0 & 0 & M_{gQ} & L_Q\end{bmatrix}$$

经过派克变换以后的磁链方程为

$$\begin{bmatrix}\psi_d\\ \psi_q\\ \psi_0\\ \psi_f\\ \psi_D\\ \psi_g\\ \psi_Q\end{bmatrix}=\begin{bmatrix}L_d & 0 & 0 & m_{af} & m_{aD} & 0 & 0\\ 0 & L_q & 0 & 0 & 0 & m_{ag} & m_{aQ}\\ 0 & 0 & L_0 & 0 & 0 & 0 & 0\\ \frac{3}{2}m_{af} & 0 & 0 & L_f & M_{fD} & 0 & 0\\ \frac{3}{2}m_{aD} & 0 & 0 & M_{fD} & L_D & 0 & 0\\ 0 & 0 & \frac{3}{2}m_{ag} & 0 & 0 & L_g & M_{gQ}\\ 0 & 0 & \frac{3}{2}m_{aQ} & 0 & 0 & M_{gQ} & L_Q\end{bmatrix}\begin{bmatrix}-i_d\\ -i_q\\ -i_0\\ i_f\\ i_D\\ i_g\\ i_Q\end{bmatrix} \tag{5-12}$$

由此可见，经派克变换后的磁链方程式中，电感矩阵的各电感系数均已变换为常数。各电感系数的意义，可以用 dd、qq 两个假想等效绕组模型来说明。可以理解为将静止的定子三相绕组 ax、by、cz 看成是两个假想的随转子一起旋转的等效绕组 dd、qq。在等效同步发电机中与转子一起旋转的等效绕组 dd、qq 和 f、D、g、Q 之间是相对静止的。它们的磁通路径的磁导不变，因此它们的自感系数和互感系数均为常数。L_0 可以理解为是与上述各等效定子、转子绕组都垂直的，且无互感而又孤立的等效零轴绕组的自感系数；各 L 为各个等效绕组的自感系数；各 m（包括前面 3/2 的系数）是各个等效绕组间的互感系数；各 ψ 可以认为是各个绕组中的合成磁链。

经过派克变换后的磁链方程式中，出现了定、转子绕组间互感系数不可逆的问题。即由转子绕组电流产生的磁链，对等效定子绕组 dd、qq 的互感系数是转子绕组对定子一相绕组 ax、by、cz 互感系数的幅值 m_{af}、m_{aD}、m_{ag}、m_{aQ}；而等效定子绕组 dd、qq 的电流 i_d、i_q产生的磁链，对转子绕组的互感系数是定子一相绕组 ax、by、cz 对转子互感系数幅值的 3/2 倍，即 $3m_{af}/2$、$3m_{aD}/2$、$3m_{ag}/2$、$3m_{aQ}/2$。故等效定子绕组与转子绕组间互感系数不可逆。这种不可逆现象的反映是正确的，它反映了同步发电机基本方程经派克变换后，内部的电磁关系仍然等效。

如果将各转子绕组的电流分别用它们的 2/3 倍代替，或者取 P 为正交矩阵，则这些互感系数便变为可逆。也可采用正交派克变换解决不对称问题。

5.2.3　正交派克变换

正交变换矩阵

$$p=\sqrt{\frac{2}{3}}\begin{bmatrix}\cos\theta & \cos(\theta-120^\circ) & \cos(\theta+120^\circ)\\ -\sin\theta & -\sin(\theta-120^\circ) & -\sin(\theta+120^\circ)\\ \frac{1}{\sqrt{2}} & \frac{1}{\sqrt{2}} & \frac{1}{\sqrt{2}}\end{bmatrix}$$

正交变换逆矩阵

$$p^{-1}=\sqrt{\frac{2}{3}}\begin{bmatrix}\cos\theta & -\sin\theta & \frac{1}{\sqrt{2}}\\ \cos(\theta-120°) & -\sin(\theta-120°) & \frac{1}{\sqrt{2}}\\ \cos(\theta+120°) & -\sin(\theta+120°) & \frac{1}{\sqrt{2}}\end{bmatrix}$$

同样对磁链方程进行派克变换，可得

$$\begin{bmatrix}\psi_d\\ \psi_q\\ \psi_0\\ \psi_f\\ \psi_D\\ \psi_g\\ \psi_Q\end{bmatrix}=\begin{bmatrix}L_d & 0 & 0 & \sqrt{\frac{3}{2}}\,m_{af} & \sqrt{\frac{3}{2}}\,m_{aD} & 0 & 0\\ 0 & L_q & 0 & 0 & 0 & \sqrt{\frac{3}{2}}\,m_{ag} & \sqrt{\frac{3}{2}}\,m_{aQ}\\ 0 & 0 & L_0 & 0 & 0 & 0 & 0\\ \sqrt{\frac{3}{2}}\,m_{af} & 0 & 0 & L_f & M_{fD} & 0 & 0\\ \sqrt{\frac{3}{2}}\,m_{aD} & 0 & 0 & M_{fD} & L_D & 0 & 0\\ 0 & 0 & \sqrt{\frac{3}{2}}\,m_{ag} & 0 & 0 & L_g & M_{gQ}\\ 0 & 0 & \sqrt{\frac{3}{2}}\,m_{aQ} & 0 & 0 & M_{gQ} & L_Q\end{bmatrix}\begin{bmatrix}-i_d\\ -i_q\\ -i_0\\ i_f\\ i_D\\ i_g\\ i_Q\end{bmatrix}$$

(5 - 13)

从变换矩阵可以看出，经过正交派克变换以后，电感系数矩阵变成了常对称阵。在同步发电机正常运行时有$\omega_*=1$，则$X_*=\omega_* L_*=L_*$或$X_*=\omega_* M_*=M_*$，当省略下标$*$时，有$X=L$或$X=M$。因此，在同步转速时，同步发电机的磁链方程，在标幺值表示时又可写为

$$\begin{bmatrix}\psi_d\\ \psi_q\\ \psi_0\\ \psi_f\\ \psi_D\\ \psi_g\\ \psi_Q\end{bmatrix}=\begin{bmatrix}X_d & 0 & 0 & X_{af} & X_{aD} & 0 & 0\\ 0 & X_q & 0 & 0 & 0 & X_{ag} & X_{aQ}\\ 0 & 0 & X_0 & 0 & 0 & 0 & 0\\ X_{af} & 0 & 0 & X_f & X_{fD} & 0 & 0\\ X_{aD} & 0 & 0 & X_{fD} & X_D & 0 & 0\\ 0 & 0 & X_{ag} & 0 & 0 & X_g & X_{gQ}\\ 0 & 0 & X_{aQ} & 0 & 0 & X_{gQ} & X_Q\end{bmatrix}\begin{bmatrix}-i_d\\ -i_q\\ -i_0\\ i_f\\ i_D\\ i_g\\ i_Q\end{bmatrix} \tag{5 - 14}$$

式中 X_d——同步发电机直轴同步电抗；

X_q——同步发电机交轴同步电抗；

X_0——同步发电机零轴同步电抗；

X_f——同步发电机励磁绕组自感电抗；

X_D——同步发电机直轴阻尼绕组自感电抗；

X_g——同步发电机直轴阻尼 g 绕组自感电抗；

X_Q——同步发电机直轴阻尼 Q 绕组自感电抗；

X_{ad}——定子直轴等效绕组 dd 与励磁绕组 f 的互感电抗，又称直轴电枢反应电抗；

X_{aD}——定子直轴等效绕组与直轴阻尼绕组的互感电抗；

X_{fD}——励磁绕组与直轴阻尼绕组的互感电抗，并且$X_{fD}\approx X_{aD}\approx X_{ad}$，以$X_{ad}$表示；

X_{ag}——定子交轴等效绕组 qq 与交轴阻尼绕组 g 的互感电抗；

X_{aQ}——定子交轴等效绕组 qq 与交轴阻尼绕组 Q 的互感电抗，且有时以X_{aq}表示，又称交轴电枢反应电。

电压方程的 Park 变换

$$\begin{bmatrix}\boldsymbol{u}_{abc}\\ \boldsymbol{u}_{fDgQ}\end{bmatrix}=\begin{bmatrix}\boldsymbol{r}_S & 0\\ 0 & \boldsymbol{r}_R\end{bmatrix}\begin{bmatrix}-\boldsymbol{i}_{abc}\\ \boldsymbol{i}_{fDgQ}\end{bmatrix}+\begin{bmatrix}p\boldsymbol{\psi}_{abc}\\ p\boldsymbol{\psi}_{fDgQ}\end{bmatrix}\tag{5-15}$$

只对定子电压方程进行 Park 变换

$$Pu_{abc}=-Pr_s(P^{-1}i_{dq0})+P(P^{-1}\psi_{dq0})'$$

整理后可得

$$\boldsymbol{u}_{dq0}=-\boldsymbol{r}_s\boldsymbol{i}_{dq0}+\boldsymbol{p\psi}_{dq0}+\boldsymbol{P}\frac{\mathrm{d}\boldsymbol{P}^{-1}}{\mathrm{d}\boldsymbol{t}}\boldsymbol{\psi}_{dq0}$$

即

$$\begin{bmatrix}u_d\\u_q\\u_0\\u_f\\0\\0\\0\end{bmatrix}=\begin{bmatrix}r&&&&&&\\&r&&&&&\\&&r&&&&\\&&&R_f&&&\\&&&&R_D&&\\&&&&&R_g&\\&&&&&&R_Q\end{bmatrix}\begin{bmatrix}-i_d\\-i_q\\-i_0\\i_f\\i_D\\i_g\\i_Q\end{bmatrix}+\begin{bmatrix}p\psi_d\\p\psi_q\\p\psi_0\\p\psi_f\\p\psi_D\\p\psi_g\\p\psi_Q\end{bmatrix}+\begin{bmatrix}-\omega\psi_q\\\omega\psi_d\\0\\0\\0\\0\\0\end{bmatrix}\tag{5-16}$$

经过派克变换后的电压方程分为三部分：电阻压降、变压器电势、发电机电势。

5.3　同步发电机实用数学模型

同步发电机有很多种数学模型，目前在稳定性分析中使用的基本上是属于 Park 变换系列的模型。根据模拟的详尽程度，同步发电机经常应用以下几种模型。

模型Ⅰ：按 Park 模型导出的精细模型。考虑转子运动方程，同步发电机绕组模拟为六绕组（定子两绕组，转子四绕组）或五绕组（定子两绕组，转子三绕组），考虑转子励磁绕组及阻尼绕组的暂态过程。模型Ⅰ的微分方程阶数为六阶或五阶。

模型Ⅱ：同步发电机的三阶微分方程模型。除转子运动方程外，还考虑转子励磁绕组的暂态过程，但不考虑转子阻尼绕组的暂态过程，因此同步发电机绕组模拟为三绕组（定子两绕组，转子一绕组）。

模型Ⅲ：同步发电机的二阶微分方程模型。不考虑转子励磁绕组及阻尼绕组的暂态过程，并认为同步发电机的暂态电动势 E'_q 恒定。

模型Ⅳ：同步发电机的二阶微分方程模型。不考虑转子励磁绕组及阻尼绕组的暂态过程，并认为同步发电机暂态电抗 E'_d 后的电势 E' 恒定。

5.3.1 同步发电机模型Ⅰ

模型Ⅰ由派克模型导出。如图 5-5 所示，同步发电机纵轴（d 轴）上有定子绕组（下标 d）及两个转子绕组（下标 f 和 D，f 为励磁绕组，D 为阻尼绕组）；横轴（q 轴）上有定子绕组（下标 q）及两个阻尼绕组（下标 S 和 Q）。对于凸极机，q 轴一般可仅考虑一个阻尼绕组 Q；对于隐极机，用阻尼绕组 Q 表示接近转子表面的涡流效应，阻尼绕组 S 表示转子较深的涡流效应。由此模型可以导出以下关系式。

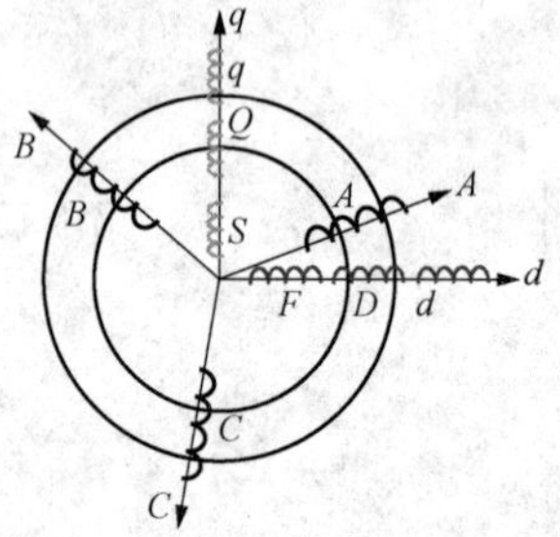

图 5-7 同步发电机绕组示意图

定子绕组方程式为

$$\left.\begin{aligned} u_q &= -r_a I_q + E_q^* - x_d^* I_d \\ u_d &= -r_a I_d + E_d^* - x_q^* I_q \end{aligned}\right\} \tag{5-17}$$

转子绕组的电磁暂态过程，采用定子绕组电动势来描述。其方程式为

$$\left.\begin{aligned} \frac{\mathrm{d}E_q^*}{\mathrm{d}t} &= \frac{1}{T'_{d0}}[E_{qe} - (x_d - x'_d)I_d - E'_q] \\ \frac{\mathrm{d}E_q^*}{\mathrm{d}t} &= \frac{1}{T''_{d0}}[E'_q(x'_d - ''_d)I_d - E''_q] + \frac{\mathrm{d}E'_q}{\mathrm{d}t} \\ \frac{\mathrm{d}E'_d}{\mathrm{d}t} &= \frac{1}{T'_{q0}}[-E'_d + (x_q - x'_q)I_q] \\ \frac{\mathrm{d}E''_d}{\mathrm{d}t} &= \frac{1}{T''_{q0}}[E'_d + (x'_q - x''_q)I_q - E''_d] + \frac{\mathrm{d}E'_\mathrm{d}}{\mathrm{d}t} \end{aligned}\right\} \tag{5-18}$$

转子运动方程式为

$$\left.\begin{aligned} \frac{\mathrm{d}\delta}{\mathrm{d}t} &= (\omega - 1)\omega_0 \\ \frac{\mathrm{d}\omega}{\mathrm{d}t} &= \frac{1}{T_J}[M_m - M_e - D(\omega - 1)] \end{aligned}\right\} \tag{5-19}$$

电磁力矩方程式为

$$M_e = [E''_d I_d + E''_q I_q + (x''_q - x''_d) I_d I_q]/\omega \tag{5-20}$$

式（5-17）～式（5-20）中：u_d, u_q——发电机端部纵轴和横轴电压；

E'_d, E'_q——发电机暂态电抗后纵轴和横轴电动势；

E''_d, E''_q——发电机次暂态电抗后纵轴和横轴电动势；

I_d, I_q——发电机纵轴和横轴电流；

r_a——发电机定子回路电阻；

x_d, x_q——发电机纵轴和横轴同步电抗；

x'_d, x'_q——发电机纵轴和横轴暂态电抗；

x''_d, x''_q——发电机纵轴和横轴次暂态电抗；

T'_{d0}, T'_{q0}——发电机纵轴和横轴暂态开路时间常数；

T''_{d0}, T''_{q0}——发电机纵轴和横轴次暂态开路时间常数；

E_{qe}——发电机励磁绕组输入电动势；

δ——发电机电动势相量与同步转轴的夹角；

ω——发电机的角速度；

ω_0——同步角速度；

T_J——发电机及原动机的综合惯性时间常数；

D——发电机转子机械阻尼系数；

M_m——输入发电机组的机械力矩；

M_e——发电机输出的电磁力矩。

以上各量除了 T_J 以秒（s）为单位，$\omega_0=2\pi f$(rad/s) 外，其他各量均为标幺值。其中 M 以发电机标称力矩为基准值，δ 以 2π(rad) 为基准值，ω 以 $2\pi f$（rad/s）为基准值。由于暂态过程中发电机转速偏离同步转速不大，即 $\omega\approx1$，故力矩 M 的标幺值可近似用功率 P 的标幺值代替。

上述转子四绕组的模型共六阶（转子绕组四阶，运动方程两阶），是发电机最精细的模型。

发电机的闭路时间常数（T'_d, T''_d, T'_q, T''_q）与开路时间常数（$T'_{d0}, T''_{d0}, T'_{q0}, T''_{q0}$）有以下关系：

$$\frac{T'_d}{T'_{d0}}=\frac{x'_d}{x_d}, \frac{T''_d}{T''_{d0}}=\frac{x''_d}{x'_d}, \frac{T'_q}{T'_{q0}}=\frac{x'_q}{x_q}, \frac{T''_q}{T''_{q0}}=\frac{x''_q}{x'_q}$$

一般水轮发电机（凸极机）可不考虑阻尼绕组 S，即用转子三绕组模型。我国的许多计算程序中，汽轮发电机也采用转子三绕组模型。

采用转子三绕组模型时，可认为 S 绕组开路，在这种情况下可导出 $x'_q\approx x_q$，转子绕组方程式可简化为

$$\left.\begin{aligned}\frac{\mathrm{d}E'_q}{dt}&=\frac{1}{T'_{d0}}[E_{qe}-(x_d-x'_d)I_d-E'_q]\\\frac{\mathrm{d}E''_q}{\mathrm{d}t}&=\frac{1}{T''_{d0}}[E'_q-(x'_d-x''_d)I_d-E''_q]+\frac{\mathrm{d}E'_q}{\mathrm{d}t}\\\frac{\mathrm{d}E''_d}{\mathrm{d}t}&=\frac{1}{T''_{q0}}[(x'_q-x''_q)I'_q-E''_d]\end{aligned}\right\}\tag{5-21}$$

式（5-21）与式（5-17）及式（5-19）组成发电机五阶模型。

5.3.2 同步发电机模型Ⅱ

该模型考虑励磁电压的变化，但不考虑发电机转子阻尼绕组的作用，即认为 D，Q 绕组和 S 绕组均开路。式（5-18）各参数可取为：$x''_d=x'_d$，$x''_q=x'_q=x_q$。这样，定子

绕组方程式可写为

$$\left.\begin{aligned}u_q &= -r_a I_q + E_q^* - x_d^* I_d \\ u_d &= -r_a I_d + E_d^* - x_q I_q\end{aligned}\right\} \tag{5-22}$$

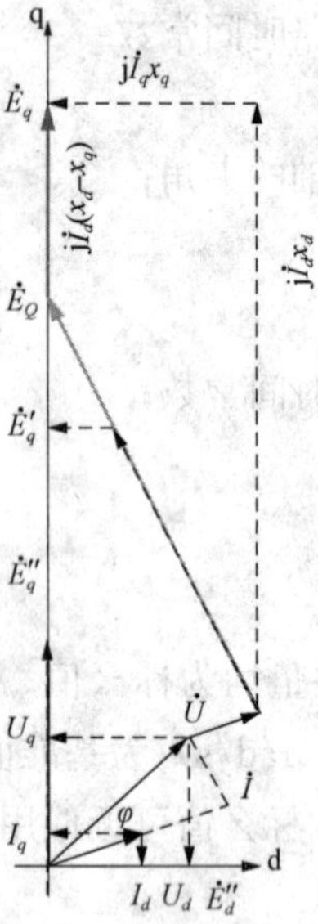

图 5-8 同步发电机模型Ⅱ，Ⅲ相量图

转子绕组方程式可简化为

$$\frac{\mathrm{d}E'_q}{\mathrm{d}t} = \frac{1}{T'_{d0}}\left[E_{qe} - (x_d - x'_d)I_d - E'_q\right] = \frac{1}{T'_{d0}}\left[E_{qe} - E_q\right] \tag{5-23}$$

式（5-22）和式（5-23）和转子运动方程式（5-19）组成模型Ⅱ。模型Ⅱ为三阶模型（转子运动方程两阶，励磁回路一阶），其电流，电压相量关系如图 5-8 所示。

5.3.3 同步发电机模型Ⅲ

模型Ⅲ设同步发电机的暂态电动势 E'_q 保持恒定，即不考虑励磁电压变化和转子阻尼绕组的作用。式（5-18）各参数可取为：$x''_d = x'_d$，$x''_q = x'_q = x_q$。

模型Ⅲ的基本方程式由转子运动方程式（5-19）和定子绕组方程式（5-17）组成。模型为二阶，其电流、电压相量关系同模型Ⅱ，如图 5-8 所示。

5.3.4 同步发电机模型Ⅳ

模型Ⅳ设同步发电机暂态电抗 x'_d 后的电动势 E' 保持恒定，式（5-18）各参数可取为：$x''_d = x_d = x''_q = x'_q = x_q = x'_d$，均取 x'_d 的值。

该模型的定子回路方程为

$$U = -(r_a + \mathrm{j}x'_d)I + E' \tag{5-24}$$

模型Ⅳ为二阶，由转子运动方程式（5-19）和定子绕组方程式（5-24）组成，其电流、电压相量关系如图 5-9 所示。

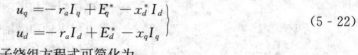

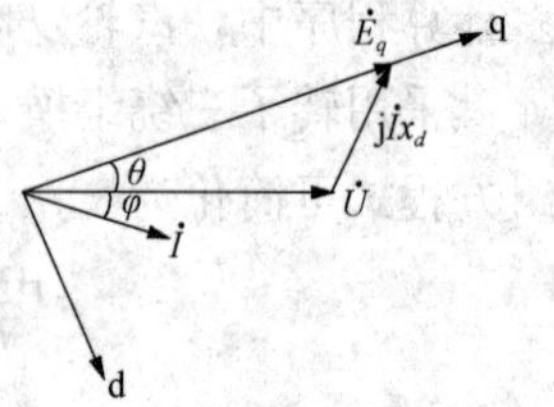

图 5-9 同步发电机模型Ⅳ相量图

同步调相机的数学模型与同步发电机类似，但有以下差别：

（1）机械功率 $P_m \approx 0$，实际计算时可取很小的值。$S_n \approx Q_n$，$\cos\varphi = 0$。S_n，Q_n 分别为额定视在功率和额定无功功率。

（2）没有原动机，惯性转矩只需考虑调相机自身的转矩。

5.4 大型汽轮发电机组的轴系方程

在转子运动方程（5-19）中，实际上将发电机和原动机的转子合并在一起，看成是一个集中的刚性质量块。这种处理方法对于分析一般暂态过程问题来说是可用的。

但是，在大型汽轮发电机组中，绝大部分汽轮机为多级汽轮机结构，整个机组转子轴的总长度可能达数十米，而由于转子轴存在弹性，在一定的系统条件下将产生次同步谐振现象。对于分析和研究这类问题便不再能将全部转子处理为集中质量块，而需要考虑弹性影响，建立相应的轴系数学模型。

下面以汽轮机四个汽缸组成的情况为例进行介绍，其轴系结构示意图如图 5-10 所示。

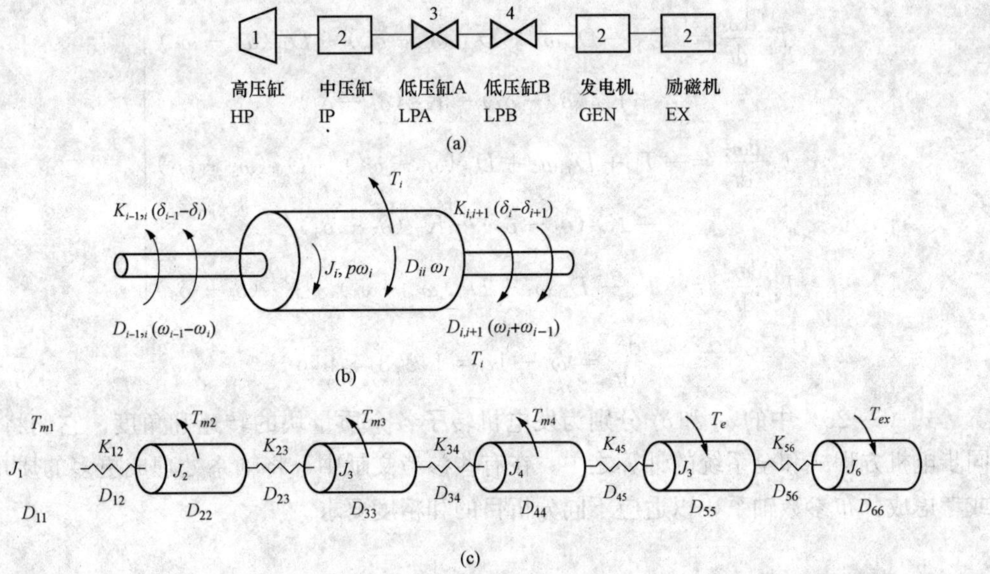

图 5-10　汽轮机轴系结构示意图

对于轴系运动方程的建立，目前大都采用的方法是将励磁机、发电机和各个汽缸的转子分别处理为一个等值的集中质量块，而将它们本身及转子间的弹性处理为集中质量块之间的弹性作用，从而将全部转子处理为图 5-10（b）所示的等效质量-弹簧系统。注意，在考虑弹性影响以后，各质量块在暂态过程中的转速将不相同，而它们之间将出现相对角位移。对于转子 i，设其惯性时间常数为 J_i，质量块的转速为 ω_i，与同步旋转坐标参考轴 X 之间的角度为 δ_i；用自阻尼系数 D_{ii} 反映其本身的阻尼作用，用互阻尼系数 D_{ii+1} 反映连接两质量块的轴材料内部黏滞效应所产生的阻尼作用；用 K_{ii+1} 表示质量块 i 和 $i+1$ 间的扭转弹性系数（刚度系数），则作用于质量块 i 上的各个转矩如图 5-10（c）所示。图 5-10（c）中的对于各个汽缸为相应的机械转矩 T_{mi}，对于发电机和励磁机则分别为相应的电磁转矩 T_e 和 T_{ex}。于是便可以列出全部量都用标幺值表示的轴系运动方程（略去下标 *），即

$$\left.\begin{aligned}
J_1\frac{\mathrm{d}\omega_i}{\mathrm{d}t}&=T_{m1}-D_{11}\omega_1-D_{12}(\omega_1-\omega_2)-K_{12}(\delta_1-\delta_2)\\
J_2\frac{\mathrm{d}\omega_2}{\mathrm{d}t}&=T_{m2}-D_{22}\omega_2-D_{12}(\omega_1-\omega_2)-D_{23}(\omega_2-\omega_3)\\
&\quad+K_{12}(\delta_1-\delta_2)-K_{23}(\delta_2-\delta_3)\\
J_3\frac{\mathrm{d}\omega_3}{\mathrm{d}t}&=T_{31}-D_{33}\omega_3-D_{23}(\omega_2-\omega_3)-D_{34}(\omega_3-\omega_4)\\
&\quad+K_{23}(\delta_2-\delta_3)-K_{34}(\delta_3-\delta_4)\\
J_4\frac{\mathrm{d}\omega_4}{\mathrm{d}t}&=T_{m4}-D_{44}\omega_4+D_{34}(\omega_3-\omega_4)-D_{45}(\omega_4-\omega_5)\\
&\quad+K_{34}(\delta_3-\delta_4)-K_{45}(\delta_4-\delta_5)\\
J_5\frac{\mathrm{d}\omega_5}{\mathrm{d}t}&=-T_e+D_{55}\omega_5+D_{45}(\omega_4-\omega_5)-D_{56}(\omega_5-\omega_6)\\
&\quad+K_{45}(\delta_4-\delta_5)-K_{56}(\delta_5-\delta_6)\\
J_6\frac{\mathrm{d}\omega_6}{\mathrm{d}t}&=-T_{ex}-D_{66}\omega_6+D_{56}(\omega_5-\omega_6)+K_{56}(\delta_5-\delta_6)
\end{aligned}\right\}\tag{5-25}$$

$$\frac{\mathrm{d}\delta_i}{\mathrm{d}t}=\omega_i-1i=1,2,3,4,5,6\tag{5-26}$$

式（5-25）中的 ω_i 和 δ_i 分别为发电机转子各个质量块的转速和角度，它们将用于同步电机方程式和全系统的计算之中。在有些参考文献中，将轴系处理成更多的质量块，或考虑成分布参数轴系，以适应不同分析目的和精度要求。

5.5 励磁系统数学模型

励磁系统向发电机提供励磁功率，起着调节电压、保持发电机端电压或枢纽点电压恒定的作用，并可控制并列运行发电机的无功功率分配。它对发电机的动态行为有很大影响，可以帮助提高电力系统的稳定极限。特别是现代电力电子技术的发展，使快速响应、高放大倍数的励磁系统得以实现，极大改善了电力系统的暂态稳定性。励磁系统的附加控制，又称电力系统稳定器（power system stabilizer，PSS），可以增强系统的电气阻尼。线性最优励磁控制器及非线性励磁控制器也已研究成功，可以改善电力系统的稳定性。由于励磁控制投资相对较小、效益高，因此对励磁控制及励磁系统的研究受到广泛的重视。

励磁系统可按励磁功率源的不同进行分类，主要分为三大类：

（1）直流励磁系统，它通过直流励磁机供给发电机励磁功率。

（2）交流励磁系统，它通过交流励磁机及半导体可控或不可控整流供给发电机励磁功率。

（3）静止励磁系统，它从发电机端或电网经变压器取得功率，经可控整流供给发电机励磁功率，其形式通常为自并励（激）磁或自复励（激）磁。励磁系统分类及典型接线如表 5-1 所示。

表 5-1　　　　　　　　励磁系统分类及典型接线

分类		结构	合名
旋转电机励磁系统	直流励磁系统	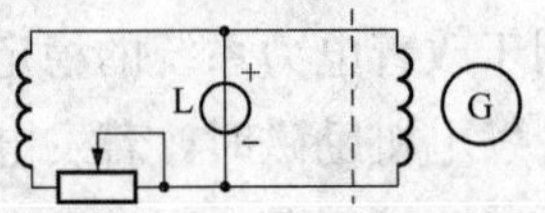	自励式直流励磁系统
		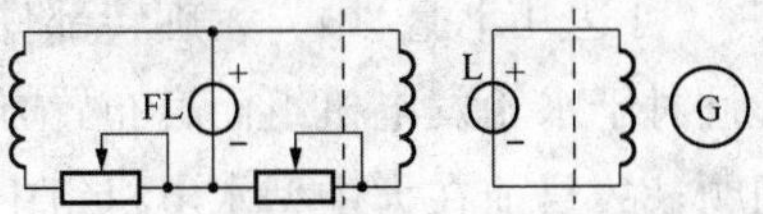	他励式直流励磁系统
	交流励磁系统	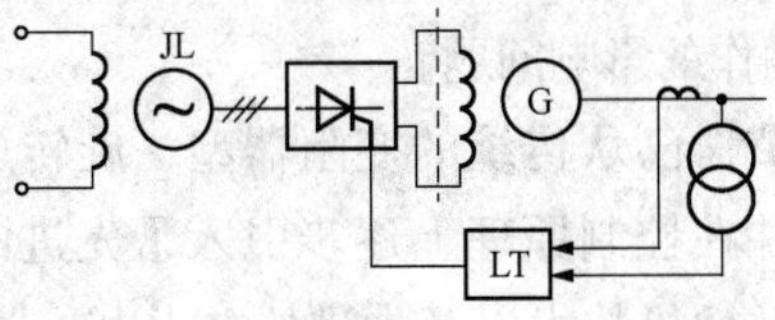	（可控）静止整流器交流励磁系统
		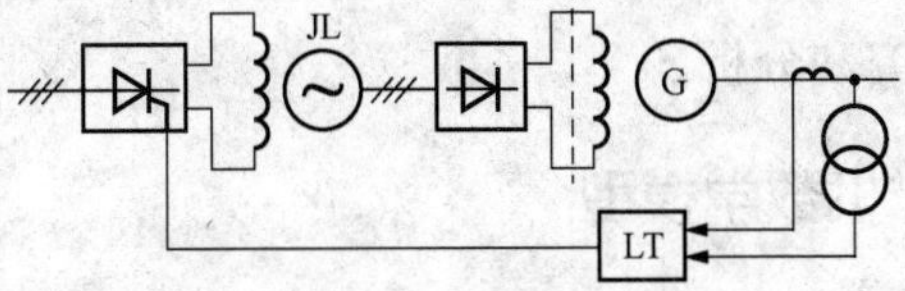	（不可控）静止整流器交流励磁系统
		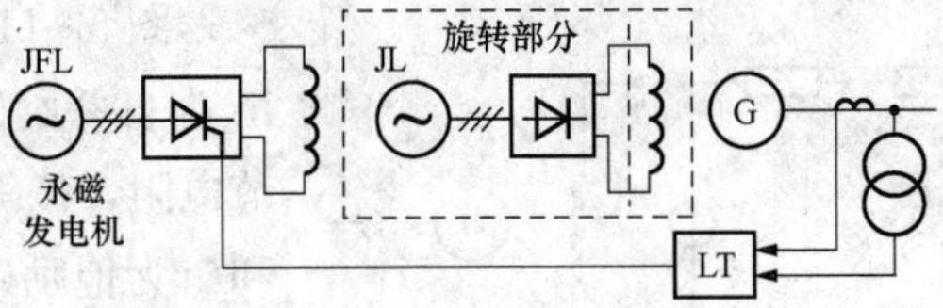	旋转整流器交流励磁系统（无刷励磁）
自励式静止励磁系统		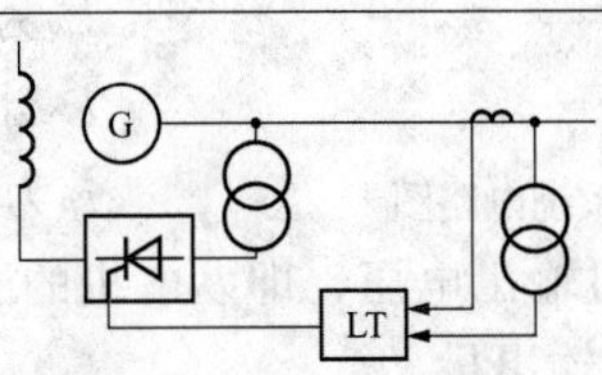	自开励静止励磁系统
		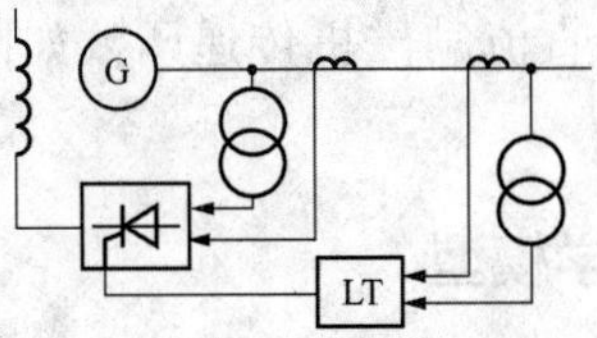	自复励静止励磁系统

注　L—励磁机；PL—复励磁机；G—发电机；LT—励磁调节器；LJ—交流励磁机；JFL—交流复励磁机。

直流励磁系统由于受直流励磁机的整流子限制，功率不宜过大，可靠性较差。直流励磁机时间常数较大，响应速度较慢，价格较高，一般只用于中、小型发电机励磁。直流励磁机和主机同轴，电网故障时仍能可靠工作。交流励磁系统采用交流励磁机，相对于直流励磁机其时间常数较小，响应速度较快，且不含整流子，可靠性高，可适用于大容量机组，且价格较低，故在大、中型火电机组中广泛应用，特别是可控静止整流器交流励磁系统，时间常数只有几十毫秒，极有利于改善电力系统的稳定性。交流励磁机和主机同轴，电网故障时能可靠工作，但用于水轮发电机励磁时，若发电机甩负荷，易发生超速引起的过电压，应予以注意。目前无刷励磁工艺较复杂，国内尚未推广。自并励磁或自复励磁的半导体励磁系统由于响应速度快（可达几十毫秒）、无旋转部件、制造简单、易维修、可靠性高，可适用于大容量机组，且对于水轮发电机组而言布置方便，并有利于缓解水轮机甩负荷时的超速引起的过电压问题，故目前在大中型水电机组中得到推广应用，并正在进一步用于火电机组。其主要问题是要注意防止机端故障或电网故障时可能引起的失磁问题，以及对强励和后备保护可靠动作的影响问题。

励磁系统中的电压调节器已从传统的变阻器型、旋转放大机型和磁放大器型迅速向可控硅励磁调节器过渡，并在控制原理上逐步引入了先进的现代控制理论，硬件装置上逐步采用大规模集成电路及微机技术以及先进的电力电子器件。

这里主要介绍电力系统分析中常用的励磁系统数学模型，以便对励磁系统在电力系统中的作用做深入的研究和分析。

5.5.1 直流励磁机数学模型

设具有他励磁和自并励磁绕组的直流励磁系统电路图如图 5-11 所示。

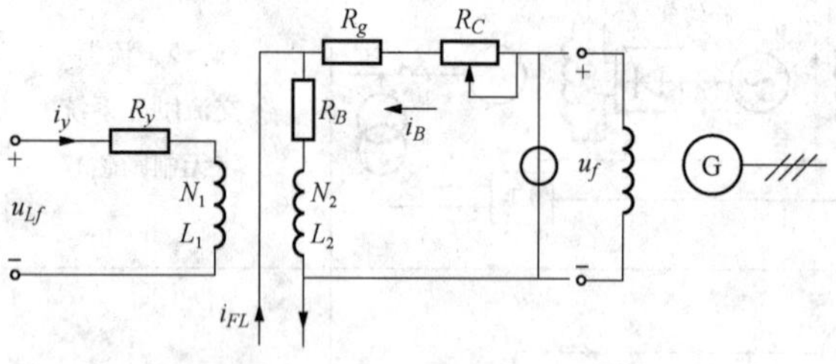

图 5-11　直流励磁系统电路图

图 5-11 中R_y为他励磁绕组电阻，R_B为自并励磁绕组电阻，R_C是励磁调节电阻，R_g是励磁回路附加电阻，N_1和L_1为他励磁绕组匝数和电感，N_2和L_2为自并励磁绕组匝数和电感，L_1和L_2计及饱和非线性，i_y为他励磁电流，i_B为自励磁电流，i_{FL}为复励磁电流，u_{LF}为他励磁电压，u_f是励磁机输出电压，即发电机的励磁电压。其中他励磁电压u_{LF}和复励磁电流i_{FL}为输入量，u_f为输出量。

具有他励磁和自并励磁的直流励磁机传递函数如图 5-12 所示。图 5-12 中（a）、（b）是等价的。

5.5.2 交流励磁机数学模型

交流励磁机实质上是一台三相中频同步发电机，频率一般为 100Hz 左右，故可用同步电机基本方程或同步电机实用模型来描写，由于采用这样的模型在电力系统分析中过

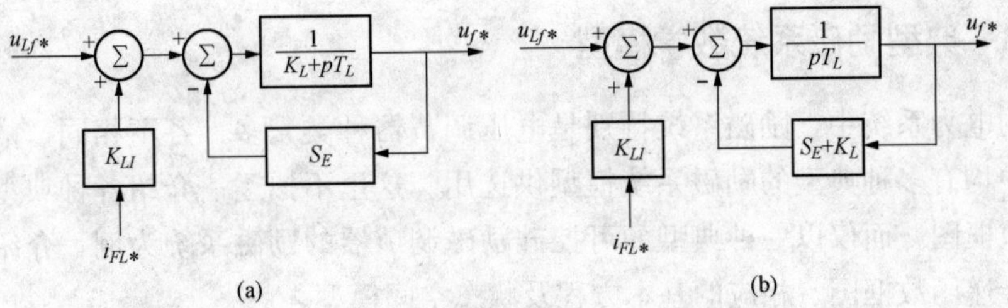

图 5-12　直流励磁机传递函数

于复杂，因此一般作简化假定，常和直流励磁机相似，用一个一阶惯性环节来表示。如图 5-13 所示为一个典型的交流励磁机电路图。

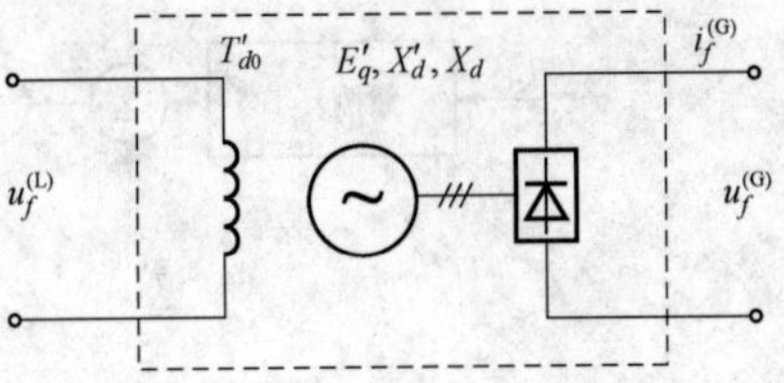

图 5-13　交流励磁机电路图

典型的交流励磁机传递函数框图如图 5-14 所示。

由图 5-14（b）可知，交流励磁机可简化为一个一阶数学模型。若进一步忽略i_f的影响及换相压降影响，则可得到更为简化的交流励磁机传递函数，如图 5-14（c）所示。在大规模电力系统分析中常采用这一模型。

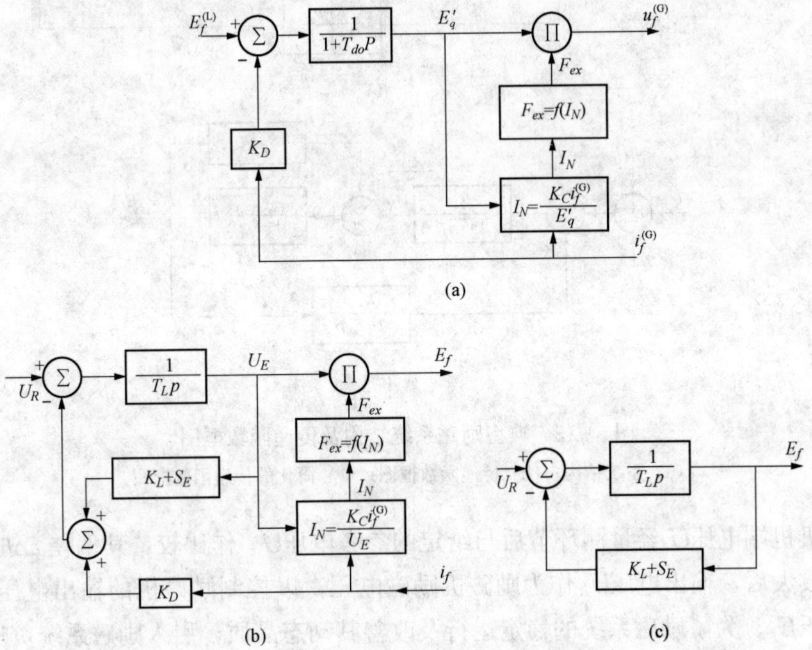

图 5-14　交流励磁机传递函数框图

（a）原始传递函数框图；（b）实用传递函数框图；（c）简化传递函数框图

5.5.3 典型励磁系统数学模型

实际的电力系统中，励磁系统特别是电压调节器种类繁多，各不相同，故一般系统分析程序中均有多种典型的励磁系统模型供选用。这里不拟逐一介绍各种典型励磁系统的传递函数框图，而仅以一种典型的可控硅励磁调节器的励磁系统为例，介绍励磁系统的结构、传递函数框图、相应的基本方程及状态空间模型。

典型的励磁系统结构如图 5 - 15（a）所示。

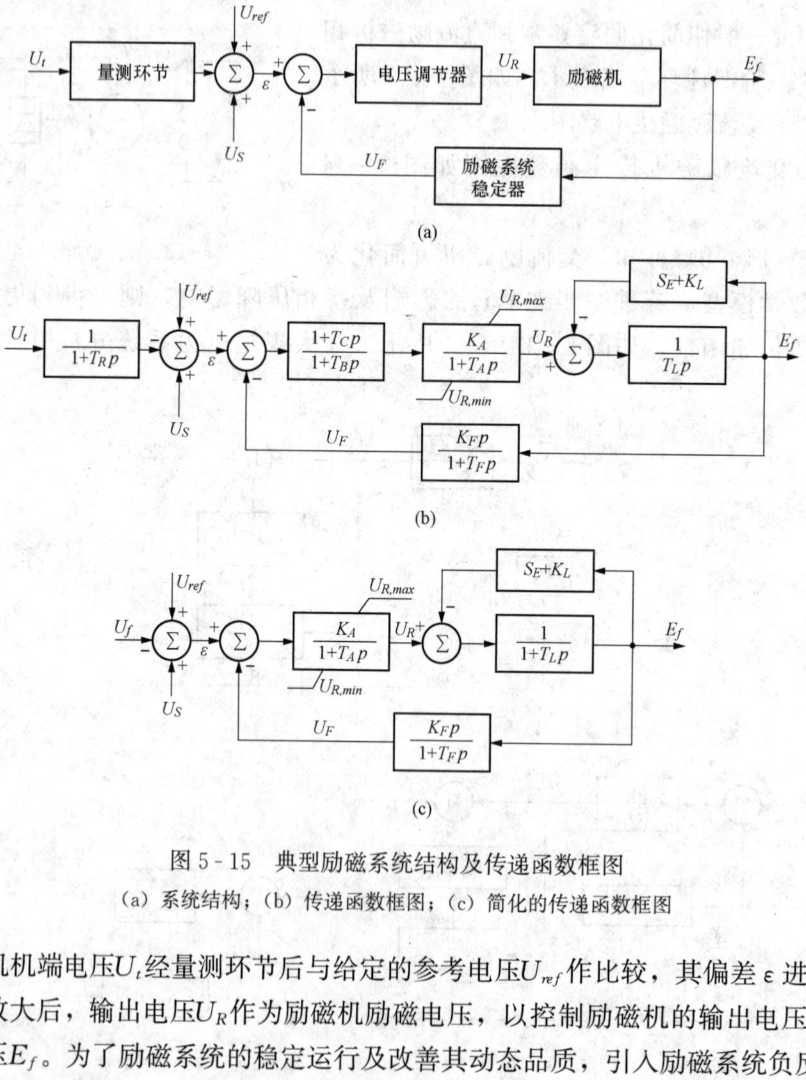

图 5 - 15　典型励磁系统结构及传递函数框图

（a）系统结构；（b）传递函数框图；（c）简化的传递函数框图

发电机机端电压U_t经量测环节后与给定的参考电压U_{ref}作比较，其偏差 ε 进入电压调节器进行放大后，输出电压U_R作为励磁机励磁电压，以控制励磁机的输出电压，即发电机励磁电压E_f。为了励磁系统的稳定运行及改善其动态品质，引入励磁系统负反馈环节，即励磁系统稳定器，其一般为一个软反馈环节，又称速度反馈。U_S为励磁附加控制信号，往往是电力系统稳定器 PSS 的输出。

各个环节的典型传递函数如图 5 - 15（b）所示。量测环节可表示为一个时间常数为T_R的惯性环节，由于T_R极小，常予以忽略。因此电压调节器通常可用一个超前滞后环节和一个惯性放大环节表示。超前滞后环节反映了调节器的相位特性，由于T_B和T_C一般很小，可予以忽略。惯性放大环节放大倍数为K_A，时间常数为T_A。可控硅励磁调节器中，K_A标幺值可达几百，时间常数T_A约为几十毫秒。励磁机传递函数为一计及饱和作用的惯性环节，对于他励磁交流励磁机及他励磁直流励磁机$K_L=1$。对于静止励磁系统，则无励磁机环节。励磁负反馈环节放大倍数为K_F，时间常数为T_F，稳态时$U_F=0$，即不影响励磁系统静特性。对于静止励磁系统通常不设置励磁负反馈环节。在实际可控硅电压调节器传递函数中还应考虑可控硅元件输出电压的限幅特性，需补入限幅环节。图 5-15 中用$U_{R,max}$、$U_{R,min}$表示。

对于图 5-15（b），当忽略量测环节时间常数，或将之计入调节器总时间常数时，量测环节可简化掉，电压调节器的超前滞后环节一般也予以忽略，相应传递函数如图 5-15（c）所示。这是一个典型的三阶的励磁系统，电压调节器一阶，励磁机一阶，励磁负反馈一阶。当参考电压U_{ref}给定时，输入变量为发电机端电压U_t及励磁附加控制信号U_S，U_S往往是 PSS 的输出。励磁系统的输出量为发电机励磁电动势E_f。励磁系统的状态变量为电压调节器输出电压U_R、励磁负反馈电压U_F和发电机励磁电动势E_f。

由图 5-15（c）传递函数，在忽略限幅环节作用时相应的励磁系统基本方程式为

$$\begin{cases} T_A p U_R = -U_R + K_A(U_{ref} - U_t + U_S - U_F) \\ T_L p E_f = -(K_L + S_E)E_f + U_R \\ T_F p U_F = -U_F + \dfrac{K_F}{T_L}(U_R - (K_L + S_E)E_f) \end{cases} \tag{5-27}$$

其相应的状态方程的表达式为

$$\begin{bmatrix} \dot{U}_R \\ \dot{E}_f \\ \dot{U}_F \end{bmatrix} = \begin{bmatrix} -\dfrac{1}{T_A} & 0 & -\dfrac{K_A}{T_A} \\ \dfrac{1}{T_L} & \dfrac{-(K_L+S_E)}{T_L} & 0 \\ \dfrac{K_F}{T_F T_L} & \dfrac{-K_F(K_L+S_E)}{T_F T_L} & -\dfrac{1}{T_F} \end{bmatrix} \begin{bmatrix} U_R \\ E_f \\ U_F \end{bmatrix} + \begin{bmatrix} \dfrac{K_A}{T_A} & -\dfrac{K_A}{T_A} & \dfrac{K_A}{T_A} \\ 0 & 0 & 0 \\ 0 & 0 & 0 \end{bmatrix} \begin{bmatrix} U_{ref} \\ U_t \\ U_S \end{bmatrix} \tag{5-28}$$

励磁系统各变量在暂态过程中的初值可如下确定。设 K_A，T_A，K_F，T_F，K_L，T_L 均已知，由发电机稳态工况可求得 $E_{f0}=E_{q0}=U_{q0}+X_{d0}I_{d0}$ 及 $U_{t0}=\sqrt{U_{d0}^2+U_{q0}^2}$，查表或估算该工况下励磁机饱和系数 S_E，从而由式（5-27）的第二式，令 $p\to 0$，则 $U_{R0}=(K_L+S_E)E_{f0}$，再由式（5-27）的第一式，令 $p\to 0$，$U_{f0}=0$，$U_{S0}=0$，则 $U_{ref}=\dfrac{U_{R0}}{K_A}+U_{t0}$。在暂态过程中 U_{ref} 保持不变，但 S_E 将随 E_f 而变化。

其他各种励磁系统的基本方程、状态方程及初值的确定过程与此相似。实际暂态稳定计算中应计及限幅环节作用，而小扰动稳定分析中采用线性化模型，则将限幅环节忽略，即认为系统受小扰动时各变量变化幅度很小不会引起限幅环节起作用。应当指出，上述模型主要是用于大规模电力系统动态分析的，如果对励磁系统本身作深入研究，则

应采用精细的励磁系统模型，而对电力系统作较大的简化。此外，励磁系统的模型及参数对系统动态行为影响较大，应注意模型及参数的正确性。

5.6 原动机及调速器数学模型

电力系统中向发电机提供机械功率和机械能的机械装置，如汽轮机、水轮机等统称为原动机。为了控制原动机向发电机输出的机械功率，并保持电网的正常运行频率，以及在各并列运行的发电机之间合理分配负荷，每一台原动机都配置了调速器。调速系统一般通过控制汽轮机的汽门开度或水轮机的导水叶开度来实现功率和频率调节。通过改变调速器的参数及给定值（一般是给定速度或给定功率）可以得到所要求的发电机功率-频率调节特性。

原动机及其调速器在电力系统中的作用及其与其他元件的关系简单如图 5-16 所示。

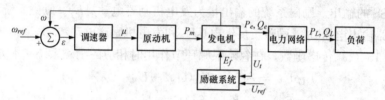

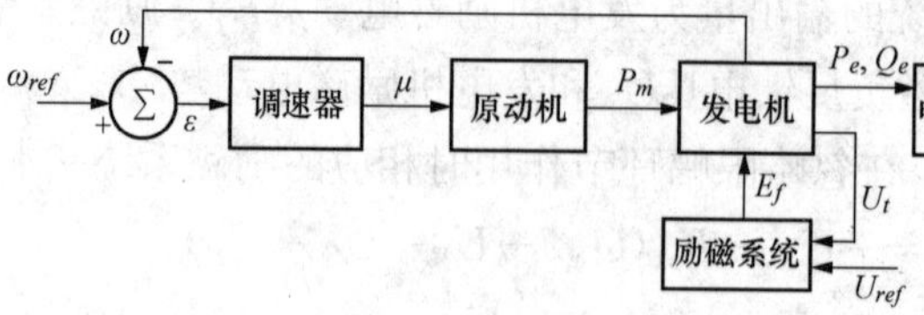

图 5-16 原动机及调速器在电力系统中的作用示意图

发电机的转速 ω 和给定速度ω_{ref}作比较，其偏差 ε 进入调速器，以控制汽轮机汽门或水轮机导水叶开度 μ，从而改变原动机输出的机械功率P_m，也即发电机的输入机械功率，从而可调节速度和（或）调节发电机输出功率P_e。

本节介绍电力系统分析中常用的汽轮机和水轮机的简化数学模型，汽轮机模型中主要考虑了蒸汽容积效应，水轮机模型中主要考虑了刚性引水管道的水锤效应。本节还介绍了汽轮机和水轮机的调速器数学模型及传递函数框图，给出了水轮机机械调速器的数学模型。

5.6.1 汽轮机数学模型

汽轮机是以一定温度和压力的水蒸气为工质的叶轮式发动机。在电力系统分析中均采用简化的汽轮机动态模型，其动态特性只考虑汽门和喷嘴间的蒸汽惯性引起的蒸汽容积效应。蒸汽容积效应可简述如下：当改变汽门开度时，由于汽门和喷嘴间存在一定容积的蒸汽，此蒸汽的压力不会立即发生变化，因而输入汽轮机的功率也不会立即发生变化，而有一个时滞，在数学上用一个一阶惯性环节来表示，即

$$P_m = \frac{\mu}{1 + Tp}$$

式中：μ 为汽门开度；P_m为汽轮机机械功率，均为以发电机额定工况下的相应值为基值的标幺值；T 为反映蒸汽容积效应的时间常数；p 为对时间的微分算子。

汽轮机数学模型就是指汽轮机汽门开度与输出机械功率间的传递函数关系。汽轮机数学模型如图 5 - 17 所示。

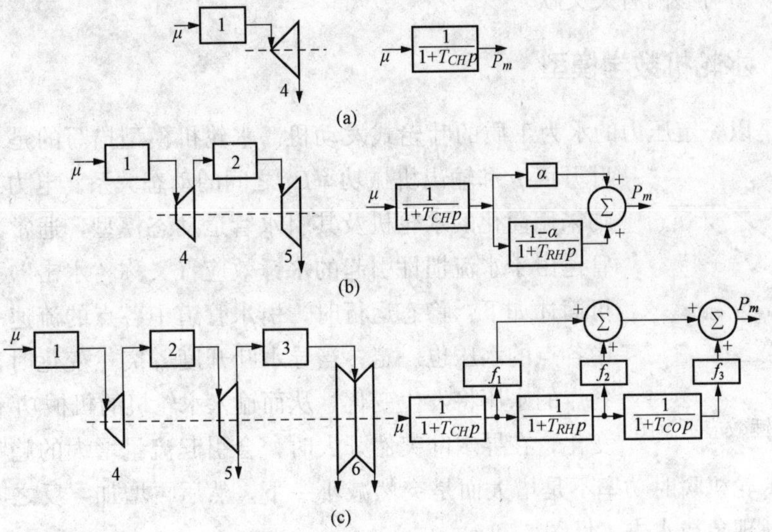

图 5 - 17　汽轮机数学模型

（a）一阶数学模型；（b）二阶数学模型；（c）三阶数学模型

1—蒸汽容积；2—再热器；3—跨接管；4—高压缸；5—中压缸；6—低压缸

只计及高压蒸汽容积效应的一阶模型，如图 5 - 17（a）所示。设汽轮机蒸汽为额定参数，则汽轮机传递函数为水轮机数学模型

$$\frac{P_m}{\mu}=\frac{1}{1+pT_{CH}} \tag{5-29}$$

式中：P_m 为汽轮机输出机械功率（标幺值）；μ 为汽门开度（标幺值）；T_{CH} 为高压蒸汽容积时间常数，一般为 0.1～0.4s。

计及高压蒸汽和中间再热蒸汽容积效应的二阶模型，如图 5 - 17（b）所示，其传递函数为

$$\frac{P_m}{\mu}=\frac{1}{1+pT_{CH}}\left(\alpha+\frac{1-\alpha}{1+pT_{RH}}\right) \tag{5-30}$$

式中：α 为高压缸稳态输出功率占汽轮机总输出功率的百分比，一般为 0.3 左右；T_{RH} 为中间再热蒸汽容积效应时间常数，一般为 4～11s；其他参数物理量意义同式（5 - 29）。

计及高压蒸汽、中间再热蒸汽及低压蒸汽容积效应的三阶模型，如图 5 - 17（c）所示，其传递函数为

$$\frac{P_m}{\mu}=\frac{1}{1+pT_{CH}}\left[f_1+\frac{1}{1+p\,T_{RH}}\left(f_2+\frac{f_3}{1+pT_{CO}}\right)\right] \tag{5-31}$$

式中：f_1，f_2，f_3 分别为高、中、低压缸稳态输出功率占总输出功率的百分比，$f_1+f_2+f_3=1$，一般的 $f_1:f_2:f_3=0.3:0.4:0.3$；T_{CO} 为低压蒸汽容积时间常数，一般为

0.3～0.5s。其他参数物理量意义同式（5-30）。

以上介绍了常用的一～三阶汽轮机模型，更精细的汽轮机模型以及计及快关汽门动态的汽轮机模型可参阅有关文献。

5.6.2 水轮机数学模型

水轮机是以一定压力的水为工质的叶轮式发动机。水轮机模型描写的是水轮机导水叶开度 μ 和输出机械功率 P_m 之间的动态关系。电力系统分析中均采用简化的水轮机及其引水管道动态模型，通常只考虑引水管道由于水流惯性引起的水锤效应（又称“水击”）。水锤效应可简述如下：稳态运行时，引水管道中各点的流速一定，管道中各点的水压也一定；当导水叶开度 μ 突然变化时，引水管道各点的水压将发生变化，从而输入水轮机的机械功率 P_m 也相应变化；在导水叶突然开大时，会引起流量增大的趋势，反而使水压减小，水轮机瞬时功率不是增大而是突然减小一下，然后再增加，反之亦然。这一现象称为水锤现象或水击（见图 5-18）。

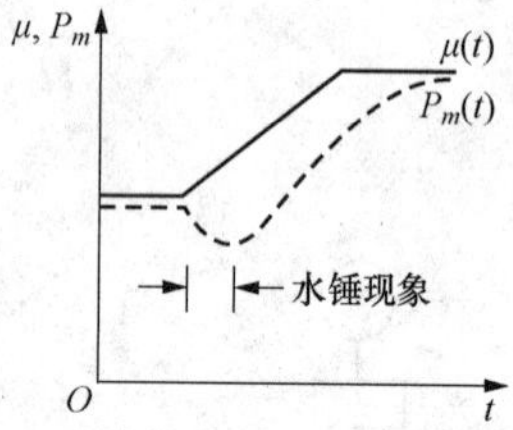

图 5-18　水锤效应示意图

引水管道的水击是导致水轮机系统动态特性恶化的重要因素。若忽略引水管道的弹性，则刚性引水管道水锤效应（又称“刚性水击”）的数学表达式为

$$h = -T_W \frac{\mathrm{d}q}{\mathrm{d}t} \tag{5-32}$$

式中，q 为流量增量（标幺值）；h 为水头增量（标幺值）；T_W 为水流时间常数，其物理意义为在额定水头，额定运行条件下，水流经引水管道，流速从零增大到额定值 v_R 所需的时间，其计算公式为（见图 5-19）

$$T_W = \frac{Lv_R}{gH_R} \tag{5-33}$$

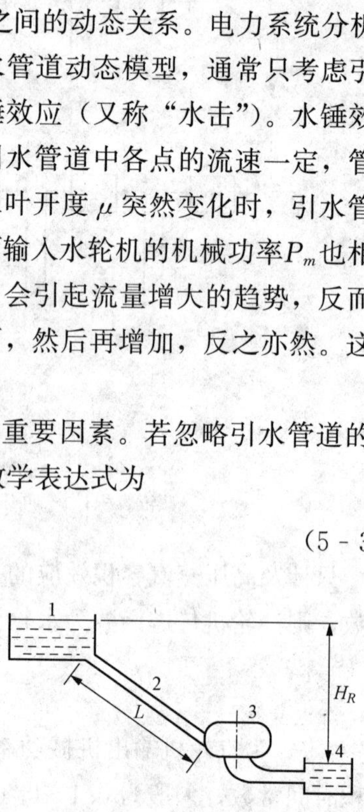

图 5-19　引水管道及水轮机系统示意图

式中：L 为引水管道长度；H_R 为上、下游水位差；g 为重力加速度；T_W 单位为 s。式（5-32）中的负号反映了当水流量突增时，水头的瞬时减少，即水锤效应。

一般研究中常用的水轮机传递函数如图 5-20 所示。

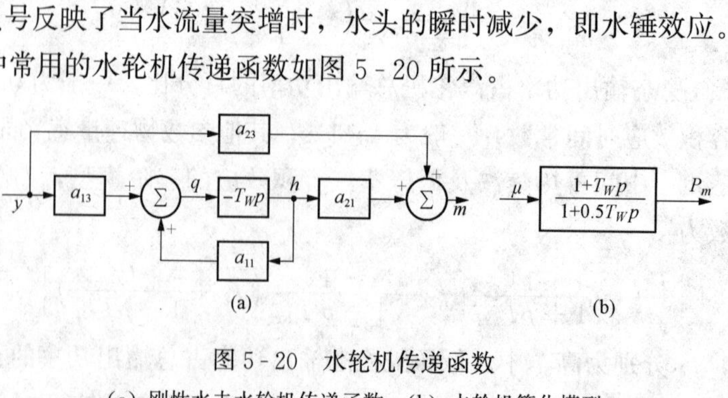

图 5-20　水轮机传递函数

（a）刚性水击水轮机传递函数；（b）水轮机简化模型

图 5-20（b）即文献中常用的刚性水击、理想水轮机简化模型。式中 T_W 为水流时间常数，一般为 0.5～4s。

5.6.3　典型调速器数学模型

1. 水轮机调速器数学模型

大型水轮机的调速器主要有机械调速器和电气液压调速器两类。大型汽轮机的调速器主要有液压调速器和功频电液调速器两类，后者主要适用于中间再热式汽轮机。电力系统分析中一般采用简化的调速器数学模型。下面以水轮机的机械调速器为例介绍调速器的原理及传递函数框图，并进而介绍汽轮机的典型调速器数学模型。调速器数学模型要求给出发电机转速 ω 和汽轮机汽门开度或水轮机导水叶开度 μ 之间的传递函数关系。

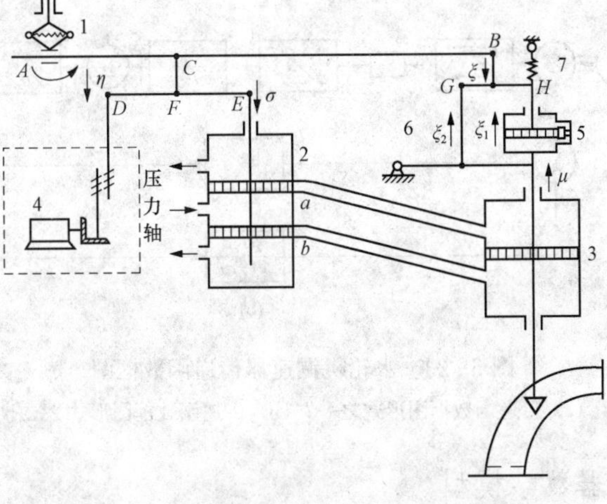

图 5-21　水轮机机械调速器原理图

1—飞摆；2—错油门；3—油动机；4—调频器；5—缓冲器；6—硬反馈机构；7—弹簧

调速器调节过程原理简述如下。设发电机负荷增加，使水轮机转速下降，则测速部件离心飞摆 1 的 A 点下降，此时以 B 点为支点，横杆 A-C-B 的 C 点下降，从而使错油门（又称配压阀）2 的活塞下降（其位移以 σ 表示），压力油经过错油门连接油动机 3（又称接力器）的管道 b 进入油动机下部，从而使油动机活塞上升（其位移以 μ 表示）加大导水叶开度，使水轮机出力提高，和外界负荷平衡，水轮机速度回升。调速器中的缓冲器 5 是用以改善动态品质的速度软反馈，其对静态特性无影响，而硬反馈机构 6 其行程和水门开度成比例，它使调节过程结束时错油门活塞恢复原位，并获得所需的静态调差系数。在此调节过程中调频器 4 保持不变，即速度给定值不变，通常称上述调频过程为一次调频。其相应的静态特性由图 5-22 直线 AB 所示。有了调速器后，大大改善了水轮

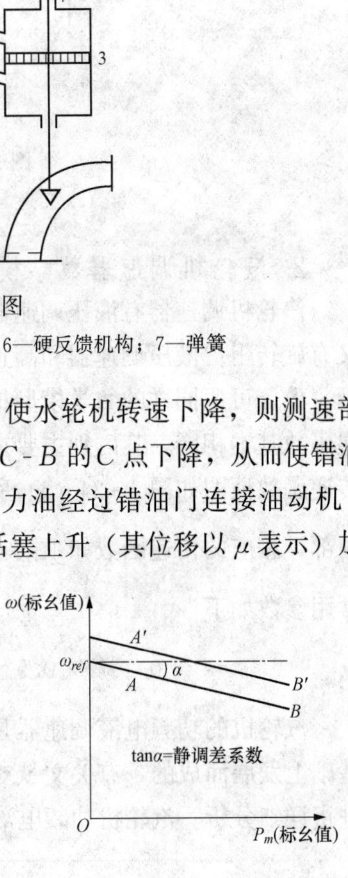

图 5-22　静态功频调节特性

机负荷变化时的调频能力。调速器中的调频器 4 用以改变给定速度，从而使功频特性平移，实现二次调频。在图 5-22 中当 D 点（调频器出口）位置上移时，将使导水叶稳态开度 μ 增加，从而增加水轮机输出功率，使图 5-22 中静特性从 AB 平移到 $A'B'$。

水轮机的传递函数框图如图 5-23 所示。

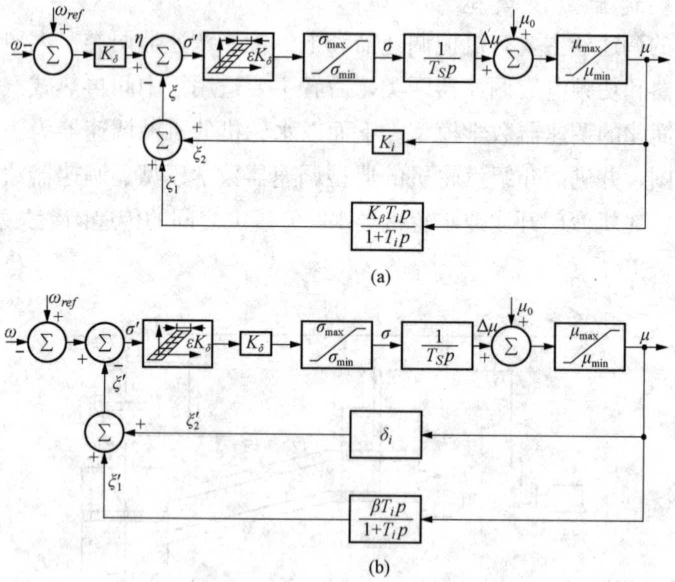

图 5-23　水轮机调速器传递函数框图

（a）传递函数框图形式之一；（b）传递函数框图形式之二

2. 汽轮机调速器数学模型

汽轮机调速器有液压调速器和中间再热机组用的功频电液调速器。其中液压调速器又有旋转阻尼液压调速器和高速弹簧片液压调速器两种类型。两种液压调速器的基本原理一致，可用同样的数学模型描述，而且汽轮机液压调速器传递函数与水轮机调速器传递函数基本相同，其区别主要在于汽轮机没有软反馈，而硬反馈放大倍数为 1，相应的传递函数框图如图 5-24（a）所示。同样也可把测速放大环节移到反馈环节相应的闭环内部，相应的传递函数如 图 5-24（b）所示，其静调差系数 $\delta_i=\dfrac{1}{K_\delta}$。汽轮机液压调速器常用参数如下

$$\varepsilon = 0.1\% \sim 0.5\%, \delta_i = \frac{1}{K_\delta} = 0.03 \sim 0.06, T_S = 0.1 \sim 0.5\text{s}$$

汽轮机的功频电液调速器是为了适应中间再热式汽轮机的调节特点，在液压调速器基础上发展而成的，有关文献对它作了较详细的介绍，这里仅给出传递函数框图，不再进行详细分析。汽轮机功频电液调速器原理及传递函数框图如图 5-25 所示。

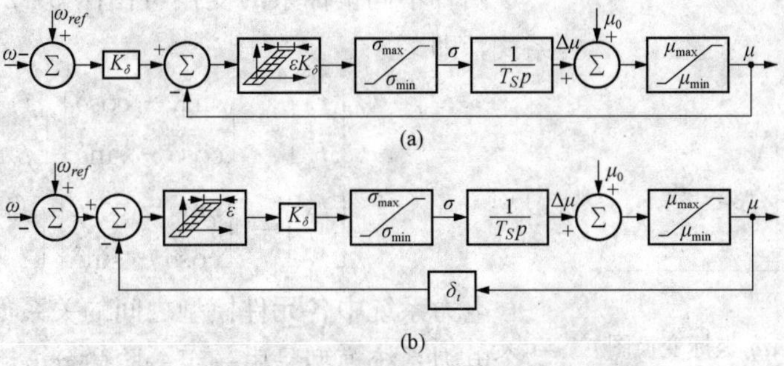

图 5 - 24　汽轮机液压调速器传递函数框图

（a）传递函数框图形式之一；（b）传递函数框图形式之二

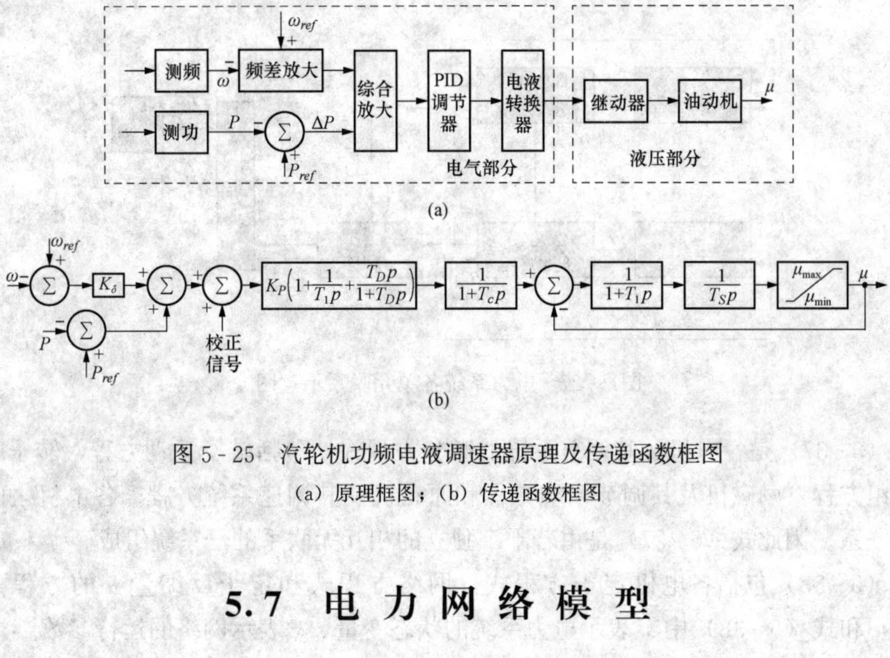

图 5 - 25　汽轮机功频电液调速器原理及传递函数框图

（a）原理框图；（b）传递函数框图

5.7 电力网络模型

分析电力系统动态过程时，一般可忽略电力网络中的电磁暂态过程，因为机电暂态过程的时间常数远大于电磁暂态过程。

计算动态过程的网络模型一般采用导纳矩阵方程式来描述，即

$$\boldsymbol{I}(\boldsymbol{E},\boldsymbol{U})=\boldsymbol{YU} \tag{5-34}$$

式中：Y 为系统节点的对称复数导纳矩阵（$Y_{ii}=G_{ii}+\mathrm{j}B_{ii}$，$Y_{ij}=Y_{ji}=G_{ij}+\mathrm{j}B_{ij}$）；$I$ 是节点注入电流相量，在负荷节点，注入量是母线电压幅值 U_L 的函数，在发电机节点，注入量定子电流是定子内电势 E_G 和端电压 U_L 的函数。当负荷采用恒定阻抗时，也可将负荷阻抗并入 Y 中，并消去负荷节点，只保留发电机节点。

在电力系统动态分析时，各个发电机和网络的电压向量可能采用不同的坐标系，如发电机可能采用各自的 $d-q$ 坐标，网络可能采用标称转速旋转坐标或其他坐标。

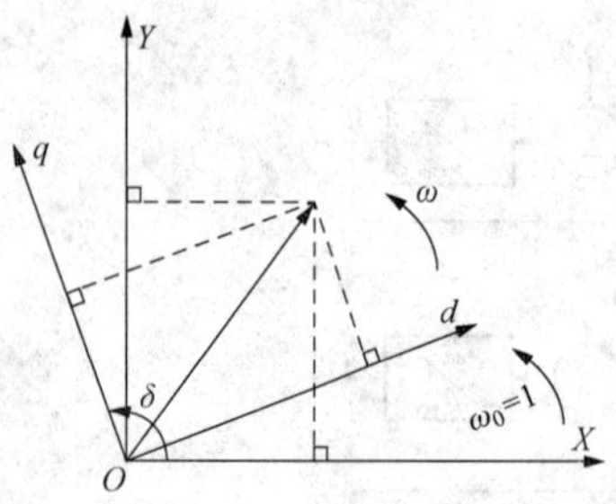

图 5 - 26　xy - dq 坐标变换图

两种不同坐标系的变换可由图 5 - 26 得到如下的关系式，即

$$\begin{bmatrix} f_d \\ f_q \end{bmatrix} = \begin{bmatrix} \sin\delta - \cos\delta \\ \cos\delta - \sin\delta \end{bmatrix} \begin{bmatrix} f_X \\ f_Y \end{bmatrix} \tag{5-35}$$

$$\begin{bmatrix} f_X \\ f_Y \end{bmatrix} = \begin{bmatrix} \sin\delta - \cos\delta \\ \cos\delta - \sin\delta \end{bmatrix} \begin{bmatrix} f_d \\ f_q \end{bmatrix} \tag{5-36}$$

电力系统中各元件模型之间的关系如图 5 - 27 所示。整个电力系统模型是由一组一阶微分方程式

$$\dot{x} = f(x,y) \tag{5-37}$$

和一组代数方程式组成，即

$$0 = g(x,y) \tag{5-38}$$

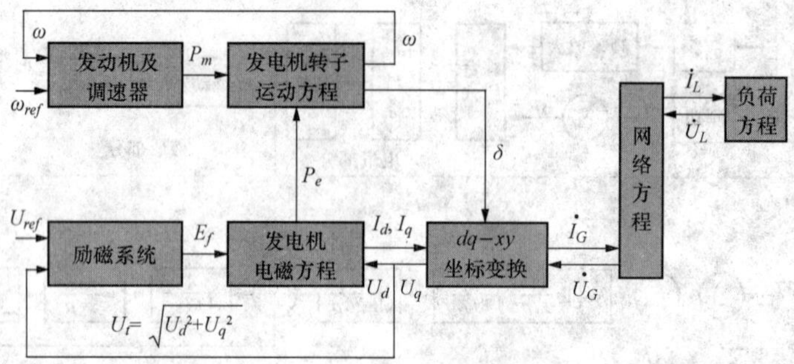

图 5 - 27　电力系统各单元联系示意图

式（5 - 37）是各电机及其调节系统的微分方程式，包括转子运动方程，转子励磁及阻尼绕组方程，励磁机及其调节系统方程和原动机及其调速系统方程。各电机之间通过网络来联系。因此式（5 - 37）是由若干个独立的相互无联系的子系统组成。

式（5 - 38）包括各电机定子方程式，网络方程式和定子反馈量 u 的方程式。式（5 - 37）和式（5 - 38）中 x 表示电力系统的状态变量，y 表示网络的运行参数。

式（5 - 37）也可表示为一种准线性方程，即

$$\boldsymbol{x} = \boldsymbol{f}(\boldsymbol{x},\boldsymbol{y}) = \boldsymbol{A}\boldsymbol{x} + \boldsymbol{B}\boldsymbol{u} \tag{5-39}$$

其中 x 是 n 维状态向量；u 为 m 维输入向量；A 为稀疏的（$n\times n$）阶分块对角矩阵；B 为稀疏的（$n\times m$）阶矩形矩阵。当不计及饱和时，许多常用的专用模型中，A 和 B 都是恒定不变的。

第 6 章　电力系统静态稳定分析基本概念及方法

6.1　概　　述

电力系统经常处于小扰动之中，如负载投切及负荷波动等。当扰动消失，系统经过过渡过程后若趋于恢复扰动前的运行工况，是称此系统在小扰动下是稳定的。对系统在小扰动下的动态行为分析可将系统的非线性微分方程组在运行工作点附近线性化，化为线性微分方程组，然后用线性系统理论分析电力系统在小扰动下的稳定性。系统采用线性微分方程组的模型可以计及调节器及元件的动态，从而实现严格准确的小扰动稳定分析，工程中称之为动态稳定分析。

若忽略电磁回路的暂态，并设原动机输出机械功率$P_m=const$，发电机暂态电抗X'_d后的暂态电动势$E'=const$，负荷考虑静态特性，并设网络线性，则电力系统在工作点附近线性化后，变量间的关系可用一组线性代数方程组描写，通常用雅可比矩阵表示，相应的系统小扰动稳定分析称为静态稳定分析。静态稳定分析可看作是动态稳定分析的简化和特例，可突出系统的结构、参数、运行工况对于小扰动稳定的影响。静稳分析主要研究的是系统在小扰动下是否会非周期性地丧失稳定性，而对于周期性的振荡失稳问题需建立线性化微分方程，并进行动态稳定分析予以识别。

根据电力系统稳定问题的物理特征，可将静态稳定问题分为功角稳定问题和电压稳定问题两大类。由于物理问题本质不同，相应的元件数学模型、分析方法、稳定判据及控制对策均有所不同，需分别研究。

小干扰法的理论基础是 19 世纪俄国学者李雅普诺夫奠定的。对于一个非线性动力系统，首先列写描述系统运动的非线性状态方程组；然后利用泰勒级数对非线性状态方程组进行线性化处理；再根据线性状态方程组系数矩阵的特征值判断系统的稳定性。

非线性状态方程组

$$\frac{d\boldsymbol{X}}{dt}=\boldsymbol{F}(\boldsymbol{X}) \tag{6 - 1}$$

式中：状态向量 $X=[x_1\cdots x_n]^{T}$，非线性函数向量 $F(x)=[f_1\cdots f_n]^{T}$，$\frac{dX}{dt}=\left[\frac{dx_1}{dt}\cdots\frac{dx_n}{dt}\right]^{T}$。

在扰动前的稳态点X_0处 $\boldsymbol{F}(\boldsymbol{X}_0)=0$，受到小扰动后 $X=X_0+\Delta X$，则

$$\frac{\mathrm{d}\boldsymbol{X}}{\mathrm{d}t}=\frac{\mathrm{d}(\boldsymbol{X}_0+\Delta\boldsymbol{X})}{\mathrm{d}t}=\frac{\mathrm{d}\Delta\boldsymbol{X}}{\mathrm{d}t}$$

利用泰勒级数展开可得

$$\boldsymbol{F}(\boldsymbol{x})=F(X_0+\Delta X)=F(X_0)+\left.\frac{\mathrm{d}F(X)}{\mathrm{d}X}\right|_{X_0}\Delta X+\cdots\approx\left.\frac{\mathrm{d}F(X)}{\mathrm{d}X}\right|_{X_0}\Delta X$$

即

$$\frac{\mathrm{d}\Delta X}{\mathrm{d}t}=A\Delta X \tag{6-2}$$

式中：$\frac{\mathrm{d}X}{\mathrm{d}t}=\left[\frac{\mathrm{d}x_1}{\mathrm{d}t}\cdots\frac{\mathrm{d}x_n}{\mathrm{d}t}\right]^{\mathrm{T}}$；$\boldsymbol{A}=\left.\frac{\mathrm{d}F(X)}{\mathrm{d}X}\right|_{X_0}=\begin{bmatrix}\frac{\partial f_1}{\partial x_1} & \frac{\partial f_1}{\partial x_2}\cdots & \frac{\partial f_1}{\partial x_n}\\ \frac{\partial f_2}{\partial x_1} & \frac{\partial f_2}{\partial x_2}\cdots & \frac{\partial f_2}{\partial x_n}\\ & \cdots & \\ \frac{\partial f_n}{\partial x_1} & \frac{\partial f_n}{\partial x_2}\cdots & \frac{\partial f_n}{\partial x_n}\end{bmatrix}_{X_0}$；$\Delta\boldsymbol{X}=[\Delta x_1\cdots\Delta x_n]^{\mathrm{T}}$。

经过上述线性化过程，将非线性系统的稳定性问题转化为线性系统的稳定性问题。即利用判线性系统稳定性判据即可判断原非线性系统稳定性。对于线性状态方程组，其解的性态完全由 A 的特征值所决定。

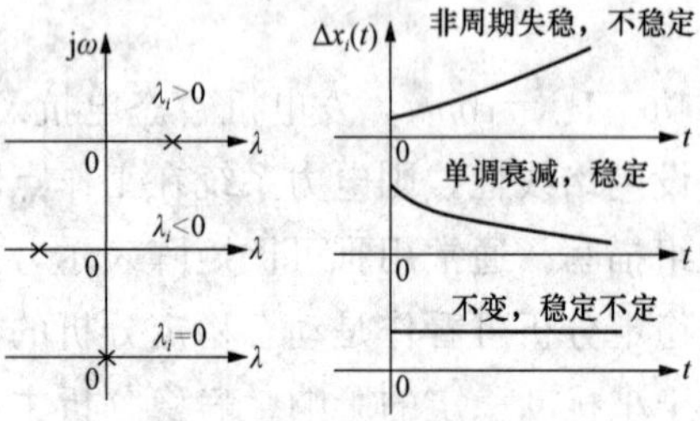

图 6-1　λ_i为实数时其值与稳定性关系

解的通式可写成：

$$\Delta x_i(t)=c_i\mathrm{e}^{\lambda_i t}$$

式中：c_i为常数，λ_i为 A 的第 i 个特征根，λ_i可能为实数也可能为复数。

（1）当λ_i为实数时 $\Delta x_i(t)=c_i\mathrm{e}^{\lambda_i t}$，其值与稳定性关系如图 6-1 所示。

（2）当λ_i为复数时$\lambda_i=a_i\pm\mathrm{j}\,\omega_i$，其中$\omega_i$为振荡角频率，$\Delta x_i(t)=2\,c_i\mathrm{e}^{a_i t}\cos\omega_i t$，其值与稳定性关系如图 6-2 所示。

综上所述，特征值与线性系统的静态稳定性关系为：

1）特征值实部均为负值，系统稳定。

2）只要有一个正实部根，系统非周期性失稳或自发振荡，系统不稳定。

3）无实部根，系统稳定性不定。

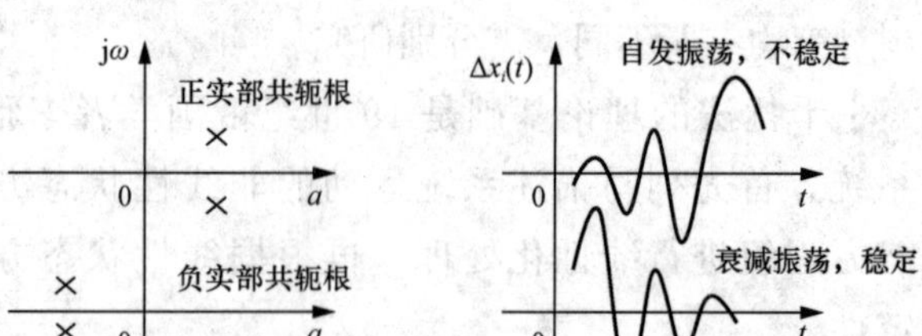

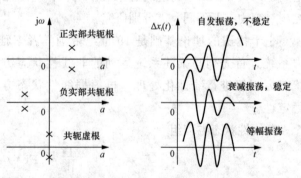

图 6-2　λ_i为复数时其值与稳定性关系

6.2　简单电力系统的静态稳定性分析

对于如图 6 - 3 所示的单机无穷大系统。

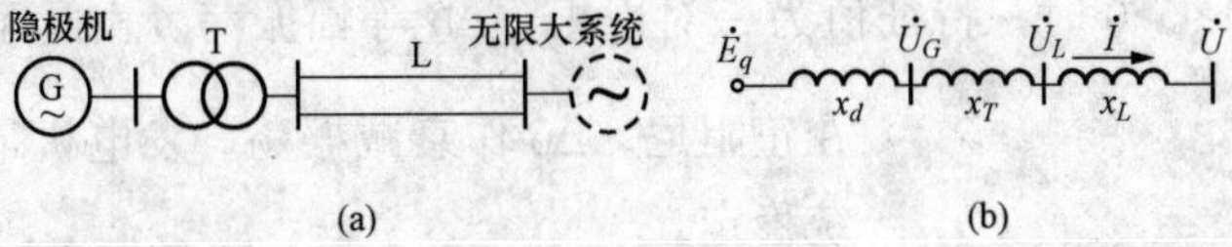

图 6 - 3　单机无穷大系统

(a) 原理图；(b) 等值电路

要从数值上分析上述系统的静态稳定性问题，必须首先列写出描述系统运行状态的状态方程，即系统的数学模型。在简单系统中只有一个发电机元件，其状态方程就只有发电机的转子运动方程

$$\frac{\mathrm{d}\delta}{\mathrm{d}t}=\omega_0(\omega-1) \tag{6-3}$$

$$\frac{\mathrm{d}\omega}{\mathrm{d}t}=\frac{1}{T_J}(P_T-P_E) \tag{6-4}$$

这是一组非线性的状态方程。状态方程的形式整理为

$$\frac{\mathrm{d}\boldsymbol{X}}{\mathrm{d}\boldsymbol{t}}=\boldsymbol{F}(\boldsymbol{X}) \tag{6-5}$$

式中　$X=\begin{bmatrix}x_1\\x_2\end{bmatrix}=\begin{bmatrix}\delta\\\omega\end{bmatrix}_{2\times1}$；$F(X)=\begin{bmatrix}f_1\\f_2\end{bmatrix}=\begin{bmatrix}(\omega-1)\,\omega_0\\\dfrac{1}{T_J}(P_T-\dfrac{E_qU}{x_{d\sum}}\sin\delta)\end{bmatrix}_{2\times1}$

由于是研究系统的静态稳定问题，对式（6 - 5）泰勒级数展开，并忽略二次以上项展开式，不考虑速度调节器的作用即 $\Delta P_m=0$，则可得到以下的线性化状态方程为

$$\begin{bmatrix}\dfrac{\mathrm{d}\Delta\delta}{\mathrm{d}t}\\\dfrac{\mathrm{d}\Delta\omega}{\mathrm{d}t}\end{bmatrix}=\begin{bmatrix}0&\omega_0\\\dfrac{-1}{T_J}\left(\dfrac{\mathrm{d}\,P_E}{\mathrm{d}\delta}\right)_{\delta_0}&0\end{bmatrix}\begin{bmatrix}\Delta\delta\\\Delta\omega\end{bmatrix} \tag{6-6}$$

式中：$\Delta P_e=\dfrac{E_qU}{x_{d\Sigma}}\cos\delta_0\Delta\delta=K\Delta\delta$，$K=\dfrac{E_qU}{x_{d\Sigma}}\cos\delta_0$ 称为同步力矩系数。

其对应的特征方程：　$|\boldsymbol{A}-\boldsymbol{\lambda I}|=0$

即

$$\begin{vmatrix}0-\lambda&\omega_0\\-\dfrac{1}{T_J}\left(\dfrac{\mathrm{d}P_E}{\mathrm{d}\delta}\right)_{\delta 0}&0-\lambda\end{vmatrix}=\lambda^2+\frac{\omega_0}{T_J}\left(\frac{\mathrm{d}P_E}{\mathrm{d}\delta}\right)_{\delta_0}=0$$

可求得其特征值为：$\lambda_{1,2}=\pm\sqrt{\dfrac{-\omega_0}{T_J}\left(\dfrac{\mathrm{d}P_E}{\mathrm{d}\delta}\right)\delta}$。

下面针对特征根进行讨论：

(1) 当$\left(\frac{\mathrm{d}P_E}{\mathrm{d}\delta}\right)_{\delta_0}<0$时，特征值分别为一个正实根和负实根，$\Delta\delta$非周期性发散，发电机失去同步，系统失去静态稳定。

(2) 当$\left(\frac{\mathrm{d}P_E}{\mathrm{d}\delta}\right)_{\delta_0}>0$时，特征值为一对虚根，$\Delta\delta$等幅振荡。实际系统中，若系统存在正阻尼，$\Delta\delta$作衰减振荡，发电机最终恢复同步，系统稳定。

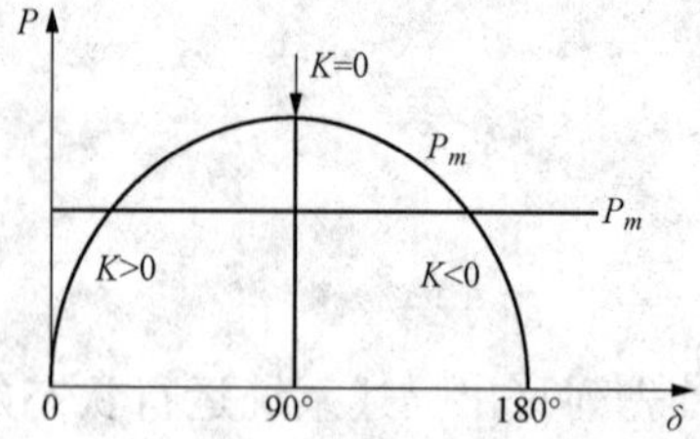

图 6-4　功角特性关系

令$K=\left(\frac{\mathrm{d}P_E}{\mathrm{d}\delta}\right)_{\delta_0}$，则功角特性关系如图 6-4 所示

注意：

1）对于单机无穷大系统，当E_q和U恒定的假设条件下，系统在小干扰下的稳定问题是一个单纯的功角静态稳定问题。

2）由于$K=\left(\frac{\mathrm{d}P_E}{\mathrm{d}\delta}\right)_{\delta_0}$，稳定判据只需知道$K>0$，因此，静态稳定分析是一个代数计算问题。

6.3　多机电力系统的静态稳定性分析

电力系统静态稳定性分析是研究电力系统在某个运行工况下受到小干扰后电力系统能否保持同步运行的问题。由于是小扰动，因此系统受扰动后其运行点偏离平衡点不远，故在分析时可用系统方程的一次近似方程代替原非线性方程，简化分析的难度。在电力系统稳定分析时，根据研究的重点和深度不同，所涉及的电力系统各部件的方程也不同。一般有以下方程：

6.3.1　同步机组转子运动方程

研究电力系统小干扰稳定性的系统状态方程必须有能反映同步机组转速和角度的各同步机组的转子运动方程：

$$\left.\begin{aligned}\dot{\delta}_i &= (\omega_i-1)\omega_0\\ \dot{\omega}_i &= (P_{Ti}-P_{Ei})/T_{Ji}\end{aligned}\right\} i=1,2,\cdots,m \tag{6-7}$$

式中　ω_0——额定同步电角速度，$\omega_0=2\pi f_N$；

T_{Ji}——第i台同步机组的惯性时间常数，用秒表示；

δ_i——第i台同步机组相对于参考点的电角度；

ω_i——第i台同步机组的电角速度，用标幺值表示；

P_{Ti}——第i台同步机组的机械功率，用标幺值表示；

P_{Ei}——第 i 台同步机组的电磁功率，用标幺值表示。

即使在暂态过程中，同步机组的角速度变化也不大，因此可以近似地认为转矩的标幺值等于功率的标幺值，即可用 P_{Ti} 和 P_{Ei} 分别代替机械转矩和电磁转矩。将式（6-7）在运行点线性化。

令

$$\delta_i = \delta_{i0} + \Delta\delta_i, \omega_i = 1 + \Delta\omega_i, P_{Ti} = P_{Ti0} + \Delta P_{Ti}, P_{Ei} = P_{Ei0} + \Delta P_{Ei} i = 1,2,\cdots,m$$

代入式（6-7），整理得

$$\left.\begin{aligned} \Delta\dot{\delta}_i &= \Delta\omega_i\omega_0 \\ \Delta\dot{\omega}_i &= (\Delta P_{Ti} - \Delta P_{Ei})/T_{Ji} \end{aligned}\right\} i = 1,2,\cdots,m \qquad (6-8)$$

式（6-8）不是状态方程，因为在式（6-8）中，除了能作为状态变量的 $\Delta\delta_i$，$\Delta\omega_i$ 及其变化率 $\Delta\dot{\delta}_i$，$\Delta\dot{\omega}_i$外，还有其他中间变量 ΔP_{Ti} 和 ΔP_{Ei}。要把这些中间变量消除后，相应的方程才能构成状态方程。

6.3.2　原动机功率方程

分析电力系统小干扰稳定性时，通常有以下简化条件：

（1）原动机功率（转矩）恒定，即 $P_{Ti}=P_{Ei0}$；

（2）用恒定阻抗代替负荷；

（3）不计电力网络内的电磁暂态过程。

在这些简化条件下，根据式（6-8）可知：转子上不平衡力矩的出现是由于电磁功率 P_{Ei} 的变化 ΔP_{hi}引起的。为了求解式（6-8），必须知道电磁功率 P_{Ei} 的方程。在电力系统小干扰稳定性分析时，根据研究的需要，发电机采用不同精度的模型。对于不同的发电机模型，电磁功率 P_{Ti} 及 ΔP_{Ei} 的计算有不同的方式。因而相应的系统状态方程也有所不同。

6.3.3　发电机采用模型Ⅳ的电力系统线性化状态方程

发电机当发电机采用比例式励磁调节器，按电压偏差调节励磁电压时，发电机可以近似地用模型Ⅳ模型表示。即不考虑转子励磁绕组及阻尼绕组的暂态过程，并认为同步发电机暂态电抗 x'_d 后的电势 E' 恒定。这种隐极化的发电机模型，可以简化多机系统小干扰稳定性的分析，计算。

下面介绍发电机采用模型Ⅳ时，构造多机系统状态方程式的步骤。

（1）确定待分析的电力系统某一运行方式并作潮流计算，算出系统各节点的电压相量 $\dot{U}_i$ 和各输出功率 $\widetilde{S}_{Gi}=P_{Gi}+jQ_{Gi}$（换算成节点注入电流 $\dot{I}_i=\overset{*}{S}_{Gi}/\overset{*}{U}_i$）。

（2）根据给定的节点负荷功率 $\widetilde{S}_{Li}=P_{Li}+jQ_{Li}$ 和对应的节点电压 $\dot{U}_i$，求出代替负荷功率的导纳 Y_{Li}。即用恒定导纳（阻抗）代替负荷。

$$Y_{Li} = \widetilde{S_{Li}} / |U_i|^2 \qquad (6-9)$$

（3）修正网络方程。设系统原有 n 个节点，其中有 m 个发电机节点，且把发电机节点排在前面。原网络方程为

$$\dot{\boldsymbol{I}}=\boldsymbol{Y}_n\dot{\boldsymbol{U}} \tag{6-10}$$

式中：$\dot{I}=[\dot{I}_1, \dot{I}_2, \cdots, \dot{I}_n]^{\mathrm{T}}$ 是网络节点注入电流；$\dot{U}=[\dot{U}_1, \dot{U}_2, \cdots, \dot{U}_n]^{\mathrm{T}}$ 是网络节点电压。

在所有发电机节点 i 增加一支路，支路导纳 Y_{Gi} 为发电动机阻抗 $\mathrm{j}x'_d$ 的倒数，支路末端是新增的发电机电动势节点 $n+i$。发电机电动势节点 $n+i$ 的节点注入电流为原发电机节点 i 的节点注入电流。原发电机节点 i 的节点注入电流现在为 0，即节点 i 成了联络节点。负荷节点用恒定阻抗代替负荷后，其节点注入电流也为 0，即负荷节点也成了联络节点。这样，网络方程的原 n 个节点就都成了联络节点。

包括发电机电势节点的新的网络矩阵为 $n+m$ 阶。新网络矩阵为

$$\begin{bmatrix} 0 \\ \dot{\boldsymbol{I}}_m \end{bmatrix}=\begin{bmatrix} \boldsymbol{Y}_{m} & \boldsymbol{Y}_{nm} \\ \boldsymbol{Y}_{mn} & \boldsymbol{Y}_{mm} \end{bmatrix}\begin{bmatrix} \dot{\boldsymbol{U}} \\ \dot{\boldsymbol{E}} \end{bmatrix} \tag{6-11}$$

式中：$\dot{I}_m=[\dot{I}_{n+1}, \dot{I}_{n+2}, \cdots, \dot{I}_{n+m}]^{\mathrm{T}}$ 是发电机电动势节点注入电流；$\dot{E}=[\dot{E}_{n+1}, \dot{E}_{n+2}, \cdots, \dot{E}_{n+m}]^{\mathrm{T}}$ 是发电机电势。$\dot{E}_{n+i}=\dot{U}_i+\mathrm{j}\dot{I}_i x'\mathrm{d}$；$Y_m$ 是在式（6-10）Y_n 中的发电机节点 i 增加发电机导纳 Y_{Gi}，在负荷节点 j 增加负荷导纳 Y_{Lj} 后形成的导纳阵，为 $n\times n$ 阶；Y_{nm} 是原网络中的发电机节点 i 与对应的发电机电动势 $\dot{E}_i$ 间的互导纳（$-Y_{Gi}$）组成的导纳阵，为 $n\times m$ 阶；$\boldsymbol{Y}_{mn}=\boldsymbol{Y}_{nm}^{\mathrm{T}}$；$\boldsymbol{Y}_{mm}$ 是各发电机电动势节点的自导纳（Y_{Gi}）组成的对角阵，为 $m\times m$ 阶。

（4）消去联络节点。由式（6-11）有：$\boldsymbol{Y}_m\dot{\boldsymbol{U}}+\boldsymbol{Y}_{nm}\dot{\boldsymbol{E}}=0$ 解出

$$\dot{U}=-Y_m^{-1}Y_{nm}E \tag{6-12}$$

将式（6-12）代入式（6-11）并消去网络节点电压，有

$$\dot{\boldsymbol{I}}_m=-\boldsymbol{Y}_{mn}\boldsymbol{Y}_m^{-1}\boldsymbol{Y}_m\dot{\boldsymbol{E}}+\boldsymbol{Y}_{mm}\dot{\boldsymbol{E}}$$

整理得

$$\dot{\boldsymbol{I}}_m=(\boldsymbol{Y}_{mn}-\boldsymbol{Y}_{mn}\boldsymbol{Y}_m^{-1}\boldsymbol{Y}_{nm})\boldsymbol{E}=\boldsymbol{Y}_m\dot{\boldsymbol{E}} \tag{6-13}$$

式中：Y_m 由发电机电动势节点的自导纳和互导纳组成。

（5）发电机电磁功率表达式。

$$\tilde{S}_{Gi}=P_{Gi}+\mathrm{j}Q_{Gi}=\dot{E}_i\overset{*}{I}i=1,2,\cdots,m$$

由式（6-13）有

$$\begin{aligned} P_{Gi} &= \sum_{j=1}^{m}E_iE_j|Y_{ij}|\cos(\delta_i-\delta_j-\psi_{ij}) \\ &= E_i^2|Y_{ij}|\cos\psi_{ii}\sum_{\substack{j=1\\ j\neq i}}^{m}E_iE_j|Y_{ij}|\cos(\delta_{ij}-\psi_{ij}) \end{aligned} \tag{6-14}$$

式中：$|Y_{ii}|$为Y_m自导纳的模；$|Y_{ij}|$为Y_m互导纳的模；ψ_{ij}为互导纳的阻抗角；$\delta_{ij}=\delta_i-\delta_j$为电动势$i$与电动势$j$间的相对功角。

（6）系统状态方程。式（6-14）是发电机输出有功功率的表达式。P_{Gi}即为式（6-7）中的P_{Ei}。将式（6-14）代入式（6-7），消去P_{Ei}。此时，方程中除了状态变量δ_i，ω_i外，P_{Ei}，E_i都是常数，没有其他中间变量。因而可以构成状态方程。

取状态变量$x_1=\delta_1$，$x_2=\delta_2$，…，$x_m=\delta_m$，$x_{m+1}=\omega_1$，$x_{m+2}=\omega_2$，…$x_{2m}=\omega_m$。可得状态方程$X=f(X)$。

展开可得

$$\left.\begin{aligned}x_i &= (x_{m+f}-1)\omega_0\\ x_{m+i} &= \left[P_D-E_i^2\mid Y_{ii}\mid\cos\psi_{ii}-\sum_{\substack{j=1\\j\neq i}}^{m}E_iE_j\mid Y_{ij}\mid\cos(x_i-x_j-\psi_{ii})\right]\Big/T_J\end{aligned}\right\}(i=1,2,\cdots,m) \tag{6-15}$$

（7）系统线性化状态方程。

根据式（6-14）

$$\begin{aligned}\Delta P_{Ei} &= \frac{\partial P_{Ei}}{\partial\delta_i}\Delta\delta_i+\sum_{\substack{j=1\\j\neq i}}^{m}\frac{\partial P_{Ei}}{\partial\delta_j}\Delta\delta_j\\ &= -\Delta\delta_j\sum_{\substack{j=1\\j\neq i}}^{m}E_iE_j\mid Y_{ij}\mid\sin(\delta_{i0}-\delta_{j0}-\psi_{ij})+\sum_{\substack{j=1\\j\neq i}}^{m}E_iE_j\mid Y_{ij}\mid\sin(\delta_{i0}-\delta_{j0}-\psi_{ij})\Delta\delta_j\end{aligned} \tag{6-16}$$

在式（6-15）中，取

$$x_i=x_{i0}+\Delta x_i,x_{m+i}=1+\Delta x_{m+i},P_{Ei}=P_{Ei0}+\Delta P_{Ei}(i=1,2,\cdots,m) \tag{6-17}$$

将式（6-16）和式（6-17）代入式（6-15），有

$$\begin{cases}\Delta\dot{x}_i=\Delta x_{m+i}\omega_0\\ \Delta\dot{x}_{m+i}=\left[k_{ii}\Delta x_i+\sum\limits_{\substack{j=1\\j\neq i}}^{m}k_{ij}\Delta x_j\right]/T_{Ji}\end{cases}(i=1,2,\cdots,m)$$

式中：$k_{ii}=\sum\limits_{\substack{j=1\\j\neq i}}^{m}E_iE_jY_{ij}\sin(\delta_{i0}-\delta_{j0}-\psi_{ij}),k_{ij}=-E_iE_jY_{ij}\sin(\delta_{i0}-\delta_{j0}-\psi_{ij})$。

写成矩阵形式

$$\begin{bmatrix}\Delta\dot{x}_1\\ \vdots\\ \Delta\dot{x}_m\\ \Delta\dot{x}_{m+1}\\ \vdots\\ \Delta\dot{x}_{2m}\end{bmatrix}1=\begin{bmatrix}0 & \cdots & 0 & \omega_0 & 0 & 0\\ & \ddots & & & \ddots & \\ 0 & \cdots & 0 & 0 & 0 & \omega_0\\ k_{11}/T_{J1} & \cdots & k_{1m}/T_{J1} & 0 & \cdots & 0\\ & \ddots & & & \ddots & \\ k_{m1}/T_{Jm} & \cdots & k_{mm}/T_{Jm} & 0 & \cdots & 0\end{bmatrix}\begin{bmatrix}\Delta x_1\\ \vdots\\ \Delta x_m\\ \Delta x_{m+1}\\ \vdots\\ \Delta x_{2m}\end{bmatrix} \tag{6-18}$$

式（6-18）即为系统线性化状态方程。求出系数矩阵的特征根，然后根据特征根就

可判断系统的稳定性。

用式（6 - 18）计算特征根时会得到一个零根。这个零根的出现是由于式（6 - 18）中使用了绝对角偏移 $\Delta\delta_1,\Delta\delta_2,\cdots,\Delta\delta_m$ 而产生的增根。如果采用相对角偏移 $\Delta\delta_{ik}(i=1,2,\cdots,m,k$ 是基准节点），则不会出现这个增根。设以发电机节点 m 为基准节点，做相对角偏移 $\Delta\delta_{im}=\Delta\delta_i=\Delta\delta_m(i=1,2,\cdots,m-1)$。

由于 $\Delta x_i=\Delta x_{m+i}\omega_0(i=1,2,\cdots,m-1),\Delta x_m=\Delta x_{2m}\omega_0$，所以

$$\Delta x_i-\Delta x_m=\omega_0(\Delta x_{m+i}-\Delta x_{2m}) \tag{6 - 19}$$

由于 $\sum_{j=1}^{m}k_{ij}=0$，所以

$$\begin{aligned}
\Delta\dot{x}_{m+i}&=\left[\sum_{j=1}^{m}k_{ij}\Delta x_j\right]\Big/T_{Ji}=\left[\sum_{j=1}^{m-1}k_{ij}\Delta x_j+k_{im}\Delta x_m\right]\Big/T_{Ji}\\
&=\left[\sum_{j=1}^{m-1}k_{ij}\Delta x_j-\sum_{j=1}^{m-1}k_{ij}\Delta x_m\right]\Big/T_{Ji}=\left[\sum_{j=1}^{m-1}k_{ij}(\Delta x_j-\Delta x_m)\right]\Big/T_{Ji}\\
\Delta\dot{x}_{2m}&=\left[\sum_{j=1}^{m}k_{mj}\Delta x_j\right]\Big/T_{Jm}=\left[\sum_{j=1}^{m-1}k_{mj}\Delta x_j+k_{mm}\Delta x_m\right]\Big/T_{Jm}\\
&=\left[\sum_{j=1}^{m-1}k_{mj}\Delta x_j-\sum_{j=1}^{m-1}k_{mj}\Delta x_m\right]\Big/T_{Jm}=\left[\sum_{j=1}^{m-1}k_{mj}(\Delta x_j-\Delta x_m)\right]\Big/T_{Jm}\\
\Delta\dot{x}_{m+i}-\Delta\dot{x}_{2m}&=\left[\sum_{j=1}^{m-1}k_{ij}(\Delta x_j-\Delta x_m)\right]\Big/T_{Ji}-\left[\sum_{j=1}^{m-1}k_{mj}(\Delta x_j-\Delta x_m)\right]\Big/T_{Jm}\\
&=\sum_{j=1}^{m-1}\frac{k_{ij}}{T_{Ji}}(\Delta x_j-\Delta x_m)-\sum_{j=1}^{m-1}\frac{k_{mj}}{T_{Jm}}(\Delta x_j-\Delta x_m)\\
&=\sum_{j=1}^{m-1}\left(\frac{k_{ij}}{T_{Ji}}-\frac{k_{mj}}{T_{Jm}}\right)(\Delta x_j-\Delta x_m)
\end{aligned} \tag{6 - 20}$$

取 $\Delta x_{im}=\Delta x_i-\Delta x_m,\Delta x_{(m+i)m}=\Delta x_{m+i}-\Delta x_{2m}(i=1,2,\cdots,m-1)$。从式（6 - 19）和式（6 - 20）可得

$$\Delta\dot{x}_{(im)}=\omega_0\Delta x_{(m+i)m}(i=1,2,\cdots,m-1)$$

$$\Delta\dot{x}_{(m+i)m}=\sum_{j=1}^{m-1}\left(\frac{k_{ij}}{T_{Ji}}-\frac{k_{mj}}{T_{Jm}}\right)\Delta x_{jm}(i=1,2,\cdots,m-1)$$

写成矩阵形式

$$\begin{bmatrix}\Delta\dot{x}_{1m}\\ \vdots\\ \Delta\dot{x}_{(m-1)m}\\ \Delta\dot{x}_{(m+1)m}\\ \vdots\\ \Delta\dot{x}_{(2m-1)m}\end{bmatrix}1=\begin{bmatrix}0&\cdots&0&\omega_0&0&0\\ &\ddots&&&\ddots&\\ 0&\cdots&0&0&0&\omega_0\\ \frac{k_{11}}{T_{J1}}-\frac{k_{m1}}{T_{Jm}}&\cdots&\frac{k_{1(m-1)}}{T_{J1}}-\frac{k_{m(m-1)}}{T_{Jm}}&0&\cdots&0\\ &\ddots&&&\ddots&\\ \frac{k_{(m-1)1}}{T_{J(m-1)}}-\frac{k_{m1}}{T_{Jm}}&\cdots&\frac{k_{(m-1)(m-1)}}{T_{J(m-1)}}-\frac{k_{m(m-1)}}{T_{Jm}}&0&\cdots&0\end{bmatrix}\begin{bmatrix}\Delta x_{1m}\\ \vdots\\ \Delta x_{(m-1)m}\\ \Delta x_{(m+1)m}\\ \vdots\\ \Delta x_{(2m-1)m}\end{bmatrix} \tag{6 - 21}$$

式（6-21）有 2（$m-1$）个方程，用式（6-21）计算特征根时不会出现上述增根。

6.4　发电机采用模型Ⅲ的电力系统线性化状态方程

当不考虑发电机转子励磁绕组及阻尼绕组的暂态过程，并认为同步发电机的暂态电势 E_q 恒定，即使用模型Ⅲ时，发电机的模拟较之模型Ⅳ更准确。但此时要计及发电机的凸极效应，发电机的电磁功率表达式不像式（6-14）那么简单。在计算系统静态稳定性时，为计算简便起见，不去推导系统的非线性方程，然后再线性化。而是直接根据线性化的条件，推导线性化的方程。另外，由于这时要考虑发电机的 d 轴分量和 q 轴分量，而每台发电机的 d 轴方向和 q 轴方向又不一样，因此有坐标转换的问题。

发电机采用模型Ⅲ时，构造多机系统状态方程式的步骤为：

(1) 确定待分析的电力系统某一运行方式并作潮流计算，算出系统各节点的电压相量 U_i 和各发电机输出功率 $S_{Gi}=P_{Gi}+\mathrm{j}Q_{Gi}$（换算成节点注入电流 $I_i=\overset{*}{S}_{Gi}/\overset{*}{U}_i$）。

(2) 根据给定的节点负荷功率 $S=P+\mathrm{j}Q$ 和对应的节点电压 U，求出代替负荷功率的导纳 Y。即用恒定导纳（阻抗）代替负荷。$Y=g+\mathrm{j}b=S/|U|^2$。

负荷节点的节点注入电流 $I=-(g+\mathrm{j}b)U$，即

$$I_X+\mathrm{j}I_Y=-(g+\mathrm{j}b)(U_X+\mathrm{j}U_Y) \tag{6-22}$$

其增量形式为

$$\Delta I_X+\mathrm{j}\Delta I_Y=-(g+\mathrm{j}b)(\Delta U_X+\mathrm{j}\Delta U_Y)$$

写成矩阵形式

$$\begin{bmatrix}\Delta I_X\\ \Delta I_Y\end{bmatrix}=-\begin{bmatrix}g & -b\\ b & g\end{bmatrix}\begin{bmatrix}\Delta U_X\\ \Delta U_Y\end{bmatrix} \tag{6-23}$$

(3) 列出线性化方程式。

转子运动方程式

$$\begin{cases}\Delta\dot{\delta}=\Delta\omega\omega_0\\ \Delta\dot{\omega}=-P_e/T_{Ji}\end{cases} \tag{6-24}$$

电磁功率方程式

$$\Delta P_e=U_{d0}\Delta I_d+U_{q0}\Delta I_q+I_{d0}\Delta U_d+I_{q0}\Delta U_q \tag{6-25}$$

发电机定子回路方程式

$$\begin{cases}E'_q=U_q+I_dx'_d\\ 0=U_d-I_qx_q\end{cases}$$

其增量形式为 $\begin{cases}0=\Delta U_q+\Delta I_dx_d\\ 0=\Delta U_d-\Delta I_qx_q\end{cases}$，即

$$\begin{bmatrix}\Delta I_q\\ \Delta I_d\end{bmatrix}=-\begin{bmatrix}0 & -1/x_q\\ 1/x'_d & 0\end{bmatrix}\begin{bmatrix}\Delta U_q\\ \Delta U_d\end{bmatrix} \tag{6-26}$$

(4) 列出网络方程式。

$$I = Y_n U \tag{6-27}$$

式中：I 为网络节点注入电流列向量，U 为网络节点电压列向量。

网络节点包括负荷节点，发电机节点和联络节点。在有 m 个发电机的电力系统中，每台发电机都有式（6-24）和式（6-25）的三个方程式，因此共有 $3m$ 个。式（6-27）中的 U 和 I 是经过潮流计算得到的相对于某一公共坐标 $X-Y$ 的值，而式（6-24）和式（6-25）的 U_d，U_q，I_d，I_q 是以各自发电机的 $d-q$ 轴为坐标的值。为了式（6-24）、式（6-25）与式（6-27）联立求解，这些变量必须转换到同一坐标系。

(5) 坐标变换。图 5-24 表示 $X-Y$ 坐标与 $d-q$ 坐标的相互关系，X 轴至 q 轴的夹角为 δ。由图有

$$\begin{aligned} f_X &= f_q\cos\delta + f_d\sin\delta \\ f_Y &= f_q\sin\delta - f_d\cos\delta \end{aligned} \tag{6-28}$$

写成矩阵形式

$$\begin{bmatrix} f_X \\ f_Y \end{bmatrix} = [T]\begin{bmatrix} f_q \\ f_d \end{bmatrix}$$

式中：$[T]=\begin{bmatrix}\cos\delta & \sin\delta \\ \sin\delta & -\cos\delta\end{bmatrix}$ 是坐标变换矩阵，且有 $[T]^{-1}=[T]^{\mathrm{T}}=T$。

对式（7-36）线性化

$$\begin{aligned} \Delta f_X &= \Delta f_q\cos\delta + \Delta f_d\sin\delta - f_q\sin\delta\Delta\delta + f_d\cos\delta\Delta\delta \\ &= \cos\delta\Delta f_q + \sin\delta\Delta f_d (f_d\cos\delta - f_q\sin\delta)\Delta\delta \end{aligned} \tag{6-29}$$

$$\begin{aligned} \Delta f_Y &= \Delta f_q\sin\delta - \Delta f_d\cos\delta + f_q\cos\delta\Delta\delta + f_d\sin\delta\Delta\delta \\ &= \sin\delta\Delta f_q - \cos\delta\Delta f_d + (f_q\cos\delta + f_d\sin\delta)\Delta\delta \end{aligned} \tag{6-30}$$

写成矩阵形式

$$\begin{bmatrix} \Delta f_X \\ \Delta f_Y \end{bmatrix} = [T]\begin{bmatrix} \Delta f_q \\ \Delta f_d \end{bmatrix} - [T]\begin{bmatrix} -f_d \\ f_q \end{bmatrix}\Delta\delta$$

而

$$\begin{bmatrix} \Delta f_q \\ \Delta f_d \end{bmatrix} = [T]\begin{bmatrix} \Delta f_X \\ \Delta f_Y \end{bmatrix} + \begin{bmatrix} -f_d \\ f_q \end{bmatrix}\Delta\delta$$

(6) 修正网络方程式。式（6-27）所示网络方程式中，各电压和电流值是对应于公共坐标 $X-Y$ 的值，将其表示为 X 轴分量和 Y 轴分量，即 $I_i = I_{Xi} + \mathrm{j}I_{Xi}$，$U_i = U_{Xi} + \mathrm{j}U_{Xi}$。导纳按式（6-23）的方法表示。写成增量形式为

$$\begin{bmatrix} \begin{bmatrix}\Delta I_{X1} \\ \Delta I_{Y1}\end{bmatrix} \\ \vdots \\ \begin{bmatrix}\Delta I_{Xi} \\ \Delta I_{Yi}\end{bmatrix} \\ \vdots \\ \begin{bmatrix}\Delta I_{Xn} \\ \Delta I_{Yn}\end{bmatrix} \end{bmatrix} = \begin{bmatrix} \begin{bmatrix}G_{11} & -B_{11} \\ B_{11} & G_{11}\end{bmatrix} & \cdots & \begin{bmatrix}G_{1i} & -B_{1i} \\ B_{1i} & G_{1i}\end{bmatrix} & \cdots & \begin{bmatrix}G_{1n} & -B_{1n} \\ B_{1n} & G_{1n}\end{bmatrix} \\ \vdots & \ddots & \vdots & \ddots & \vdots \\ \begin{bmatrix}G_{i1} & -B_{i1} \\ B_{i1} & G_{i1}\end{bmatrix} & \cdots & \begin{bmatrix}G_{ii} & -B_{ii} \\ B_{ii} & G_{ii}\end{bmatrix} & \cdots & \begin{bmatrix}G_{in} & -B_{in} \\ B_{in} & G_{in}\end{bmatrix} \\ \vdots & & \vdots & & \vdots \\ \begin{bmatrix}G_{n1} & -B_{n1} \\ B_{n1} & G_{n1}\end{bmatrix} & \cdots & \begin{bmatrix}G_{ni} & -B_{ni} \\ B_{ni} & G_{ni}\end{bmatrix} & \cdots & \begin{bmatrix}G_{nn} & -B_{nn} \\ B_{nn} & G_{nn}\end{bmatrix} \end{bmatrix} \begin{bmatrix} \begin{bmatrix}\Delta U_{X1} \\ \Delta U_{Y1}\end{bmatrix} \\ \vdots \\ \begin{bmatrix}\Delta U_{Xi} \\ \Delta U_{Yi}\end{bmatrix} \\ \vdots \\ \begin{bmatrix}\Delta U_{Xn} \\ \Delta U_{Yn}\end{bmatrix} \end{bmatrix} \tag{6-31}$$

式中：G_{ij}，B_{ij} 是网络节点间的导纳 Y_{ij} 的实部和虚部。

设节点 i 是负荷节点，则有

$$\begin{bmatrix}\Delta I_{Xi}\\ \Delta I_{Yi}\end{bmatrix}=-\begin{bmatrix}g_i & -b_i\\ b_i & g_i\end{bmatrix}\begin{bmatrix}\Delta U_{Xi}\\ \Delta U_{Yi}\end{bmatrix}$$

将其代入式（6-31)，合并同类项，有

$$\begin{bmatrix}\begin{bmatrix}\Delta I_{X1}\\ \Delta I_{Y1}\end{bmatrix}\\ \vdots\\ \begin{bmatrix}0\\ 0\end{bmatrix}\\ \vdots\\ \begin{bmatrix}\Delta I_{Xn}\\ \Delta I_{Yn}\end{bmatrix}\end{bmatrix}=\begin{bmatrix}\begin{bmatrix}G_{11} & -B_{11}\\ B_{11} & G_{11}\end{bmatrix} & \cdots & \begin{bmatrix}G_{1i} & -B_{1i}\\ B_{1i} & G_{1i}\end{bmatrix} & \cdots & \begin{bmatrix}G_{1n} & -B_{1n}\\ B_{1n} & G_{1n}\end{bmatrix}\\ \vdots & \ddots & \vdots & \ddots & \vdots\\ \begin{bmatrix}G_{i1} & -B_{i1}\\ B_{i1} & G_{i1}\end{bmatrix} & \cdots & \begin{bmatrix}G'_{ii} & -B'_{ii}\\ B'_{ii} & G'_{ii}\end{bmatrix} & \cdots & \begin{bmatrix}G_{in} & -B_{in}\\ B_{in} & G_{in}\end{bmatrix}\\ \vdots & & \vdots & & \vdots\\ \begin{bmatrix}G_{n1} & -B_{n1}\\ B_{n1} & G_{n1}\end{bmatrix} & \cdots & \begin{bmatrix}G_{ni} & -B_{ni}\\ B_{ni} & G_{ni}\end{bmatrix} & \cdots & \begin{bmatrix}G_{nn} & -B_{nn}\\ B_{nn} & G_{nn}\end{bmatrix}\end{bmatrix}\begin{bmatrix}\begin{bmatrix}\Delta U_{X1}\\ \Delta U_{Y1}\end{bmatrix}\\ \vdots\\ \begin{bmatrix}\Delta U_{Xi}\\ \Delta U_{Yi}\end{bmatrix}\\ \vdots\\ \begin{bmatrix}\Delta U_{Xn}\\ \Delta U_{Yn}\end{bmatrix}\end{bmatrix}$$

式中：$G'_{ii}=G_{ii}+g_i$，$B'_{ii}=B_{ii}+b_i$。

这样一来，网络中原来的负荷节点就转变为联络节点。消去联络节点，得

$$[\Delta \boldsymbol{I}_m]=[\boldsymbol{Y}_m][\Delta \boldsymbol{U}_m] \tag{6-32}$$

式中：$[\Delta U_m]$ 是各发电机节点电压偏移量的实部和虚部分量组成的列向量；$[\Delta I_m]$ 是各发电机节点注入电流偏移量的实部和虚部分量组成的列向量。

对式（6-32）做坐标变换，变换到 $d-q$ 坐标系，有

$$[\Delta \boldsymbol{U}_m]=[\boldsymbol{T}][\Delta \boldsymbol{U}_G]-[\boldsymbol{T}][\boldsymbol{U}_{D0}][\Delta \boldsymbol{\delta}] \tag{6-33}$$

$$[\Delta \boldsymbol{I}_m]=[\boldsymbol{T}][\Delta \boldsymbol{I}_G]-[\boldsymbol{T}][\boldsymbol{I}_{D0}][\Delta \boldsymbol{\delta}] \tag{6-34}$$

其中：

$$[\Delta \boldsymbol{U}_G]=[\Delta \boldsymbol{U}_{q1},\Delta \boldsymbol{U}_{d1},\cdots,\Delta \boldsymbol{U}_{qm},\Delta \boldsymbol{U}_{dm}]^{\mathrm{T}}$$

$$[\Delta \boldsymbol{I}_G]=[\Delta \boldsymbol{I}_{q1},\Delta \boldsymbol{I}_{d1},\cdots,\Delta \boldsymbol{I}_{qm},\Delta \boldsymbol{I}_{dm}]^{\mathrm{T}}$$

$$[\Delta \boldsymbol{\delta}]=[\Delta \boldsymbol{\delta}_1,\Delta \boldsymbol{\delta}_2,\cdots,\Delta \boldsymbol{\delta}_m]^{\mathrm{T}}$$

$$[\boldsymbol{U}_{D0}]=diag\left\{\begin{bmatrix}-\boldsymbol{U}_{di0}\\ \boldsymbol{U}_{qi0}\end{bmatrix}\right\}$$

$$[\boldsymbol{T}_{D0}]=diag\left\{\begin{bmatrix}\boldsymbol{I}_{di0}\\ \boldsymbol{I}_{qi0}\end{bmatrix}\right\}$$

$$[\boldsymbol{T}]=diag\{[\boldsymbol{T}_{i0}]\}(i=1,2,\cdots,m)$$

将式（6-33)、式（6-34）代入式（6-32)，得

$$[\boldsymbol{T}][\Delta \boldsymbol{I}_G]-[\boldsymbol{T}][\boldsymbol{I}_{D0}][\Delta \boldsymbol{\delta}]=[\boldsymbol{Y}_m]([\boldsymbol{T}][\Delta \boldsymbol{U}_G]-[\boldsymbol{T}][\boldsymbol{U}_{D0}][\Delta \boldsymbol{\delta}])$$

$$[\Delta \boldsymbol{I}_G]-[\boldsymbol{I}_{D0}][\Delta \boldsymbol{\delta}]=[\boldsymbol{T}][\boldsymbol{Y}_m]([\boldsymbol{T}][\Delta \boldsymbol{U}_G]-[\boldsymbol{T}][\boldsymbol{U}_{D0}][\Delta \boldsymbol{\delta}])$$

$$[\Delta \boldsymbol{I}_G]=[\boldsymbol{Y}_G][\Delta \boldsymbol{U}_G]+[\boldsymbol{K}_Y][\Delta \boldsymbol{\delta}] \tag{6-35}$$

式中：$[\boldsymbol{Y}_G]=[\boldsymbol{T}][\boldsymbol{Y}_m][\boldsymbol{T}]$，$[\boldsymbol{K}_Y]=[\boldsymbol{I}_{D0}]-[\boldsymbol{T}][\boldsymbol{Y}_m][\boldsymbol{T}][\boldsymbol{U}_{D0}]$。

（7）初值计算。计算角度 δ_i：经过潮流计算已知 $X-Y$ 坐标下发电机节点 i 的电压 U_i 和注入电流 I_i，设发电机为凸极机，根据公式 $E_{Qi}=U_i+\mathrm{j}I_i x_q=E_{QX}+\mathrm{j}E_{QY}$ 定出 q 轴方

向（和 d 轴方向）。算出

$$\delta_i = \arctan^{a}(E_{QY}/E_{QX}) \tag{6-36}$$

计算 U_i 和 I_i 的 $d-q$ 轴分量

$$U_{di} = U_i \sin(\delta_i - \Psi_i), U_{qi} = U_i \cos(\delta_i - \Psi_i) \tag{6-37}$$

$$I_{di} = I_i \sin(\delta_i - \Psi_i), I_{qi} = I_i \cos(\delta_i - \Psi_i) \tag{6-38}$$

（8）系统状态方程。对于第 i 台发电机，有：

转子运动方程式为

$$\begin{cases} \Delta\delta_i = \Delta\omega_i\omega_0 \\ \Delta\omega_i = -\Delta P_{ei}/T_{di} \end{cases} \tag{6-39}$$

式（6-39）中，除了状态变量 $\Delta\delta_i$，$\Delta\omega_i$ 外，还有中间变量 ΔP_{ei}。为消除 ΔP_{ei}，引入

$$\Delta P_{ei} = U_{di0}\Delta I_{di} + U_{qi0}\Delta I_{qi} + I_{di0}\Delta U_{di} + I_{qi0}\Delta U_{qi}$$

利用关系式（6-26），消去 ΔI_{di}，ΔI_{qi}。

$$\begin{aligned} \Delta P_{ei} &= \left(-\frac{U_{di0}}{x'_{di}} + I_{qi0}\right)\Delta U_{qi} + \left(\frac{U_{qi0}}{x_{qi}} + I_{di0}\right)\Delta U_{di} \\ &= \left[-\frac{U_{di0}}{x'_{di}} + I_{qi0} \quad \frac{U_{qi0}}{x_{qi}} + I_{di0}\right]\begin{bmatrix}\Delta U_{qi} \\ \Delta U_{di}\end{bmatrix} = [D_{io} \quad E_{io}]\begin{bmatrix}\Delta U_{qi} \\ \Delta U_{di}\end{bmatrix} \end{aligned} \tag{6-40}$$

式（6-40）中又出现了发电机节点电压的 d 轴和 q 轴分量，为此，引入网络方程式（6-35）

$$[\Delta \boldsymbol{I}_G] = [\boldsymbol{Y}_G][\Delta \boldsymbol{U}_G] + [\boldsymbol{K}_Y][\Delta \boldsymbol{\delta}]$$

和发电机节点电压与注入电流的关系式（6-26）

$$\begin{bmatrix}\Delta I_{qi} \\ \Delta I_{di}\end{bmatrix} = -\begin{bmatrix} 0 & -1/x_{qi} \\ 1/x'_{di} & 0 \end{bmatrix}\begin{bmatrix}\Delta U_{qi} \\ \Delta U_{di}\end{bmatrix}$$

这 4 组方程式联立，写成矩阵形式

$$\begin{bmatrix} [\dot{\Delta\delta}] \\ [\dot{\Delta\omega}] \\ [0] \\ [0] \end{bmatrix} = \begin{bmatrix} \mathbf{0} & [\omega_0] & \mathbf{0} & \mathbf{0} \\ \mathbf{0} & \mathbf{0} & [\boldsymbol{DE}] & \mathbf{0} \\ -[\boldsymbol{K}_Y] & \mathbf{0} & -[\boldsymbol{Y}_G] & \boldsymbol{I} \\ \mathbf{0} & \mathbf{0} & [\boldsymbol{Y}_Q] & \boldsymbol{I} \end{bmatrix} \begin{bmatrix} [\Delta\delta] \\ [\Delta\omega] \\ [\Delta \boldsymbol{U}_G] \\ [\Delta \boldsymbol{I}_G] \end{bmatrix} \tag{6-41}$$

式中

$$[\Delta\omega] = [\Delta\omega_1, \Delta\omega_2, \cdots, \Delta\omega_m]^{\mathrm{T}}, [\omega_0] = \omega_0 I$$

$$[DE] = diag\left\{\frac{1}{T_{Ji}}[D_{i0} \quad E_{i0}]\right\}(i = 1, 2, \cdots, m)$$

$$[Y_Q] = diag\left\{\begin{bmatrix} 0 & -1/x_{qi} \\ 1/x'_{di} & 0 \end{bmatrix}\right\}(i = 1, 2, \cdots, m)$$

从式（6-41）中最后一组方程，有$[\Delta \boldsymbol{I}_G]=-|\boldsymbol{Y}_Q|[\Delta \boldsymbol{U}_G]$。代入式（6-35）得

$$0=([\boldsymbol{Y}_G]+[\boldsymbol{Y}_Q])[\Delta \boldsymbol{U}_G]+[\boldsymbol{K}_Y][\Delta\delta]$$

整理得

$$[\Delta \boldsymbol{U}_G]=-([\boldsymbol{Y}_G]+[\boldsymbol{Y}_Q])^{-1}[\boldsymbol{K}_Y][\Delta\delta] \tag{6-42}$$

将式（6-42）代入式（6-41）的第二组方程$[\dot{\Delta}\omega]=[\boldsymbol{DE}][\Delta \boldsymbol{U}_G]$，有

$$[\dot{\Delta}\omega]=-[\boldsymbol{DE}]([\boldsymbol{Y}_G]+[\boldsymbol{Y}_Q])^{-1}[\boldsymbol{K}_Y][\Delta\delta]=-[\boldsymbol{K}_\omega][\Delta\delta] \tag{6-43}$$

式（6-43）与式（6-41）第一组方程构成了系统线性化状态方程，即

$$\begin{bmatrix}\dot{\Delta}\delta\\ \dot{\Delta}\omega\end{bmatrix}=\begin{bmatrix}0 & \omega_0\\ -\boldsymbol{K}_\omega & 0\end{bmatrix}\begin{bmatrix}\Delta\delta\\ \Delta\omega\end{bmatrix} \tag{6-44}$$

根据式（6-44）求出系数矩阵的特征根，然后根据特征根就可判断系统的稳定性。

同样，由于式（6-44）使用的是绝对角偏移$\Delta\delta_1,\Delta\delta_2,\cdots,\Delta\delta_m$，所以计算特征根时也会得到一个零根。解决办法是采用相对角偏移$\Delta\delta_{ik}$（$i=1,2,\cdots,m,k$是基准节点），具体方法同前类似。

6.5　发电机采用模型Ⅱ的电力系统线性化状态方程

同步发电机采用模型Ⅱ时要考虑转子励磁绕组的暂态过程，因此不能再假设$E'=C$或$E'_q=C$，必须加入 AER 系统及励磁绕组的动态方程。

采用模型Ⅱ时构造多机系统状态方程的方法与采用模型Ⅲ时基本一样，不同之处有以下几方面：

(1) 为考虑励磁自动调节，所以$E'_q\neq C$，即$\Delta E'_q\neq 0$。此时$\begin{cases}E'_q=U_q+I_dx'_d\\ 0=U_d-I_qx_q\end{cases}$的增量形式为

$$\begin{cases}\Delta E'_q=\Delta U_q+\Delta I_dx'_d\\ 0=\Delta U_d-\Delta I_qx_q\end{cases}$$

即

$$\begin{bmatrix}\Delta I_q\\ \Delta I_d\end{bmatrix}=-\begin{bmatrix}0 & -1/x_q\\ 1/x'_d & 0\end{bmatrix}\begin{bmatrix}\Delta U_q\\ \Delta U_d\end{bmatrix}+\begin{bmatrix}0\\ 1/x'_d\end{bmatrix}\Delta E'_q \tag{6-45}$$

(2) 式（6-45）中出现了一个新变量$\Delta E'_q$，为计及$\Delta E'_q$的变化规律，须加上励磁绕组的动态方程$T'_{d0}\Delta E'_q+\Delta E_q=\Delta E_{q_e}$。因为$E'_q=E_q-I_d(x_d-x'_d)$，即

$$\Delta E_q=\Delta E'_q+\Delta I_d(x_d-x'_d)$$

所以有

$$(1+T'_{d0})\Delta E'_q=\Delta E_{qe}-(x_d-x'_d)\Delta I_d \tag{6-46}$$

(3) 式（6-46）中又多出了一个新变量$\Delta E'_{qe}$，$E_{qe}=f(X)$是励磁控制规律的函数，

X 是系统运行变量。如是比例式励磁控制规律，再考虑到通道的滞后作用，有

$$\Delta E_{qe}=-\frac{K_U}{1+T_eP}\Delta U_t \tag{6-47}$$

（4）式（6-47）中有一个变量 ΔE_I，U_t 是发电机机端电压，也可以是发电机节点电压。设 U_t 是发电机节点电压，即 $U_t^2=U_d^2+U_q^2$。取增量形式

$$\Delta U_t=\frac{U_d}{U_t}\Delta U_d+\frac{U_q}{U_t}\Delta U_q \tag{6-48}$$

在新增的方程中，式（6-46）、式（6-47）是一阶微分方程。所以，这时候系统状态方程的阶数要增加。新增状态变量可选为 $\Delta E_q'$ 和 ΔE_{qe}。

（5）相关方程的修正。对于第 i 台发电机，有：

转子运动方程式为

$$\begin{cases}\Delta\delta_i=\Delta\omega_i\omega_0\\ \Delta\omega_i=-\Delta P_{ei}/T_{Ji}\end{cases} \tag{6-49}$$

电磁功率方程式为

$$\Delta P_{ei}=U_{di0}\Delta I_{di}+U_{qi0}\Delta I_{qi}+I_{di0}\Delta U_{di}+I_{qi0}\Delta U_{qi}$$

利用关系式（6-45），消去 ΔI_{di}，ΔI_{qi}，有

$$\begin{aligned}\Delta P_{ei}&=\left(-\frac{U_{di0}}{x_{di}'}+I_{qi0}\right)\Delta U_{qi}+\left(\frac{U_{qi0}}{x_{qi}}+I_{di0}\right)\Delta U_{di}+\frac{U_{di0}}{x_{di}'}\Delta E_{qi}'\\&=\begin{bmatrix}\frac{U_{di0}}{x_{di}'} & -\frac{U_{di0}}{x_{di}'}+I_{qi0} & \frac{U_{qi0}}{x_{qi}}+I_{di0}\end{bmatrix}\begin{bmatrix}\Delta E_{qi}'\\ \Delta U_{qi}\\ \Delta U_{di}\end{bmatrix}=\begin{bmatrix}C_{i0} & D_{i0} & E_{i0}\end{bmatrix}\begin{bmatrix}\Delta E_{qi}'\\ \Delta U_{qi}\\ \Delta U_{di}\end{bmatrix}\end{aligned} \tag{6-50}$$

对于式（6-50）中的 $\Delta E_{qi}'$，有关系式

$$(1+T_{di0}')\Delta E_{qi}'=\Delta E_{qei}-(x_{di}-x_{di}')\Delta I_{di}$$

将 $\Delta I_{di}=\frac{1}{x_{di}'}\Delta E_{qi}'-\frac{1}{x_{di}'}\Delta U_{qi}$ 代入，有

$$\begin{aligned}(1+T_{di0}')\Delta E_{qi}'&=\Delta E_{qei}-(x_{di}-x_{di}')\left(\frac{1}{x_{di}'}\Delta E_{qi}'-\frac{1}{x_{di}'}\Delta U_{qi}\right)\\&=-\frac{x_{di}-x_{di}'}{x_{di}'}\Delta E_{qi}'+\Delta E_{qei}+\frac{x_{di}-x_{di}'}{x_{di}'}\Delta U_{qi}\end{aligned}$$

$$\begin{aligned}\Delta E_{qi}'&=\frac{1}{(1+T_{di0}')}\left(-\frac{x_{di}-x_{di}'}{x_{di}'}\Delta E_{qi}'+\Delta E_{qei}+\frac{x_{di}-x_{di}'}{x_{di}'}\Delta U_{qi}\right)\\&=\begin{bmatrix}-K_{qi} & K_{qei} & K_{qUi}\end{bmatrix}\begin{bmatrix}\Delta E_{qi}'\\ \Delta E_{qei}\\ \Delta U_{Gi}\end{bmatrix}\end{aligned} \tag{6-51}$$

式中

$$K_{qUi}=\begin{bmatrix}\frac{x_{di}-x_{di}'}{(1+T_{di0}')x_{di}'} & 0\end{bmatrix}$$

对于式（6-51）中的 $\Delta E'_{qei}$，有

$$\Delta E_{qei}=-\frac{K_{Ui}}{1+T_{ei}P}\Delta U_{ti}$$

$$\Delta U_{ti}=\frac{U_{di0}}{U_{ti0}}\Delta U_{di}+\frac{U_{qi0}}{U_{ti0}}\Delta U_{qi}$$

即

$$\Delta E_{qei}=-\frac{K_{Ui}}{1+T_{ei}P}\left(\frac{U_{di0}}{U_{ti0}}\Delta U_{di}+\frac{U_{qi0}}{U_{ti0}}\Delta U_{qi}\right)$$

$$T_{ei}\Delta\dot{E}_{qei}=-\Delta E_{qei}-K_{Ui}\left(\frac{U_{di0}}{U_{ti0}}\Delta U_{di}+\frac{U_{qi0}}{U_{ti0}}\Delta U_{qi}\right)\tag{6-52}$$

式（6-50）～式（6-52）中有发电机节点电压的 d 轴和 q 轴分量，为此，引入网络方程式

$$[\Delta I_G]=[Y_G][\Delta U_G]+[K_Y][\Delta\delta]\tag{6-53}$$

和发电机节点电压与注入电流的关系式

$$\begin{bmatrix}\Delta I_q\\\Delta I_d\end{bmatrix}=-\begin{bmatrix}0&-1/x_q\\1/x'_d&0\end{bmatrix}\begin{bmatrix}\Delta U_q\\\Delta U_d\end{bmatrix}+\begin{bmatrix}0\\1/x'_d\end{bmatrix}\Delta E'_q\tag{6-54}$$

联立写成矩阵形式

$$\begin{bmatrix}\Delta\delta\\\Delta\omega\\\Delta\boldsymbol{E}'_q\\\Delta\boldsymbol{E}_{qe}\\0\\0\end{bmatrix}=\begin{bmatrix}\boldsymbol{0}&\boldsymbol{\omega_0}&\boldsymbol{0}&\boldsymbol{0}&\boldsymbol{0}&\boldsymbol{0}\\\boldsymbol{0}&\boldsymbol{0}&\boldsymbol{C}&\boldsymbol{0}&\boldsymbol{DE}&\boldsymbol{0}\\\boldsymbol{0}&\boldsymbol{0}&-\boldsymbol{K}_q&\boldsymbol{K}_{qe}&\boldsymbol{K}_{qU}&\boldsymbol{0}\\\boldsymbol{0}&\boldsymbol{0}&\boldsymbol{0}&-\boldsymbol{K}_T&-\boldsymbol{K}_U&\boldsymbol{0}\\-\boldsymbol{K}_Y&\boldsymbol{0}&\boldsymbol{0}&\boldsymbol{0}&-\boldsymbol{Y}_G&\boldsymbol{I}\\\boldsymbol{0}&\boldsymbol{0}&-\boldsymbol{Y}_D&\boldsymbol{0}&\boldsymbol{Y}_Q&\boldsymbol{I}\end{bmatrix}\begin{bmatrix}\Delta\delta\\\Delta\omega\\\Delta\boldsymbol{E}'_q\\\Delta\boldsymbol{E}_{qe}\\\Delta\boldsymbol{U}_G\\\Delta\boldsymbol{I}_G\end{bmatrix}\tag{6-55}$$

式中：$[\Delta\omega]=[\Delta\omega_1,\Delta\omega_2,\cdots,\Delta\omega_m]^{\mathrm{T}}$；$[\omega_0]=\omega_0 I$；

$[C]=\mathrm{diag}\left\{\frac{1}{T_{di}}[C_{i0}]\right\}i=1,2,\cdots,m$；$[DE]=\mathrm{diag}\left\{\frac{1}{T_{di}}[D_{i0}E_{i0}]\right\}i=1,2,\cdots,m$；

$[K_q]=\mathrm{diag}\{K_{qi}\}i=1,2,\cdots,m$；$[K_{qe}]=\mathrm{diag}\{K_{qei}\}i=1,2,\cdots,m$；

$[K_{qU}]=\mathrm{diag}\{K_{qUi}\}i=1,2,\cdots,m$；

$[K_T]=\mathrm{diag}\{1/T_{ei}\}i=1,2,\cdots,m$；$[K_U]=\mathrm{diag}\left\{\frac{K_{Ui}}{T_{ei}U_{ti0}}[U_{qi0}\quad U_{di0}]\right\}i=1,2,3,\cdots m$；

$[Y_D]=\mathrm{diag}\{1/x'_{di}\}i=1,2,\cdots,m$；$[Y_Q]=\mathrm{diag}\left\{\begin{bmatrix}0&-1/x_{qi}\\-1/x_{di}&0\end{bmatrix}\right\}i=1,2,\cdots,m$。

从式（6-55）中最后一组方程，有 $[\Delta I_G]=-[Y_Q][\Delta U_G]+[Y_D][\Delta E'_q]$。代入式（6-55）中倒数第二行元素形成的组方程，得

$$0=([Y_G]+[Y_Q])[\Delta U_G]+[K_Y][\Delta\delta]-[K_D][\Delta E_q]$$

整理得

$$[\Delta \boldsymbol{U}_G]=-([\boldsymbol{Y}_G]+[\boldsymbol{Y}_Q])^{-1}-[\boldsymbol{K}_Y][\Delta\delta]-[\boldsymbol{K}_D][\Delta \boldsymbol{E}'_q] \tag{6-56}$$

将式（6-56）代入式（6-55）第二行元素形成的组方程中可得 $[\Delta\omega]=[\boldsymbol{C}][\Delta \boldsymbol{E}'_q]+[\boldsymbol{DE}][\Delta \boldsymbol{U}_G]$，有

$$\begin{aligned}[\Delta\omega]&=[\boldsymbol{C}][\Delta \boldsymbol{E}'_q]-[\boldsymbol{DE}]([\boldsymbol{Y}_G]+[\boldsymbol{Y}_Q])^{-1}([\boldsymbol{K}_T][\Delta\delta]-[\boldsymbol{K}_D][\Delta \boldsymbol{E}'_q])\\&=-[\boldsymbol{K}_1/\boldsymbol{T}_d][\Delta\delta]-[\boldsymbol{K}_2/\boldsymbol{T}_{\mathrm{J}}][\Delta \boldsymbol{E}'_{\mathrm{J}}]\end{aligned} \tag{6-57}$$

将式（6-56）代入式（6-55）第三行元素形成的组方程中可得，$[\Delta \boldsymbol{E}'_q]=-[\boldsymbol{K}_q][\Delta \boldsymbol{E}'_q]+[\boldsymbol{K}_{qe}][\Delta \boldsymbol{E}_{qe}]+[\boldsymbol{K}_{qU}][\Delta \boldsymbol{U}_G]$，有

$$\begin{aligned}[\Delta \boldsymbol{E}'_q]&=-[\boldsymbol{K}_q][\Delta \boldsymbol{E}'_q]+[\boldsymbol{K}_{qe}][\Delta \boldsymbol{E}_{qe}]-[\boldsymbol{K}_{qU}]([\boldsymbol{Y}_G]+[\boldsymbol{Y}_Q])^{-1}([\boldsymbol{K}_Y][\Delta\delta]-[\boldsymbol{K}_D][\Delta \boldsymbol{E}'_q])\\&=-[\boldsymbol{K}_4/\boldsymbol{T}'_{d0}][\Delta\delta]-[\boldsymbol{K}_3/\boldsymbol{T}'_{d0}][\Delta \boldsymbol{E}q]+[1/\boldsymbol{T}'_{d0}][\Delta \boldsymbol{E}_{qe}]\end{aligned} \tag{6-58}$$

将式（6-56）代入式（6-55）第四行元素，形成的组方程中可得 $[\Delta \boldsymbol{E}_{qe}]=-[\boldsymbol{K}_T][\Delta \boldsymbol{E}_{qe}]-[\boldsymbol{K}_U][\Delta \boldsymbol{U}_G]$，有

$$\begin{aligned}[\Delta \boldsymbol{E}'_{qe}]&=-[\boldsymbol{K}_T][\Delta \boldsymbol{E}_{qe}]+[\boldsymbol{K}_U]([\boldsymbol{Y}_G]+[\boldsymbol{Y}_Q])^{-1}([\boldsymbol{K}_Y][\Delta\delta]-[\boldsymbol{D}_D][\Delta \boldsymbol{E}'_q])\\&=-[\boldsymbol{K}_U\boldsymbol{K}_S/\boldsymbol{T}_e][\Delta\delta]-[\boldsymbol{K}_U\boldsymbol{K}_G/\boldsymbol{T}_e][\Delta \boldsymbol{E}'_q]-[1-\boldsymbol{T}_e][\Delta \boldsymbol{E}_{qe}]\end{aligned} \tag{6-59}$$

将式（6-55）第一行元素形成的组方程和式（6-57）～式（6-59）联立

$$\begin{bmatrix}\Delta\delta\\\Delta\omega\\\Delta \boldsymbol{E}'_q\\\Delta \boldsymbol{E}_{qe}\end{bmatrix}=\begin{bmatrix}\boldsymbol{0}&\omega_0&\boldsymbol{0}&\boldsymbol{0}\\-\boldsymbol{K}_1/\boldsymbol{T}_J&\boldsymbol{0}&-\boldsymbol{K}_2/\boldsymbol{T}_J&\boldsymbol{0}\\-\boldsymbol{K}_4/\boldsymbol{T}'_{d0}&\boldsymbol{0}&-\boldsymbol{K}_3/\boldsymbol{T}'_{d0}&1/\boldsymbol{T}'_{d0}\\-\boldsymbol{K}_U\boldsymbol{K}_5/\boldsymbol{T}_e&\boldsymbol{0}&-\boldsymbol{K}_U\boldsymbol{K}_6/T_e&-1/\boldsymbol{T}_e\end{bmatrix}\begin{bmatrix}\Delta\delta\\\Delta\omega\\\Delta \boldsymbol{E}'_d\\\Delta \boldsymbol{E}_{qe}\end{bmatrix} \tag{6-60}$$

根据式（6-60），求出系数矩阵的特征根，再根据特征根就可判断系统的稳定性。

同样，由于式（6-60）使用的是绝对角偏移 $\Delta\delta_1,\Delta\delta_2,\cdots,\Delta\delta_m$，所以计算特征根时也会得到一个零根。解决办法是采用相对角偏移 $\Delta\delta_{ik}$（$i=1,2,\cdots,m,k$ 是基准节点），具体方法类似。

6.6 复杂电力系统静态稳定判断

根据系统线性化状态方程的特征根，就可判断系统的稳定性。当所有特征根都具有负实部时，系统就是稳定的。受到扰动后，系统的运行点最终都能趋近于稳定平衡点；当系统的特征根至少有一个具有正实部时，系统就是不稳定的。受到扰动后，系统的运行点将趋于发散；当系统有一个特征根实部为零时，系统处于稳定边缘。受到扰动后，系统的运行点将等幅振荡，从电力系统运行的角度来说，这种现象也属于不稳定。

有了系统的线性化状态方程后，就能写出系统的特征方程，只要求出系数矩阵的特

征根，就可据此判断系统的稳定性。但是，由于电力系统的规模巨大，电力系统状态方程的阶数较高，一般能达到几百甚至上万阶。这么大的系数矩阵，其特征根的计算是十分困难的。因此要采取其他特殊方法来判断系统的稳定性。常用的方法一是采用降阶的方法，选择与研究相关的模式进行计算，这种方法将在第四章介绍。另外一种方法是不计算系统的特征根，而是利用系统特征方程的系数与特征根的关系，根据系统特征方程的系数判断系统的稳定性，常用的有劳斯（Routh）判据和胡尔维茨判据，这些在其他课程已有介绍，这里就不再重复了。

第 7 章　电力系统暂态稳定分析的直接法和时域法

7.1　概　　述

电力系统暂态稳定性是电力系统在一个特定的大干扰情况下能恢复到原始的（或接近原始的）运行方式，并保持同步发电机同步运行的能力。大干扰一般指短路故障（单相接地，两相短路或接地，三相短路），一般假定这些故障出现在线路上，也可以考虑发生在变压器或母线上。在发生这些故障后，可以借断路器断开故障元件来消除故障。快速重合闸的应用可以使断开的系统元件重新投入运行，但是可能是成功的，也可能是不成功的。前者对应于一瞬时故障，将使电力系统在故障后很快地恢复到原始运行状态；后者对应于一永久性故障，将使故障元件重新断开，经过一定的处理才能恢复到原始运行状态。

故障发生后，根据干扰的大小，发电机送出的功率发生不同程度的突变，因此不同的故障类型和不同的故障地点对稳定性的影响也是不同的。三相短路最严重（一般占短路总数的 5%～10%），最轻的是单相短路（占 75%～90%）。其他的大干扰可以是突然断开一大容量发电机组，突然投入一大负荷或断开一条线路等。

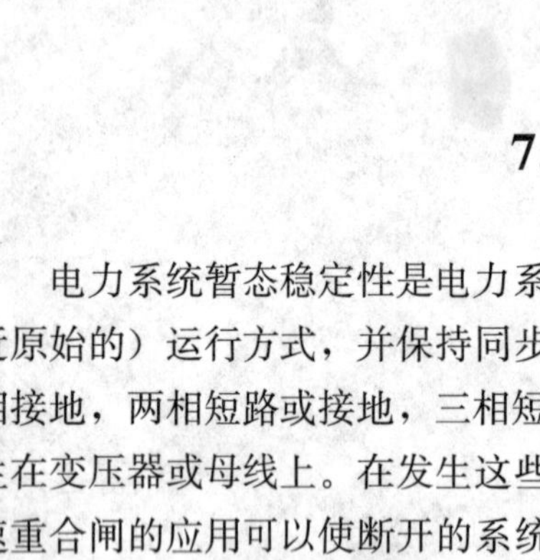

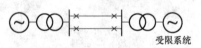

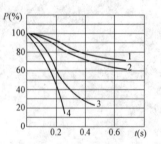

图 7-1　暂态稳定功率极限与短路故障类型及故障切除时间的关系

1—单相短路；2—两相短路；3—两相接地短路；4—三相短路

稳定极限一般是指在给定电力系统运行方式下能通过某一特定线路的最大功率。静态稳定极限是指在小干扰下某一特定线路能输送的最大功率；暂态稳定极限与假定的干扰形式和大小有关。指定的干扰（包括故障类型，地点，切除时间等）越大，暂态稳定极限就越小。如图 7-1 所示的是在一单机-无穷大功率系统中，按暂态稳定确定的极限输送功率与故障类型及故障切除时间的关系。

在实际工作中，除了用输送功率来确定暂态稳定性外，也有用其他间接的量来评价其暂态稳定性能。如对一特定故障的最大允许切除时间，或者在一给定故障保证稳定所需最小切除发电机容量等。

从实际运行的观点看，暂态稳定性的研究分析比静态稳定性研究更重要，因为暂态稳定的极限一般比静态稳定极限要小，所以电力系统设计和运行首先要满足电力系统暂态稳定性的要求。

电力系统暂态稳定性的研究要求解电力系统（包括发电机，负荷）在大干扰下的动态特性，也即由电力系统机电方程式所描述的发电机转子和相应的电压和电流等运行状态变量的变化，并考虑某些自动控制系统对系统动态行为的影响。

由于电力系统是一个非线性系统，系统的稳定性既与初始条件有关，又与系统运行的参数变化有关，所以在大干扰下，不能再用研究静态稳定性的线性化方法。因此，到目前为止，对电力系统暂态稳定性的实际研究主要是用计算机进行数值积分计算（常用的有四阶龙格—库塔法）的方法来进行，逐时段求解描述电力系统运行状态的微分方程组，从而得到动态过程中状态变量的变化规律，并用以判断电力系统的稳定性。

这种方法的缺点是计算工作量大，同时仅能给出电力系统的动态变化过程，而不能给出明确判别电力系统稳定性的依据。在电力系统设计中，为了进行方案比较，在实际运行中确定和核实在各种运行方式和故障情况下的暂态稳定极限输送容量，必须改变一系列的运行方式，进行大量的暂态稳定计算，作为电力系统设计和运行的依据。同时，也可为改进系统行为的控制设备的设计，操作和整定提供必要的数据。

虽然在开发暂态稳定计算方法和程序上已作了很大努力，但对于日益增大的电力系统，庞大的计算工作量仍是一个困难的问题。计算机性能的快速提高为解决这个问题提供了有利的条件，但这种性能的提高有一大部分被提高电力系统模拟精度和需要更多，更大规模的计算所抵消。

在实际应用中，为了克服模拟非线性（或断续的）系统元件的困难，提供一快速而正确的算法是暂态稳定研究的主要方面。特别是在实际运行中，希望能根据某些实时的运行参数，通过简单的在线计算，随时给出在线安全分析需要的电力系统稳定性指标。

大型电力系统的暂态稳定研究需要很多电力系统元件的数据。其中有些数据往往是不完备的，具有不同程度上的误差，而且实际电力系统的这些参数往往是不断变化的，这也为准确模拟电力系统带来困难。

暂态稳定的计算结果，将输出很多数据及相应的曲线，要求能正确地解释这些结果，稳定还是不稳定，保护及控制装置是否正确动作。所以，对暂态稳定的输出结果进行快速的分析，并得出明确的结论，也是实际计算中要注意的问题。

实际的暂态稳定研究由于研究方法和手段的限制，往往是在很多简化的基础上进行的。简化的目的是减轻计算工作量，同时突出研究问题的重点，但不可避免地要影响计算结果，使所研究的过程发生一定程度的变化。所以在简化时要特别注意不使主要的研究结果在质和量上受到太大影响。在实际工作中，根据不同的研究目的，一般采用的简化有：

(1) 在一个发电厂内的所有发电机用一等值发电机代表。这个假定在目前的大系统计算中仍在应用，除非需要特别研究某些机组的特定性能时，才分别考虑某些指定的机组。

（2）一般不计所有元件中由电磁过程引起的电流和电压的非周期分量。这样将使发电机功率，定子电流，励磁电流中的自由分量在出现干扰的瞬间发生突变。忽略发电机定子电流的非周期分量（相应的转子电流的周期分量）表示不考虑由该分量与转子励磁相互作用所产生的附加脉动转矩，这一转矩将影响转子的平均转差，并引起附加损耗。在简化计算中，这一损耗可用增加等效电阻15%～20%（有时50%～100%）来考虑。一般情况下，不考虑这一因素时，将得到较大的角度变化，可用来补偿计算中可能出现的误差。

（3）暂态电抗x'_d后的电动势E'近似地与磁链成正比。假定$E'=C$，相当于故障瞬间励磁绕组“磁链守恒”。实际上，磁链虽不能突变，但可随时间的推移而发生变化。电枢反应要使磁链减小，而自动励磁调节的作用与电枢反应的作用相反。所以，在故障及振荡期间，电枢反应可近似地假定被励磁调节所补偿，以保证在第一振荡周期的磁链不发生很大的变化。所以，对具有自动励磁调节系统的发电机这是一种很合理的简化，同时可以忽略发电机的凸极效应和饱和效应。凸极效应一般对暂态稳定极限的影响较小，虽然在考虑或不考虑（即在x'_d后的电动势E'恒定）这一效应时，转子角的位置是不同的。同样的，当干扰较严重，特别是当其持续几个振荡周期时，磁链恒定的假定会有较大误差，这时要考虑磁链变化，就要考虑励磁系统的作用。饱和效应可以近似地认为发电机的实际电抗比空载时的电抗小。在考虑x'_d后的电动势E'为恒定时，可取饱和的暂态电抗$x'_{db}\approx(0.6\sim0.8)x'_d$；如取交轴电动势$E'_q$为恒定时，$x'_{db}\approx(0.6\sim0.8)x_d$。

（4）在一般分析故障后第一振荡周期暂态稳定的计算方法中，假定转子转速与同步转速的差别很小（一般设为1%～2%），所以用标幺值表示时，转矩和功率的值可以认为是相等的。同时，每一发电机组的输入功率可设为恒定。因为常常是根据故障后第一振荡周期（一般小于1s）的最大角来判定暂态稳定的，在这样短的时间里，可以忽略调速器的作用。因为过去的机械式调速器一般均有一定死区，要等转速变化到一定程度后才能动作，而在第一振荡周期，转子转速的变化往往还不足以达到这一转速变化。但是，对于现代化的电液调速器，这种假定往往会有很大误差，特别是当大干扰后要考虑较长时间摇摆的动态稳定时，就要计及机械输入功率的变化。

（5）忽略阻尼作用。电力系统由于本身的电阻，发电机阻尼绕组，原动机调速器或负荷以及发电机组本身的机械阻尼等因素，会引起一定的阻尼作用，忽略这种不太能精确表示的阻尼作用直接影响故障后第一振荡周期的角度大小。在电力系统发展的最初阶段，由于没有很多先进的自动调节装置，电力系统本身作用大多数是正的，即阻尼转矩的作用是促进电力系统振荡平息的。所以，忽略阻尼转矩的作用，往往使计算有一定的安全裕度（结果保守）。因此以前一般认为如果在故障后第一振荡周期不失步的话，在随后的几个周期中将由于电力系统本身的阻尼作用使振荡衰减，回复到稳态正常运行方式。因此，在以研究电力系统的稳定极限为主要目的，而不是模拟实际电力系统对一给定干扰的反应时，忽略阻尼转矩是允许的。目前，在电力系统自动调节装置得到广泛的应用，由于自动调节装置参数的影响，在很多情况下会出现负阻尼现象，即电力系统振荡不断增大，以至失去同步。因此，在很多情况下研究电力系统稳定性及较长时间的动态过程时，已不能再应用忽略阻尼转矩作用的假定。

（6）负荷用等值阻抗来表示，使成为网络的线性元件，便于进行计算和分析。在早期的电力系统，负荷集中在受端中心，电压变化不大，这种假定也是允许的。但当负荷端的电压和频率发生很大变化时，这种假定往往会带来较大误差。负荷—电压特性和负荷—频率特性对稳定极限的作用与电力系统本身的特点，干扰的位置以及负荷在电力系统的位置有关。负荷特性又对电力系统阻尼作用有影响，特别是负荷—频率特性。

（7）计算用接线图的等值化。为了便于稳定性的计算，有时应将电力系统的接线图进行简化。根据计算目的和原始接线图结构的不同，可用较严格的等值化方法进行简化，也可用近似的方法进行简化。如用一个等值的发电厂或负荷来代替几个不大的发电厂或负荷，将发电厂或负荷移置于邻近的发电厂或负荷的连接点，开断弱联系，合并以短线路连接的节点等。

研究受端电力系统短路时的电力系统暂态稳定，应该用足够严格的等值化方法模拟发生故障的那部分电力系统，较不严格的方法仅能用来对远离短路点的那部分电力系统进行等值化。在减少计算中的发电厂数目时，为了避免很大的误差，不主张将相对参数（电抗，惯性常数等）相差很大，与所研究的短路点距离相差很大以及发电机母线电压上负荷相对值相差很大的发电厂合并。也不希望将发电机和同步调相机合并。在为缩减负荷数目而简化计算用接线图时，应该注意负荷的功率及其在电力系统的地位。在要求很准确的计算时，应该避免将负荷从发电机电压母线移置到变电站的高压母线，因为这样的移置会对计算结果产生较大的影响。

在暂态稳定分析中还有一些其他假定，如只计算基波电流和电压，发电机转速的变化不影响电力系统阻抗和电压值等。

最后，简要的说明有关研究暂态稳定的几个问题。

（1）在联合电力系统中往往不能用简单的等值网络来模拟各部分电网间的相互影响和作用，而要较完整和详尽地来计算大系统的行为。在这种研究中，不仅要研究故障后的电力系统暂态稳定过程，而且还要研究切除发电机（由于失步或提高稳定的需要而自动切除），切负荷，系统解列等操作控制的影响。所以这种模拟计算变成一般性的电力系统动态行为计算，需要模拟很大规模的网络和详细的元件模型（发电机，原动机，动态负荷，继电保护，电压调节器，调速器，锅炉控制等），而且模拟时间可达几秒到几分钟。在互联的弱系统中，不稳定又往往是振荡形的，即不断增大振幅的发散型振荡，而其周期又很长（达几秒钟），所以要能在时域上判断其是否稳定需要计算很长的时间（如十几秒）。电力系统规模的扩大及计算时间的延长，增加了对计算机容量和速度的要求，也要注意软件的能力和效率，同时要关心电力系统和设备所需模型的精度。

（2）改进模型精度是个老问题，同时要注意模型所需数据的测量值和估计值，特别对同步发电机，在计算几秒钟的动态过程时，往往不能再用“平均值”或“典型值”的数据。

负荷的模拟仍是一个问题。即使在已知负荷分布的情况下，电压和频率的稳态响应还有很多不确定性。在实际干扰时，这些负荷处于暂态和准暂态下，某些负荷在严重干扰下会完全改变特性（如电动机可能停止或断开）。

在模拟故障后几秒钟以至更长时间时，有时要考虑锅炉，引水管道，原动机等的动态特性，某些已有的模型（如励磁系统）也要修正和扩大，以描述其长时间的行为。

另外，如负荷及功率的不对称，以及不对称故障的影响（如对直流换流设备），在某些情况下，要特别加以研究。

在需要得到较精确的解时，可计及发电机的电磁过程，原动机的调节过程，负荷的动态过程等。但是，从工程的角度来看，应根据所需求解的要求来确定合理的数学模型，并不是考虑的因素越多越好，而是希望能以最快的速度得到最明确的概念。

(3) 要考虑多种运行条件和故障。如输入某一区域的功率可能由若干条线路进入，所以电力系统的稳定性与各条线路的功率有关，总的功率极限是每条输入线路功率的函数，也和功率的分配，负荷的水平和分配有关。因此要对各种运行方式进行研究和计算。故障的方式也是很多的，加上巨大的电力系统规模和延续很长时间的动态过程，这就要使计算花很多时间。所以，要发展适当的筛选方法，确定最少数目的计算方案，减少不必要的计算工作量。

7.2 多机系统暂态稳定性计算——显式积分方法

大家知道，对简单电力系统暂态稳定的分析、计算主要是确定发电机的电磁功率（转矩）和原动机的机械功率（转矩）以及由于它们的不平衡所引起的功率角的变化。对多机系统，暂态稳定计算的目的也是一样。但在多机系统，电磁功率的确定要通过求解网络方程式，而功率角或转差的确定则仍通过求解描述转子运动的微分方程式。因此在这一节，我们主要介绍计算暂态稳定时用到的网络方程式以及将网络方程式和转子运动方程式交替求解的方法。

7.2.1 网络方程式

用于潮流计算的网络实际上不包含电源或负荷本身。这种网络以及与之相对应的网络方程式不能直接用于暂态稳定的计算，必须进行修正。所谓修正就是将电源和负荷在暂态过程的行为引入网络方程。

1. 发电机的接入

设与发电机相联接的升压变压器的阻抗已串联接入发电机的阻抗，而升压变压器的导纳已移至高压侧。

发电机的接入方式因发电机的表示方式而异。当发电机以直轴暂态电抗 x_d' 后的电动

势 E' 表示时，可将电动势 E' 转换成电流源 $E'/(r_d+\mathrm{j}x'_d)$，并把发电机的阻抗折算成导纳 $1/(r_a+\mathrm{j}x'_d)$，将该导纳和电流源并联接在网络中该发电机的节点。

当发电机以交轴暂态电势 E'_q 表示时，情况要复杂一些。因这时不论是凸极机还是隐极机，都要计及直轴及交轴磁阻的不相等。即，对隐极式发电机，$x_d=x_q\neq x'_d$；对凸极式发电机，$x_q\neq x'_d$。电磁功率方程 $P_{E'_q}=\dfrac{E'_qU}{x'_d}\sin\delta-\dfrac{U^2}{2}\dfrac{x_d-x'_d}{x'_qx'_d}\sin^2\delta$ 中出现的“暂态磁阻功率分量”实际上就是由此而形成的。下面介绍这种情况下发电机的接入。为更具有普遍性，设发电机为凸极机。

首先，不计定子回路电磁暂态过程，列出包含交轴暂态电势 E'_q 的发电机定子回路方程式

$$\begin{bmatrix}E'_q-U_q\\-U_d\end{bmatrix}=\begin{bmatrix}r & x'_d\\-x_q & r\end{bmatrix}\begin{bmatrix}I_q\\I_d\end{bmatrix}\tag{7-1}$$

进行坐标变换，将上式的电压，电流转换至公共的 $X-Y$ 坐标系统。为此，将 T_i 左乘等号两侧，并将 $[I_q,I_d]^{\mathrm{T}}$ 改以 $[I_x,I_y]^{\mathrm{T}}$ 表示，有

$$\begin{bmatrix}\cos\delta & \sin\delta\\ \sin\delta & -\cos\delta\end{bmatrix}\begin{bmatrix}E'_q-U_q\\-U_d\end{bmatrix}=\begin{bmatrix}\cos\delta & \sin\delta\\ \sin\delta & -\cos\delta\end{bmatrix}\begin{bmatrix}r & x'_d\\-x_q & r\end{bmatrix}\begin{bmatrix}\cos\delta & \sin\delta\\ \sin\delta & -\cos\delta\end{bmatrix}\begin{bmatrix}I_x\\I_y\end{bmatrix}$$

经运算，得

$$\begin{bmatrix}E'_q\cos\delta-U_x\\E'_q\sin\delta-U_y\end{bmatrix}=\begin{bmatrix}r+(x'_d-x_q)\sin\delta\cos\delta & -x_q\sin^2\delta-x'_d\cos^2\delta\\ x_q\cos^2\delta+x'_d\sin^2\delta & r+(x_q-x'_d)\sin\delta\cos\delta\end{bmatrix}\begin{bmatrix}I_x\\I_y\end{bmatrix}$$

对上式作求逆运算，得

$$\begin{bmatrix}G_x & -B_x\\B_y & G_y\end{bmatrix}\begin{bmatrix}E'_q\cos\delta-U_x\\E'_q\sin\delta-U_y\end{bmatrix}=\begin{bmatrix}I_x\\I_y\end{bmatrix}\tag{7-2}$$

式中

$$\left.\begin{aligned}G_x&=[r+(x_q-x'_d)\sin\delta\cos\delta]/(r^2+x'_dx_q)\\B_x&=-(x_q\sin^2\delta+x'_d\cos^2\delta)/(r^2+x'_dx_q)\\B_y&=-(x'_d\sin^2\delta+x_q\cos^2\delta)/(r^2+x'_dx_q)\\G_y&=[r+(x'_d-x_q)\sin\delta\cos\delta]/(r^2+x'_dx_q)\end{aligned}\right\}\tag{7-3}$$

为将式（7-2）与接入发电机前的网络方程式联立，将式中各参变量都标下标 g，并改写为

$$\begin{bmatrix}I_{xg}\\I_{yg}\end{bmatrix}=\begin{bmatrix}G_{xg} & -B_{xg}\\B_{yg} & G_{yg}\end{bmatrix}\begin{bmatrix}E'_{qg}\cos\delta_g\\E'_{qg}\sin\delta_g\end{bmatrix}-\begin{bmatrix}G_{xg} & -B_{xg}\\B_{yg} & G_{yg}\end{bmatrix}\begin{bmatrix}U_{xg}\\U_{yg}\end{bmatrix}\tag{7-4}$$

接入发电机 g 前的网络方程式中对应于发电机节点 g 的注入电流为

$$\begin{bmatrix}I_{xg}\\I_{yg}\end{bmatrix}=\begin{bmatrix}G_{gg} & -B_{gg}\\B_{gg} & G_{gg}\end{bmatrix}\begin{bmatrix}U_{xg}\\U_{yg}\end{bmatrix}+\sum_{\substack{j=1\\j\neq g}}^{n}\begin{bmatrix}G_{gj} & -B_{gj}\\B_{gj} & G_{gj}\end{bmatrix}\begin{bmatrix}U_{xj}\\U_{yj}\end{bmatrix}\tag{7-5}$$

显然，式（7-4）和式（7-5）所示的发电机节点电流应相等。因此有

$$\begin{bmatrix} G_{xg} & -B_{xg} \\ B_{yg} & G_{yg} \end{bmatrix}\begin{bmatrix} E'_{qg}\cos\delta_g \\ E'_{qg}\sin\delta_g \end{bmatrix}=\begin{bmatrix} G_{gg}+G_{xg} & -B_{gg}-B_{xg} \\ B_{gg}+B_{yg} & G_{gg}+G_{yg} \end{bmatrix}\begin{bmatrix} U_{xg} \\ U_{yg} \end{bmatrix}+\sum_{\substack{j=1\\ j\neq g}}^{n}\begin{bmatrix} G_{gj} & -B_{gj} \\ B_{gj} & G_{gj} \end{bmatrix}\begin{bmatrix} U_{xj} \\ U_{yj} \end{bmatrix}$$

将其改写为

$$\begin{bmatrix} I'_{xg} \\ I'_{yg} \end{bmatrix}=\begin{bmatrix} G'_{gg} & -B'_{gg} \\ B''_{gg} & G''_{gg} \end{bmatrix}\begin{bmatrix} U_{xg} \\ U_{yg} \end{bmatrix}+\sum_{\substack{j=1\\ j\neq g}}^{n}\begin{bmatrix} G_{gj} & -B_{gj} \\ B_{gj} & G_{gj} \end{bmatrix}\begin{bmatrix} U_{xj} \\ U_{yj} \end{bmatrix} \tag{7-6}$$

式中

$$\left.\begin{aligned} I'_{xg} &= E'_{qg}G_{xg}\cos\delta_g - E'_{qg}B_{xg}\sin\delta_g \\ I'_{yg} &= E'_{qg}B_{yg}\cos\delta_g + E'_{qg}G_{yg}\sin\delta_g \end{aligned}\right\} \tag{7-7}$$

$$\left.\begin{aligned} G'_{gg} &= G_{gg}+G_{xg};B'_{gg}=B_{gg}+B_{xg} \\ B''_{gg} &= B_{gg}+B_{yg};G''_{gg}=G_{gg}+G_{yg} \end{aligned}\right\} \tag{7-8}$$

所以网络方程式改写成

$$\begin{bmatrix} \begin{bmatrix} I_{x1} \\ I_{y1} \end{bmatrix} \\ \vdots \\ \begin{bmatrix} I'_{xg} \\ I'_{yg} \end{bmatrix} \\ \vdots \\ \begin{bmatrix} I_{xn} \\ I_{yn} \end{bmatrix} \end{bmatrix}=\begin{bmatrix} \begin{bmatrix} G_{11} & -B_{11} \\ B_{11} & G_{11} \end{bmatrix} & \cdots & \begin{bmatrix} G_{1g} & -B_{1g} \\ B_{1g} & G_{1g} \end{bmatrix} & \cdots & \begin{bmatrix} G_{1n} & -B_{1n} \\ B_{1n} & G_{1n} \end{bmatrix} \\ \vdots & & \vdots & & \vdots \\ \begin{bmatrix} G_{g1} & -B_{g1} \\ B_{g1} & G_{g1} \end{bmatrix} & \cdots & \begin{bmatrix} G'_{gg} & -B'_{gg} \\ B''_{gg} & G''_{gg} \end{bmatrix} & \cdots & \begin{bmatrix} G_{gn} & -B_{gn} \\ B_{gn} & G_{gn} \end{bmatrix} \\ \vdots & & \vdots & & \vdots \\ \begin{bmatrix} G_{n1} & -B_{n1} \\ B_{n1} & G_{n1} \end{bmatrix} & \cdots & \begin{bmatrix} G_{ng} & -B_{ng} \\ B_{ng} & G_{ng} \end{bmatrix} & \cdots & \begin{bmatrix} G_{nn} & -B_{nn} \\ B_{nn} & G_{nn} \end{bmatrix} \end{bmatrix}\begin{bmatrix} \begin{bmatrix} U_{x1} \\ U_{y1} \end{bmatrix} \\ \vdots \\ \begin{bmatrix} U_{xg} \\ U_{yg} \end{bmatrix} \\ \vdots \\ \begin{bmatrix} U_{xn} \\ U_{yn} \end{bmatrix} \end{bmatrix} \tag{7-9}$$

在式（7-9）中，发电机节点 g 的自导纳 $G'_{gg}, B'_{gg}, B''_{gg}, G''_{gg}$ 是相位角 δ 的函数，在暂态过程中，它们的值是不断变化的。因此计算时要不断修正网络方程式（7-9）。

2. 负荷的接入

负荷的接入方式因负荷的表示方式而异。负荷以恒定阻抗或导纳表示时，仅需将表示负荷的阻抗直接联接在负荷节点，不必对这种节点作其他处理。这时的负荷节点实际上已转化为联络节点。

当负荷以随时间（转差）而变化的阻抗或导纳表示时，要在暂态过程中的每一时段都修正表示负荷的阻抗或导纳，即修正网络方程式中负荷节点的自导纳。

计及负荷电动机转子回路的电磁暂态过程，可仿照发电机的处理方式，将电动机的次暂态电动势 E'' 转换为电流源。但注意电动机的次暂态电动势 E'' 将随时间而变化。

3. 简单故障的接入

如前所述，分析计算暂态稳定的基本前提之一是不计负序和零序分量的影响。这就有可能运用正序等效定则。因此对于简单故障，只要在短路点或开断点并联或串联附加阻抗或与之对应的导纳，不必作其他处理。

接入了发电机，负荷和简单故障的阻抗或导纳后的网络，就是用来分析暂态稳定性的网络。描述这个网络运行情况的方程式，就是用来计算暂态稳定性的网络方程式。容易看出，无论发电机以 E' 或 E'_q 表示，无论负荷以恒定阻抗或导纳，随时间而变化的阻抗或导纳甚至电流源表示，无论是短路或断线故障，这个网络方程式总是一个表示节点注入电流 I_B 和节点电压 U_B 之间关系的线性方程式，而不是如潮流计算时那种非线性方程式。

7.2.2　网络方程式和转子运动方程式的交替解算

用数值计算的方法（改进欧拉法）计算简单系统暂态稳定的主要计算步骤为：

(1) 计算正常运行时的潮流分布，并由它确定各电动势，功率角，电磁功率，机械功率在正常运行时的值。

(2) 接入短路附加阻抗，计算短路时的网络参数。

(3) 运用短路时的网络参数，保持定值的电动势和短路前后不突变的功率角，确定短路后最初瞬间的电磁功率。

(4) 运用短路后最初瞬间的电磁功率和保持定值的机械功率确定短路后第一个时间段末功率角的近似值。

(5) 运用这个功率角的近似值确定与之对应的电磁功率的近似值。

(6) 运用这个电磁功率的近似值确定短路后第一个时间段末功率角的改进值，然后开始第二个时间段的计算。

(7) 切除短路后第一个时间段的计算与发生短路时相同。

将这样一个反复计算电磁功率和功率角的过程推广到多机系统，就是一个交替解网络方程式（代数方程式）和转子运动方程式（微分方程式）的过程。

复杂电力系统暂态稳定的计算主要包括三大部分。第一部分是初始值的计算；第二部分为网络方程式的计算；第三部分是微分方程式的解算，解算转子运动方程式和电动机转子回路电磁暂态过程方程式，求取功率角，转差率，电动机次暂态电动势 E'' 的近似值和改进值。

1. 初始值的计算

确定了正常运行时的潮流分布后，就可根据各节点电压和功率计算各节点的电流。但这些电流还不是用来解网络方程式的节点注入电流，而是网络中各发电机和电动机的定子电流。

为求取发电机节点的注入电流，当发电机以电动势 E' 表示时，可根据公式

$$\dot{E}' = (r_a + \mathrm{j}x'_d)\,\dot{I}_g + \dot{U} \tag{7-10}$$

求得电动势 $\dot{E}'$，然后把发电机的阻抗折算成导纳 $Y_g = G_g + \mathrm{j}B_g = 1/(r_d + \mathrm{j}X'_d)$，并用 Y_g 修正该节点的自导纳。再将电动势 $\dot{E}'$ 转换成电流源（节点注入电流）

$$\dot{I}'_g = \dot{E}'(G_g + \mathrm{j}B_g) \tag{7-11}$$

当发电机以交轴暂态电动势 E'_q 表示时，先由式 $\dot{E}_Q = (r_a + \mathrm{j}x_q)\,\dot{I}_q + \dot{U}$ 求得虚构

电动势 E_Q，确定发电机的交轴方向和功率角 δ，然后由式 $I_d=I_{xg}\sin\delta-I_{yg}\cos\delta$ 算出直轴定子电流，由式 $E'_q=E_Q-I_d(x_q-x'_d)$ 求得 E'_q。再根据式（7-7）和式（7-3）分别计算 I'_{xg}, I'_{yg} 和 $G_{xg}, B_{xg}, G_{yg}, B_{yg}$，并用后者修正该节点的自导纳。$I'_{xy}, I'_{gy}$ 为节点注入电流。

为求取电动机节点的注入电流，需将节点电压 $\dot{U}_s$ 代入公式 $\dot{I}_s=\dfrac{\dot{U}_s-E''}{r_s+\mathrm{j}x''}$，并同

$$T''_{d0}p\dot{E}''=-\dot{E}''+\mathrm{j}(x-x'')I_s-\mathrm{j}sT''_{c0}\dot{E}'' \tag{7-12}$$

联立求解。由于正常运行时 $T''_{d0}p\dot{E}''=0$，所以有

$$\dot{E}''=\frac{\mathrm{j}\dfrac{x-x''}{r_s+\mathrm{j}x''}}{1+\mathrm{j}sT''_{d0}+\mathrm{j}\dfrac{x-x''}{r_s+\mathrm{j}x''}}U_x \tag{7-13}$$

求得电动势 $\dot{E}''$，然后把电动机的阻抗折算成导纳 $Y_l=G_i+jB_l=1/(r_s+\mathrm{j}x'')$，并用 Y_l 修正该节点的自导纳。再将电动势 E''转换成电流源 $\dot{I}_i$（节点注入电流）

$$\dot{I}'_l=E''(G_l+\mathrm{j}B_l) \tag{7-14}$$

为修正负荷节点的自导纳，用正常运行时负荷节点的功率和电压由式 $Y_l=\overset{*}{S}_l/U_l^2$ 求取，再并入原网络方程式该节点的自导纳。

在初值计算中还要计算原动机机械功率在正常运行时的值，它就等于发电机的电磁功率。而发电机的电磁功率就等于发电机电动势与流出该电动势的电流的乘积的实部。

如有必要计算电动机的电磁转矩，则有 $M_e=Re\ [\dot{E}''\dot{I}_s]$。

2. 网络方程式的计算

线性网络方程式的计算没有什么困难，可使用任何一种解线性方程组的方法计算。如高斯消元法，三角分解法等。

在计算网络方程式之前，要对导纳矩阵中那些随时间变化的自导纳进行修正。

解得各节点电压后，就可再次计算发电机的电磁功率和电动机的电磁转矩。而计算中需要的电机定子电流值可分别按以下公式计算。

发电机以电动势 E' 表示时

$$\begin{bmatrix}I_{xg}\\I_{yg}\end{bmatrix}=\begin{bmatrix}G_g & -B_g\\B_g & G_g\end{bmatrix}\begin{bmatrix}E'_x-U_x\\E'_y-U_y\end{bmatrix} \tag{7-15}$$

发电机以交轴暂态电动势 E'_q 表示时

$$\begin{bmatrix}I_{xg}\\I_{yg}\end{bmatrix}=\begin{bmatrix}G_g & -B_g\\B_g & G_g\end{bmatrix}\begin{bmatrix}E'_{qx}-U_x\\E'_{qy}-U_y\end{bmatrix} \tag{7-16}$$

电动机

$$\begin{bmatrix} I_{xl} \\ I_{yl} \end{bmatrix} = \begin{bmatrix} G_l & -B_l \\ B_l & G_l \end{bmatrix} \begin{bmatrix} E''_x - U_x \\ E''_y - U_y \end{bmatrix} \tag{7-17}$$

3. 微分方程式的解算

微分方程式的解算包括解发电机组和电动机组的转子运动方程式以及电动机转子回路的电磁暂态过程方程式。

用改进欧拉法求解发电机组转子运动方程式同简单系统中没有不同。而解算电动机组转子运动方程式之前，先要按式 $M_m = k[\alpha + (1-\alpha)(1-s)^\beta]$ 计算得到转差率变化的机械转矩 M_m 。

电动机转子回路的电磁暂态过程方程式的求解，先要按式（7 - 12）列出公式

$$\frac{\mathrm{d}\dot{E}''}{\mathrm{d}t} = \frac{1}{T''_{d0}}[-\dot{E}'' + \mathrm{j}(x - x'')I_l - \mathrm{j}sT''_{d0}\dot{E}'']$$

并将式（7 - 17）求得的电动机定子电流$\dot{I}_l$代入。

求得发电机的功率角 δ，电动机的转差率 s 和次暂态电动势 E''的近似值或改进值后，就可分别计算各节点注入电流的近似值或改进值。

对于以电动势 E'表示的发电机，可用式 $E' = E'_x + \mathrm{j}E'_y$ 先求得 E'，然后代入式（7 - 11）。

对于以交轴暂态电动势 E'_q 表示的发电机，可直接将求得的功率角代入式（7 - 7）。

对于电动机可将求得的次暂态电动势 E''直接代入式（7 - 14）。

在暂态稳定计算中，对于节点导纳矩阵有多次修正。第一次是将潮流计算用的节点导纳矩阵修正为供暂态稳定计算用，这一次修正的是除联络节点外的所有其他节点的自导纳，这属于初始值计算。第二次修正是在每一个时间段的修正，这时仅修正随时间变化的自导纳。第三次修正是在网络结构发生变化时的修正，修正由于网络变化而受影响的节点导纳。

7.3　多机系统暂态稳定性计算——隐式积分方法

在研究电力系统较长时间的动态过程时，往往要计及自动调节励磁系统和自动调速系统的作用。为了计及它们的作用，必须引入表征它们行为的微分方程式。而这些自动调节系统的某些环节的时间常数相对较小，如转子运动方程式的时间常数 T_J 以秒计，但汽轮机油动机方程式的 T_s 和励磁机方程式的 T_e 都以十分之几秒计，液压调速继动器方程式的 T_r 和可控硅励磁放大器方程式的 T_a 都仅以百分之几秒计。若采用显式积分计算，则要取小于这些时间常数的计算步长，才能保证微分方程式数值解的稳定性。从而使计算过程冗长。为了提高计算速度和计算精度，可采用隐式积分计算差分方程式的计算方法。以下讨论这个问题。

7.3.1　隐式积分法

在数值计算方法中已经介绍过隐式积分法，这里结合求解电动机的转子运动方程式

说明在电力系统暂态稳定过程计算中使用隐式积分法的基本方法。

在端电压不变，且不计转子回路的电磁暂态过程时，电动机的机械转矩 M_m 和电磁转矩 M_e 都只与转差率有关。因此，电动机的转子运动方程式可写成

$$\frac{\mathrm{d}s}{\mathrm{d}t}=\frac{1}{T_J}[M_{m(s)}-M_{e(s)}]=f_{(s)} \tag{7-18}$$

在瞬间 t 的转差率 $s_{(t)}$ 已知时，由式（7-18）可得瞬间（$t+\Delta t$）的转差率为

$$s_{(t+\Delta t)}=s_{(t)}+\int_t^{t+\Delta t}f(s)\mathrm{d}t \tag{7-19}$$

当 Δt 足够小时，从 t 到（$t+\Delta t$）之间 $f(s)$ 的变化曲线可近似以直线代替。这样，式（7-19）则可改成

$$s_{(t+\Delta t)}=s_{(t)}+\Delta t[f(s_{(t)})+f(s_{(t+\Delta t)})]/2 \tag{7-20}$$

式（7-20）就是计算转差率 $s_{(t)}$ 的差分方程式。

由于式（7-20）中等号右侧也有待求的函数值 $s_{(t+\Delta t)}$，因此不能简单地用递推公式求取 $s_{(t+\Delta t)}$，只能用解代数方程式的方法迭代求解。如：设已知 $t=0$ 时的转差率 $s_{(0)}$，假设 $t=\Delta t$ 时的转差率初值 $s_{(\Delta t)}^{(0)}=s_{(0)}$，由式（7-20）可列出第一个时间段的差分方程式 $s_{(\Delta t)}^{(1)}=s_{(0)}+\Delta t\ [f(s_{(0)})+f(s_{(\Delta t)}^{(0)})]/2$，求得 $t=\Delta t$ 时转差率的改进值 $s_{(\Delta t)}^{(1)}$，然后将改进值 $s_{(\Delta t)}^{(1)}$ 代入公式，得到 $t=\Delta t$ 时的转差率的进一步改进值 $s_{(\Delta t)}^{(2)}=s_{(0)}+\Delta t[f(f_{(0)})+f(s_{(\Delta t)}^{(10)})]/2$。继续迭代，直到满足精度要求为止。而后又可列出第二个时间段的差分方程式

$$s_{(\Delta t)}^{(1)}=s_{(\Delta t)}+\Delta t[f(s_{(\Delta t)})+f(s_{(\Delta t)})]/2$$

迭代解得 $s_{(2\Delta t)}$。

隐式积分法的优点在于可以取较长的计算步长和有较高的精确度。但如果微分方程式对应的差分方程式是非线性方程式时，则其计算过程较显式积分要复杂。下面先介绍用于暂态稳定计算的差分方程式的形成，然后再介绍它们的解算。

7.3.2 用于暂态稳定计算的发电机组差分方程式

限于篇幅关系，本节仅讨论与发电机组本身有关的微分方程式的转化，即讨论转子运动方程式和转子回路电磁暂态过程方程式的转化。

发电机组的转子运动方程式为

$$\frac{\mathrm{d}\delta}{\mathrm{d}t}=s\omega_N$$

$$\frac{\mathrm{d}s}{\mathrm{d}t}=\frac{1}{T_J}(M_m-M_e)$$

仿照式（7-20）可列出相应的差分方程式

$$\delta_{(t+\Delta t)}=\delta_{(t)}+\omega_N\Delta t[s_{(t)}+s_{(t+\Delta t)}]/2 \tag{7-21}$$

$$s_{(t+\Delta t)}=s_{(t)}+\frac{\Delta t}{2T_J}[M_{m(t)}-M_{e(t)}+M_{m(t+\Delta t)}-M_{e(t+\Delta t)}] \tag{7-22}$$

将式（7-22）代入式（7-21），消去变量 $S_{(t+\Delta t)}$，得

$$\delta_{(t+\Delta t)}=\delta_{(t)}+\omega_N s_{(t)}\Delta t+\frac{\omega_N}{T_J}\left(\frac{\Delta t}{2}\right)^2\left[M_{m(t)}-M_{e(t)}+M_{m(t+\Delta t)}-M_{e(t+\Delta t)}\right]$$

令

$$\alpha_J=\frac{\omega_N}{T_J}\left(\frac{\Delta t}{2}\right)^2 \tag{7-23}$$

$$\delta_{(0)}=\delta_{(t)}+\omega_N s_{(t)}\Delta t+\alpha_J\left[M_{m(t)}-M_{e(t)}\right] \tag{7-24}$$

则上式改为

$$\delta_{(t+\Delta t)}=\alpha_J\left[M_{m(t+\Delta t)}-M_{e(t+\Delta t)}\right]+\delta_0 \tag{7-25}$$

式（7-23）中的 α_j 在 Δt 确定后为一个常数，这种常数称为差分常数。式（7-24）的 δ_0 是一个已知数，因求取 $t+\Delta t$ 时的功率角时，该式的所有变量都已知。从而，它对和式（7-25）而言也是一个常数。但这个常数在不同的时间段有不同的值。这是后面将差分方程式和代数方程式联立求解时这两种方程式的主要区别。

下面讨论转子回路电磁过程方程式。

（1）励磁绕组方程式

$$T'_{d0}\dot{E}'_q=E_{qe}-\left[E'_q+I_d(x_d-x'_d)\right]$$

（2）直轴阻尼绕组方程式

$$T''_{d0}\dot{E}''_q=-E''_q-I_d(x'_d-x''_d)+E'_q+T''_{d0}\dot{E}'_q$$

（3）交轴阻尼绕组方程式

$$T''_{q0}\dot{E}''_d=-E''_d+I_q(x_q-x''_q)$$

将这三个方程式改写为

$$\dot{E}'_q=(E_{qe}-E'_q-\Delta x'_d I_d)/T'_{d0} \tag{7-26}$$

$$\dot{E}''_q-\dot{E}'_q=(E'_q-E''_q-\Delta x''_d I_d)/T''_{d0} \tag{7-27}$$

$$\dot{E}''_d=(\Delta x''_q I_q-E''_d)/T''_{q0} \tag{7-28}$$

式中：$\Delta x'_d=x_d-x'_d,\Delta x''_d=x'_d-x''_d,\Delta x''_q=x_q-x''_q$。

仿照式（7-20）列出相应的差分方程式。由式（7-26）有

$$E'_{q(t+\Delta t)}=E'_{q(t)}+\frac{\Delta t}{2T'_{d0}}\left[E_{qe(t)}-E'_{q(t)}-\Delta x'_d I_{d(t)}+E_{qe(t+\Delta t)}-E'_{q(t+\Delta t)}-\Delta x'_d I_{d(t+\Delta t)}\right]$$

将式中等号右侧的 $E'_{q(t+\Delta t)}$ 移至等号左侧，并令

$$\alpha'_d=\frac{\Delta t}{2T'_{d0}+\Delta t} \tag{7-29}$$

$$E'_{q0}=E'_{q(t)}+\alpha'_d\left[E_{qe(t)}-\Delta x'_d I_{d(t)}-2E'_{q(t)}\right] \tag{7-30}$$

可得

$$E'_{q(t+\Delta t)}=\alpha'_d(E_{qe(t+\Delta t)}-\Delta x'_d I_{d(t+\Delta t)}-E'_{q0}) \tag{7-31}$$

由式（7-27）可列出

$$E''_{q(t+\Delta t)} - E'_{q(t+\Delta t)} = E''_{q(t)} - E'_{q(t)} + \frac{\Delta t}{2T''_{d0}}[-(E''_{q(t+\Delta t)} - E'_{q(t+\Delta t)}) - \Delta x''_d I_{d(t+\Delta t)} - (E''_{q(t)} - E'_{q(t)}) - \Delta x''_d I_{d(t)}]$$

将式（7-31）代入上式，并令

$$\alpha''_d = \frac{\Delta t}{2T''_{d0} + \Delta t} \tag{7-32}$$

$$\alpha_{d12} = \alpha'_d \Delta x'_d + \alpha''_d \Delta x''_d \tag{7-33}$$

$$E''_{q0} = \alpha'_d E_{qe(t)} - \alpha_{d12} I_{d(t)} + (1-2\alpha''_d)E''_{q(t)} + 2(\alpha''_d - \alpha'_d)E'_{q(t)} \tag{7-34}$$

可得

$$E''_{q(t+\Delta t)} = \alpha'_d E_{qe(t+\Delta t)} - \alpha_{d12} I_{d(t+\Delta t)} + E''_{q0} \tag{7-35}$$

相似地处理方式，由式（7-28）可得

$$\alpha''_q = \frac{\Delta t}{2T''_{q0} + \Delta t} \tag{7-36}$$

$$E''_{d0} = E''_{d(t)} + \alpha''_q(\Delta x''_q I_{q(t)} - 2E''_{d(t)}) \tag{7-37}$$

$$E''_{d(t+\Delta t)} = \alpha''_q \Delta x''_q I_{q(t+\Delta t)} + E''_{d0} \tag{7-38}$$

这样，共导出三个差分方程式，即式（7-31）、式（7-35）和式（7-38）。

下面引入自动调速系统和自动调节励磁系统的差分方程式

$$M_{m(t+\Delta t)} = b_m \delta_{(t+\Delta t)} + M_0 \tag{7-39}$$

$$E_{qe(t+\Delta t)} = -b_{e1} U_{g(t+\Delta t)} + b_{e2} \delta_{(t+\Delta t)} + E_{qe(0)} \tag{7-40}$$

式中：b_m, b_{e1}, b_{e2} 都是差分常数，而 M_0，$E_{qe(0)}$ 则是差分方程式的常数项。U_g 为机端电压的模。导出式（7-40）时，认为励磁调节器除按发电机机端电压的偏移调节外，还按功率角的导数调节。

发电机的两个定子回路方程式在不计定子回路中的电磁暂态过程时转化为代数方程式

$$E''_{q(t+\Delta t)} = U_{q(t+\Delta t)} + rI_{q(t+\Delta t)} + x''_d I_{d(t+\Delta t)} \tag{7-41}$$

$$E''_{d(t+\Delta t)} = U_{d(t+\Delta t)} + rI_{d(t+\Delta t)} - x''_q I_{q(t+\Delta t)} \tag{7-42}$$

以后，为书写方便，将下标 $(t+\Delta t)$ 略去。

电磁转矩 $M_e = \psi_d I_q - \psi_q I_d$，将 $\begin{bmatrix}\psi_d \\ \psi_q\end{bmatrix} = \begin{bmatrix}E''_q \\ -E''_d\end{bmatrix} - \begin{bmatrix}0 & x''_d \\ x''_q & 0\end{bmatrix}\begin{bmatrix}I_q \\ I_d\end{bmatrix}$ 代入式（7-42）可得

$$M_e = E''_q I_q + E''_d I_d + (x''_q - x''_d) I_d I_q \tag{7-43}$$

将式（7-42）和式（7-39）代入式（7-25），可得

$$\delta = \alpha_J [b_m \delta - E''_q I_q - E''_d I_d - (x''_q - x''_d) I_d I_q] + \alpha_J M_0 + \delta_0 \tag{7-44}$$

将式（7-40）代入式（7-35），可得：

$$E''_q = \alpha'_d(-b_{e1} U_g + b_{e2}\delta) - \alpha_{d12} I_d + E''_{q0} + \alpha'_d E_{qe0} \tag{7-45}$$

将式（7-41）、式（7-42）、式（7-44）、式（7-45）和式（7-38）中的 U_q, U_d, I_q, I_d 都转换为用 U_x, U_y, I_x, I_y 表示，使发电机组方程式与网络方程式相配合，并与其他发电机组方程式联立。

将等号右侧各项移至等号左侧，有

$$\left.\begin{aligned}
&E''_q-(U_x\cos\delta+U_y\sin\delta)-r(I_x\cos\delta+I_y\sin\delta)-x''_d(I_x\sin\delta-I_y\cos\delta)=0\\
&E''_d-(U_x\sin\delta-U_y\cos\delta)-r(I_x\sin\delta-I_y\cos\delta)+x''_d(I_x\cos\delta+I_y\sin\delta)=0\\
&\delta(1-\alpha_J b_m)+\alpha_J\{E''_q(I_x\cos\delta+I_y\sin\delta)+E''_d(I_x\sin\delta-I_y\cos\delta)+\\
&+\frac{1}{2}(x''_q-x''_d)[(I_x^2-I_y^2)\sin^2\delta-2I_xI_y\cos^2\delta]\Big\}-\alpha_J M_0-\delta_0=0\\
&E''_q-\alpha'_d(-b_{e1}\sqrt{U_x^2+U_y^2}+b_{e2}\delta)+\alpha_{d12}(I_x\sin\delta-I_y\cos\delta)-E''_{q0}-\alpha'_d E_{qe0}=0\\
&E''_d-\alpha''_q\Delta x''_q(I_x\cos\delta+I_y\sin\delta)-E''_{d0}=0
\end{aligned}\right\}$$

(7 - 46)

式（7 - 46）就是用来计算暂态稳定的发电机组差分方程式。

式（7 - 46）中的第一、二式为定子回路方程式，第三式为转子运动方程式，第四、五式为转子回路电磁暂态过程方程式，而且已反映了自动调速系统和自动调节励磁系统的作用。

在以后的推导中，式（7 - 46）这五个方程式等号左侧的函数依次用 f_1,f_2,f_3,f_4,f_5 表示。

这五个方程式中共有 $U_x,U_y,I_x,I_y,\delta,E''_q,E''_d$ 等七个变量。为了求解还要补充两个方程式，即发电机节点的网络方程式。

由于不计定子侧的电磁暂态过程，上列七个变量中，U_x,U_y,I_x,I_y 在运行状态突变时将发生突变。其他三个变量则保持运行状态突变前的值。

7.3.3　用于暂态稳定计算的非线性网络方程式

如果负荷用阻抗表示，则计及自动调节系统作用的网络方程式与式（7 - 9）的模式，除发电机节点略有不同外，其他部分都相同。而且这时的网络方程式仍属线性方程式。但如负荷用其端电压的非线性函数表示，则这种网络方程式就是非线性方程式。

以下以图 7 - 1 的系统为例，说明这种非线性网络方程式的建立。

1. 发电机的接入

由于这时发电机的定子回路方程式，除坐标变换外没作任何处理。所以这时发电机节点的注入电流就是发电机的定子电流。因此，发电机节点的网络方程式应如式（7 - 5），将该式等号右侧各项移至等号左侧，并以 $\Delta I_{xg},\Delta I_{yg}$ 表示相应的函数，可得

$$\begin{bmatrix}\Delta I_{xg}\\ \Delta I_{yg}\end{bmatrix}=\begin{bmatrix}I_{xg}\\ I_{yg}\end{bmatrix}-\sum_{j=1}^{j=n}\begin{bmatrix}G_{gj} & -B_{gj}\\ B_{gj} & G_{gj}\end{bmatrix}\begin{bmatrix}U_{xj}\\ U_{yj}\end{bmatrix}=0 \qquad (7-47)$$

2. 负荷的接入

负荷用阻抗表示时，负荷节点的网络方程式就如式（7 - 9）所示。但在计及电动机

转子回路电磁暂态过程时，还要补充反映转子运动和转子回路电磁暂态过程的差分方程式组，但这并不影响网络方程式本身。

负荷以其端电压的非线性函数表示时，负荷节点的电流平衡关系仍为

$$\begin{bmatrix} I_{xl} \\ I_{yl} \end{bmatrix} = \sum_{j=1}^{j=n} \begin{bmatrix} G_{lj} & -B_{lj} \\ B_{lj} & G_{lj} \end{bmatrix} \begin{bmatrix} U_{xj} \\ U_{yj} \end{bmatrix}$$

仿照式（7-47），负荷节点的网络方程式为

$$\begin{bmatrix} \Delta I_{xl} \\ \Delta I_{yl} \end{bmatrix} = \begin{bmatrix} I_{xl} \\ I_{yl} \end{bmatrix} - \sum_{j=1}^{j=n} \begin{bmatrix} G_{lj} & -B_{lj} \\ B_{lj} & G_{lj} \end{bmatrix} \begin{bmatrix} U_{xj} \\ U_{yj} \end{bmatrix} \tag{7-48}$$

所不同的只是式中的负荷节点注入电流 I_{xl}，I_{yl} 现在为该节点电压的非线性函数。设负荷功率与其端电压有如下关系

$$\left.\begin{aligned} P_l &= A_P U_i^2 + B_P U_i + C_P \\ Q_l &= A_Q U_i^2 + B_Q U_i + C_Q \end{aligned}\right\} \tag{7-49}$$

而负荷节点注入电流 I_l 与该节点电压 U_l 间的关系，由 $I_l = S_l^* / U_l^*$，可得

$$I_{xl} = -\frac{P_l U_{xl} + Q_l U_{yl}}{U_{xl}^2 + U_{yl}^2};\ I_{yl} = -\frac{P_l U_{yl} - Q_l U_{xl}}{U_{xl}^2 + U_{yl}^2}$$

计及负荷功率与其端电压的关系，可得

$$I_{xl} = -(A_P U_{xl} + A_Q U_{yl}) - \frac{B_P U_{xl} + B_Q U_{yl}}{(U_{xl}^2 + U_{yl}^2)^{1/2}} - \frac{C_P U_{xl} + C_Q U_{yl}}{U_{xl}^2 + U_{yl}^2} = I''_{xl} + I'_{xl} + I^0_{xl} \tag{7-50a}$$

$$I_{yl} = -(A_P U_{yl} - A_Q U_{xl}) - \frac{B_P U_{yl} - B_Q U_{xl}}{(U_{xl}^2 + U_{yl}^2)^{1/2}} - \frac{C_P U_{yl} - C_Q U_{xl}}{U_{xl}^2 + U_{yl}^2} = I''_{yl} + I'_{yl} + I^0_{yl} \tag{7-50b}$$

显然，上式为非线性关系式。而网络方程式的节点注入电流列向量中出现上式所示元素，因此它也是非线性的。

式（7-49）所示的负荷功率表示式实际上是一种常用的负荷静态电压特性的函数表达式。因此，负荷节点按上述方式处理时，实际上是认为在急剧变动的暂态过程中，负荷功率与其端电压的关系，即负荷的动态电压特性，可以用静态电压特性替代。实践证明这种替代往往是可行的。

3. 简单故障的接入

简单故障的接入与简单系统处理故障点的方法完全相同。比如：一处短路时，在短路点并联一个附加阻抗或导纳后，短路点就转化为联络节点。联络节点由于没有注入电流，其网络方程式为

$$\begin{bmatrix} \Delta I_{xl} \\ \Delta I_{yl} \end{bmatrix} = \begin{bmatrix} I_{xl} \\ I_{yl} \end{bmatrix} - \sum_{j=1}^{j=n} \begin{bmatrix} G_{kj} & -B_{kj} \\ B_{kj} & G_{kj} \end{bmatrix} \begin{bmatrix} U_{xj} \\ U_{yj} \end{bmatrix} = 0 \tag{7-51}$$

综上可见，网络方程式之所以从线性转变为非线性，只是由于负荷采用的表示方法。在这里之所以考虑用静态电压特性表示负荷，不仅是由于这种负荷参数容易收集，

还是由于差分方程式已属非线性，将非线性的网络方程式与之联立求解不会增加解算的困难。

4. 网络方程式和发电机方程式的联立求解

有了发电机组的差分方程式和网络的代数方程式，就可以考虑它们的联立求解问题。由于系统在运行情况突变的瞬间，发电机的功率角 δ_g 和次暂态电动势 E''_{qg}，E''_{dg} 不突变，参与解算的方程式共有（$4m+2l+2$）个。分别为：m 个式（7-46）中的第一，二式表示的发电机定子回路方程式；m 个式（7-47）的发电机节点网络方程式；l 个式（7-48）的负荷节点网络方程式；一组式（7-51）的短路点方程式。待求的变量也是（$4m+2l+2$）个。分别为 m 个发电机定子电流和（$m+l+1$）个节点电压的实部和虚部。这（$4m+2l+2$）个方程式都是代数方程式，虽然是非线性代数方程式，但总可运用 N-L 法等迭代计算方法求得足够精确的解。

在随后的暂态过程中，发电机的功率角和次暂态电动势都随时间而变化，参与解算的方程式再增加 $3m$ 个，即式（7-46）中的第三，四，五式表示的发电机组差分方程式。相应新增加的待求变量为 m 组 δ_g 和 E''_{qg}, E''_{dg}。差分方程式的引入使方程组的解算除迭代外又增加了递推的内容。即对这（$7m+2l+2$）个待求的随时间变化的变量，既要作从某一瞬间至另一瞬间的递推运算，又要作从初值至精确值的迭代运算。为说明这一运算过程，先介绍运用 N-L 法迭代求解时需建立的修正方程式。对图 7-1 所示系统，这个修正方程式为式（7-52）。式（7-52）中的系数矩阵为雅克比矩阵。

运用修正方程式（7-52）进行迭代和递推运算的步骤为：

（1）设 t 瞬间的（$7m+2l+2$）个变量已全部求得，运用式（7-24）、式（7-34）、式（7-37）求出 $t+\Delta t$ 瞬间差分方程式的常数项 $\delta_0, E''_{q0}, E''_{d0}$，并从有关的自动调节系统方程组中求得式（7-39）、式（7-40）中的 M_0, E_{qe0}。

（2）将已知 t 瞬间的变量值代入式（7-46）、式（7-47）、式（7-48）、式（7-51），求得修正方程式等号左侧的残留误差列向量。

（3）根据已知 t 瞬间的变量值求出修正方程式中雅克比矩阵的所有非零元素，并形成雅克比矩阵。

（4）解修正方程式（7-52），得待求变量修正量的列向量。

（5）以这些修正量修正已知的 t 瞬间的变量值。

（6）运用修正后的变量值再一次计算残留误差列向量，再一次形成雅克比矩阵。

（7）再一次解修正方程式，并运用解得的修正量再一次修正已经过一次修正的变量值。

（8）反复迭代，直至所有修正量都小于允许误差。此时求得的就是 $t+\Delta t$ 瞬间的变量值。

（9）运用这组 $t+\Delta t$ 瞬间的变量值，重新计算差分方程式的常数项 $\delta_0, E''_{q0}, E''_{d0}, M_0, E_{qe0}$，并开始下一时间段的计算。

$$\begin{bmatrix} f_{11} \\ f_{21} \\ f_{31} \\ f_{41} \\ f_{51} \\ f_{12} \\ f_{22} \\ f_{32} \\ f_{42} \\ f_{52} \\ \Delta I_{x1} \\ \Delta I_{y1} \\ \Delta I_{x2} \\ \Delta I_{y2} \\ \Delta I_{x3} \\ \Delta I_{y3} \\ \Delta I_{x4} \\ \Delta I_{y4} \end{bmatrix} = \begin{bmatrix} G_{11} & & G_{1N} & & & \\ & G_{22} & & G_{2N} & & \\ G_{N1} & & Y_{11} & & & Y_{14} \\ & G_{N2} & & Y_{22} & & Y_{24} \\ & & & & Y_{33} & Y_{34} \\ & & Y_{41} & Y_{42} & Y_{43} & Y_{44} \end{bmatrix} \begin{bmatrix} \Delta I_{x1*} \\ \Delta I_{y1*} \\ \Delta \delta_1 \\ \Delta E''_{q1} \\ \Delta E''_{d1} \\ \Delta I_{x2*} \\ \Delta I_{y2*} \\ \Delta \delta_2 \\ \Delta E''_{q2} \\ \Delta E''_{d2} \\ \Delta U_{x1} \\ \Delta U_{y1} \\ \Delta U_{x2} \\ \Delta U_{y2} \\ \Delta U_{x3} \\ \Delta U_{y3} \\ \Delta U_{x4} \\ \Delta U_{y4} \end{bmatrix} \tag{7-52}$$

可见，在具体解算时，前述的递推和迭代过程实际上是同时完成的，之所以会这样，是由于迭代时，实质上已取 t 瞬间的各变量值作为 $t+\Delta t$ 瞬间各变量的初值。从而在迭代结束时自然地得到 $t+\Delta t$ 瞬间的各变量值。因此这个过程称为网络方程式和发电机组的方程式的联立求解。

7.4 暂态稳定性分析的直接法

7.4.1 直接法简介

1892 年俄国学者 Lyopunov 在《运动稳定性的一般问题》中提出了判断动态系统稳定性的两种方法。

第一方法：以级数方式将系统受扰运动微分方程组的通解或特解表达式写出，在此基础上研究系统运行点的稳定性问题。

第二方法：借助于 Lyopunov 函数 V 和根据受扰运动方程式计算出 Lyopunov 函数 V 对时间的导函数 $\dot{V}$。根据 $\dot{V}$ 的符号直接判别系统运行点的稳定性。

由于第二方法不用求解微分方程而直接判断系统的稳定性，因此第二方法又称直接法。

使用直接法判断系统稳定性的一般步骤为：

（1）构造一个 Lyopunov 函数 V。

（2）根据受扰运动方程式计算出 V 函数对时间的导函数 $\dot{V}$。

（3）计算满足 $\dot{V}(X)=0$ 的离平衡点最近的点 X_1。

（4）将 X_1 代入 $V(X)$，求得 $V_{cr}=V(X_1)$。

（5）如受扰后系统的初始运行点 X_0 有 $V(X_0)<V_{Cr}$，则系统稳定。反之，则不然。

在电力系统应用直接法判断系统的稳定性有很长的历史。有人认为应用能量准则判断系统稳定性的“等面积准则”是最早应用在电力系统的 Lyopunov 函数。

1930 年苏联学者戈列夫提出了用于多机系统的能量准则，1947 年英国学者马格纳逊提出了“暂态能量法”。这以后几乎所有的 Lyopunov 函数的构成方法都在电力系统的稳定分析中使用过，如初积分法，二次型法，变量梯度法，祖波夫法，波波夫法等。

由于直接法得到的稳定判据是判断系统稳定性的充分条件，因此，对于一个稳定的系统，其 Lyopunov 函数有无穷多个。对于不同的 Lyopunov 函数，其表示的稳定域可能不一样，越大的稳定域越接近实际系统的稳定区域。各种构造 Lyopunov 函数的方法都是在试图构造能最大程度接近系统稳定域的 Lyopunov 函数，可惜到现在为止还没有一种方法能证明比其他方法更优越。

7.4.2　直接法在电力系统稳定性分析中的应用

电力系统暂态稳定性分析通常为确定在给定事故条件下计算临界切除时间 t_{cr}。

用直接法计算 t_{cr}，一般分为以下三个步骤：

（1）构造事故后系统的 Lyopunov 函数或能量函数 $V(X)$；

（2）对于给定事故，寻找 $V(X)$ 的临界值 V_{cr}；

（3）对事故后系统的暂态方程式做数值积分，直至 $V(X)=V_{cr}$。这段时间即为临界切除时间 r_{cr}。

这三个步骤中，第（3）步是一般的数值积分方法，在理论上没有什么问题；第（1）步是构造 $V(X)$，不同的 $V(X)$ 会得到不同的稳定域。人们花费了很大气力去寻找各种 $V(X)$，但现在还不能说哪一种方法是最优秀的。在电力系统的直接法应用上，一般用波波夫法，后来又有暂态能量函数法等。寻找更合适的 Lyopunov 函数仍是今后研究的一个课题。

至于第（2）步，“对于给定事故，寻找 $V(X)$ 的临界值 V_{cr}”，在 1978 年以前，电力系统用直接法分析稳定性的研究都假设系统稳定状况与事故发生地点无关。这假设明显不合理，但当时没有解决方法。1978 年后，人们开始在直接法里考虑故障地点对系统稳定状况的影响，使直接法的保守性大为降低。

前面所述使用直接法判断系统稳定性的方法称为经典直接法，这些方法不考虑故障发生地点，一律取不稳定平衡点上最小的 Lyopunov 函数 $V(X)$ 值作为 V_{cp}，认为当系统受扰后的初始运行点 X_0 的 $V(X_0)<V_{cr}$ 时系统稳定。

众所周知，在多机系统稳定平衡点周围稳定域的边上，有很多不稳定平衡点。一般来说，这些不稳定平衡点上的 Lyopunov 函数 $V(X)$ 的值是不同的，当系统受扰失去稳定时，对于不同的干扰方式或地点系统受扰后的轨迹是不同的，因而穿过稳定边界的边界点也不同，相应的 V_{cr} 值也应该不同。而现在取最小的 $V(X)$ 值作为 V_{cr}，可见其保守性之大。为改善计算精度，1978 年后，人们开始在直接法里考虑故障地点对系统稳定状况的影响，下面介绍几个改善计算准确度的方法。

1. 加速度法

加速度法是依据以下考虑，即：失步的同步机在事故发生时及以后的一段时间内其加速度往往比其他机组大。因此可以用机组的加速度来确定相关不稳定平衡点。

用加速度法判断系统稳定性的基本步骤为：

（1）计算 $t=0^+$ 时各机组的加速度，取加速度最小的电机为参考坐标。

（2）设机组 i 的加速度最大，取近似的临界值 $V'_{cr}=V(\theta',0)$，其中取 $\theta'=(0,\cdots,0,\pi-2\delta_i^s,0,\cdots0)$。

（3）对受扰方程做数值积分，当 $V=V'_{cr}$ 时，再计算各机组的加速度，这时有两种情况：

1）某个机组加速度最大；

2）出现一组机组 $k(k\geqslant2)$ 加速度明显加大。设相应的不稳定平衡点为 θ^a，求 $V_{cr}=V(\theta^a,0)$。

（4）再次积分，当 $V(\theta,\omega)=V_{cr}$ 时，求出 t_{cr}。该方法要做两次积分，为加快积分速度。一般将原非线性微分方程组在故障前的稳定平衡点做泰勒级数展开。所取阶数 p 凭经验而定。

一般当 $t_C=0.5\sim0.6$s 时，取 $p=4$ 的计算结果已非常好。在一个七机系统的试验表明：该方法的计算结果同精确计算结果非常一致，但计算时间只为精确法的百分之一。

2. 关联不稳定平衡点法

关联不稳定平衡点法认为：对于某一故障，使系统不稳定的轨迹是穿过关联不稳定平衡点附近失去稳定的。因此，找到关联不稳定平衡点，以该点的 V 值作为 V_{cr}，对应于 V_{cr} 的时间即为 t_{cr}。

关联不稳定平衡点法的基本步骤：

（1）对于给定的事故，计算事故后系统的导纳阵 Y_{red}，用 N-R 法或变尺度法（DFP）以事故前的平衡点为初值，计算事故后的稳定平衡点 θ^S。

（2）采用简易数值积分，确定事故轨迹的运动方向和近似轨迹。沿着近似轨迹计算 θ^{SS} 和一标量目标函数 $F(\theta)$。当 $F(\theta)$ 达到最大值时的角度为 θ^{SS}。

（3）由 θ^{SS} 形成方向向量 $\theta^{SS}-\theta^S$，并标准化为 h。

（4）求解一维最小化问题：$\min F[\theta(\theta^{SS}+Zh)]Z>0$，求出 $\theta^{\Delta u}$。

(5) 以 $\theta^{\Delta\mu}$ 为初值用 DFP 法解方程，求得不稳定平衡点 θ^{μ} ，并计算出 $V(\theta^{\mu},0)=V_{cr}$。

3. 势能界面法

对于一个动力系统，我们可以画出它的稳定域。有一个稳定平衡点，在其周围是一些不稳定平衡点。在稳定平衡点 θ^{S} 势能 $V_{PE}=0$ ，偏离 θ^{S} 后，$V_{PE}>0$ 。不同的点，其 V_{PE} 不同。我们把相角空间上 V_{PE} 相等的点连起来，就构成了等位线即等势能线（类似于地理图上的等高线）。在 θ^{S} 周围的一个区域内，等势能线是闭合的，而且在 θ^{S} 的势能最小（形如群山环抱的平地），而对于不稳定平衡点 θ^{μ} ，如果是鞍点，虽然也有 $\Delta V_{P}=0$ ，但其周围的等势能线不是闭合曲线（两山之间的山谷）。如不是鞍点，则 θ^{μ} 周围的势能线也是闭合线，但 θ^{μ} 处的势能达到极大。

在势能曲线图上再画曲线，这曲线穿过不稳定平衡点 θ^{μ} 且与等势能曲线正交。这曲线是一个闭合线，该曲线将相角空间上的势能曲面分成两部分，在闭合线内部有 θ^{S} 。这个闭合曲线就称为势能界面 PEBS。

对于某一事故，如在临界切除时间稍大一点的时刻清除事故，则系统的运行轨迹将紧靠某一鞍点穿过 PEBS。不同的事故地点一般是紧靠另一个鞍点穿过 PEBS，这个鞍点就是关联不稳定平衡点。

(1) 势能界面法不需要求得关联不稳定平衡点。认为在相角平面上有以下情况：

1) 持续事故轨迹与 PEBS 相交的点很接近关联不稳定平衡点，且在持续事故轨迹与 PEBS 的交点处 $V_{P}(\theta)$ 达到最大值；

2) PEBS 和持续事故轨迹的交点以及不稳定平衡点都位于相角平面图上势能变化较平缓处。因此，交点上的 $V_{P}(\theta)$ 和该事故状况下的 V_{cr} 非常接近，因此可用 $V_{P}(\theta)$ 近似 V_{cr}。

(2) 势能界面法的基本步骤：

1) 用快速方法计算持续事故轨迹；

2) 计算在势能界面变号的函数，用以判断轨迹是否与势能界面相交；

3) 计算交点处 $V_{P}(\theta)$ 的值，近似为 V_{cr} ；

4) 用积分法计算受扰轨迹，当 $V(\theta,\dot{\omega})=V_{cr}$ 时，即得 t_{cr} 。

4. 扩展等面积法（EEAC 法）

扩展等面积法是目前直接判断电力系统稳定性的最佳方法。该方法将一个多维空间的运动轨迹等值映射到 1 维空间，并在 1 维空间根据映射后的系统等值轨迹用大家熟悉的等面积法则判断系统的稳定性。下面简单介绍扩展等面积法的基本原理。

(1) N 维空间到 1 维空间的映射：$PCOI(n,1)$。

对于一个 n 机系统

$$\frac{T_{k}}{\omega_{0}}\cdot\frac{\mathrm{d}\delta_{k}^{2}}{\mathrm{d}t^{2}}=P_{Tk}(t)-P_{Ek}(t)=\Delta P_{k}(t)k=1,2,\cdots,n \tag{7-53}$$

取这样的分隔：任取一划分 g，将这 n 台机分隔后属于两个非空互补群 S_{g} 和 A_{g} 。

即：$S_g \cup A_g = \{1,2,\cdots,n\}, S_g \cap A_g = \varphi, S_g \neq \varphi, A_g \neq \varphi$。

分别将各群内的发电机动态方程相加，得

$$\sum_{i\in S_g} \frac{T_i}{\omega_0} \frac{\mathrm{d}\delta_i^2}{\mathrm{d}t^2} = \sum_{i\in S_g} P_{Ti}(t) - \sum_{i\in S_g} P_{Ei}(t) = P_{TS_g} - P_{ES_g} \tag{7-54}$$

$$\sum_{j\in A_g} \frac{T_j}{\omega_0} \frac{\mathrm{d}\delta_j^2}{\mathrm{d}t^2} = \sum_{j\in A_g} P_{Tj}(t) - \sum_{j\in A_g} P_{Ej}(t) = P_{TA_g} - P_{EA_g} \tag{7-55}$$

方程式（7-54）和式（7-55）是不定解的，因此不能用来求解动态方程。

由于将 n 台机互补分割为非空的两群共有 $l = 2^n - 2$ 种分法，故方程式（7-54）、式（7-55）共有 l 对，这 l 个有序对构成集合 E，即 $\forall\{S_g, A_g\} = E$。

为了能从 n 维状态空间等值变换到便于分析的低维空间，对式（7-54）、式（7-55）进行一次线性变换，记作 $PCOI(n,2): R^n \to E(R^2)$。对某个特定划分 g 来说，其变换函数为

$$\delta_{S_g} = \sum_{i\in S_g} T_i \delta_i / T_{S_g}, T_{S_g} = \sum_{i\in S_g} T_i \tag{7-56}$$

$$\delta_{A_g} = \sum_{j\in A_g} T_j \delta_j / T_{A_g}, T_{A_g} = \sum_{j\in S_g} T_j \tag{7-57}$$

分别将式（7-56）和式（7-57）代入式（7-54）和式（7-55），得

$$\frac{T_{S_g}}{\omega_0} \cdot \frac{\mathrm{d}\delta_{S_g}^2}{\mathrm{d}t^2} = P_{TS_g} - P_{ES_g} = \Delta P_{S_g} \tag{7-58}$$

$$\frac{T_{A_g}}{\omega_0} \cdot \frac{\mathrm{d}\delta_{A_g}^2}{\mathrm{d}t^2} = P_{TA_g} - P_{EA_g} = \Delta P_{A_g} \tag{7-59}$$

式（7-58）、式（7-59）共有 l 对。

式（7-58）、式（7-59）是等值二机系统的动态方程。$PCOI(n,2)$ 变换将 n 维空间的动态轨迹 $\delta_k(t), k = 1,2,\cdots,n$ 等值映射到 l 个 2 维空间。

为了便于观察，将两机系统再等值地映射到单机系统，即 $OMIB: R^2 \to R^1$。其变换函数为

$$\delta_g = \delta_{S_g} - \delta_{A_g} \tag{7-60}$$

式（7-58）乘以 T_{A_g}，得

$$\frac{T_{S_g} T_{A_g}}{\omega_0} \cdot \frac{\mathrm{d}\delta_{S_g}^2}{\mathrm{d}t^2} = T_{A_g}(P_{TS_g} - P_{ES_g}) \tag{7-61}$$

式（7-59）乘以 T_{S_g}，得

$$\frac{T_{S_g} T_{A_g}}{\omega_0} \cdot \frac{\mathrm{d}\delta_{A_g}^2}{\mathrm{d}t^2} = T_{S_g}(P_{TA_g} - P_{EA_g}) \tag{7-62}$$

式（7-61）减式（7-62）

$$\frac{T_{S_g} T_{A_g}}{\omega_0} \cdot \frac{\mathrm{d}\delta_g^2}{\mathrm{d}t^2} = (T_{A_g} P_{TS_g} - T_{S_g} P_{TA_g}) - (T_{A_g} P_{ES_g} - T_{S_g} P_{EA_g}) \tag{7-63}$$

令
$$T_g = T_T^{-1} T_{S_g} T_{A_g}, T_T = T_{S_g} + T_{A_g}$$

代入式（7-63）

$$\frac{T_g}{\omega_0}\frac{d\delta_g^2}{dt^2} = T_T^{-1}(T_{A_g} P_{TS_g} - T_{S_g} P_{TA_g}) - T_T^{-1}(T_{A_g} P_{ES_g} - T_{S_g} P_{EA_g}) = P_{Tg} - P_{Eg} \tag{7-64}$$

通过 $PCOI(n,2)$ 和 $OMIB$ 两次映射，将 n 维空间的动态轨迹等值映射到 R^1 空间。将依次进行 $PCOI(n,2)$ 和 $OMIB$ 映射定义为 $PCOI(n,1)$ 映射，记作 $PCOI(n,1):R^n \to E(R^1)$。

由于对 R^1 空间的熟悉，使我们能迅速地判断用式（7-64）表示的系统是否稳定。但式（7-64）表示的系统稳定与否是否同用式（7-53）表示的原始系统的稳定相等呢？以下的定理证明了这一点。

(2) $PCOI(n,1)$ 保留了系统稳定特性。系统运行时，各发电机电动势相对于参考相量都有一个相角 $\delta_k, k=1,2,\cdots,n$，将 n 个 δ_k 角按从大到小的顺序重新排列 $\delta_1 > \delta_2 > \cdots > \delta_i > \cdots > \delta_n$，每两个相邻相角间构成一个角度间隙 $\Delta\delta_j = \delta_j - \delta_{j+1} \geqslant 0$。对于一个 n 机系统，有 $n-1$ 个角度间隙 $\Delta\delta_j$，即 $j=1,2,\cdots,n-1$。由于在系统运行的动态过程中，机组的相角变化是连续的，故角度间隙 $\Delta\delta_j$ 是连续变量。但是，由于在动态过程中，n 台发电机的 δ_k 角之间的超前滞后关系可能会发生变化，因此，在动态过程中 $\Delta\delta_j = \delta_j - \delta_{j+1}$ 中的 j 和（或）$j+1$ 所对应的机组会发生变化。所以，$\Delta\delta_j$ 不一定光滑。

当系统稳定时，任一个角度间隙 $\Delta\delta_j$ 都不会无限增大，即小于一个足够大的值。反之当系统不稳定时，则存在至少一个角度间隙 $\Delta\delta_j$ 逐渐增大，最终大于任何事先给定的值。

定义 7-1：如果对于任意给定正数 β，总可以找到一个时间 t_β，当 $t > t_\beta$ 时，存在某个角度间隙 $\Delta\delta_j > \beta$，则称该角度间隙 $\Delta\delta_j$ 为无界角度间隙（UAG）。

显然，系统若存在 UAG，则系统一定是不稳定的，而系统若不存在 UAG，则系统一定是稳定的。

定理 7-1：如果系统在 R^n 空间不稳定，则至少在一个 $PCOI(n,1)$ 映射得到的 R^1 间上的映像是不稳定的。

证明：系统在 R^n 空间不稳定，意味着在 R^n 中至少有一个 UAG。以此 UAG 取划分 g 将该 n 机分成互补的两群 S_g 和 A_g。设 G_j 是领前群 S_g 中最滞后的发电机，G_{j+1} 是滞后群 A_g 中最领先的机组（G_j 和（或）G_{j+1} 可能随时间的变化而改变）。根据 $PCOI(n,1)$ 映射，在 R_g^1 空间的映射角

$$\begin{aligned}\delta_g = \delta_{S_g} - \delta_{A_g} &= \sum_{i\in S_g} T_i\delta_i \Big/ \sum_{i\in S_g} T_i - \sum_{k\in A_g} T_k\delta_k \Big/ \sum\nolimits_{k\in A_g} T_k \geqslant \delta_j - \delta_{j+1} \\ &= \Delta\delta_j(UAG)\end{aligned}$$

根据定义 7-1，对任意给定正数 β，总存在时间 t_β，当 $t > t_\beta$ 时，有 $\delta_g \geqslant \Delta\delta_j > \beta$，所以 δ_g 是 R^1 空间的 UAG。所以在 R_g^1 空间的映射是不稳定的。

设在 R^n 空间取另一划分 g'，g' 在划分 g 的基础上，将 S_g 中的某些发电划归到 A'_g 和（或）将 A_g 中的某些发电机划归到 S'_g。按照 g' 划分，R^1 平面上映像的不稳定程度将降低，但当错划机组造成的影响不大时，在新的 R^1 平面上映像仍有可能不稳定。因此，能反映出 UAG 的 R^1 平面数$\geqslant 1$。

定理 7 - 2：如果系统在 R^n 空间稳定，则在任一个 R^1 空间上的映像都是稳定的。

证明：设 G_i 是 n 台发电机中最领先的发电机，G_j 是最滞后的发电机。G_i 和（或）G_j 可能随时间变化。因为系统稳定，所以不存在无界角度间隙 UAG。因此，必存在一有限值 K，满足 $|\delta_i-\delta_j|\leqslant K$。指定 G_i 是 S_g 的第一个成员，G_j 是 A_g 的第一个成员。对于其他的发电机 $G_k(k\neq i,k\neq j)$，有 $\delta_j\leqslant\delta_k\leqslant\delta_i$。将 G_k 划入 S_g 不可能增加 δ_{S_g}；划入 A_g 不可能减少 δ_{A_g}。因此，有 $|\delta_g(t)|\leqslant|\delta_i(t)-\delta_j(t)|\leqslant K,\forall g$，所以在 R^1 平面上 $\delta_g(t)$ 有界，映像稳定。

$PCOI(n,1)$ 映射和定理 7 - 1、定理 7 - 2 是扩展等面积法的基本原理。$PCOI(n,1)$ 映射和定理 7 - 1、定理 7 - 2 从理论上保证了人们可以从 R^1 空间上观测到系统在 R^n 空间的稳定性，极大地降低了判断多机系统稳定性的困难，为电力系统稳定性的快速判断开辟了一个新的方向。

第 8 章　电力系统低频振荡及次同步谐振

8.1　概　　述

电力系统中发电机经输电线并列运行时，在扰动下会发生发电机转子间的相对摇摆，并在缺乏阻尼时引起持续振荡。此时，输电线上功率也会发生相应振荡。由于其振荡频率很低，一般为 0.2～2.5Hz，故称为低频振荡（又称为功率振荡，机电振荡）。电力系统低频振荡在国内外均有发生，这种低频振荡或功率振荡常出现在长距离、重负荷输电线上，在采用现代快速、高顶值倍数励磁系统的条件下更容易发生。电力系统稳定器 PSS 是抑制低频振荡的有效手段。但在多数大电力系统中，PSS 的参数整定和协调，以及全局最优励磁系统的实现，是一个相当复杂的问题。

本章将介绍低频振荡问题的物理机理、影响因素、数学模型、分析方法、对策及 PSS 整定，以便对低频振荡问题有一个比较深入的理解。

8.2　单机无穷大系统的低频振荡

先分析图 8-1 所示简单电力系统的低频振荡问题。

由于励磁调节系统在电力系统低频振荡分析方面起着非常重要的作用，因此在分析电力系统低频振荡时，发电机组的模型要包括励磁系统的模型。所以，对单机-无穷大系统，其分析低频振荡问题的模型为

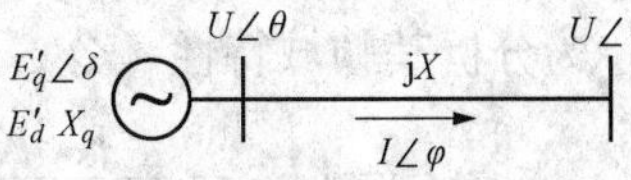

图 8-1　简单电力系统示意图

$$\begin{bmatrix}\Delta\dot{\delta}\\ \Delta\dot{\omega}\\ \Delta\dot{E}'_q\\ \Delta\dot{E}_{qe}\end{bmatrix}=\begin{bmatrix}0 & \omega_0 & 0 & 0\\ -K_1/T_J & -D/T_J & -K_2/T_J & 0\\ -K_4/T'_{d0} & 0 & -K_3/T'_{d0} & 1/T'_{d0}\\ -K_UK_5/T_e & 0 & -K_UK_6/T_e & -1/T_e\end{bmatrix}\begin{bmatrix}\Delta\delta\\ \Delta\omega\\ \Delta E'_q\\ \Delta E_{qe}\end{bmatrix} \tag{8-1}$$

式中

$$K_1=\frac{\partial P_e}{\partial\delta}=\frac{U\sin\delta_0}{x+x'_d}(x_q-x'_d)I_{q0}+\frac{U\cos\delta_0}{x+x_q}[E'_{q0}+(x_q-x'_d)I_{d0}]$$

$$K_2 = \frac{\partial P_e}{\partial E'_q} = \frac{x + x_q}{x + x'_d} I_{q0}$$

$$K_3 = \frac{\partial E_q}{\partial E'_q} = \frac{x + x_d}{x + x'_d}$$

$$K_4 = \frac{\partial E_q}{\partial \delta} = (x_d - x'_d) \frac{U}{x + x'_d} \sin\delta_0$$

$$K_5 = \frac{\partial U_t}{\partial \delta} = -\frac{x'_d}{x + x'_d} \frac{U_{q0}}{U_{t0}} U \sin\delta_0 + \frac{x_q}{x + x_q} \frac{U_{d0}}{U_{t0}} U \cos\delta_0$$

$$K_6 = \frac{\partial U_t}{\partial E'_q} = \frac{x}{x + x'_d} \frac{U_{q0}}{U_{t0}}$$

其中：D 为发电机组阻尼系数。

计算表明：在系统运行方式变化时，$K_1 \sim K_4$ 及 K_6 都是正数，而 K_5 在重负荷即 δ 较大时变为负数。K_5 在重负荷时改变符号这一现象在低频振荡分析时是很重要的。

下面分析发电机转子绕组及励磁对低频振荡的影响。

8.2.1 设励磁系统输出 $E_{qe}=C$ 为常数

此时，状态方程式（8-2）为三阶，即

$$\begin{bmatrix} \Delta\dot{\delta} \\ \Delta\dot{\omega} \\ \Delta\dot{E}'_q \end{bmatrix} = \begin{bmatrix} 0 & \omega_0 & 0 \\ -K_1/T_J & -D/T_J & -K_2/T_J \\ -K_4/T'_{d0} & 0 & -K_3/T'_{d0} \end{bmatrix} \begin{bmatrix} \Delta\delta \\ \Delta\omega \\ \Delta E'_q \end{bmatrix} \tag{8-2}$$

从式（8-2）第三式可得：$\Delta E'_q = -\frac{K_4}{K_3 + T'_{d0}S}\Delta\delta$ 。在 $\Delta\omega$ 不大时，$\Delta P_e \approx \Delta t_e$（p.u.），所以

$$\Delta T_e = K_1\Delta\delta + K_2\Delta E'_q = \left(K_1 - \frac{K_2 K_4}{K_3 + T'_{d0}S}\right)\Delta\delta$$

为分析其频域特性，令 $S = \mathrm{j}\omega$ ，则有

$$\Delta t_e = \left(K_1 - \frac{K_2 K_4}{K_3 + \mathrm{j}\omega T'_{d0}}\right)\Delta\delta = \left(K_1 - \frac{K_2 K_4 (K_3 - \mathrm{j}\omega T'_{d0})}{K_3^2 + (\omega T'_{d0})^2}\right)\Delta\delta$$

$$= \left[\left(K_1 - \frac{K_2 K_4 K_3}{K_3^2 + (\omega T'_{d0})^2}\right) + \frac{\mathrm{j}\omega T'_{d0} K_2 K_4}{K_3^2 + (\omega T'_{d0})^2}\right]\Delta\delta = (K_e + \mathrm{j}\omega D_e)\Delta\delta \tag{8-3}$$

式中：K_e 为同步力矩系数；$K_e > 0$ 时与 $\Delta\delta$ 同相位；D_e 为阻尼力矩系数；$D_e > 0$ 时与 $\Delta\omega$ 同相位。

将式（8-3）代入转子运动方程式

$$T_J S^2 \Delta\delta + DS\Delta\delta = -(K_e\Delta\delta + D_e\Delta\omega) \tag{8-4}$$

由式（8-4）可得以下结论：

(1) K_e 主要影响振荡频率。忽略 D 和 D_e 时，式（8-4）的特征方程为：$T_J S^2\Delta\delta + K_e = 0$ 。$K_e > 0$ 时，与 T_J，K_e 有关的虚根决定振荡频率。当 $K_e < 0$ 时，特征方程有正实

根，系统将非周期失步。一般 K_e 主要决定于 K_1，由于 $\Delta P_e = K_1\Delta\delta + K_2\Delta E'_q$，在 $\Delta E'_q \approx 0$ 时，K_e 即为运行点的功角特性的斜率 $\dfrac{\partial P_e}{\partial \delta} = K_1$。

(2) D_e 主要影响振荡阻尼。当 $D + D_e > 0$ 时，系统有正阻尼系数，不会发生振荡失步。由 D_e 的表达式可知，此时 $D_e > 0$，所以发电机励磁绕组的动态作用有助于抑制低频振荡。

8.2.2 励磁系统对低频振荡的影响

由式（8-1）第四式有：$\Delta E_{qe} = -\dfrac{K_U}{1+T_eS}(K_5\Delta\delta + K_6\Delta E'_q)$。将其代入式（8-1）的第三式，得

$$T'_{d0}S\Delta E'_q = -K_4\Delta\delta - K_3\Delta E'_q - \frac{K_U}{1+T_eS}(K_5\Delta\delta + K_6\Delta E'_q)$$

$$= -\left(K_4 + \frac{K_UK_5}{1+T_eS}\right)\Delta\delta - \left(K_3 + \frac{K_UK_6}{1+T_eS}\right)\Delta E'_q$$

所以

$$\Delta E'_q = -\frac{K_4(1+T_eS) + K_UK_5}{K_UK_6 + (1+T_eS)(K_3 + T'_{d0}S)}\Delta\delta$$

而

$$\Delta t_e = K_1\Delta\delta + K_2\Delta E'_q = K_1\Delta\delta - \frac{K_4(1+T_eS) + K_UK_5}{K_UK_6 + (1+T_eS)(K_3 + T'_{d0}S)}K_2\Delta\delta \quad (8-5)$$

下面讨论 Δt_e 的相位关系。

$$\Delta t_e = \left[K_1 - \frac{K_4(1+\mathrm{j}\omega T_e) + K_UK_5}{K_UK_6 + (1+\mathrm{j}\omega T_e)(K_3 + \mathrm{j}\omega T'_{d0})}K_2\right]\Delta\delta$$

$$= \left[K_1 - \frac{(K_4 + K_UK_5) + \mathrm{j}\omega T_eK_4}{(K_UK_6 + K_3 - \omega^2T_eT'_{d0}) + \mathrm{j}\omega(K_3T_e + T'_{d0})}K_2\right]\Delta\delta = (K'_e + \mathrm{j}\omega D'_e)\Delta\delta$$

式中：

$$K'_e = K_1 - \frac{(K_4 + K_UK_5)(K_UK_6 + K_3 - \omega^2T_eT'_{d0}) + \omega^2T_eK_4(K_3T_e + T'_{d0})}{(K_UK_6 + K_3 - \omega^2T_eT'_{d0}) + \omega^2(K_3T_e + T'_{d0})^2}K_2$$

$$= K_1 - \frac{(K_4K_UK_6 + K_4K_3 + \omega^2T_e^2K_4K_3) + K_UK_5(K_UK_6 + K_3 - \omega^2T_eT'_{d0})}{(K_UK_6 + K_3 - \omega^2T_eT'_{d0})^2 + \omega^2(K_3T_e + T'_{d0})^2}K_2$$

$$D'_e = -\frac{T_eK_4(K_UK_6 + K_3 - \omega^2T_eT'_{d0}) - (K_4 + K_UK_5)(K_3T_e + T'_{d0})}{(K_UK_6 + K_3 - \omega^2T_eT'_{d0})^2 + \omega^2(K_3T_e + T'_{d0})^2}K_2$$

$$= \frac{T_eK_4(\omega^2T_eT'_{d0} - K_UK_6) + K_4T'_{d0} + K_UK_5(K_3T_e + T'_{d0})}{(K_UK_6 + K_3 - \omega^2T_eT'_{d0})^2 + \omega^2(K_3T_e + T'_{d0})^2}K_2$$

在 D'_e 的表达式里，系数 K_4 是发电机励磁绕组的参数，前面已说明发电机励磁绕组的动态作用有助于抑制低频振荡。下面分析系数 K_5 的作用。由于在 D'_e 的表达式里与 K_5 相乘的其他参数都大于零，因此 K_5 起正阻尼还是负阻尼作用就决定于 K_5 自身。而 K_5 在重负荷时会从正数改变为负数，因此在重负荷时容易引起系统振荡。K_U 为励磁系

统的放大倍数，高放大倍数时，$K_U >> 0$。K_U 与 K_5 相乘，将加速系统出现负阻尼的进程。

8.2.3 电力系统稳定器的工作原理

电力系统出现低频振荡时，采用减少输送容量（使 $K_5>0$）或降低励磁放大倍数都是不合适的。因为前者不经济，后者将降低系统的暂态稳定极限。

电力系统出现低频振荡是由于励磁调节系统产生了负阻尼，如果能在励磁调节系统引入附加控制功能，使其产生正阻尼，抵消由于 K_5 变负产生的负阻尼，就能抑制电力系统的低频振荡。这就是电力系统稳定器（PowerSystemStabilizer，PSS）的设计思想。

PSS 有很多具体实现方案，下面我们分析取 $\Delta\omega$ 为输入信号的 PSS 装置。

设 PSS 的传递函数为 $G_{P\omega}(S)$，将 PSS 信号引入励磁调节通道，则发电机励磁电动势为

$$\Delta E_{qe}=-\frac{1}{1+T_eS}[K_U\Delta U_t-G_{P\omega}(S)\Delta\omega] \tag{8-6}$$

如前所示，有：$T_e\Delta E_{qe}=-K_UK_5\Delta\delta-K_UK_6\Delta E_q'-\Delta E_{qe}+G_{P\omega}(S)\Delta\omega$，即

$$\Delta E_{qe}=-\frac{1}{1+T_eS}[K_UK_5\Delta\delta+K_UK_6\Delta E_q'-G_{P\omega}(S)\Delta\omega]$$

代入式（8-1）第三式，得

$$\begin{aligned}T_{d0}'\Delta E_q'&=-K_4\Delta\delta-K_3\Delta E_q'-\frac{1}{1+T_eS}(K_UK_5\Delta\delta+K_UK_6\Delta E_q'-G_{P\omega}(S)\Delta\omega)\\&=-\left(K_4+\frac{K_UK_5}{1+T_eS}\right)\Delta\delta-\left(K_3+\frac{K_UK_6}{1+T_eS}\right)\Delta E_q'+\frac{G_{P\omega}(S)}{1+T_eS}\Delta\omega\end{aligned}$$

所以 $$\Delta E_q'=\frac{-1}{K_UK_6+(1+T_eS)(K_3+T_{d0}'S)}((K_4(1+T_eS)+K_UK_5)\Delta\delta-G_{P\omega}(S)\Delta\omega)$$

$$\begin{aligned}\Delta t_e&=K_1\Delta\delta+K_2\Delta E_q'\\&=K_1\Delta\delta-\frac{K_2}{K_UK_6+(1+T_eS)(K_3+T_{d0}'S)}((K_4(1+T_eS)+\\&\quad K_UK_5)\Delta\delta-G_{P\omega}(S)\Delta\omega)\end{aligned}$$

分析 Δt_e 的相位关系

$$\begin{aligned}\Delta t_e=&\left[K_1-\frac{K_4(1+j\omega T_e)+K_UK_5}{K_UK_6+(1+j\omega T_e)(K_3+j\omega T_{d0}')}K_2\right]\Delta\delta\\&+\frac{K_2G_{P\omega}(j\omega)}{K_UK_6+(1+j\omega T_e)(K_3+j\omega T_{d0}')}\Delta\omega\end{aligned} \tag{8-7}$$

现在分析式（8-7）对应于 $\Delta\omega$ 的系数。若要产生正阻尼，则须

$$\frac{K_2G_{P\omega}(j\omega)}{K_UK_6+(1+j\omega T_e)(K_3+j\omega T_{d0}')}=K_P$$

式中：K_p 为正实数。

所以，$G_{p\omega}(\mathrm{j}\omega)$ 应该为 $K_p\dfrac{K_UK_6+(1+\mathrm{j}\omega T_e)(K_3+\mathrm{j}\omega T'_{d0})}{K_2}$。由于 K_2，K_6 随系统运行状况变化，近似取

$$G_{p\omega}(\mathrm{j}\omega)=K_p(1+\mathrm{j}\omega T_e)(K_3+\mathrm{j}\omega T'_{d0}) \tag{8-8}$$

将式（8-8）代入式（8-7），分析对应于 $\Delta\omega$ 的转矩。

$$\begin{aligned}\Delta t_{e\omega}&=\frac{K_2K_P(1+\mathrm{j}\omega T_e)(K_3+\mathrm{j}\omega T'_{d0})}{K_UK_6+(1+\mathrm{j}\omega T_e)(K_3+\mathrm{j}\omega T'_{d0})}\Delta\omega\\&=\frac{K_2K_P((K_3-\omega^2T_eT'_{d0})+\mathrm{j}\omega(K_3T_e+T'_{d0}))}{(K_UK_6+K_3-\omega^2T_eT'_{d0})+\mathrm{j}\omega(K_3T_e+T'_{d0})}\Delta\omega\\&=\frac{K_2K_P((K_3-\omega^2T_eT'_{d0})+\mathrm{j}\omega(K_3T_e+T'_{d0}))((K_UK_6+K_3-\omega^2T_eT'_{d0})-\mathrm{j}\omega(K_3T_e+T'_{d0}))}{(K_UK_6+K_3-\omega^2T_eT'_{d0})^2+\omega^2(K_3T_e+T'_{d0})^2}\Delta\omega\\&=K_2K_P\frac{(K_3-\omega^2T_eT'_{d0})K_UK_6+(K_3-\omega^2T_eT'_{d0})^2+\omega^2(K_3T_e+T'_{d0})^2+\mathrm{j}\omega(K_3T_e+T'_{d0})K_UK_6}{(K_UK_6+K_3-\omega^2T_eT'_{d0})^2+\omega^2(K_3T_e+T'_{d0})^2}\Delta\omega\end{aligned}$$

当 $K_U<8K_3/K_6$ 时，对应于 $\Delta\omega$ 的系数产生正阻尼。

由于在现实情况下很难构造纯超期环节，所以实际上 PSS 的传递函数取为

$$G_{P\omega}(\mathrm{j}\omega)=K_P\frac{(1+\mathrm{j}\omega T_e)(K_3+\mathrm{j}\omega T'_{d0})}{(1+\mathrm{j}\omega K_{P1})(1+\mathrm{j}\omega K_{P2})} \tag{8-9}$$

将式（8-9）代入式（8-7），分析对应于 $\Delta\omega$ 的转矩。

$$\begin{aligned}\Delta T_{e\omega}&=\frac{K_2K_P(1+\mathrm{j}\omega T_e)(K_3+\mathrm{j}\omega T'_{d0})}{(K_UK_6+(1+\mathrm{j}\omega T_e)(K_3+\mathrm{j}\omega T'_{d0}))(1+\mathrm{j}\omega K_{P1})(1+\mathrm{j}\omega K_{P2})}\Delta\omega\\&=\frac{K_2K_P((K_3-\omega^2T_eT'_{d0})+\mathrm{j}\omega(K_3T_e+T'_{d0}))}{((K_UK_6+K_3-\omega^2T_eT'_{d0})+\mathrm{j}\omega(K_3T_e+T'_{d0}))(1-\omega^2K_{P1}K_{P2})+\mathrm{j}\omega(K_{P1}+K_{P2}))}\Delta\omega\\&=\frac{K_2K_P((K_3-\omega^2T_eT'_{d0})+\mathrm{j}\omega(K_3T_e+T'_{d0}))((K_UK_6+K_3-\omega^2T_eT'_{d0})-\mathrm{j}\omega(K_3T_e+T'_{d0}))}{((K_UK_6+K_3-\omega^2T_eT'_{d0})^2+\omega^2(K_3T_e+T'_{d0})^2)((1-\omega^2K_{P1}K_{P2})+\mathrm{j}\omega(K_{P1}+K_{P2}))}\Delta\omega\\&=K_2K_P\frac{((K_3-\omega^2T_eT'_{d0})K_UK_6+(K_3-\omega^2T_eT'_{d0})^2+\omega^2(K_3T_e+T'_{d0})^2)((1-\omega^2K_{P1}K_{P2})-\mathrm{j}\omega(K_{P1}+K_{P2}))}{((K_UK_6+K_3-\omega^2T_eT'_{d0})^2+\omega^2(K_3T_e+T'_{d0})^2)((1-\omega^2K_{P1}K_{P2})^2+\omega^2(K_{P1}+K_{P2})^2)}\Delta\omega\\&\quad+K_2K_P\frac{\mathrm{j}\omega(K_3T_e+T'_{d0})K_UK_6((1-\omega^2K_{P1}K_{P2})-\mathrm{j}\omega(K_{P1}+K_{P2}))}{((K_UK_6+K_3-\omega^2T_eT'_{d0})^2+\omega^2(K_3T_e+T'_{d0})^2)((1-\omega^2K_{P1}K_{P2})^2+\omega^2(K_{P1}+K_{P2})^2)}\Delta\omega\\&=K_2K_P\frac{((K_3-\omega^2T_eT'_{d0})K_UK_6+(K_3-\omega^2T_eT'_{d0})^2+\omega^2(K_3T_e+T'_{d0})^2)(1-\omega^2K_{P1}K_{P2})}{((K_UK_6+K_3-\omega^2T_eT'_{d0})^2+\omega^2(K_3T_e+T'_{d0})^2)((1-\omega^2K_{P1}K_{P2})^2+\omega^2(K_{P1}+K_{P2})^2)}\Delta\omega\\&\quad-\mathrm{j}\omega K_2K_P\frac{((K_3-\omega^2T_eT'_{d0})K_UK_6+(K_3-\omega^2T_eT'_{d0})^2+\omega^2(K_3T_e+T'_{d0})^2)(K_{P1}+K_{P2})}{((K_UK_6+K_3-\omega^2T_eT'_{d0})^2+\omega^2(K_3T_e+T'_{d0})^2)(1-\omega^2K_{P1}K_{P2})^2+\omega^2(K_{P1}+K_{P2})^2)}\Delta\omega\\&\quad+\mathrm{j}\omega K_2K_P\frac{(K_3T_e+T'_{d0})K_UK_6(1-\omega^2K_{P1}K_{P2})}{((K_UK_6+K_3-\omega^2T_eT'_{d0})^2+\omega^2(K_3T_e+T'_{d0})^2)((1-\omega^2K_{P1}K_{P2})^2+\omega^2(K_{P1}+K_{P2})^2)}\Delta\omega\\&\quad+K_2K_P\frac{\omega^2(K_3T_e+T'_{d0})K_UK_6(K_{P1}+K_{P2})}{((K_UK_6+K_3-\omega^2T_eT'_{d0})^2+\omega^2(K_3T_e+T'_{d0})^2)((1-\omega^2K_{P1}K_{P2})^2+\omega^2(K_{P1}+K_{P2})^2)}\Delta\omega\end{aligned}$$

式中：分母为正数，因此只要比较分子的相应部分是正数还是负数即可。实数部分为

$$\begin{aligned}&((K_3-\omega^2T_eT'_{d0})K_UK_6+(K_3-\omega^2T_eT'_{d0})^2+\omega^2(K_3T_e+T'_{d0})^2)(1-\omega^2K_{P1}K_{P2})\\&\quad+\omega^2(K_3T_e+T'_{d0})K_UK_6(K_{P1}+K_{P2})\end{aligned}$$

当 $K_U<8K_3/K_6$，$1-\omega^2K_{P1}K_{P2}>0$ 时，对应于 $\Delta\omega$ 的实数部分产生正阻尼。

虚数部分为

$$(K_3T_e+T'_{d0})K_UK_6(1-\omega^2K_{P1}K_{P2})-[(K_3-\omega^2T_eT'_{d0})K_UK_6+(K_3-\omega^2T_eT'_{d0})^2+\omega^2(K_3T_e+T'_{d0})^2](K_{P1}+K_{P2})$$

当对应于 $\Delta\omega$ 的虚数部分为负数时，它对应于正的同步力矩系数。当 $K_U<8K_3/K_6$，$1-\omega^2K_{P1}K_{P2}>0$ 时，对应于 $\Delta\omega$ 的虚数部分为负数或较小的正数。对同步力矩系数的负作用不大。

实际采用的以 $\Delta\omega$ 为输入信号的 PSS 传递函数框图，如图 8-2 所示。PSS 一般由放大环节、复位环节、相位补偿（校正）环节、限幅环节组成，其输出作为励磁附加信号。复位环节使 $t\to\infty(p\to0)$ 时 PSS 输出为零，而过渡过程时，该环节使动态信号顺利通过，从而使 PSS 只在动态中起作用。相位补偿环节一般由 1～3 个超前校正环节组成（$p=1\sim3$），一般一个超前环节最多可校正 30°～40°电角度。超前环节是为了补偿（抵消）T'_{d0}及T_e引起的相位滞后，以便使附加力矩Δt_e^*和 $\Delta\omega$ 同相位。放大环节的放大倍数 K 确保Δt_e^*有足够的幅值。另外 PSS 还有量测及低通滤波环节等，图 8-2 中未予表示。

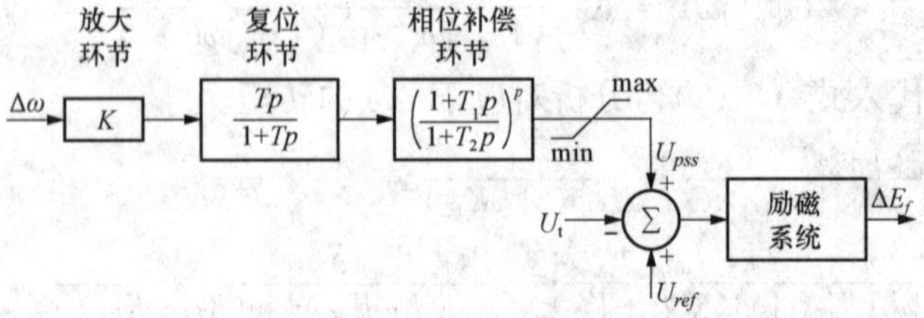

图 8-2　PSS 传递函数框图

PSS 也可用电磁功率增量 ΔP_e作为输入，称为功率 PSS。由发电机转子方程

$$M\frac{\mathrm{d}\omega}{\mathrm{d}t}=\Delta P_m-\Delta P_e-D\omega$$

可知，在 $\Delta P_m\approx0$，D 较小时，$\Delta\omega=-\dfrac{\Delta P_e}{Mp}$，即二者间有一定关系。采用 ΔP_e作信号，量测较方便，且相位校正值往往可减少。目前功率 PSS 和速度 PSS 均有实际应用，另外也可以母线电压的频率增量 Δf 作信号，称为频率 PSS。

除了 PSS 以外，静止无功补偿器（SVC）、高压直流输电的附加控制也可以用来抑制低频振荡。同样可以用传递函数框图、复数力矩系数分析法来研究其抑制低频振荡的原理，这里不予详细介绍。此外线性最优励磁控制器对低频振荡有良好的抑制作用，其原理可参阅有关文献。

以上分析了低频振荡的机理、影响因素、对策及 PSS 原理，虽然它是在单机无穷大系统下分析而得的，但对多机系统也同样适用，但多机系统的低频振荡更为复杂，PSS 整定及协调更为困难。

8.3　电力系统的次同步振荡及轴系扭振

早在 20 世纪 30 年代，人们就发现发电机在容性负载或经由串联电容补偿的线路接入系统时，会在一定条件下引起自激，当时认为这是一种单纯的电气谐振问题。由于谐振时，对于谐振频率而言，发电机相当于一台异步机，且处于异步发电机状态，提供振荡时的能量消耗，故又称之为“异步发电机效应”。直到 1970 年和 1971 年，美国 Mohave 电站由于串补电容引起了发电机大轴的两次扭振破坏，人们才通过研究揭示了“机电扭振互作用”（electromachenic torsional interaction，ETI）的存在，即电气系统中的 LC 谐振在一定条件下会激发发电机轴系的扭振不稳定，从而造成大轴的扭振破坏。进一步研究表明，在系统进行操作或有故障发生时，在一定条件下，还可激发暂态过程中的强烈扭振，此时即使发电机跳闸，轴系也可能由于衰减极慢的扭振而引起疲劳损伤，影响寿命，这一现象称为“暂态力矩放大”作用。在 1977 年前，上述现象统称为串联电容引起的次同步谐振（SSR）问题，电气谐振回路的存在是上述现象发生的条件。在 1977 年，美国的 SquareButte 在投入 HVDC 输电线时，发生了扭振现象，把附近的串补电容切除，扭振仍存在，这说明扭振不是串补电容引起的。研究表明，扭振是由 HVDC 及其控制系统引起的，进一步发现 SVS、PSS 等有源快速控制装置在一定条件下均可能激发扭振，人们将此统称为“装置引起的次同步振荡”。这里由于不存在谐振电路，故不再称为次同步谐振（SSR），而称之为次同步振荡（sub synchronous oscillation，SSO），SSO 比 SSR 含义更广泛。

除了次同步振荡外，系统中还发现存在超同步振荡，其中 80～100Hz 左右的超同步振荡易造成汽轮机叶片的断裂。人们从机理、影响因素、数学模型和分析方法、监护与对策、轴系模型及参数测定、现场实验与结果分析等多方面对 SSO 作了大量分析研究，取得了很大的成果，使 SSO 基本上得到了监护和控制。

应当指出，由于 SSO 问题要分析的是既非 50Hz 又非低频（10Hz 以下）的成分，故不能采用工频准稳态电路或认为工频电量上有低频调制来进行分析。由于 SSO 问题轴系模型复杂，发电机要计及定子暂态而常采用派克方程描述，网络要用电磁暂态模型，因而模型阶数很高，而且十分复杂，分析方法也很特殊，机理、监护及对策研究都相当复杂，因此，这是一个相当难的研究课题。

本节主要对 SSO 的机理、数学模型、分析方法以及监护和对策作一概要的介绍，以便对系统中的 SSO 问题有一个全面的了解。

8.3.1　多质块弹性轴系

在研究多质块弹性轴系之前，首先分析双质块弹性轴系及扭振自然频率，然后推广到多质量块弹性轴系系统。

在低频振荡研究中，是将发电机大轴作为一个刚体进行分析的。其本质是各发电机大轴作为刚体，在同步旋转的同时，若存在扰动，则转子间会发生相互间的摇摆，这种摇摆频率很低，且引起功率摇摆。在次同步振荡中，发电机大轴被看作是若干弹性连接的集中质量块，次同步扭振的物理本质是受扰轴系中各质块在同步旋转的同时，还会发生相对的扭转振荡。若系统对此扭振是负阻尼的，则发电机轴系可能造成持续的，甚至增强的扭振，以致引起轴系的疲劳损坏。

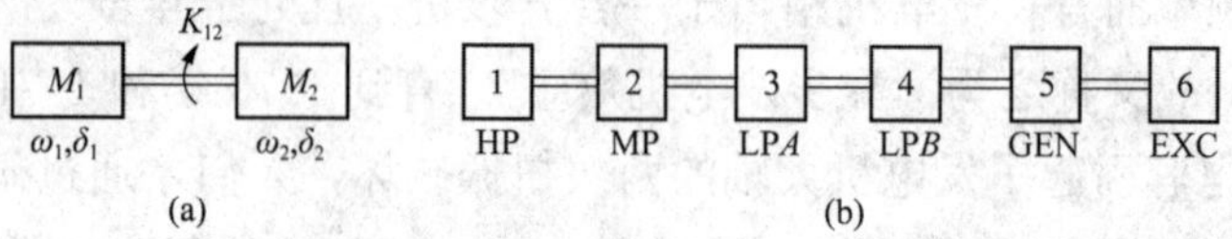

图 8-3　弹性轴系示意图

(a) 双质块轴系；(b) 六质块轴系

下面以双质块轴系为例，分析扭振的基本原理。设双质块轴系如图 8-3（a）所示，质块轴动惯性时间常数、转速、转子角分别为 M_1，M_2，ω_1，ω_2 及 δ_1，δ_2，并设质块运动中无机械阻尼，质块连接处的弹性系数为 K_{12}，则在无外力作用时，两个质块各自自由运动标幺值方程为

$$\begin{cases} M_1\ddot{\delta}_1 + K_{12}(\delta_1 - \delta_2) = 0 \\ M_2\ddot{\delta}_2 + K_{12}(\delta_2 - \delta_1) = 0 \end{cases} \tag{8-10}$$

将式（8-10）线性化，并化为矩阵形式的增量方程，则

$$\begin{bmatrix} M_1 p^2 & 0 \\ 0 & M_2 p^2 \end{bmatrix}\begin{bmatrix}\Delta\delta_1 \\ \Delta\delta_2\end{bmatrix} + \begin{bmatrix} K_{12} & -K_{12} \\ -K_{12} & K_{12}\end{bmatrix}\begin{bmatrix}\Delta\delta_1 \\ \Delta\delta_2\end{bmatrix} = 0 \tag{8-11}$$

微分方程组（8-11）的特征方程为

$$\begin{vmatrix} M_1 p^2 + K_{12} & -K_{12} \\ -K_{12} & M_2 p^2 + K_{12} \end{vmatrix} = 0$$

设 $\lambda = p^2$，则上式为

$$(M_1\lambda + K_{12})(M_2\lambda + K_{12}) - K_{12}^2 = 0$$

可解出

$$\begin{cases} \lambda_1 = 0 \\ \lambda_2 = -\dfrac{K_{12}(M_1 + M_2)}{M_1 M_2} \end{cases}$$

从而有

$$\begin{cases} p_{1,2} = 0 \\ p_{3,4} = \pm \mathrm{j}\sqrt{\dfrac{K}{M}} \overset{\text{def}}{=} \pm \mathrm{j}\omega_n \end{cases} \tag{8-12}$$

式中：$K = K_{12}$；$M = \dfrac{M_1 M_2}{M_1 + M_2}$ 或 $\dfrac{1}{M} = \dfrac{1}{M_1} + \dfrac{1}{M_2}$。式（8-12）表明两个质量块在扰动下，

会作角频率为 ω_n 的相对扭振，在有阻尼时，将为衰减扭振。

(1) 式 (8-12) 中的根 $p_{3,4}$ 是一对共轭复根，反映了轴系一旦受扰，扰动消失后两个质块可能相对作频率为 ω_n 的扭转振荡，这一点可从下面推导中更明显地看出来。若将式 (8-10) 改写为 (用 $\Delta\delta_{12}$ 作变量，将系统降为二阶)

$$\begin{cases} \Delta\ddot{\delta}_1 = -\dfrac{K_{12}}{M_1}\Delta\delta_{12} \\ \Delta\ddot{\delta}_2 = \dfrac{K_{12}}{M_1}\Delta\delta_{12} \end{cases} \tag{8-13}$$

式中：$\Delta\delta_{12}=\Delta\delta_1-\Delta\delta_2$ 为转子两质量块间相对运动角位移增量。由式 (8-13) 可得

$$\Delta\ddot{\delta}_2 = -K_{12}\left(\frac{1}{M_1}+\frac{1}{M_2}\right)\Delta\delta_{12} \overset{\text{def}}{=\!=\!=} -\frac{K}{M}\Delta\delta_{12} \tag{8-14}$$

即用 $\Delta\delta_{12}$ 作变量，系统降为二阶，则式 (8-15) 的特征根为

$$p=\pm \mathrm{j}\sqrt{\frac{K}{M}}=\pm \mathrm{j}\omega_n \tag{8-15}$$

亦即两个质量块相对作 ω_n 角频之扭振，ω_n 称为自然扭振频率。

(2) 式 (8-14) 和式 (8-15) 反映了 $\omega_n \propto \sqrt{K}$，即与轴系刚度的平方根成正比；同时，$\omega_n \propto (\sqrt{M})^{-1}$，即与等值质块的惯性时间常数 M 的平方根成反比。式 (8-15) 跟单机无穷大系统的低频振荡频率计算式形式完全相同，只是低频振荡中 K 是单机和无穷大系统之间的同步力矩系数，反映了电气联接的紧密程度 (“刚度”)。应当注意：低频振荡反映的是发电机的机轴作为一个刚体相对其他发电机刚体轴的摇摆，由于机械上不耦合，不存在扭振问题，只存在电气耦合而引起转子间的摇摆问题，物理本质不同。

(3) 由式 (8-14) 可知，$\Delta\delta_{12}$ 只含有角频率为 ω_n 的自由扭转成分，而式 (8-12) 中的 $p_{1,2}$ 零重根，反映了轴系在无阻尼时，可作匀速旋转运动，而含有 $\Delta\delta_i=c_1+c_2t$ 的成分，这时整个轴系作为一个刚体作旋转运动。一旦接入电气系统 (如经输电线和无穷大系统相连)，则 $p_{1,2}=0$ 就转化为低频振荡根，这时 $p_{1,2}$ 转化为一对共轭复根。

(4) 物理上常把 $p_{3,4}=\pm\omega_n$ 称为轴系的“扭振模式”，而把 $p_{1,2}$ 称为共模 (common-mode)，即轴系作为刚体相对系统的低频振荡模式。一个 n 个质块的轴系有 $(n-1)$ 个扭振模式及一个共模。

(5) 一个 n 个质块的轴系当不接入系统，轴系自由运动时，由于有机械阻尼，这 $(n-1)$ 个扭振模式的实部均为负，从而轴系是稳定的，且有机械阻尼时，$p_{1,2}$ 转化为一个零根，一个负实根。

设如图 8-3 (b) 表示汽轮发电机多质块轴系，含高压、中压和低压缸 (A 和 B) 以及发电机、励磁机等 6 个质块，则第 i 个质块 $i=1\sim6$ 的线性化运动方程为

$$\begin{cases} M_i \dfrac{\mathrm{d}\Delta\omega_i}{\mathrm{d}t} = \Delta t_{mi} - \Delta t_{ei} - D_{ii}\Delta\omega_i - D_{i,i+1}(\Delta\omega_i - \Delta\omega_{i+1}) - D_{i,i-1}(\Delta\omega_i - \Delta\omega_{i-1}) \\ \qquad - K_{i,i+1}(\Delta\delta_i - \Delta\delta_{i+1}) - K_{i,i+1}(\Delta\delta_i - \Delta\delta_{i+1}) - K_{i,i-1}(\Delta\delta_i - \Delta\delta_{i-1}) \\ \dfrac{\mathrm{d}\Delta\delta_i}{\mathrm{d}t} = \Delta\omega_i \end{cases}$$

式中：$D_{i,i+1}$是 i 和 $i+1$ 质块间的互阻尼系数；$D_{i,i-1}$类同；D_{ii}为自阻尼系数，分析中常设互阻尼为零；$K_{i,i-1}$及$K_{i,i+1}$是相邻质块间的弹性常数，$K_{ij}=K_{ji}$，显然$K_{67}=0$；Δt_{mi}为 i 质块上机械力矩增量；Δt_{ei}为 i 质块上电气力矩增量。对汽轮机各质块 $\Delta t_e=0$，对发电机及励磁机质块 $\Delta t_m=0$，通常忽略励磁机质块的电磁力矩。

多质块轴系写成矩阵形式方程（设有 N 质块，$D_{ij}=D_{ji}=0(i\neq j)$ 为

$$\left\{\begin{bmatrix} M_1 & & \\ & \ddots & \\ & & M_N \end{bmatrix} p^2 + \begin{bmatrix} M_1 & & \\ & \ddots & \\ & & M_N \end{bmatrix} p + \begin{bmatrix} K_{12} & -K_{12} & & \\ -K_{12} & K_{12}+K_{23} & \ddots & \\ \ddots & \ddots & -K_{N-1,N} & \\ & -K_{N-1,N} & K_{N-1,N} & \end{bmatrix}\right\} \begin{bmatrix} \Delta\delta_1 \\ \vdots \\ \Delta\delta_N \end{bmatrix} = \begin{bmatrix} \Delta t_{m1} & -\Delta t_{e1} \\ \vdots & \vdots \\ \Delta t_{mN} & -\Delta t_{eN} \end{bmatrix} \tag{8-16}$$

记作

$$(\boldsymbol{M}\boldsymbol{p}^2 + \boldsymbol{D}\boldsymbol{p} + \boldsymbol{K})\Delta\delta = \Delta\boldsymbol{T}_m - \Delta\boldsymbol{T}_e = \Delta\boldsymbol{T}$$

式中：M，D 为对角阵，K 为三对角阵，$K^{\mathrm{T}}=K$。

对于式（8-16），设 $D=0$，即无阻尼绕组，可按如下方法进行轴系解耦：

令 $A=M^{-\frac{1}{2}}$，定义 $P=AKA$，则对实际系数 P 除非负定（因为 $K\geqslant 0$，$A>0$），可设其特征根对角阵 $\Lambda=\omega_n^2=diag(\omega_{n1}^2,\omega_{n2}^2,\cdots,\omega_{nN}^2)$，并设 P 的特征相量阵为 U，从而 $PU=U\Lambda$，又由于 $P^{\mathrm{T}}=P$ 对称，故 U 可取为正交阵，即 $U^{-1}=U^{\mathrm{T}}$。

若定义线性变换阵 $\boldsymbol{Q}=\boldsymbol{AUS}$，及线性变换

$$\Delta\delta = Q\Delta\delta^{(\mathrm{m})} \tag{8-17}$$

右上角标“m”表示解耦模式，S 为对角阵，其对角元的取值使发电机质块（设为第 k 质块）对应的 Q 阵行元素（即第 k 行元素）均等于 1。

对式（8-16）二边左乘以 Q^{T}，并将式（8-17）代入，有（设 $D=0$）

$$\boldsymbol{Q}^{\mathrm{T}}\boldsymbol{MQ}\Delta\delta^{(m)} + \boldsymbol{Q}^{\mathrm{T}}\boldsymbol{KQ}\Delta\delta^{(m)} = \boldsymbol{Q}^{\mathrm{T}}\Delta\boldsymbol{T} \tag{8-18}$$

式中：$Q^{\mathrm{T}}MQ=SU^{\mathrm{T}}AMAUS=S^2 \overset{\mathrm{def}}{=\!=} M^{(m)}$为对角阵（因为 $AMA=I$，$U^{\mathrm{T}}=U^{-1}$）；$Q^{\mathrm{T}}KQ=SU^{\mathrm{T}}AKAUS=S^2\Lambda=M^{(m)}\omega_n^2 \overset{\mathrm{def}}{=\!=} K^{(m)}$为对角阵（因为 $AKA=P$，$U^{\mathrm{T}}PU=U^{-1}PU=\Lambda$）。

又由于 Q 阵的 k 行元素（发电机质块对应行）为 1，即 Q^{T} 的 k 列元素为 1，故在 $\Delta t_m\approx 0$ 时，有 $Q^{\mathrm{T}}\Delta T=[-\Delta t_e\cdots-\Delta t_e]^{\mathrm{T}} \overset{\mathrm{def}}{=\!=} -\Delta t_e^{(m)}$，$\Delta t_e$为发电机质块的电励磁力矩，即 Δt_e加在每一个解耦的等效转子质块上，这就是选择上述变换阵 Q 的优越性。

则式（8-18）可化为解耦模式形式

$$M^{(m)}\Delta\ddot{\delta}^{(m)} + M^{(m)}\Delta\delta^{(m)} = -\Delta t_e^{(m)}$$

或者

$$\Delta\ddot{\delta}^{(m)} + \omega_n^2 \Delta\delta^{(m)} = [M^{(m)}]^{-1} \Delta t_e^{(m)} \tag{8-19}$$

显然ω_n^2之不为零的对角元的平方根即为轴系的自然扭振频率。

下面对式（8-19）作一简单讨论。

(1) 通过上述巧妙选择的线性变换阵 Q，使原轴系转化为模式解耦的等值转子，每个等值转子只含一个独立的模式。且外力 Δt_e 均匀地加在每一个等值转子上，分析方便。

(2) 进一步可证明$Q^{-1}M^{-1}KQ=\Lambda$，从而 Q 的形成可直接对［$M^{-1}K$］求特征根及右特征右特征向量，并将之规格化（即各特征向量乘以一适当系数），使发电机质块（设为第 k 个质块）对应的特征向量元素（第 k 个元素）均等于 1，则各右特征向量构成的矩阵即为 Q，这样形成的 Q 是惟一的。

(3) 设发电机转子为第 k 个质块，由 Q 阵特点及式（8-17）可知

$$\Delta\delta_k = \sum_i \Delta\delta_i^{(m)} \tag{8-20}$$

即发电机质块的转子角增量为各解耦的等值转子角增量的代数和，这是 Q 阵选择的又一优点。由于 Q 阵的特点，可获得轴系扭振模式解耦后的传递函数框图，如图 8-4 所示。

(4) 上述系统无外力（$\Delta t_e^{(m)}=0$）时，自然扭振频率即为 ω_n^2 中的非零对角元的平方根，N 个质块的转子有 $N-1$ 个自然扭振频率，从而有 $N-1$ 对共轭虚根，另外有一对零重根（无阻尼时）。

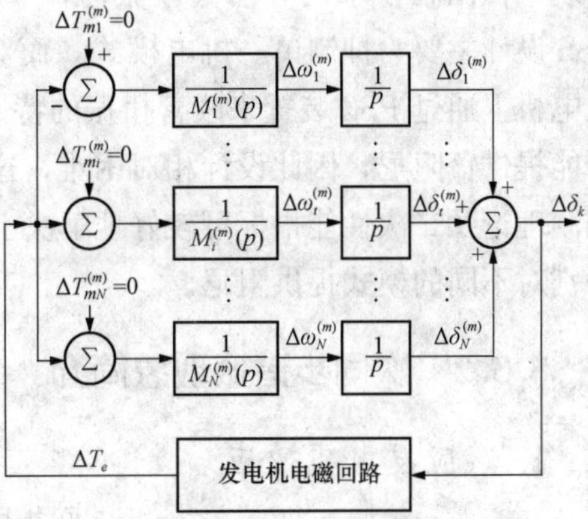

图 8-4　轴系模式解耦后的传递函数框图

(5) 在有机械阻尼时，$Q^{\mathrm{T}}DQ$ 并不一定能成为对角阵 $D^{(m)}$，但一般可以认为其非对角元很小，即各模式间几乎无耦合及影响，从而 $Q^{\mathrm{T}}DQ=D^{(m)}\approx diag.$，则

$$M^{(m)}\Delta\ddot{\delta} + D^{(m)}\Delta\dot{\delta} + K^{(m)}\Delta\delta = -\Delta t_e^{(m)} \tag{8-21}$$

有机械阻尼时，若无外力（$\Delta t_e^{(m)}=0$），则式（8-21）的各扭振模式均为负实部根，从而轴系稳定，为衰减性扭振，$D^{(m)}$（$D^{(m)}$可以通过实验测定）会引起实际扭振频率略偏离无阻尼时的自然扭振频率，但这种偏离极小，一般可以忽略。另外，无外力而有机械阻尼时，零重根一般转化为一个零根、一个负实根。

(6) 在有外力作用（$\Delta t_e^{(m)}\neq 0$）时，若设发电机转子角 $\Delta\delta_k$ 有一个以复频 $\sigma+j\Omega$ 振荡的激励（扰动），并与自激法相似，记之为

$$\Delta\delta_k = Re[\Delta\bar{\delta}_k e^{(\sigma+j\Omega)t}] \tag{8-22}$$

式中：$\Delta\bar{\delta}_k$ 是复数量，是 $\Delta\delta_k$ 在$\sigma+j\Omega$ 复频下的一种复数符号表示，反映了以 Ω 为频率、

σ 为衰减因子的复频振荡下，$\Delta\delta_k$ 的初始（$t=0$）幅值及相位。该相位的参考轴与同步坐标无关，而是以 Ω 为角频率的旋转坐标参考轴，是独立的。式（8-22）应理解为：若 $\Delta\bar{\delta}_k=A\angle\varphi$，则 $\Delta\delta_k(t)=Ae^{\sigma t}\cos(\Omega t+\varphi)$。设 $\Delta\delta_k$ 引起的 Δt_e 为

$$\Delta t_e = Re[\Delta\bar{t}_e e^{(\sigma+j\Omega)t}] = Re\{[K_e+(\sigma+j\Omega)D_e](\Delta\bar{\delta}_k e^{(\sigma+j\Omega)t})\} \tag{8-23}$$

式中：$\Delta\bar{t}_e=[K_e+(\sigma+j\Omega)D_e]\Delta\bar{\delta}_k$；$K_e$，$D_e$ 为与 $\sigma+j\Omega$ 有关的实部，分别称之为电气同步力矩系数和电气阻尼力矩系数，并称 $K_e+(\sigma+j\Omega)D_e$ 为复数力矩系数。将式（8-23）代入式（8-21），并设 $\Delta\delta_i^{(m)}=Re[\Delta\bar{\delta}_i^{(m)}e^{(\sigma+j\Omega)t}]$，则第 i 个方程复数向量形式为

$$(M_i^{(m)}p^2+D_i^{(m)}p+K_i^{(m)})|_{p=\sigma+j\Omega}\Delta\bar{\delta}_i^{(m)}=-\Delta t_e=-[K_e+(\sigma+j\Omega)D_e]\Delta\bar{\delta}_k$$

若 $\sigma+j\Omega$ 和第 i 个扭振模式十分接近，则 $(M_i^{(m)}p^2+D_i^{(m)}p+K_i^{(m)})|_{p=\sigma+j\Omega}\approx 0$，从而微小的 $\Delta\bar{\delta}_k$ 可能激发很大的 $\Delta\bar{\delta}_i^{(m)}$；反之，若 $\sigma+j\Omega$ 和第 i 个模式相差较大，则 $(M_i^{(m)}p^2+D_i^{(m)}p+K_i^{(m)})|_{p=\sigma+j\Omega}\gg 0$，相应的 $\Delta\bar{\delta}_i^{(m)}$ 极小（对于微小的 $\Delta\bar{\delta}_k$ 而言）。因此，只有当扰动频率 Ω 接近轴系某个模式的自然扭振频率时，才有可能激发扭振，这在物理上是合理的。

（7）从上面分析还可看到：为了抑制扭振，其方法与低频振荡相似，在 Δt_e 中附加一个与 $\Delta\omega$ 成正比的阻尼力矩，从而提供充分的扭振阻尼。这也可通过类似 PSS 的装置来实现。但困难在于，对于低频振荡，一个刚性轴常和一个低频振荡模式强相关，从而 PSS 设计主要为抑制单一机电模式，而对于扭振，一个多质块轴系有多个扭振模式，在发电机上通过 PSS 装置来改善扭振的特性时，对某个模式提供正阻尼，而对另一个模式可能提供负阻尼，因此设计相对困难，这是在 SSO 抑制设计中应注意的。采用线性最优控制理论及二次性能指标可较好地解决上述困难。也可在 PSS 装置中加设滤波器，以便分别对不同的模式提供阻尼。

8.3.2 次同步谐振现象简介

1. 感应发电机效应

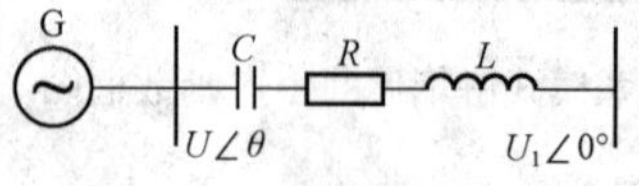

图 8-5 SSR 分析用系统

同步电机经常有串补电容的线路接到无穷大系统（见图 8-5）中，在一定条件下，会发生次同步谐振（SSR），谐振频率即系统 LC 谐振频率，在发电机相电流、相电压中均有此成分。分析表明，对于此谐振频率而言发电机相当于一台异步电机，且处于发电状态，从而使谐振得以持续，这一效应通常称为“感应发电机效应”。

2. 机电扭振互作用

含有串补电容的输电系统中发电机的“感应发电机效应”会引起电气系统持续的次同步谐振。当电谐振频率和发电机轴系的自然扭振频率成一定关系时，还可能发生由于发电机轴系和电网络间的相互作用而引起轴系扭振不稳定，造成轴的破坏，通常称之为“机电扭振互作用”。

3. 暂态力矩放大作用

电力系统在发生故障、进行重合闸及非同期合闸时，会出现严重的过渡过程，发电机的暂态电量中可能会含有频率和轴系自然扭振频率互补的分量。若系统在此频率下电气阻尼很小，则轴系可能在相应的电磁力矩作用下产生较大幅度的振荡。此时，即使跳开发电机出口开关，轴系仍将在弱阻尼下作缓慢衰减的扭振，而造成疲劳损伤，影响轴系的寿命。这一作用通常称为“暂态力矩放大”作用。在有串补电容的系统中，当电气谐振频率f_e和机械轴系扭振自然频率互补（$f_e+f_m\approx1$）时，很容易在大扰动下激发电气谐振频率f_e下的幅值很大的电流成分，并造成频率为（$1-f_e$）的暂态电磁力矩，引起轴系扭振。其后果比无串补电容的电力系统在同样大扰动下相应的后果要严重得多，应予以注意。

应当指出，在电力系统中，由于不对称故障出现的负序电流分量和转子励磁电流相应磁场相互作用，产生 100Hz 交变力矩（在$f_0=50$Hz 时），因此，如果发电机有 100Hz 左右的自然扭振频率，则极易发生超同步振荡，从而引起汽轮机叶片的断裂。通常设计要求在 100Hz±5Hz 范围内无扭振自然频率存在，这点应予以注意。

暂态力矩放大作用出现在系统有大扰动之时，短时间内很大的暂态力矩将造成发电机轴系较大幅度的扭振；而机电扭振互作用则主要指系统受小扰动时，以相对长的时间，逐步形成的发电机轴系的增幅扭振。前者由于系统在大扰动下的强非线性，通常用电磁暂态程序（EMTP）仿真分析；后者则常用线性化模型和小扰动分析方法（如特征分析法、复数力矩系数法）加以研究。

4. 装置引起的次同步振荡

在 1977 年美国 SquareButte 投入 HVDC 输电线时，出现了发电机大轴的次同步扭振现象。研究表明，这种现象的产生是由于 HVDC 的快速控制引起的，其原理和机电扭振互作用相似，可通过复数力矩系数法或特征根分析法进行分析。研究还表明，这种扭振通常发生在与整流站紧耦合的发电机大轴上，即使把系统中串补电容切除，扭振仍存在。由于此时系统中不存在电谐振回路，因此称之为次同步振荡问题。

在系统中含有 HVDC，SVS 等有源快速控制装置时，若其控制参数不合理，均可能引起次同步振荡。PSS 装置参数不合理时也可能通过励磁系统、发电机励磁绕组起作用，引起次同步振荡。文献中将此统称为装置引起的次同步振荡。其原理可用复数力矩系数法加以说明。

8.4　抑制 SSO 的对策与 SSO 监护

8.4.1　抑制 SSO 的对策

SSO 常在有串联补偿电容的系统中发生，且当串联补偿度较高时，网络的电谐振频率较容易和大容量汽轮发电机轴系的自然扭振频率达到互补条件，在阻尼力矩系数为负时易激发机电扭振互作用。故一些电网通过限制串联补偿度以防止发生机电扭振互作用，但这样做不利于系统的静态稳定性和动态稳定性。对于直流输电、SVS等装置及其控制系统引起的SSO以及PSS通过励磁系统引起的SSO可通过适当选择其控制参数，以避免发生SSO。但这样做有时候使控制器的放大倍数及时间常数受限制。

文献中介绍的抑制SSO对策可分为两大类。

一类是通过附加或改造一次设备去防止次同步振荡。除了在发电机转子上装设极面阻尼器外，可在发电机出口线路上串联“阻塞滤波器”，使之在系统次同步谐振频率上发生并联谐振，而阻止机网间的扭振互作用发生。也可用并联在一次系统中的设备（亦即所谓“动态滤波器”）来吸收次同步分量，使并联设备造成SSO分量的低阻抗通道起“旁路”作用。并联设备可以是无源的，也可以是有源的，包括可在机端装设静止无功补偿器（SVS），利用其附加控制来抑制SSO。

采用一次设备来抑制SSO，其价格昂贵，设备可靠性要求高，且一般无源装置需要调谐，受系统运行方式变换和串补度变化影响较大。特别是当有多个扭振模式要抑制时，设备设计及其参数的整定更为复杂，且设备的能耗一般也较大，从而并不经济。基于上述各种原理的SSO抑制装置在国外均有采用，主要用于抑制串补电容引起的SSR。

另一大类抑制SSO对策是通过二次设备（即控制装置）来抑制SSO的，其本质是通过提供对扭振模式的阻尼来抑制SSO，它与用PSS抑制低频振荡有相似之处。SSO阻尼控制器通过次同步频段的带通滤波器，取得次同步频段发电机转子速度偏差或反映SSO的电量信号，对之作适当处理（例如放大和相位补偿），产生一个控制信息，作为励磁系统（或直流输电控制系统、SVS控制系统）的附加控制信号，最终使发电机的电磁力矩中产生一个阻尼次同步振荡的电气阻尼力矩增量，达到抑制SSO的目的。这种二次控制系统可以是专门设计的，如SSDC（sub synchronous damping control），也可以直接利用PSS装置。此外，还可利用最优控制理论来设计SSO阻尼控制器。由于一个n质块轴系具有（n-1）个扭振模式，故SSO阻尼控制器设计比低频振荡中的PSS设计更复杂，必须防止对某个扭振频率设计的阻尼控制器对另一个扭振频率起负阻尼作用。同时，在多质块轴系上取得准确的各质块瞬时速度偏差信息也是相当困难的。通过二次系统抑制SSO的方法的优点是价格便宜、能耗小、控制效果良好，可靠性一般比一次设备要高，可望得到广泛应用。

8.4.2 SSO的监护

SSO的监护按量测信号可以分为两大类。

一类是基于电量量测的监护仪，可用于报警及保护，利用微机技术还可方便地实现记录及分析。基于电量量测的SSO监护仪可以只测量三相瞬时值电流，也可同时测量三相瞬时值电流和电压，以计算瞬时电磁功率，然后滤出量测信号中次同步频段的信号，将它和整定值比较，作出逻辑判断，并经延时予以报警或保护动作。基于电量量测的SSO监护仪由于采用TA（电流互感器）及TV（电压互感器）二次绕组输出信号作输入信号，因而结构简单、价格便宜、可靠性高、便于维护。但它有一定缺点。由于不直接量测机械量，不能进行轴应力分布及轴系疲劳寿命分析，故有局限性，且较难以准确判别扭振是否发生。另外，扭振电信号一般较弱，对信号的滤波、信号处理技术要求较高。此外，TA 的饱和及 TA 和 TV 的过渡过程对 SSO 监护仪的响应速度及量测精度会有一定影响，应予以注意。采用线性度较好的带小气隙的 TA 有助于 SSO 监护仪正确测量一次系统的电流。

另一类是基于机械量量测的 SSO 监护仪。在发电机轴系两端装设齿轮片，利用电磁感应效应或光电效应快速测量轴系的瞬时速度，通过信号滤波及分析可准确判别轴系是否发生扭振及其严重程度，并进行动作告警或保护跳闸。若装置能同时测电磁功率（通过测发电机三相电流及电压）及间接测量高、中、低压缸的机械功率，则在轴系多质块模型和参数已知的条件下，可进一步分析轴系的扭转应力分布及作轴系疲劳寿命分析。这是这一类 SSO 监护仪的最大优点。而其主要缺点是：装置复杂、测点多，需要采用性能优良的测速装置，以便高速、高精度地测量瞬时速度，装置分析计算较复杂；此外，价格较贵，可靠性略差。

参 考 文 献

[1] 诸骏伟．电力系统分析（上册）．北京：中国电力出版社，1998.

[2] 陈珩．电力系统稳态分析．北京：中国电力出版社，2007.

[3] 王锡凡，方万良，杜正春．现代电力系统分析．北京：科学出版社，2003.

[4] Tinney. W F，Hart C E. Power Flow Solution by Newton's Method IEEE Trans. PAS 1967. 86（11）：1449 - 1460.

[5] Stott B. Fast Decoupled Load Flow. IEEE Trans. PAS. 1974. 93（3）：859 - 869.

[6] 张伯明，陈寿孙．高等电力网络分析．北京：清华大学出版社，1996.

[7] Rajicic D，Bose A. A Modification to the Fast Decoupled Power Flow for Networks with High R/X Ratios. IEEE Trans. PWRS. 1988. 3（2）：743 - 752.

[8] Van Amerongen R A M. A General Purpose Version of the Fast Decoupled Load Flow. IEEE Trans. PWRS. 1989. 4（2）：760 - 770.

[9] Wang L，et. al. Novel Decoupled Power Flow. Proc. IEEE. Ptc. 1990. 137（1）：1 - 7.

[10] Chang S K，Brand wain V. Adjusted Solutions in Fast Decoupled Load Flow. IEEE Trans. PWRS. 1988. 3（2）：726 - 733.

[11] Wallah Y. Gradient Method for Load Flow Problem. IEEE. Trans. PAS. 1968. 87（5）.

[12] Sasson A M. Nonlinear Programming Solution for the Load Flow Minimum Loss and Economic Dispatching Problems. IEEE Trans PAS. 1969. 90（4）：399 - 409.

[13] Rao P S Nagendra，Rao K S prakasa，Nanda J. An Exact Fast Load Flow Method Including Second Order Terms In Rectangular Coordinates. IEEE Trans. PAS. 1982. 101（9）.

[14] Iwamoto S，Tamura Y. A Fast Load Flow Method Retaining Nonlinearity. IEEE Trans. PAS 1978. 97（5）：1586 - 1599.

[15] Peterson N M，Meyer W S. Automatic Adjustment of Transformer and Phase - Shifter Taps In the Newton Power Flow. IEEE. Trans. PAS. 1971. 90（1）：103 - 108.

[16] J P Britton. Improved Area Interchange for Newton's Method Load Flow. IEEE. Trans. PAS. 1969. 88（10）：1577 - 1581.

[17] J Carpentier. Contribution a letude du Dispatching Economique. Bull. Soc. Fr - Elec 1962. Ser B3.

[18] Dommel H W，Tinney W F. Optimal Power Flow Solutions. IEEETrans. PAS. 1968. 87（10）：1866 -1876.

[19] Sun D I，et. al. Optimal Power Flow by Newton Approach. IEEE Trans PAS. 1984. 103.（10）：2864 - 2880.

[20] Sasson A M et al. Improved Newton's Load Flow Through a Minimization Technique. IEEE Trans PAS. 1971. 90（5）：1974 - 1981.

[21] Iwamoto S，Tamura Y. A Load Flow Calculatión Method for ill - conditioned Power Systems. IEEE Trans. PAS. 1981. 100（4）：1736 - 1743.

[22] Burchett R C，Happ H H，Vierath D R，Wirgau K A. Developments In Optimal Power Flow. IEEE

Trans PAS. 1982. 101（2）：406 - 413.

[23] Shoults R R，Sun D T. Optimal Power Flow Based upon P - Q Decomposition. IEEE Trans. PAS. 1982. 101（2）：397 - 405.

[24] 傅书狄，于尔铿，张小枫．采用 P - Q 分解技术和二次规划解法的电力系统最优潮流的研究．北京：中国电机工程学报．1986（1）：1 - 11.

[25] Borkowska B. Probablistic Load Flow. IEEE Trans PAS. 1974，93（3）：752 - 759.

[26] Wasley R G，Shalash M A. Newton - Raphson Algorithm for 3 - phase Load Flow. Proc. IEE. 1974，121（7）：630 - 638.

[27] Arrillaga J，Arnold C P，Harker B J. Computer Modeling of Electrical power Systems. New York：John Wiley& Sons. 1983.

[28] Contaxis G C，et al. Decoupled Optimal Load Flow Using Linear or Quadratic Programming. IEEE Trans. PWRS. 1986，1（2）：1 - 7.

[29] Borkowska B. Probabilistic load flow [J]．IEEE Transactions on Power Apparatus and Systems，1974，93（3）：752 - 759.

[30] 于尔铿．电力系统状态估计．北京：水利电力出版社，1985.

[31] 吴文传，张伯明，孙宏斌．电力系统调度自动化．北京：清华大学出版社，2011.

[32] 倪以信，陈寿孙，张宝霖．动态电力系统的理论和分析．北京：清华大学出版社，2002.

[33] Kundur Prabha. Power System Stability and Control. New York：McGraw - Hill，1994.

[34] 艾芊．电力系统稳态分析．北京：清华大学出版社，2014.

[35] 郑大钟．线性系统理论 2 版．北京：清华大学出版社，2014.

[36] 夏道止．电力系统分析（下册）．北京：水利电力出版社，1995.

[37] 杨海涛，吴国旸，宋新立，等．电力系统安全性．北京：中国电力出版社，2016.

[38] 郭剑波，于群，贺庆．电力系统复杂性理论初探 [M]．北京：科学出版社，2012.

[39] 刘德贵，飞景高．动力学系统数值仿真算法．北京：科学出版社，2000.